产学合作·产教融合教材

水质工程学
——污水处理

主　编　蒋柱武　魏忠庆　吕永鹏
副主编　范功端　翟　俊　廖足良　苑宏英

高等教育出版社·北京

内容提要

本书面向水处理工程技术应用实际,由高校教师和设计院所专家共同编写。本书依据最新的国家标准,引用了最新的设计规范,将水处理工程的设计、建设和管理领域的知识融为一体,通过例题设计、工程案例和课后习题将理论与工程实际紧密结合,注重工程训练,突出应用价值。本书分上、下两册出版,下册内容主要有:污水物理处理方法,污水生物处理原理及工艺,污水深度处理工艺,污水处理处置及资源利用,城镇污水处理厂工程工艺设计,工业废水处理等。

本书可供高等学校相关专业的学生作为教材使用,也可供研究生和专业技术人员参考。

图书在版编目(CIP)数据

水质工程学. 污水处理 / 蒋柱武,魏忠庆,吕永鹏主编. --北京:高等教育出版社,2018.10(2023.7重印)
ISBN 978-7-04-050717-1

Ⅰ.①水… Ⅱ.①蒋… ②魏… ③吕… Ⅲ.①水质处理②污水处理 Ⅳ.①TU991.21②X703

中国版本图书馆 CIP 数据核字(2018)第 232164 号

策划编辑 徐 可	责任编辑 徐 可	封面设计 李小璐	版式设计 马敬茹
插图绘制 于 博	责任校对 陈 杨	责任印制 耿 轩	

出版发行	高等教育出版社	咨询电话 400-810-0598
社 址	北京市西城区德外大街 4 号	网 址 http://www.hep.edu.cn
邮政编码	100120	http://www.hep.com.cn
印 刷	河北信瑞彩印刷有限公司	网上订购 http://www.hepmall.com.cn
		http://www.hepmall.com
开 本	787mm×1092mm 1/16	http://www.hepmall.cn
印 张	21	版 次 2018年10月第1版
字 数	510 千字	印 次 2023年7月第2次印刷
购书热线	010-58581118	定 价 40.30 元

前　言

　　水是循环的生命物质,可以区分为自然循环和社会循环两种过程。由于人类社会的发展和工程技术上的应用,使得水的社会循环系统浩大而复杂。给水排水专业不断适应国家经济社会发展和人民生活水平的提高,专业内涵发生了很大变化,服务对象从市政基础设施建设,扩大到水的社会循环整个过程和各环节;专业任务从解决城市用水的供给和排放以满足"量"的需求为主,转变为以改善水质为主,水质与水量问题并重,以实现水的良性社会循环。水质保障是实现水的良性循环的重要一环,是实现给排水工程设施功能的关键。在城镇化和工业化突飞猛进的今天,水质问题尤其突出。水质工程学是一门交叉学科,与化学、物理学、微生物学、材料学、土木工程学、管理学、社会学,特别是工程学等许多学科有密切的联系。水处理工程的质量取决于勘察设计、建设施工、材料质量和运行管理等各个环节。在专业方面,对于工程技术人才和一线技术人员,需要掌握设计、施工、选材和运行维护的综合知识。给水排水专业人才培养需要大量创新性的教材和专业技术工具书,供读者系统全面掌握必备的专业知识。应该鼓励扎扎实实在一线工作的教学科研和技术人员参与人才培养,满足国家建设之需,在工程建设各个领域多做贡献。

　　本书编者来自高等院校、设计院所和工程单位的一线人员,他们的工作以教学科研、工程设计和运行管理为重,结合实际工作经验,将水处理工程的设计、建设和管理领域的知识融为一体,通过例题、设计题目、工程案例和课后习题,将理论与工程实际紧密结合,注重工程训练。同时,教材引用了最新的设计规范和标准,突出实际应用价值。

　　本教材由福建工程学院、重庆大学、福州大学、天津城建大学的教授联合福州城建设计研究院有限公司、上海市政工程设计研究总院(集团)有限公司和挪威康碧集团的高级工程师共同编写。具体分工如下,第1、2章由吕永鹏、蒋柱武、苑宏英共同编写,第3、10章由蒋柱武编写、第4、6、9章由魏忠庆编写、第5章由翟俊编写,第7章由廖足良编写,第8章由范功端编写。工程案例全部由设计院提供。黄俊杰、朱晓璟、李林、黄永捷、林达、叶均磊、张帆、程顺健、肖晓强、廖薇、张仲航、王晟、方少钦参与编写,全书由蒋柱武、魏忠庆、吕永鹏统稿整理。第4章生物膜流动床部分得到挪威科技大学 Hallvard Ødegaard 教授的友情支持。

　　本书为教科书,书后仅列出少数参考书目供学生课外选读。书中参考了大量文献资料,在此向这些文献作者表示衷心的感谢! 特作声明。

　　本书得到国家自然科学基金项目(No.51408225)的支持,在此深表感谢。

　　由于作者水平有限,望广大读者批评指正。

主　编

2018 年 7 月

目　　录

第1章

污水处理概论

污水处理是使污水达到排入水体或回收利用的水质标准或要求而对其进行净化的过程。污水处理技术广泛应用于建筑、环保、石化、能源、医疗、餐饮、农业、交通、城市景观等各个领域。按污水来源分类,污水处理一般分为生产污水处理和生活污水处理。生产污水包括工业污水、农业污水以及医疗污水等,而生活污水就是日常生活产生的污水。污水是各种形式的无机物和有机物的复杂混合物,污染物质主要来自:① 未经处理而排放的工业污废水;② 未经处理而排放的生活污水;③ 大量使用化肥、农药、除草剂的农田污水;④ 工业废弃物和生活垃圾的渗滤液;⑤ 水土流失;⑥ 矿山污水等。

污水来源不同,水质差异很大,处理难度和回收利用的途径各不相同。在各类污水中,来自城镇居民生产生活的排放水,称为城镇污水(municipal wastewater),是指城镇居民生活污水,机关、学校、医院、商业服务机构及各种公共设施排水,以及允许排入城镇污水收集系统的工业污废水和初期雨水等。城镇污水是污水处理研究和实施净化的主要对象,也是保障城镇水系安全的关键一环。城镇污水处理的理论和技术相对成熟,本书主要围绕城镇污水处理理论、技术、相关规范及标准讲授。

1.1　城镇污水的组成

城镇污水通常由两部分组成,即生活污水和工业废水,但在地下水位较高的地区,城镇污水系统中可能有部分地下渗水。此外,在分流制排水系统中,由于管理不善等原因,部分雨水也混入污水系统;在合流制排水系统中,雨水和污水则是一套系统。城镇污水水质和水量受气候条件、产业结构、排水体制和经济社会发展水平等因素的影响较大,不同地区和规模的城镇污水虽然在物理性质、化学性质和生物学性质方面都有较大的差异,而在特定的时期,固定区域的城镇污水的水质和水量相对稳定。

1.2　城镇污水的水质特征及污染物指标

1.2.1　污水的物理性质及指标

一、水温

各地生活污水的年平均水温约在 10~20 ℃。工业废水的水温与生产工艺有关。污水的水温过低或过高,都会影响污水生物处理效果和受纳水体的生态环境。

二、色度

污水的色度是一项感官指标。一般生活污水的颜色呈灰色,当污水中的溶解氧不足而使有机物腐败,则污水颜色转呈黑褐色。工业废水颜色随工业企业的性质而异,差别很大。

三、臭味

臭味也是感官性指标。可定性反映某种有机或无机污染物。生活污水的臭味主要由有机物腐败产生的气体所致。工业废水的臭味来源于还原性硫和氮的化合物、挥发性有机化合物等污染物质。

四、固体物质

污水中所含固体物质按存在形态的不同可分为悬浮的、胶体的和溶解的三种。按化学性质的不同可分为有机物、无机物和生物体三种。

污水中所含固体物质的总和称为总固体(TS),是指定量水样在 105~110 ℃烘箱中烘干至恒重所得重量。总固体包括悬浮固体或称为悬浮物(SS)和溶解固体(DS)。悬浮固体根据其挥发性能又可以分为挥发性固体(VSS)和非挥发性固体(NVSS)。

1.2.2　污水的化学性质及指标

一、无机物

污水中的无机物包括酸碱物质、氮、磷、无机盐及重金属离子等。

1. 酸碱度

酸碱度用 pH 表示。天然水体的 pH 一般为 6~9,当受到酸碱污染时,水体 pH 会发生变化。当 pH 超出 6~9 的范围较大时,会抑制水体中微生物和水生生物的繁衍和生存,对水体的生态系统产生不利影响,甚至危及人畜生命安全。当污水 pH 偏低或偏高时,不仅会对管渠、污水处理构筑物及机械设备产生腐蚀或结垢,还会对污水的生物处理构成威胁。

污水的碱度是指污水中含有的、能与强酸发生中和反应的物质,主要包括三种:氢氧化物浓度,即 OH^- 离子浓度;碳酸盐碱度,即 CO_3^{2-} 离子含量;重碳酸盐碱度,即 HCO_3^- 离子含量。

污水所含碱度,对外来或污水处理过程产生的酸、碱有一定的缓冲作用,有助于维持良好 pH 环境。在厌氧反应和污水生物脱氮除磷时,对碱度有一定的要求。例如,生物脱氮除磷的好氧区(池)的总碱度宜大于 70 mg/L(以 $CaCO_3$ 计)。

2. 氮、磷

氮、磷污染易导致藻类等浮游生物大量繁殖,破坏水体耗氧和复氧平衡,使水质迅速恶化,危害水生态系统,俗称为水体富营养化现象。

污水中含氮化合物有四种形态:有机氮、氨氮、亚硝酸盐氮、硝酸盐氮,四种形态氮化合物的总量称为总氮(TN)。氮是有机物中除碳以外的一种主要元素,也是微生物生长的重要元素。它消耗水体中的溶解氧,促进藻类等浮游生物的繁殖,形成水华、赤潮,引起鱼类死亡,水质迅速恶化。

有机氮在自然界不稳定,在微生物的作用下容易分解为其他三种含氮化合物。在无氧条件下分解为氨氮;在有氧条件下,先分解为氨氮,继而分解为亚硝酸盐氮和硝酸盐氮。

(1) 凯氏氮(KN):有机氮和氨氮之和。凯氏氮指标可以作为判断污水进行生物处理时,氮营养源是否充足的依据。一般生活污水中凯氏氮含量约为 40 mg/L(其中有机氮约为 15 m/L,氨氮约为 25 m/L)。

(2) 氨氮:氨氮在污水中以游离氨(NH_3)和离子态铵盐(NH_4^+)两种形态存在,两者之和即氨氮。污水进行生物处理时,氨氮不仅向微生物提供营养素,而且对污水中的 pH 起缓冲作用。一般氨氮超过 1 600 mg/L(以 N 计),会对微生物产生不利作用。

(3) 磷:污水中含磷化合物可分为有机磷与无机磷两类。磷也是有机物中的一种主要元素,主要来自人体排泄物、合成洗涤剂、牲畜饲养及含磷工业废水。有机磷主要以葡萄糖-6-磷酸,2-磷酸-甘油酸及磷肌酸等形态存在。无机磷以磷酸盐的形态存在,包括正磷酸盐(PO_4^{3-})、偏磷酸盐(HPO_4^{2-})、磷酸二氢盐($H_2PO_4^-$)等。污水中的总磷(TP)指正磷酸盐、焦磷酸盐、偏磷酸盐、聚合磷酸盐等无机磷和有机磷酸盐磷的总含量。

一般而言,单纯的生活污水中有机磷含量约 3 mg/L,无机磷含量约 7 mg/L。

3. 硫酸盐与硫化物

生活污水的硫酸盐主要来源于人类排泄物。工业废水如洗矿、化工、制药、造纸和发酵等工业的废水含有较高的硫酸盐。

污水中的硫化物主要来源于工业废水(如硫化染料废水、人造纤维废水等)和生活污水。硫化物属于还原性物质,在污水中以硫化氢(H_2S)、硫氢化物(HS^-)与硫化物(S^{2-})的形态存在。当 pH 较低时(如低于 6.5),以 H_2S 为主,约占硫化物总量的 98%;当 pH 较高时(如高于 9),则以 S^{2-} 为主。硫化物在污水中要消耗溶解氧,且能形成黑色金属硫化物。

4. 氯化物

某些工业废水中含有很高的氯化物,对管道和设备有腐蚀作用,一般而言,当氯化钠浓度超过 10 000 mg/L 时,对生物处理的微生物有明显抑制作用。

5. 非重金属无机有毒物质

非重金属无机有毒物质主要有氰化物(CN)和砷(As)。

(1) 氰化物在污水中的存在形态是无机氰(如氢氰酸 HCN、氰酸盐 CN^-)和有机氰化物(如丙烯腈 C_2H_3CN 等)。

(2) 砷化物在污水中的存在形态是无机砷化物(如亚砷酸盐 AsO_2^-、砷酸盐 AsO_4^{3-})及有机砷(如三甲基砷)。砷化物对人体的毒性排序为有机砷>亚砷酸盐>砷酸盐。砷会在人体内积累,属致癌物质。

6. 重金属离子

重金属指原子序数在 21~83 的金属或相对密度大于 4 的金属,如汞、镉、铅、铬、镍等生物毒性显著的元素,也包括具有一定毒性的一般重金属,如锌、铜、钴、锡等。

采矿、冶炼企业是排放重金属的主要污染源;其次,电镀、陶瓷、玻璃、氯碱、电池、制革、照相器材、造纸、塑料及颜料等工业废水,都含有各种不同的重金属离子;生活污水中的重金属主要来源于人类排泄物。污水中含有的重金属,在污水处理过程中大约60%被转移到污泥中,其余随水排出。

二、有机物

1. 污水中的有机物成分

生活污水中所含有机物的主要成分是糖类化合物、蛋白质、脂肪及尿素(由于尿素分解很快,城市污水中很少能检测到),构成元素为碳、氢、氧、氮和少量的硫、磷、铁等。工业废水所含有机物种类繁多,浓度变化很大。

2. 可生物降解、难生物降解与不可生物降解有机物

有机物按被生物降解的难易程度,大致可分为三大类:第一类是可生物降解有机物;第二类是难生物降解有机物;第三类是不可生物降解有机物。前两类有机物的共同特点是最终都可以被氧化分解成简单的无机物、二氧化碳和水;区别在于第一类有机物可被一般微生物氧化分解,而第二类有机物只能被氧化剂氧化分解,或者可被经驯化、筛选后的微生物氧化分解。第三类有机物完全不可生物降解,称为持久性有机污染物(POPs),这类有机物一般采用化学氧化法进行处理。

3. 污水中主要有机物的生物化学特性

(1) 糖类化合物

污水中的糖类化合物,包括单糖、双糖、多糖、淀粉、纤维素和木质素等,主要构成元素为碳、氢、氧,属于可生物降解有机物,对微生物无毒害与抑制作用。

(2) 蛋白质

蛋白质由多种氨基酸化合或结合而成,主要构成元素是碳、氢、氧、氮。

蛋白质性质不稳定,易分解,属于可生物降解有机物,对微生物无毒害与抑制作用。

(3) 脂肪和油类

脂肪和油类是乙醇或甘油与脂肪酸的化合物,主要构成元素为碳、氢、氧。脂肪酸甘油酯在常温下呈液态,称为油;在低温下呈固态,称为脂肪。脂肪比碳水化合物、蛋白质的性质稳定,属于难生物降解有机物,对微生物无毒害与抑制作用。炼油、石油化工、焦化、煤气发生等工业废水中,含有矿物油即石油,属于难生物降解有机物,并对微生物有一定的毒害与抑制作用。

(4) 酚类

酚类是指苯及其稠环的羟基衍生物。根据羟基的数目,可分为单元酚、二元酚和多元酚。根据其能否与水蒸气一起挥发而分为挥发酚和不挥发酚。挥发酚包括苯酚、甲酚、二甲苯酚等,属于可生物降解有机物,但对微生物有一定的毒害与抑制作用。不挥发酚包括间苯二酚、邻苯三酚等多元酚,属于难生物降解有机物,并对微生物有毒害与抑制作用。

(5) 有机酸、碱

有机酸包括短链脂肪酸、甲酸、乙酸和乳酸等。有机碱包括吡啶及其同系物质,都属于可生物降解有机物,但对微生物有毒害或抑制作用。

(6) 表面活性剂

表面活性剂分两类:硬性表面活性剂(ABS),主要成分为烷基苯磺酸盐,含有磷并易产生大

量泡沫,属于难生物降解有机物;软性表面活性剂(LAS),主要成分为烷基芳基磺酸盐,也含磷,但泡沫大大减少,LAS 是 ABS 的替代物。

(7)有机农药

有机农药分两大类:即有机氯农药和有机磷农药。有机氯农药(如 DDT、六六六等)毒性极大且很难分解,多数属持久性有机污染物(POPs),且会在自然界不断积累,严重污染环境。我国已禁止生产和使用有机氯农药。现在普遍采用的有机磷农药(含杀虫剂和除草剂)包括敌百虫、乐果、敌敌畏、甲基对硫磷、马拉硫磷及对硫磷等,毒性仍然很大,也属于难生物降解有机物,对微生物有毒害与抑制作用。

(8)取代苯类化合物

苯环上的原子被硝基、胺基取代后生成的芳香族卤化物称为取代苯类化合物。主要来源于印染和染料工业废水(含芳香族胺基化合物,如偶氮染料、蒽醌染料、硫化染料)、炸药工业废水(含芳香族硝基化合物,如三硝基甲苯、苦味酸等)及电器、塑料、制药、合成橡胶、石油化工等工业废水(含聚氯联苯、联苯氨、稠环芳烃、萘胺、三苯磷酸盐、丁苯等),都属于难生物降解有机物,并对微生物有毒害或抑制作用。

4. 表示水中有机物浓度的指标

污水中的有机物种类繁多、成分复杂,要分别测定各类有机化合物的准确含量,程序相当繁琐,一般在工业应用中也无此必要。这些有机物对水的主要危害在于大量消耗水中的溶解氧。因此,通常用氧化过程所消耗的氧量来做为好氧有机物的综合指标,一般采用生物化学需氧量或生化需氧量(BOD)、化学需氧量(COD)、总有机碳(TOC)、总需氧量(TOD)等指标来综合评价水中有机物的含量。

(1)生化需氧量(BOD)

水中有机污染物在有氧条件下被好氧微生物分解成无机物所消耗的氧量称为生化需氧量(以 mg/L 为单位)。生化需氧量高,表示水中可生物降解有机物多。有机物被好氧微生物分解的过程,可分为两个阶段:第一阶段为碳氧化阶段,在异养菌作用下,有机物被氧化成二氧化碳、水和氨;第二阶段为硝化阶段,在自养菌(亚硝化菌)作用下,氨被氧化成亚硝酸盐,继而在自养菌(硝化菌)作用下,亚硝酸盐转化为硝酸盐成为硝化需氧量。

有机物的生化全过程延续时间很长,在 20 ℃ 水温下,完成两个阶段需 100 d 以上。生活污水中的有机物一般需 20 d 左右才能基本完成第一阶段的降解过程,即测定第一阶段的生化需氧量至少需要 20 d 时间。根据实验研究,一般有机物的 5 d 生化需氧量约为第一阶段生化需氧量的 68%。在实际应用上,采用 5 d 的生化需氧量(以 BOD_5 表示)作为可生物降解有机污染物的综合浓度指标。采用 20 d 的生化需氧量(以 BOD_{20} 表示)近似作为第一阶段总生化需氧量 BOD_u,即 $BOD_5 = 0.68BOD_u$。生化需氧量全过程示意见图 1-1。

(2)化学需氧量(COD)

采用化学氧化剂将有机物氧化成二氧化碳和水所消耗的氧化剂量(用氧量表示)称为化学需氧量(以 mg/L 为单位)。它可较准确地表示水中有机物含量,测定需花费数小时时间,且测定结果不受被测水样含有抑制微生物成长的有毒有害物质的影响。常用的氧化剂有重铬酸钾和高锰酸钾。由于重铬酸钾的氧化能力极强,可以较完全地氧化水中的各种有机物,对低直链化合物的氧化率可达 80% ~ 90%。我国采用以重铬酸钾作为氧化剂测定化学需氧量,以 COD_{Cr} 表示。

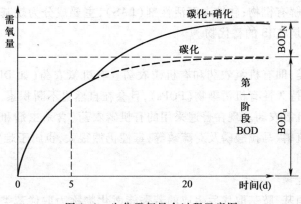

图 1-1 生化需氧量全过程示意图

有的国家采用高锰酸钾作为氧化剂测定化学需氧量,以 COD_{Mn} 或 OC 表示。高锰酸钾的氧化能力较重铬酸钾弱,测出的耗氧量数值较低。

如果污水中有机物的组成相对稳定,测得的化学需氧量和生化需氧量之间有一定的比例关系。一般地说,重铬酸钾法化学需氧量(COD_{Cr})与生化过程第一阶段生化需氧量(BOD_{20})之差值,可以大致表示污水中难生物降解有机物的数量。在实际工程中,通常用 BOD_5/COD_{Cr} 的比值,作为污水是否适宜采用生物处理的判别标准,被称为可生化性指标。该比值越大,可生化性越好,反之亦然。一般认为,$BOD_5/COD_{Cr}>0.3$ 的污水适宜采用生物处理;<0.3 生化处理困难;<0.25 不宜采用生化处理。

(3)理论需氧量

理论需氧量是指将有机物中的碳元素和氢元素完全氧化为二氧化碳和水所需氧量的理论值(即按完全氧化反应式计算出的需氧量)。严格意义上也包括有机物中氮、磷、硫等元素完全氧化所需氧量的理论值(当计入这些元素完全氧化的需氧量时应在数据后注明)。理论需氧量通常用于进行需氧量的估算;用于与化学需氧量对比,以研究与检验化学需氧量测定方法的适用性和测定数据的可靠性;也用于与生化需氧量对比,研究水中污染物的生物降解特性及废水生化处理方法的适用性。

(4)总需氧量(TOD)

总需氧量(TOD)代表了废水中有机物质燃烧氧化的总需氧量。该方法利用高温(900 ℃)将废水水样中能被氧化的物质(主要是有机物质,包括难分解的有机物质及部分无机还原物质)燃烧氧化成稳定的氧化物,通过气体载体中氧量的减少,测定出上述物质燃烧氧化所消耗的氧量(O_2),称为总需氧量(TOD),结果以 O_2 的 mg/L 计。废水的 TOD 值愈高,说明废水中含有机物亦愈多。

(5)总有机碳(TOC)

废水中有机物含量,除了以有机物氧化过程的耗氧量,如上述的 BOD、COD、TOD 指标反映外,还有以有机物中某一主要元素的含量来反映的指标。总有机碳(TOC)是一种以废水中碳元素(C)含量来反映废水中有机物总量的水质指标。将废水水样在高温下进行燃烧,有机碳即被氧化成 CO_2,检测所产生的 CO_2 即可求得水样的 TOC 值,单位以碳(C)的 mg/L 表示。

由于各种水样中有机物质的成分不同,差别很大。因此,各种水质之间 TOC 或 TOD 与 BOD

不存在固定的相关关系。但水质条件基本相同的污水,BOD_5、COD_{Cr}、TOD 或 TOC 之间存在一定的相关关系,可以通过试验求得它们之间的关系曲线,从而可以快速得出水样被有机物污染的程度。一般情况下,$ThOD > TOD > COD_{Cr} > BOD_{20} > BOD_5 > TOC$(表 1.1)。

表 1.1 常见有机物的化学需氧量和生化需氧量之比较

编号	物质名	化学式	ThOD*	COD_{Cr}		COD_{Mn}		BOD_5
			(gO_2/g)	(gO_2/g)	氧化率(%)	(gO_2/g)	氧化率(%)	(gO_2/g)
1	甲酸	HCOOH	0.348	0.34	97.7	0.049	14	0.09
2	乙酸	CH_3COOH	1.07	1.03	96.3	0.074	7	0.7
3	丙酸	CH_3CH_2COOH	1.51	1.45	96	0.13	8	1.3
4	丁酸	$CH_3(CH_2)_2COOH$	1.82	1.76	97.8	0.079	4	1.15
5	戊酸	$CH_3(CH_2)_3COOH$	2.04	1.9	93.1	0.079	4	1.4

生活污水的 BOD_5/COD_{Cr} 比值约为 0.4 ~ 0.5;BOD_5/TOC 比值一般为 1.0 ~ 1.6。工业废水的 BOD_5/COD_{Cr} 和 BOD_5/TOC 比值,由于各种工业生产性质不同,差异极大。

1.2.3 污水的生物性质及指标

污水生物性质的检测指标主要有细菌总数、总大肠菌群及病毒三项,用以评价水样受生物污染的严重程度。

一、细菌总数

细菌总数是大肠菌群、病原菌、病毒及其他细菌数的总和,以每升水样中的细菌群数总数表示。

二、总大肠菌群

总大肠菌群数是每升水样中所含大肠菌群的数量(以个/L 计),采用多管发酵法或者滤膜法测定。大肠菌群指数是指检查出一个大肠菌群所需的最少水量(以 mL/个计)。

三、病毒

污水中已被检出的病毒有 100 多种。病毒的培养检验方法比较复杂,目前主要采用数量测定法与蚀斑测定法两种。

1.3 水体污染分类及其危害

水体污染是指超过水体环境容量的污染物质侵入,导致水的物理、化学及生物性质发生变化,使水体固有的生态系统和功能受到破坏的现象。水体污染的来源分两大类:一是点源污染,未经妥善处理的城市生活污水和工业废水集中排入水体;二是面源污染,又称非点源污染,主要包括分散排放的生活污染源、水田渗漏、降雨和地表径流污染源四大类。具体而言,生活污染源主要是指农村分散排放的居民生活污染源,包括人体排泄、生活垃圾和生活污水,其与居民生活习惯、用水方式及排水方式密切相关;水田渗漏是指水田中的污染物通过土壤渗漏进入水环境;降雨和地表径流污染源与降雨水质及土地利用方式密切相关,地表径流污染源有时又称为土地利用污染源。

1.3.1 物理性污染及危害

水体的物理性污染是指水温、色度、臭味、悬浮物及泡沫等,被人们感官所觉察并引起感官不悦。

一、水温

高温工业废水排入水体后,使水体水温升高,这种水体的热污染,造成的直接后果是使大气中的氧向水体传递速度减慢,即水体复氧速率减慢。地表水体的饱和溶解氧与水温成反比关系,水温升高饱和溶解氧降低。

此外,水体中水生生物的耗氧速率明显加快,加速水体中溶解氧的消耗,造成鱼类和水生生物发生变化或生长异常,甚至造成水生生物的窒息死亡。水体热污染加快化学反应速率,引发水体物理化学性质(如电导率、溶解度、离子浓度和腐蚀性)的变化,还会加速细菌和藻类的恶性繁殖,加速水体恶化。

二、色度

天然水体中存在腐殖质、泥土、浮游生物、铁和锰等金属离子,均可使水体着色。生活污水和有色工业废水,如印染、造纸、农药、焦化、化纤和化工废水排入水体后,形成令感官不悦的色度。由于水体色度增加,透光性减弱,会影响水生生物的光合作用,抑制其生长繁殖,妨碍水体的自净作用。

三、固体物质污染

水体受悬浮固体污染的主要危害是:

(1) 浊度增加,透光性减弱,会影响水生生物的光合作用。

(2) 悬浮固体可能堵塞鱼鳃,导致鱼类窒息死亡。

(3) 由于微生物对有机悬浮固体的分解代谢作用,会大量消耗水体中的溶解氧。

(4) 部分悬浮固体沉积于水底,造成底泥积累与腐败,使水体水质恶化。

(5) 悬浮固体漂浮水面,有碍观瞻并影响水体复氧。

(6) 悬浮物体可作为载体,吸附其他污染物质,随水流迁移污染。

水体受溶解固体污染后,硬度增加,水味涩口,饮用水溶解固体浓度应不高于 500 mg/L,锅炉用水更严格,农业灌溉用水溶解固体浓度不宜高于 1 000 mg/L,否则可能会造成土壤板结。

1.3.2 无机物污染及危害

一、酸、碱及无机盐污染

工业废水排放的酸、碱,以及降雨淋洗受污染空气中的 SO_2、NO_x^- 所产生的酸雨,都会使水体受到酸、碱污染。酸、碱进入水体后,互相中和产生无机盐类,同时又会与水体存在的地表矿物质如石灰石、白云石、硅石以及游离二氧化碳发生中和反应,形成无机盐类,故水体的酸、碱污染往往伴随无机盐类污染。

酸、碱污染可能使水体的 pH 发生变化,微生物生长受到抑制,水体的自净能力受到影响。渔业水体的 pH 规定不得低于 6 或高于 9.2,超过此限制时,鱼类生殖率下降甚至死亡。农业灌溉用水要求的 pH 为 5.5 ~ 8.5。

无机盐污染使水体硬度增加,造成的危害与前述溶解固体相同。

此外,由于水体中往往存在一定数量由分子状态的碳酸(包括溶解的 CO_2 和未离解的 H_2CO_3 分子、重碳酸根 HCO_3^- 和碳酸根 CO_3^{2-} 组成的碳酸盐系碱度),对外加的酸、碱具有一定的缓冲能力,可维持水体 pH 的稳定。

二、氮、磷污染

氮、磷是重要的植物营养元素,是农作物、水生植物和微生物生命活动不可缺少的物质,过量的氮、磷进入天然水体会导致富营养化而造成水质恶化。

湖泊中植物营养元素含量增加,导致藻类过度生长将造成水中溶解氧急剧变化,会使水体在夜间严重缺氧,影响鱼类生长。由于人类的生产和生活活动形成大量的有机物及氮、磷营养物排入江河、湖泊、水库及海洋,大大加速和扩大了水体富营养化的进程和范围。水体富营养化现象除发生在湖泊、水库中,也发生在海湾内。

三、硫酸盐与硫化物污染

饮用水中硫酸盐(SO_4^{2-})含量超过 250 mg/L,可能会引起腹泻,因此《生活饮用水卫生标准》和《地表水环境质量标准》都规定水中硫酸盐限值为 250 mg/L。

水体中 H_2S 浓度达到 0.5 mg/L 时即有异臭,水呈黑色。硫化物属于还原性物质,要消耗水体中的溶解氧,并能与重金属离子反应,生成金属硫化物的黑色沉淀物。

四、重金属污染

水体受到重金属污染,浓度超过人体或水生生物所允许的范围,将出现毒性效应。重金属不能被微生物降解,反而可在微生物的作用下转化为有机化合物,使毒性增加。水生生物摄取重金属及其化合物并在体内累积,经过食物链进入人体,甚至通过遗传或母乳传给婴儿。重金属进入人体后,能与体内的蛋白质及酶等发生化学反应而使其失去活性,并可能在人体某些器官中累积,造成慢性中毒,这种累积的危害,有时需要几十年才显现出来,其中毒性较大的有汞、镉、铬、铅等重金属。

1.3.3 有机物污染及危害

有机物排入水体,在有溶解氧的条件下,由于好氧微生物的降解作用,有机物被分解为 CO_2、H_2O 和 NH_3,同时合成新细胞,并消耗水体中的溶解氧。与此同时,大气中的氧气也会通过水体表面不断溶入,使水体中的溶解氧得到补充,这种作用称为水面复氧。若排入的有机物量超过水体的环境容量,使耗氧速率超过复氧速率,水体便会出现缺氧甚至无氧。在水体缺氧的条件下,由于厌氧微生物的作用,有机物被降解为 CO_2、NH_3 及少量 H_2S 等有害有臭气体,水色变黑,水质迅速恶化。主要的有机污染物有如下几类。

一、油类污染物

油类可分为石油类和动植物油脂类。石油开采和石油化工等工业废水含有石油和石油加工组分。含动植物油脂的污水主要来自人类的生活废弃物和食品加工等工业废水。

油类污染物进入水体后,油膜覆盖水面会阻碍水的蒸发,影响大气和水体热交换。大面积的油膜阻碍大气中的氧气进入水体,甚至造成水面复氧停止,影响水生生物的生长和繁殖。油脂会堵塞鱼鳃和水生生物呼吸系统,造成窒息死亡。石油类污染能使鱼虾类产生令人厌恶的石油臭味,降低甚至丧失水产品的食用价值和水资源的价值。

二、酚类和苯类污染物

酚类化合物是有毒有害污染物,挥发酚对水生生物毒性较大。酚的毒性可抑制水中微生物的生长速率,影响水产品的产量和质量。当酚浓度为 $0.1 \sim 0.2$ mg/L 时,能使鱼类中毒,引起鱼类大量死亡甚至绝迹。当酚浓度超过 0.002 mg/L 的水体用作饮用水源时,加氯消毒与酚结合生成氯酚,产生臭味。如将浓度超过 5 mg/L 的含酚废水灌溉农田,会导致农作物减产甚至绝收。

已被查明的苯类化合物"三致"物质(致突变、致癌、致畸形)有多氯联苯、联苯氨、稠环芳烃等多达 20 多种,疑似致癌物质也超过 20 种。

三、表面活性污染物

表面活性剂制造工业的排水和人们日常洗涤排水中均含有大量的表面活性剂。许多高效洗涤剂的主要成分之一是缩合磷酸盐(焦磷酸盐、偏磷酸盐和多磷酸盐)。表面活性剂进入水体,不仅产生大量泡沫,令感官不快,也是导致水体富营养化的重要原因之一。

1.3.4   病原微生物污染及危害

一、细菌总数

水中含有的细菌总数与水体污染状况有一定关系,可反映水体受细菌污染的程度,但不能直接说明是否存在病原微生物和病毒,也不能说明污染的来源,可以结合大肠菌群数来判断水体污染的可能来源和安全程度。

二、粪大肠菌群

水是传播肠道疾病的重要媒介和途径,而大肠菌群被视为最基本的粪便污染指示性菌群。凡水体中存在粪便污染指示菌,即说明水体曾有过粪便污染,也就有可能存在肠道病原微生物(伤寒、痢疾、霍乱等)和病毒污染。

1.4   城镇污水处理的发展过程

城镇污水处理历史可追溯到古罗马时期,那个时期环境容量大,水体的自净能够满足人类的用水需求,人们仅需考虑排水问题即可。随着人口聚集的城市化进程加快,生活污水传播细菌引发了传染病的蔓延,出于健康的考虑,人类开始对排放的生活污水进行处理。早期的处理方式采用石灰、明矾等进行沉淀或用漂白粉进行消毒。明代晚期,我国已有污水净化装置。但由于当时需求性不强,我国生活污水仍以农业灌溉为主。1762 年,英国开始采用石灰及金属盐类等处理城市污水。后来发现河床中的砾石上长出的微生物可以净化水质,他们将微生物接种在生物滤池中,并且在 1893 年建造成了最早的生物滤池。1914 年,英国的克拉克(Clark)和盖奇(Gage)在曼彻斯特发明了世界上第一座活性污泥法污水处理试验厂。活性污泥法的诞生,奠定了未来近 100 年间城镇污水处理技术的基础。1921 年,活性污泥法传到我国,我国建设了第一座污水处理厂——上海北区污水处理厂。1926 年及 1927 年又分别建设了上海东区及西区污水厂,当时 3 座污水处理厂的日处理规模共达 3.55 万吨。

20 世纪下半叶,排入河流的氮磷营养物引起地表水的富营养化问题日益突出。人们意识到为限制水体富营养化必须去除污水中的氮、磷。随着细菌学和生物能量学被广泛用于污水处理的研究,硝化—反硝化脱氮系统应运而生。Wurhmann(1964)提出后置反硝化脱氮工艺,在曝气池后设置非曝气(缺氧)池完成反硝化脱氮,Ludzack 和 Ettinger(1962)提出前置反硝化工艺,以节约反硝化碳源的投加量。荷兰 Pasveer I A 博士专注于经济型污水处理工艺系统研发,于 1959 年开发了氧化沟系统,这种系统仅有一个处理单元,无初沉池、二沉池、消化池等。氧化沟工艺在连续进水—排水的过程中就完成了同步硝化与反硝化,该系统因构筑物简单、能耗低等特点被广泛采用。

随着研究的进一步深入,发现磷是水体富营养化的最主要制约因子,仅仅消除污水中的碳和氮源污染是远远不够的。20 世纪 70 年代,化学加药沉淀除磷的方法在污水的深度处理中出现,但是化学除磷会增加地表水的盐度,降低污水的农业实用价值。印度的 Srinath(1959)等人在污水处理厂的生产性运行中,观察到生物超量吸磷的现象。20 世纪 70 年代所开展的研究工作弄清了生物除磷所需的运行条件,并有意识地将其工程化应用。生物除磷工艺在不增加水体盐类浓度的条件下,为磷的去除和回收开辟了机会。

20 世纪 70 年代,由于能源危机和高浓度有机工业污水的大量排放,人们逐步探索高速高效的厌氧生物处理方法。Lettinga 及合作者发明了上流式污泥床反应器(UASB),代表了厌氧处理的一大突破。该工艺不仅适合工业废水处理,也适用于热带地区低浓度市政污水处理。

为了节约占地,提高污水净化碳、氮、磷污染元素的效率,膜生物反应器(MBR)、移动床生物膜反应器(MBBR)工艺应运而生。

总体而言,城镇污水处理的专业范围已经从单一的土木工程领域向一个基于更多学科基础的工艺过程扩展。

1.5　城镇污水处理的基本方法

污水处理的本质是采用物理、化学、生物的人工或自然方法将污染物质与水分子分离或在水中将其转化为无害的物质,永久性消除其在水中的污染效应。城镇污水处理方法可按下述方式分为几类。

1. 按照处理原理划分

按照处理原理划分,污水处理方法可分为物理处理法,化学处理法和生物处理法三大类。

(1)物理处理法:利用物理作用分离污水中的污染物质。主要方法有筛滤法、沉淀法、上浮法、气浮法、过滤法、旋流分离法和膜法等。

(2)化学处理法:利用化学反应作用,分离回收污水中处于各种形态的污染物质(包括悬浮的、溶解的、胶体的等)。主要方法有中和、混凝、电解、氧化还原、气提、萃取、吸附、离子交换和电渗析等。化学处理法多用于处理工业废水和废水再生利用处理。

(3)生物处理法:利用微生物的新陈代谢作用,使污水中呈溶解、胶体状态的有机污染物转化为稳定的无害物质。主要分为两大类,即利用好氧微生物作用的好氧法和利用厌氧微生物作用的厌氧法。前者广泛用于处理城镇污水及有机性工业废水,其中有活性污泥法和生物膜法两种;后者多用于处理高浓度有机污水与污水处理过程中产生的污泥,现在也开始用于处理城市污水与低浓度有机污水。

城镇污水与工业废水中的污染物是多种多样的,往往需要采用上述几种方法的组合,才能处理不同性质的污染物,以达到净化的目的与排放标准的要求。

2. 按照处理程度划分

按照处理程度划分,污水处理方法可分为一级、二级和三级处理。

(1) 一级处理。主要去除污水中呈漂浮、悬浮状态的固体污染物质,物理处理大部分只能完成一级处理的要求。经过一级处理后的污水,BOD 一般可去除 30% 左右,尚达不到排放标准要求。一级处理属于二级处理的预处理。

(2) 二级处理。主要去除污水中呈胶体和溶解状态的有机污染物质(即 BOD、COD 物质),去除率可达 90% 以上,使有机污染物达到排放标准。二级处理主要指生物处理。

(3) 三级处理。三级处理是在一级、二级处理后,进一步处理难降解的有机物、磷和氮等能够导致水体富营养化的可溶性无机物等。主要方法有深度脱氮除磷、混凝沉淀、过滤、活性炭吸附、离子交换和膜处理等。

污泥是污水处理过程中的产物。城市污水处理产生的污泥含有大量有机物,富含肥分,可以作为农肥使用,但又含有大量细菌、寄生虫卵及从工业废水中带来的重金属离子等,需要作稳定与无害化处理。污泥处理的主要方法是减量处理(如浓缩、脱水等)、稳定处理(如厌氧消化、好氧消化等)、综合利用(如消化气利用,污泥农业利用等)和最终处置(如干燥焚烧、填埋、建筑材料利用等)。

城镇污水处理方法要根据污水的水质、水量、回收其中有用物质的可能性、经济性、受纳水体的条件和要求、再生利用污水的目标和可行性,并结合调查研究与经济技术比较后决定,必要时还需进行试验。

在合流制排水系统区域及雨水污水混接严重区域、地下水或者河水混入严重区域,城镇污水处理的难度将加大,当外部条件短期难以改善的情况下,这些区域的城镇污水处理厂应优先选择耐冲击负荷及对可生化性要求不高的物化和生化处理的组合工艺,以最大限度地减少污染物排放。

工业废水处理方法随工业性质、生产原料、成品及生产工艺的不同而不同,具体处理方法与流程应根据工业废水水质、水量、处理对象、排放标准的要求及再生利用可能性,经调查研究或试验后确定。

思考题

1. 查阅我国污水排放和回用管理的国家标准,熟悉我国现行污水排放管理主要标准的水质指标限值。
2. 污水处理技术的发展趋势是什么? 为什么?

第2章

污水物理处理方法

污水中的污染物一般以三种形态存在:悬浮(包括漂浮)态、胶体和溶解态。污水物理处理的对象主要是可能堵塞水泵叶轮和管道阀门及增加后续处理单元负荷的悬浮物和部分的胶体,因此污水的物理处理一般又称为废水的固液分离处理。废水固液分离从原理上讲,主要分为两大类:一类是废水受到一定的限制,悬浮固体在水中流动被去除,如重力沉淀、离心分离和浮选等;另一类是悬浮固体受到一定的限制,废水流动而将悬浮固体抛弃,如格栅、筛网和各类过滤过程。显然,前者的前提是悬浮固体与水存在密度差,后者则取决于阻挡(限制)悬浮固体的介质。

污水的物理处理方法一般分为三大类:筛滤截留法——格栅、筛网、滤池与微滤机等;重力分离法——沉砂池、沉淀池、隔油池与气浮池等;离心分离法——离心机与旋流分离器等。

2.1 格栅

《室外排水设计规范》规定,在污水处理系统或水泵前,必须设置格栅。格栅所能截留的悬浮物和漂浮物(统称为栅渣)数量,因所选的栅条间空隙宽度和污水的性质不同而有很大的区别。格栅栅条间空隙宽度应符合下列要求:污水处理系统前,采用机械清除时为 16 ~ 25 mm;采用人工清除时为 25 ~ 40 mm。在水泵前,应根据水泵要求确定。

现在许多污水处理厂为了加强格栅的拦污效果,减少后续处理构筑物的浮渣污染,设计上还采用细格栅(格栅间距 1.5 ~ 10 mm),置于后续处理构筑之前。

格栅栅渣的数量与栅条之间的空隙宽度有关:当栅条间空隙宽度为 16 ~ 25 mm 时,栅渣量为 0.10 ~ 0.05 m³/10³ m³ 污水;当栅条间空隙宽度为 25 ~ 40 mm 时,栅渣量为 0.03 ~ 0.01 m³/10³ m³ 污水。据统计,粗格栅平均栅渣量为 0.03 m³/10³ m³ 污水;细格栅平均栅渣量为 0.07 m³/10³ m³ 污水。栅渣含水率为 70% ~ 80%,密度为 750 ~ 960 kg/m³。

格栅的清渣方法有:人工清除和机械清除两种。每天的栅渣量大于 0.2 m³ 时,一般应采用机械清除方法。

2.1.1 格栅分类

1. 按形状,格栅可分为平面与曲面格栅两种。平面格栅由栅条与框架组成。曲面格栅又可分为固定曲面格栅与旋转鼓筒式格栅两种。

按格栅栅条的净间距,可分为粗格栅(50~100 mm)、中格栅(10~40 mm)、细格栅(1.5~10 mm)三种。平面格栅与曲面格栅,都可做成粗、中、细三种。由于格栅是物理处理的重要设施,故新设计的污水处理厂一般采用粗、中两道格栅,甚至采用粗、中、细三道格栅。

2. 按清渣方式,格栅可分为人工清渣格栅和机械清渣格栅两种。

人工清渣格栅——适用于小型污水处理厂。为了使工人易于清渣作业,避免清渣过程中的栅渣掉回污水中,格栅倾角宜采用30°~60°。

机械清渣格栅——当栅渣量大于0.2 m³/d时,为改善劳动与卫生条件,应采用机械清渣格栅。机械清渣格栅倾角一般为60°~90°。机械清渣格栅过水面积,一般应不小于进水管渠有效面积的1.2倍。几种机械格栅及其适用范围见表2.1。

表2.1 几种机械格栅及其适用范围

类型	适用范围	优点	缺点
链条式机械格栅	深度不大的中小型格栅,主要清除长纤维、带状物	1. 构造简单,制造方便; 2. 占地面积小	1. 杂物进入链条和链轮之间,容易卡住; 2. 套筒滚子链造价高,耐腐蚀差
移动式伸缩臂机械格栅	中等深度的宽大格栅	1. 不清污时,设备全部在水面上,维护检修方便; 2. 可不停水检修; 3. 钢丝绳在水面上运行,寿命较长	1. 需三套电动机、减速器,构造较复杂; 2. 占地面积较大
圆周回转式机械格栅	深度较浅的中小型格栅	1. 构造简单,制造方便; 2. 运行可靠,容易检修	1. 配置圆弧形格栅,制造较困难; 2. 占地面积较大

2.1.2 格栅的设计计算

格栅的设计内容包括尺寸计算、水力计算、栅渣量计算以及清渣机械的选用等。图2-1为格栅计算简图。

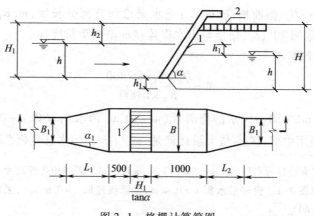

图 2-1　格栅计算简图

1—栅条;2—操作平台

一、栅槽宽度

$$B = s(n-1) + en \tag{2-1}$$

$$n = \frac{Q_{\max}\sqrt{\sin\alpha}}{ehv} \tag{2-2}$$

式中,B:格栅宽度,m;s:栅条宽度,m,一般取 $s=0.01$ m;e:栅条间的净间距,m,粗格栅 $e=50\sim$ 100 mm、中格栅 $e=10\sim40$ mm、细格栅 $e=1.5\sim10$ mm;n:栅条间的间隙数;$Q_{\max}$:最大设计流量,$\mathrm{m^3/s}$;α:格栅设置倾角,度;h:栅前水深,m;v:过栅流速,m/s,宜采用 $0.6\sim1.0$ m/s;$\sqrt{\sin\alpha}$:经验系数。

二、过栅的水头损失

$$h_1 = kh_0 \tag{2-3}$$

$$h_0 = \xi\frac{v^2}{2g}\sin\alpha$$

式中,h_1:过栅水头损失,m;h_0:计算水头损失,m;g:重力加速度,9.81 $\mathrm{m/s^2}$;k:系数,格栅受污染物堵塞后,水头损失增大的倍数,一般 $k=3$;ξ:阻力系数,与栅条断面形状有关,$\xi = \beta\left(\dfrac{S}{e}\right)^{4/3}$。

当为矩形断面时,$\beta=2.42$。为避免造成栅前涌水,故将栅后槽底下降 h_1 作为补偿,见图 2-1。

三、栅槽总高度

$$H = h + h_1 + h_2 \tag{2-4}$$

式中,H:栅槽总高度,m;h:栅前水深,m;h_2:栅前渠道超高,m,一般采用 0.3 m。

四、栅槽总长度

$$L = L_1 + L_2 + 1.0 + 0.5 + \frac{H_1}{\tan\alpha_1} \tag{2-5}$$

$$L_1 = \frac{B - B_1}{2\tan\alpha_1}$$

$$L_2 = \frac{L_1}{2}$$

$$H_1 = h + h_2$$

式中,L:栅槽总长度,m;H_1:栅前槽高,m;L_1:进水渠道渐宽部分长度,m;B_1:进水渠道宽度,m;α_1:进水展开角,一般采用20°;L_2:栅槽与出水渠连接的渐缩渠长度,m。

五、每日栅渣量计算

$$W = \frac{Q_{\max} W_1 \times 86\,400}{K_{总} \times 1\,000} \tag{2-6}$$

式中,W:每日栅渣量,m³/d;W_1:污水的栅渣量(m³/10³m³污水),取0.1~0.01,粗格栅用小值,细格栅用大值,中格栅用中值;$Q_{\max}$:最大设计流量,m³/s;$K_{总}$:污水总变化系数。

例2-1 已知某市最大设计污水量 $Q_{\max}=0.2$ m³/s,$K_{总}=1.5$,试计算格栅各部尺寸。

解 格栅计算简图见图2-1。设栅前水深 $h=0.4$ m,过栅流速取 $v=0.9$ m/s,采用中格栅,栅条间隙 $e=20$ mm,格栅安装倾角 $\alpha=60°$。

栅条的间隙数

$$n = \frac{Q_{\max}\sqrt{\sin\alpha}}{ehv} = \frac{0.2\sqrt{\sin 60°}}{0.02\times 0.4\times 0.9} \approx 26$$

栅槽宽度:采用式(2-1)计算,取栅条宽度 $s=0.01$ m,得

$$B = s(n-1)+en = 0.01(26-1)+0.02\times 26 \approx 0.8 \text{ m}$$

进水渐宽部分长度:若进水渠宽 $B_1=0.56$ m,渐宽部分展开角 $a_1=20°$,此时进水渠道内的流速为0.77 m/s,得

$$L_1 = \frac{B-B_1}{2\tan\alpha_1} = \frac{0.8-0.56}{2\tan 20°} \approx 0.33 \text{ m}$$

栅槽与出水渠道连接处的渐缩部分长度

$$L_2 = \frac{L_1}{2} = \frac{0.33}{2} = 0.17 \text{ m}$$

过栅水头损失:因栅条为矩形截面,取 $k=3$,并将已知数据代入式(2-3),得

$$h_1 = 2.42\times\left(\frac{0.01}{0.02}\right)^{4/3}\times\frac{0.9^2}{2\times 9.81}\sin 60°\times 3 = 0.1 \text{ m}$$

栅后槽总高度:取栅前渠道超高 $h_2=0.3$ m,栅前槽高 $H_1=h+h_2=0.3+0.4=0.7$ m,得 $H=h+h_1+h_2=0.4+0.1+0.3\approx 0.8$ m。

栅槽总长度:

$$L = L_1+L_2+1.0+0.5+\frac{H_1}{\tan\alpha_1} = 0.33+0.17+1.0+0.5+\frac{0.7}{\tan 60°} = 2.4 \text{ m}$$

每日栅渣量:采用式(2-6)计算,取 $W_1=0.07$ m³/10³m³,得

$$W = \frac{Q_{\max} W_1 \times 86\,400}{K_{总}\times 1\,000} = \frac{0.2\times 0.07\times 86\,400}{1.5\times 1\,000} = 0.8\,(\text{m}^3/\text{d})$$

格栅采用机械清渣方式。

2.1.3　膜格栅

在市政污水处理领域,自从引进膜处理技术以后,对机械性隔除分离技术就提出了极高的要求。传统的污水处理系统中,机械性预处理系统主要是去除粗大物质,而在膜处理装置内则要求在任何工况条件下都必须将细小物质,例如头发和细小纤维物质,安全可靠地分离去除。为了达到这一目的,要求对污水处理厂内现有的预处理系统进行相应的工艺调整和改造。

膜格栅是精细过滤装置,是膜装置预处理系统内的核心处理单元,筛缝间距在0.5~2 mm

之间。采用膜生物反应器时,污水进入生化系统之前必须经过粗格栅(约 20 mm 栅距)、细格栅(3 mm 或 6 mm 栅距)和后续沉砂除油及精细格栅处理。

除油装置是防止油脂物质粘附在精细网格或筛孔之内造成堵塞,带有除油功能的曝气沉砂池是良好的选择。在确定预处理设备和选择筛缝间距时,必须根据污水中悬浮油类、纤维物质的含量和膜组件结构对这些干扰物质的敏感状态而确定。

德国琥珀公司生产的 ROTAMAT® 膜格栅采用二维方孔过滤网,保证固液分离效果。二维分离设计和非常细小的方孔可以将纤维类物质和毛发拦截在栅筐内。而传统式的栅条格栅因为其一维式设计,分离间隙无法定义,则不能达到这种分离效果。同时方孔过滤网具有很大的过滤表面积,因而能够适应较高的水力负荷。图 2-2(a)为 ROTAMAT® 膜格栅原理,图 2-2(b)为外观。

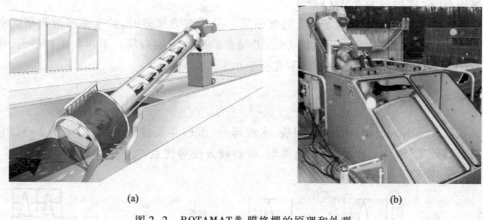

(a)   (b)

图 2-2   ROTAMAT® 膜格栅的原理和外观

膜格栅一般倾斜安装,污水从格栅端面开口流入栅筐,水中的毛发和纤维物被精细间隙的方格网所截流。在栅筐端面开口和水渠间装有特殊设计的密封,防止污水泄漏。当栅前栅后的水位达到一定的水位差时,启动栅筐而旋转提升栅渣,并借助冲洗棒将栅渣冲入中央料槽内。中央料槽内有运输螺杆,排出水渠。清洗栅筐的冲洗水亦可采用回用水。装置除了中压冲洗外,还配置时序性的高压冲洗(基本为每天两次),保证彻底清理栅筐上的沉积物。

2.2   沉砂池

沉砂池的功能是去除污水中相对密度较大的无机颗粒(如泥砂、煤渣等),以免这些杂质影响后续处理构筑物的正常运行。《室外排水设计规范》规定,城市污水处理厂应设置沉砂池。工业废水处理是否要设置沉砂池,应根据水质情况而定。城市污水处理厂沉砂池的池数或分格数应不小于2,并应按并联方式设计。沉砂池有多种类型,常用的有平流式沉砂池、曝气沉砂池和钟式沉砂池等。

沉砂池的设计流量应按分期建设考虑。当污水自流进入时,按每期的最大日最大时设计流量计算;当污水为提升进入时,应按每期工作水泵的最大组合流量计算;在合流制处理系统中,可按合流设计流量计算。

沉砂池去除的砂粒相对密度为 2.65,粒径为 0.2 mm 以上。表 2.2 所列为水温在 15 ℃ 时,砂粒在静水中的沉速与砂粒平均粒径的关系。

表 2.2　砂粒直径 d 与沉速 u_0 的关系

砂粒平均粒径/(mm)	沉速 u_0/(mm/s)	砂粒平均粒径/(mm)	沉速 u_0/(mm/s)
0.20	18.7	0.35	35.1
0.25	24.2	0.40	40.7
0.30	29.7	0.50	51.6

城市污水的沉砂量可按 0.03 L/m³ 计算;合流制污水的沉沙量应根据实际情况确定。沉砂的含水率约 60%,密度约为 1 500 kg/m³。

沉砂池贮砂斗的容积不应大于 2 d 的沉砂量。采用重力排砂时,砂斗斗壁与水平面的倾角不应小于 55°。沉砂池除砂宜采用机械方法,并设置贮砂池或晒砂场。采用人工排砂时,排砂管直径不应小于 200 mm。沉砂池的超高不宜小于 0.3 m。

2.2.1　平流式沉砂池

平流式沉砂池由入流渠、出流渠、闸板、水流部分、沉砂斗及排砂管组成,见图 2-3。它具有截留无机颗粒效果较好、工作稳定、构造简单、排砂较方便等优点。

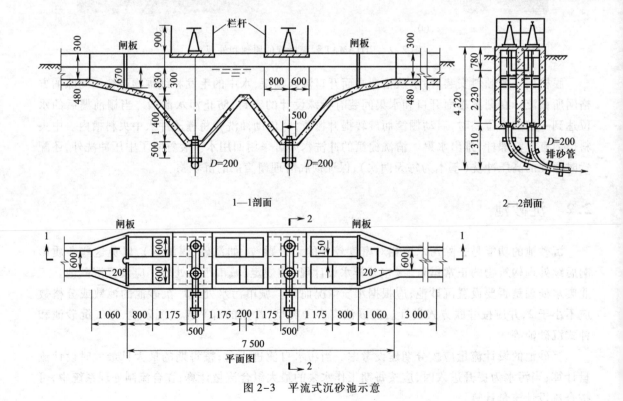

图 2-3　平流式沉砂池示意

平流式沉砂池的设计,应符合下列要求:

(1) 最大流速应为 0.3 m/s,最小流速应为 0.15 m/s。

(2) 设计流量停留时间不应小于 30 s。

(3) 有效水深不应大于 1.2 m,每格宽度不宜小于 0.6 m。

2.2.2 曝气沉砂池

平流式沉砂池的主要缺点是沉砂中约夹杂有 15% 的有机物,使沉砂的后续处理难度增加,故常配置洗砂机,排砂经清洗后,有机物含量低于 10%,称为清洁砂,再外运。曝气沉砂池可克服这一缺点。

一、曝气沉砂池的构造特点

曝气沉砂池呈矩形,污水在池中存在两种流动形态,其一为水平流动,流速一般取 0.1 m/s,不得超过 0.3 m/s;同时在池的一侧设置曝气装置,空气扩散板一般距池底 0.6 ~ 0.9 m,使池内水流做旋流运动,旋流速度在过水断面的中心处最小,而在池的周边最大,一般控制在 0.25 ~ 0.40 m/s。

由于曝气和水流的旋流作用,污水中悬浮颗粒相互碰撞、摩擦,并受到空气气泡上升时的冲刷作用,使黏附在砂粒上的有机污染物得以剥离。此外,由于旋流产生的离心力把相对密度较大的无机颗粒甩向外层并下沉,相对密度较轻的有机物旋至水流的中心部位被水带走,从而可使沉砂中的有机物含量低于 10%。集砂槽中的沉砂可采用机械刮砂、空气提升器或泵吸式排砂机排除。曝气沉砂池断面见图 2-4。

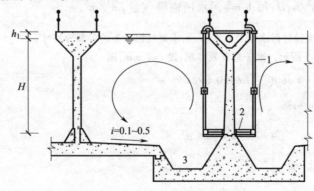

图 2-4 曝气沉砂池断面示意
1—压缩空气管;2—空气扩散板;3—集砂槽

二、曝气沉砂池设计计算

1. 设计参数

(1) 旋流速度控制在 0.25 ~ 0.40 m/s;

(2) 设计流量时的水平流速取 0.1 m/s;

(3) 设计流量时的停留时间为 1 ~ 3 min;

(4) 有效水深为 2 ~ 3 m,宽深比为 1 ~ 1.5,长宽比可达 5;

(5) 处理 1 m³ 污水的曝气量为 0.1 ~ 0.2 m³ 空气或 1 m² 池表面积 3 ~ 5 m³/h;

(6) 进水方向应与池中旋流方向一致,出水方向应与进水方向垂直,并宜设置挡板;

（7）城市污水的沉砂量可按 0.03 L/m³ 污水计算。沉砂的含水率约 60%，密度 1 500 kg/m³。

2. 计算公式

（1）总有效容积：

$$V = 60Q_{max}t \tag{2-7}$$

式中，V：总有效容积，m³；Q_{max}：最大设计流量，m³/s；t：最大设计流量时的停留时间，min。

（2）池断面积：

$$A = \frac{Q_{max}}{v} \tag{2-8}$$

式中，A：池断面积，m²；v：最大设计流量时的水平流速，m/s。

（3）池总宽度：

$$B = \frac{A}{H} \tag{2-9}$$

式中，B：池总宽度，m；H：有效水深，m。

（4）池长：

$$L = \frac{V}{A} \tag{2-10}$$

式中，L：池长，m。

（5）所需曝气量：

$$q = 3\,600DQ_{max} \tag{2-11}$$

式中，q：所需曝气量，m³/h；D：每 1 m³ 污水所需曝气量，m³/m³。

例 2-2 已知某市最大设计污水量为 0.8 m³/s，求曝气沉砂池的各部分尺寸。

解 计算简图如图 2-5 所示。池子总有效容积：设 $t = 2$ min，则

$$V = 60Q_{max}t = 60 \times 0.8 \times 2 = 96 \text{ m}^3$$

池断面积：设 $v = 0.1$ m/s，则

$$A = \frac{Q_{max}}{v} = \frac{0.8}{0.1} = 8 \text{ m}^2$$

池总宽度 B：设 $h_2 = 2$ m，则

$$B = \frac{A}{h_2} = \frac{8}{2} = 4 \text{ m}$$

每隔池子宽度 b：设 $n = 2$，则

$$b = \frac{B}{n} = \frac{4}{2} = 2 \text{ m}$$

池长 L：

$$L = \frac{V}{A} = \frac{96}{8} = 12 \text{ m}$$

所需空气量：设 $D = 0.2$ m³/m³，则

$$q = DQ_{max} \times 3\,600 = 0.2 \times 0.8 \times 3\,600 = 576 \, (\text{m}^3/\text{d})$$

沉砂室计算略。

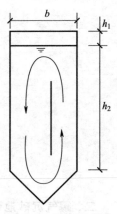

图 2-5 曝气沉砂池
计算简图

2.2.3 钟式沉砂池

钟式沉砂池是利用机械力控制水流流态与流速,加速砂粒的沉淀并使有机物随水流带走的沉砂装置。沉砂池由流入口、流出口、沉砂区、砂斗及带变速箱的电动机、传动齿轮、压缩空气输送管和砂提升管及排砂管组成。污水由流入口切线方向流入沉砂区,利用电动机及传动装置带动转盘和斜坡式叶片产生离心力,由于砂粒与有机物所受离心力的不同,把砂粒甩向池壁,掉入砂斗,有机物被留在污水中。调整电动机转速,可达到良好地沉砂效果。沉砂用压缩空气经砂提升管、排砂管排除。钟式沉砂池的示意图见图2-6。

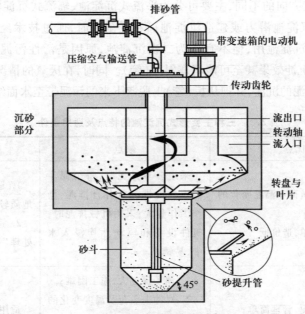

图 2-6 钟式沉砂池示意

2.3 沉淀池

2.3.1 沉淀池分类

沉淀是从污水中分离出悬浮物的基本操作工艺过程,它利用悬浮物比水重的特点使悬浮物从水中分离。根据沉淀过程中悬浮物颗粒间的相互关系,可将悬浮颗粒在水中的沉淀分为:自由沉淀、絮凝沉淀、拥挤沉淀和压缩沉淀四大类,具体原理可详见本书上册《水质工程学——给水处理》中相关内容。

一、初次沉淀池和二次沉淀池

沉淀池是污水处理厂分离悬浮物的一种常用的构筑物。按工艺要求不同,可分为初次沉淀池和二次沉淀池。

初次沉淀池是一级处理污水厂的主体构筑物,或是二级处理污水厂的预处理构筑物,设置在生物处理构筑物之前。处理的对象是悬浮物质(通过沉淀处理可去除 40% 甚至 50% 以上),同时可去除部分 BOD_5(占总 BOD_5 的 20% ~ 30%,主要是悬浮物质的 BOD_5),可改善生物处理构筑物的运行条件并降低 BOD_5 负荷。初次沉淀池中沉淀的物质称为初次沉淀污泥或初沉污泥。

二次沉淀池设置在生物处理构筑物之后,用于去除活性污泥或脱落的生物膜,它是生物处理系统的重要组成部分。初沉池、生物膜法构筑物及其后的二沉池的 SS 和 BOD_5 总去除率分别为 60% ~ 90% 和 65% ~ 90%;初沉池、活性污泥法构筑物及其后的二沉池的 SS 和 BOD_5 总去除率分别为 70% ~ 90% 和 65% ~ 95%。

二、平流式沉淀池、辐流式沉淀池和竖流式沉淀池

沉淀池按池内水流方向的不同,主要可分为平流式沉淀池、辐流式沉淀池和竖流式沉淀池。

当需要挖掘原有沉淀池潜力或建造沉淀池面积受限制时,通过技术经济比较,可采用斜板(管)沉淀池,作为初次沉淀池用,但不宜作为二次沉淀池,原因是活性污泥的黏度较大,容易黏附在斜板(管)上,影响沉淀效果甚至可能堵塞斜板(管)。同时,在厌氧的情况下,经厌氧消化产生的气体上升时会干扰污泥的沉淀,并把从板(管)上脱落下来的污泥带至水面结成污泥层(表 2-3)。

表 2.3 三种主要形式沉淀池的特点及适用条件

池型	优点	缺点	适用条件
平流式	1. 对冲击负荷和温度变化的适应能力较强; 2. 施工简单,造价低	采用多斗排泥时,每个泥斗需单独设排泥管各自排泥,操作工作量大;采用机械排泥时,机件设备和驱动件均浸入水中,易锈蚀	1. 适用于地下水位较高及地质较差的地区; 2. 适用于大、中、小型污水处理厂
竖流式	1. 排泥方便,管理简单; 2. 占地面积较小	1. 池子深度大,施工困难; 2. 对冲击负荷及温度变化的适应能力较差; 3. 造价较高; 4. 池径不宜太大	适用于处理水量不大的小型污水处理厂
辐流式	1. 采用机械排泥,运行较好,管理亦较简单; 2. 排泥设备已有定型产品	1. 池中水流速度不稳定; 2. 机械排泥设备复杂,对施工质量要求较高	1. 适用于地下水位较高的地区; 2. 适用于大、中型污水处理厂

2.3.2 沉淀池设计原则及参数

(1) 沉淀池的设计流量与沉砂池相同,当污水自流进入时,按最大日最大时设计流量计算;当污水为提升进入时,应按工作水泵的最大组合流量计算。

(2) 沉淀池的超高不应小于 0.3 m,有效水深宜采用 2 ~ 4 m。沉淀池出水堰最大负荷:初次沉淀池不宜大于 2.9 L/(s·m);二次沉淀池不宜大于 1.7 L/(s·m)。初次沉淀池的污泥区容积,宜按不大于 2 d 的污泥量计算。曝气池后的二次沉淀池污泥区容积,宜按不大于 2 h 的污泥量计算,并应有连续排泥措施。机械排泥的初次沉淀池和生物膜法处理后的二次沉淀池污泥容积,宜按4 h的污泥量计算。当采用静水压力排泥时,初次沉淀池的净水头不应小于1.5 m;二次沉淀池的静水头,生物膜处理后不应小于1.2 m,曝气池后不应小于0.9 m。排泥管的直径不应小于200 mm。沉淀池应设置撇渣设施。当采用污泥斗排泥时,每个泥斗均应设单独的闸阀和排泥管。泥斗的斜壁与水平面的倾角,方斗宜为60°,圆斗宜为55°。

（3）对城镇污水处理厂,沉淀池的数目应不少于2座(格)。

（4）城镇污水沉淀池的设计参数宜按表2.4。工业废水沉淀池的设计参数,应根据试验或实际生产运行经验确定。

表2.4　城镇污水沉淀池设计参数

沉淀池类型		沉淀时间/(h)	表面水力负荷/(m³/(m²×h))	污泥量		污泥含水率/(%)	固体负荷/(kg/(m²·d))
				/(g/(人·d))	/(L/(人·d))		
初次沉淀池		0.5~2.0	1.5~4.5	16~36	0.36~0.83	95~97	—
二次沉淀池	生物膜法后	1.5~4.0	1.0~2.0	10~26	—	96~98	≤150
	活性污泥法后	1.5~4.0	0.6~1.5	12~32	—	99.2~99.6	≤150

2.3.3　平流沉淀池

一、平流沉淀池的构造

平流沉淀池示意见图2-7,由流入装置、流出装置、沉淀区、缓冲层及排泥装置等组成。

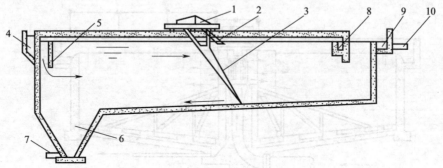

图2-7　平流沉淀池示意

1—刮泥行车;2—刮渣板;3—刮泥板;4—进水槽;5—挡流墙;6—泥斗;7—排泥管;8—浮渣槽;9—出水槽;10—出水管

流入装置由设有侧向或槽低潜孔的配水槽、挡流板组成,起到均匀布水与消能作用。流出装置由流出槽与挡板组成。流出槽采用锯齿形自由溢流堰,溢流堰严格要求水平,既可以保证水流均匀,又可控制沉淀池水位。挡板起挡浮渣的作用。

缓冲层的作用是避免已沉污泥被水流搅起以及缓解冲击负荷。污泥区起贮存、浓缩和排泥的作用。

二、排泥装置与方法

1. 静水压力法

静水压力法是利用池内的静水位将污泥排出池外。排泥管直径200 mm,下端插入污泥斗,上端伸出水面以便清通。为减少沉淀池深度,也可采用多斗排泥。

2. 机械排泥法

机械排泥法是利用机械将污泥排出池外。链带式刮泥机机件长期浸于水中,易被腐蚀,且难修复。行走小车刮泥机由于整套设备在水面上行走,腐蚀较轻,易于维护。这两种机械排泥法主要适用于初次沉淀池。当平流式沉淀池用作二次沉淀池时,由于活性污泥比较轻,含水率高达99%以上,且呈絮状,故可采用单口扫描泵吸排,使集泥和排泥同时完成。采用机械排泥时,平流式沉淀池可做成平底,使池深大大减少。

三、设计要求

平流式沉淀池对冲击负荷和温度变化的适应能力较强,但在池宽和池深方向存在水流不均匀及紊流流态,影响沉淀效果。平流沉淀池的设计,应符合下列要求:

(1) 每格长度与宽度的比值不小于4,长度与有效水深的比值不小于8,池长不宜大于60 m。

(2) 一般采用机械排泥,排泥机械的行进速度为0.3~1.2 m/min。

(3) 缓冲层高度,非机械排泥时为0.5 m;机械排泥时,缓冲层上缘宜高出刮泥板0.3 m。

(4) 池底纵坡不小于0.01。

2.3.4 普通辐流式沉淀池

一、普通辐流式沉淀池的构造特点

辐流式沉淀池亦称为辐射式沉淀池。池形多呈圆形,小型池子有时亦采用多边形。水流流速从池中心向池四周逐渐减慢。泥斗设在池中央,池底向中心倾斜,污泥通常用刮泥机或吸泥机排除(图2-8)。

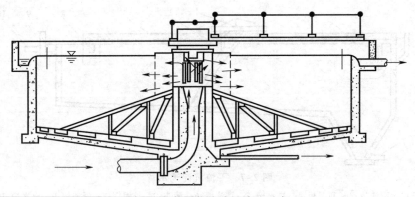

图2-8 普通辐流式沉淀池示意

沉淀池由五部分组成,即进水区、出水区、沉淀区、贮泥区及缓冲层。

二、普通辐流式沉淀池的设计计算

1. 每座沉淀池表面面积和池径

$$A_1 = \frac{Q_{max}}{nq_0} \tag{2-12}$$

$$D = \sqrt{\frac{4 \times A_1}{\pi}}$$

式中，A_1：每座沉淀池的表面积，m^2；D：每座沉淀池的直径，m；Q_{max}：最大设计流量，m^3/h；n：池数；q_0：表面水力负荷，$m^3/(m^2 \cdot h)$，见表2.4。

2. 沉淀池有效水深

$$h_2 = q_0 t \tag{2-13}$$

式中，h_2：有效水深，m；t：沉淀时间，见表2-4。

池径与水深比取6~12。

3. 沉淀池总高度

$$H = h_1 + h_2 + h_3 + h_4 + h_5 \tag{2-14}$$

式中，H：总高度，m；h_1：保护高，取0.3 m；h_2：有效水深，即沉淀区高度，m；h_3：缓冲层高，m，非机械排泥时宜为0.5 m，机械排泥时，缓冲层上缘宜高出刮板0.3 m；h_4：沉淀池底坡落差，m；h_5：污泥斗高度，m。

4. 沉淀池污泥区容积

按每日污泥量和排泥的时间间隔计算：

$$W = \frac{SNt}{1\ 000} \tag{2-15}$$

式中，W：沉淀池污泥区容积，m^3；S：每人每日产生的污泥量，$L/(人 \cdot d)$，见表2.4；N：设计人口数；t：两次排泥的时间间隔，d。初次沉淀池宜按不大于2 d计；曝气池后的二次沉淀池按2 h计；机械排泥的初次沉淀池和生物膜法处理后的二次沉淀池按4 h计。

如果已知污水悬浮物浓度和去除率，污泥量也可按下式计算：

$$W = \frac{Q_{max} \times 24(C_0 - C_1)100}{\rho(100 - P_0)} t \tag{2-16}$$

式中，C_0、C_1：分别是进水与沉淀出水的悬浮物浓度，kg/m^3。如有浓缩池、消化池及污泥脱水机的上清液回流至初次沉淀池，则式中的 C_0 应乘1.3的系数，C_1 应取 $1.3C_0$ 的50%~60%；P_0：污泥含水百分数；ρ：污泥密度，kg/m^3，因污泥的主要成分是有机物，含水率在95%以上，故 ρ 可取为1 000 kg/m^3。

2.3.5 周进周出辐流式沉淀池

周边进水周边出水辐流式沉淀池是一种沉淀效率较高的新池型，与传统辐流式沉淀池相比，能提高水力负荷、沉淀区容积利用和耐冲击能力，并可适当缩短沉降时间。从流态上，普通辐流式沉淀池采用中心进水时，水流集中于水表面部分，下部的水基本不参与流动，近似于驻流区，有效流动断面仅为上部区域，容积利用率小于50%。中心进水时，中心导筒的流速可达100 mm/s，动能很大，配水断面积为中心柱面面积，流速大；周边进水时，水流向中心的配水断面积大大增加，流速变缓，配水均匀性较好，流体质团在池中的停留时间延长，沉淀出的固体物质相应增多，从而提高了沉淀效率，容积利用率可达80%。

一、周进周出沉淀池的功能分区

周进周出沉淀池可以分为五个功能区，见图2-9(a)，1为进水槽，2为导流絮凝区，3为沉淀区，4为出水槽，5为污泥区。

1为流入槽：流入槽沿池壁周边设置，槽底均匀开设布水孔并下接短管，供均匀分布进水用。

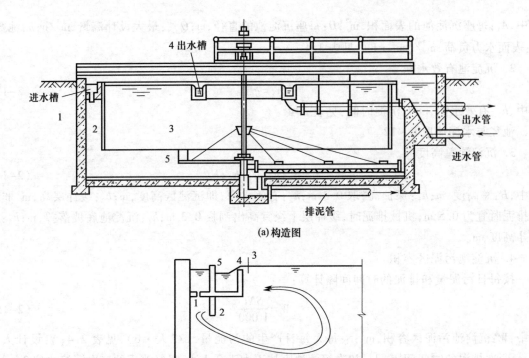

(a) 构造图

(b) 周进周出示意图

图 2-9 周进周出沉淀池

1—配水孔(配水孔管);2—挡水裙板;3—浮游挡板;4—出水堰板;5—集水槽

2 为导流絮凝区:使进水均匀地导向沉淀区。因进入流入导流絮凝区后,在区内形成回流,可促使活性污泥絮凝,加速沉淀区沉淀。因该区过水断面积较中心进水的导筒面积大大增加,故向下流速小,对池底污泥无冲击作用。

3 为沉淀区:污泥在沉淀发生沉降作用。由于沉淀区下部的水流方向是向心流,可促使沉淀污泥推向池中心的污泥斗,便于排泥。

4 为流出槽:流出槽由外向内,可依次设置在池周边 R、$R/2$、$R/3$、$R/4$ 等处。根据实测资料,流出槽设置在不同位置,容积利用系数不同。流出槽的最佳位置应设在池周边 R 处,如图 2-9(b)。

5 为污泥区:与普通辐流式沉淀池功能一样。

二、辐流式二沉池的一般设计参数

国内外许多专家学者通过实验研究指出:选择合适的沉淀池几何结构参数可以提高沉淀池的处理效率。二次沉淀池的效率受下列因素影响,包括悬浮物固体浓度(污泥颗粒大小、污泥的密度、进水速度),流场和构筑物的几何尺寸与挡板的特征。

辐流式沉淀池一般为圆形,水流沿沉淀池半径方向流动。池直径在 6 ~ 60 m 之间。具体设计参数如下:

(1)池直径与有效水深之比 6 ~ 12。

(2)坡向泥斗的底坡 ≥0.05。

(3)池径 ≥16 m。

（4）表面负荷≤2.5 m³/（m²·h）。

（5）沉淀时间 1~1.5 h。

（6）池径<20 m，一般采用中心传动的刮泥板。池径>20 m，一般采用周边传的刮泥机。

（7）刮泥机转速为 1~3 r/h，刮泥机外缘线速度≤3 m/min。

（8）非机械刮泥时，缓冲层高 0.5 m。机械刮泥时，缓冲层上边缘宜高出刮泥板 0.3 m。

（9）排泥管的直径不应小于 200 mm。

（10）当采用静水压力排泥时，初次沉淀池的静水头不应小于 1.5 m；二次沉淀池的静水头，生物膜法处理后不应小于 1.2 m，活性污泥法处理池后不应小于 0.9 m。

（11）沉淀池应设置浮渣的撇除、输送和处置设施。

三、辐流式二沉池几个关键构造的设计

1. 配水系统的设计

配水系统的设计是辐流式二沉池的关键所在。周进式辐流式二沉池的只有沿圆周各点的进出水量一致，布水均匀，才能发挥其优点。常用的配水系统由配水槽和布水孔组成。

目前的配水槽大多采用环状和同心圆状。布水孔的形状分为圆形和方形。布水孔间距有等距，也有不等距。一般选用平底、孔距不变的环形配水槽。孔径为一般为 50~100 mm，并在槽底设短管，长度为 50~100 mm，管内流速 0.3~0.8 m/s。

$$v_n = \sqrt{2tv}\, G_m \qquad (2-17)$$

$$G_m = \sqrt{\frac{v_1^2 - v_2^2}{2t\mu}} \qquad (2-18)$$

式中，v_n：配水孔平均流速，m/s，一般取 0.3~0.8 m/s；t：导流絮凝区平均停留时间，s，池周有效水深为 2~4 m 时，t 取 360~720 s；v：污水的运动黏度，m²/s，与水温有关；G_m：导流絮凝区的平均速度梯度，一般可取 10~30 s⁻¹；v_1：配水孔水流收缩断面的流速，m/s，$v_1 = v_n/\varepsilon$，ε 为收缩系数，因设短管，取 $\varepsilon = 1$；v_2：导流絮凝区的向下流度，m/s；

$$v_2 = \frac{Q'}{f} \qquad (2-19)$$

式中，f：絮凝区环形面积，m²；Q'：每池的最大设计流量，m³/s。

为了施工安装方便，导流絮凝区宽度 $B \geq 0.4$ m，与配水槽等宽。配水槽宽 B 确定后，需校核 G_m，其值在 10~30 s⁻¹ 为合格，否则需要调整 B 值。

2. 进水区挡水裙板

挡水裙板与池壁的距离与配水槽的宽度相等，向下延伸至水面以下 1.5m 处形成环形导流絮凝区，以保证良好的絮凝效果。

3. 出水装置的设计

出水装置由集水槽和挡渣板组成。

二沉池集水槽是污水沉淀过程中泥水、固液分离的最后一道环节和工序，在实际的工程设计中，常见有 3 种布置形式：内置双侧堰式、内置单侧堰式、外置单侧堰式，见图 2-10。内置单侧堰式、外置单侧堰式均为单侧堰进水，设计堰上负荷基本一致，从构造和水力条件来看，两者没有明显的优劣之分。内置双侧堰式的集水槽因堰上负荷小而应用较多。

内置双侧堰式 内置单侧堰式 外置单侧堰式

图 2-10 二沉池集水槽布置形式

二次沉淀池集水槽出口处一般需要设置挡渣板,挡渣板高出水面 0.1～0.15 m,挡板淹没深度由沉淀池深度而定,一般为 0.3～0.4 m,挡渣板距集水槽出水口为 0.25～0.5 m。

例 2-3 某城市污水处理厂服务人口数为 35 万,生活污水定额为 127 L/(cap·d),为节省占地,经过工艺比选,决定采用周进周出辐流式二沉池。表面负荷率取 1.8(m³/m²·h)

解 居民区生活污水平均日流量

$$Q_1 = \frac{qN}{86\ 400} = \frac{127 \times 35 \times 10^4}{86\ 400} = 514(\text{L/s})$$

居民区生活污水量变化系数

$$K_z = \frac{2.7}{Q_1^{0.11}} = \frac{2.7}{514^{0.11}} = 1.36$$

则最大设计流量

$$Q_{\max} = \frac{qNK_z}{86\ 400} = \frac{127 \times 35 \times 10^4 \times 1.36}{86\ 400} \approx 700(\text{L/s}) = 0.7(\text{m}^3/\text{s}) = 2\ 520(\text{m}^3/\text{h})$$

本设计采用 4 座池。

单池最大设计流量

$$Q = \frac{Q_{\max}}{n} = \frac{2\ 520}{4} = 630(\text{m}^3/\text{h}) = 0.175(\text{m}^3/\text{s})$$

式中,$Q_{\max}$:最大设计流量;n:池数(不少于两个)。

(1) 主体尺寸计算

池体主要工艺尺寸草图见图 2-11。

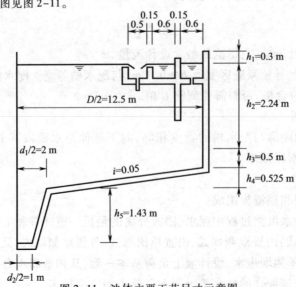

图 2-11 池体主要工艺尺寸示意图

单池表面积

$$A = \frac{Q}{q} = \frac{630}{1.8} = 350 \text{ m}^2$$

池直径

$$D = \sqrt{\frac{4A}{\pi}} = \sqrt{\frac{4 \times 350}{3.14}} = 21.1 \text{ m}, \text{取 } D = 25 \text{ m}$$

则实际单池表面积

$$A' = \frac{\pi}{4}D^2 = \frac{3.14}{4} \times 25^2 \text{ m}^2 \approx 491 \text{ m}^2$$

实际表面负荷

$$q' = \frac{Q}{A'} = \frac{630}{491} = 1.28 (\text{m}^3/\text{m}^2 \cdot \text{h})$$

式中,q:表面负荷,$\text{m}^3/(\text{m}^2 \cdot \text{h})$。

校核堰口负荷:若采用内置单侧堰式,则

$$q_1' = \frac{Q}{3.6\pi D} = \frac{630}{3.6 \times 3.14 \times 25} = 2.23 (\text{L/s} \cdot \text{m}) > 1.7 (\text{L/s} \cdot \text{m})$$

故采用内置双侧堰式,$q_1' = 1.7 (\text{L/s} \cdot \text{m})$,符合规范要求。

校核固体负荷:

$$q_2' = \frac{(1+R)QX \times 24}{A'} = \frac{(1+0.5) \times 630 \times 3 \times 24}{491} = 138 (\text{kg/m}^2 \cdot \text{d})$$

式中,X:混合液悬浮物浓度(MLSS),kg/m^3,取 3 kg/m^3;R:污泥回流比,取 50%。固体负荷在 $120 \sim 150 (\text{kg/m}^2 \cdot \text{d})$,符合条件。

澄清区:

$$h_2' = \frac{Qt}{A'} = q't = 1.28 \times 1 = 1.28 \text{ m}$$

污泥区高度:

$$X_r = \frac{X(1+R)}{R} = \frac{3 \times (1+0.5)}{0.5} = 9 (\text{kg/m}^3)$$

式中,X_r:底流浓度,kg/m^3。

设污泥停留时间 $t' = 1.5 \text{ h}$,则

$$h_2'' = \frac{(1+R)QXt'}{X_rA'} = \frac{(1+0.5) \times 630 \times 3 \times 1.5}{9 \times 491} = 0.96 \text{ m}$$

有效水深:

$$h_2 = h_2' + h_2'' = 1.28 + 0.96 = 2.24 \text{ m} < 4 \text{ m}$$

径深比

$$\frac{D}{h_2} = \frac{25}{2.24} = 11.16$$

池直径与有效水深之比 $6 \sim 12$,符合条件。

设超高 $h_1 = 0.3$,缓冲层 $h_3 = 0.5$。

设泥斗上口直径 $d_1 = 4 \text{ m}$,下口直径 $d_2 = 2 \text{ m}$,泥斗倾斜角度 $55°$,则泥斗高 $h_5 = 1.43 \text{ m}$。

池中心与池边落差:

$$h_4 = i\left(\frac{D-d_1}{2}\right) = 0.05 \times \left(\frac{25-4}{2}\right) = 0.525 \text{ m}$$

式中，i：坡向泥斗的底坡 $\geqslant 0.05$。

池边水深

$$h = h_2 + h_3 = 2.24 + 0.5 = 2.74 \text{ m}$$

沉淀池总高

$$H = h_1 + h + h_4 + h_5 = 0.3 + 2.74 + 0.525 + 1.43 = 4.995 \text{ m}$$

（2）配水系统设计

配水槽采用环形平底槽，等距离设布水孔。

设计流量

$$Q' = Q + RQ = 630 + 0.5 \times 630 = 945 (\text{m}^3/\text{h})$$

设配水槽宽 $B = 0.6$ m，水深 $H_1 = 0.5$ m。

配水槽流速

$$v = \frac{Q'}{3\,600BH_1} = \frac{945}{3\,600 \times 0.6 \times 0.5} \approx 0.9 (\text{m/s})$$

配水孔平均流速

$$v_n = \sqrt{2t\mu}\,G_m = \sqrt{2 \times 600 \times 1.06 \times 10^{-6}} \times 20 = 0.71 (\text{m/s})$$

式中，v_n：配水孔平均流速，m/s，一般取 $0.3 \sim 0.8$ m/s，符合条件；t：导流絮凝区平均停留时间，s，池周有效水深为 $2 \sim 4$ m 时，t 取 600 s；μ：污水的运动黏度，与水温有关，设水温为 $20°$，则 $\mu = 1.06 \times 10^{-6}$ m²/s；G_m：导流絮凝区的平均速度梯度，取 20 s⁻¹。

每池配水槽内的孔数

$$n = \frac{Q'}{3\,600v_n\frac{\pi}{4}D_1^2} = \frac{945}{3\,600 \times 0.71 \times \frac{3.14}{4} \times 0.08^2} = 73.6，取 74 个$$

式中，D_1：孔径，m，取 0.08 m。

孔距

$$l = \frac{\pi(D-B)}{n} = \frac{3.14 \times (25-0.6)}{74} = 1.04 \text{ m}$$

絮凝区环形面积

$$f = \frac{\pi D^2}{4} - \frac{\pi(D-2B)^2}{4} = \frac{3.14 \times 25^2}{4} - \frac{3.14 \times (25-2 \times 0.6)^2}{4} = 45.969\,6 \text{ m}^2$$

导流絮凝区的平均流速

$$v_2 = \frac{Q'}{3\,600f} = \frac{945}{3\,600 \times 45.969\,6} = 5.7 \times 10^{-3} (\text{m/s})$$

核算 G_m 值

$$G_m = \sqrt{\frac{v_1^2 - v_2^2}{2t\mu}} = \sqrt{\frac{0.71^2 - (5.7 \times 10^{-3})^2}{2 \times 600 \times 1.06 \times 10^{-6}}} = 19.9 \text{ s}^{-1}$$

式中，v_1：配水孔水流收缩断面的流速，m/s，$v_1 = v_n/\varepsilon$，ε 为收缩系数，因设短管，取 $\varepsilon = 1$。G_m 值在 $10 \sim 30$ s⁻¹ 之间，符合条件。

单池进水管直径取 500 mm，则进水流速

$$v' = \frac{Q'}{3\,600 \times \frac{\pi}{4}D_2^2} = \frac{945}{3\,600 \times \frac{3.14}{4} \times 0.5^2} = 1.33 (\text{m/s})$$

式中，D_2：进水管直径，m。符合条件。

设置进水区挡水裙板,伸至水下 1.5 m 处,以保证良好的澄清絮凝效果。

（3）出水部分设计

采用周边出水槽,计算草图见图2-12。

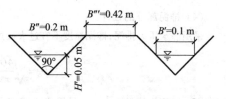

图 2-12 三角堰水力计算图

水槽宽

$$b = 0.9(K_{安}Q)^{0.4} = 0.9 \times (1.3 \times 0.175)^{0.4} = 0.5 \text{ m}$$

式中,$K_{安}$:检修安全系数,一般取 1.2～1.5。

出水堰的设计:采用出水三角堰,设计堰上水头 $H' = 0.05$ m,三角堰的角度 $\theta = 90°$。三角堰上水头（水深）H' 和过流堰宽 B' 之间的关系

$$\frac{B'}{2H'} = \tan\frac{\theta}{2}$$

则过堰水流宽度 $B' = 0.1$ m,堰口宽度 $B'' = 0.2$ m。

单堰过堰流量

$$q_2 = \frac{8}{15}C_d\sqrt{2g}\tan\frac{\theta}{2}H'^{\frac{5}{2}} = \frac{8}{15} \times 0.62 \times \sqrt{2 \times 9.8} \times \tan\frac{90°}{2} \times 0.05^{\frac{5}{2}} = 8.18 \times 10^{-4}(\text{m/s})$$

每池应该布置的出水堰总数

$$N = \frac{Q}{q_2} = \frac{0.175}{8.18 \times 10^{-4}} = 213.9 \text{ 个,取 214 个}$$

环形集水槽宽 0.5 m,沿集水槽壁双侧布置出水堰。配水槽和集水槽堰壁厚度均取 $\delta = 0.15$ m,集水槽与配水槽净空间距取 0.6 m。

则集水槽内直径

$$D_{内} = D - 2 \times (0.6 + 0.15 + 0.6 + 0.15 + 0.5) = 21 \text{ m}$$

出水总周长

$$L = \pi D_{内} = 3.14 \times 21 = 65.94 \text{ m}$$

内侧出水堰总线长

$$L' = B''N = 0.2 \times (214/2) = 21.4 \text{ m}$$

由于出水堰总长小于出水槽内圈总周长,因此,需间隔布置出水堰,两个出水堰堰顶距离

$$B''' = \frac{65.94 - 21.4}{(214/2)} \approx 0.42 \text{ m}$$

集水槽起端水深

$$h_0 = 1.25b = 1.25 \times 0.5 = 0.625 \text{ m}$$

为了保证三角堰自由出流,集水槽起端水深（水深为 h_0 处）水面距三角堰堰口高度 h' 为 0.1 m。

三角堰高

$$h'' = \frac{0.2}{2}\tan 45° = 0.1 \text{ m}$$

集水槽高度

$$H_2 = h_0 + h' + h'' = 0.625 + 0.1 + 0.1 = 0.825 \text{ m}$$

出水管设计:池周边设置 1 条出水管,管径取 $D_4 = 400$ mm,周边槽出水管管内流速

$$v_5 = \frac{4Q}{\pi \cdot D_4^2} = \frac{4 \times 0.175}{3.14 \times 0.4^2} = 1.39(\text{m/s})$$

（4）排泥部分的设计

采用静水压力排泥,排泥速度不宜过大或过小,以防止冲刷管道或造成淤积,排泥管直径不小于200 mm。

$$D_5 = \sqrt{\frac{4Q_r}{\pi v}} = \sqrt{\frac{4 \times 0.5 \times 0.175}{3.14 \times 1.25}} = 0.299 \text{ m}$$

式中,Q_r:回流污泥量,m^3/s;v:排泥流速,取1.25 m/s,排泥管的设计直径取300 mm。

2.3.6 竖流式沉淀池

竖流式沉淀池可用圆形或正方形。中心进水,周边出水。为使池内水流分布均匀,池径不宜太大,池径与池深之比不宜大于3,竖流沉淀池比辐流式小得多,一般池径采用4~7 m。沉淀区呈柱形,污泥斗呈截头倒锥体。图2-13为圆形竖流式沉淀池示意。

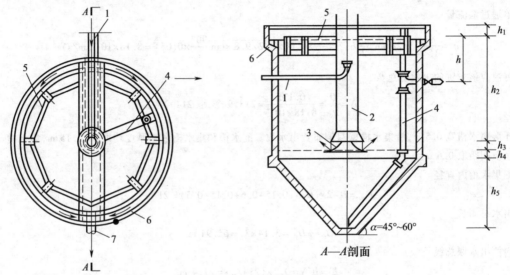

图2-13　圆形竖流式沉淀池示意

图2-13中,1为进水管,污水从中心管2自上而下,经反射板3折向上流,沉淀水由设在池周的锯齿溢流堰溢入流出槽6,7为出水管。如果池径大于7 m,为了使池内水流分布均匀,可增设辐射方向的出流槽。出流槽前设有挡板5,隔除浮渣。污泥斗的倾角采用55°~60°。污泥依靠静水压力h从排泥管4排出,排泥管采用200 mm。作为初次沉淀池用时,h不应小于1.5 m;作为二次沉淀池用时,生物膜处理后不应小于1.2 m,曝气池后不应小于0.9 m。

竖流式沉淀池的水流流速v是向上的,而颗粒沉速u是向下的,颗粒的实际沉速是v与u的矢量和,只有$u \geqslant v$的颗粒才能被沉淀去除,因此竖流式沉淀池与辐流式沉淀池相比,去除效率低些。但若颗粒具有絮凝性能,则由于水流向上,带着颗粒在上升的过程中,互相碰撞,促进絮凝,颗粒变大,沉速随之变大,又有被去除的可能,故竖流沉淀池作为二次沉淀池是可行的。竖流沉淀池的池深较深,适用于中小型污水处理厂。

2.3.7 斜板(管)沉淀池

按水流方向与颗粒沉淀方向之间的关系,斜板(管)沉淀池可分为:①侧向流斜板(管)沉淀池,水流方向与颗粒沉淀方向相互垂直,见图2-14(a);②同向流斜板(管)沉淀池,水流方向与颗粒沉淀方向相同,见图2-14(b);③异向(也称逆向)流斜板(管)沉淀池,见图2-14(c),水流方向与颗粒沉淀方向相反。

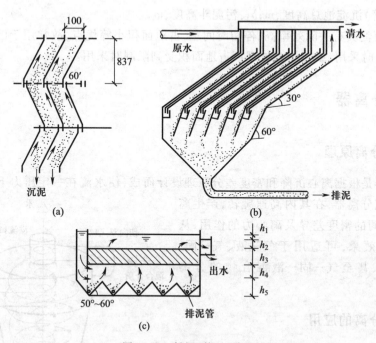

图2-14 斜板(管)沉淀池

现以异向流为例说明设计步骤。

沉淀池水表面积:

$$A = \frac{Q_{max}}{nq_0 \times 0.91} \qquad (2-20)$$

式中,A:水表面积,m^2;n:池数,个;q_0:表面水力负荷,可采用表2.4所列数字的两倍,但对于二次沉淀池,应采用固体负荷复核;Q_{max}:设计流量,m^3/h;0.91:斜板(管)面积利用系数。

沉淀池平面尺寸:

$$D = \sqrt{\frac{4A}{\pi}} \qquad (2-21a)$$

或

$$a = \sqrt{A} \qquad (2-21b)$$

式中,D:圆形池直径,m;a:矩形池边长,m。

水力停留时间:

$$t = \frac{(h_2 + h_3) \cdot 60}{q_0} \qquad (2-22)$$

式中,t:水力停留时间,min;h_2:斜板(管)区上部的清水层高度,m,一般用$0.7 \sim 1.0\ m$;h_3:斜板(管)区高度,m,一般为$0.886\ m$,即斜板斜长一般采用$1.0\ m$。

斜板(管)下缓冲层高度 h_4:为了布水均匀并不会扰动下沉的污泥,h_4 一般采用 1.0 m。

沉淀池的总高度:

$$H = h_1 + h_2 + h_3 + h_4 + h_5 \qquad (2-23)$$

式中,H:斜板(管)沉淀池总高度,m;h_4:污泥斗高度,m。

斜板(管)沉淀具有去除效率高,停留时间短,占地面积小等优点,故常用于已有的污水处理厂扩大处理能力时采用,或当污水处理厂占地面积受到限制时采用。

2.4 旋流分离器

2.4.1 旋流分离原理

旋流分离器是根据离心沉降和密度差分原理设计而成,使水流在一定压力下从分离器进口以切向进入旋流分离器,在其内高速旋转,产生离心场,根据物体间的密度差异及离心力的作用,从而达到分离的效果,可适用于气—液、气—固、固—液、液—液、甚至气—固—液混合物的分离(图 2-15)。

2.4.2 旋流分离的应用

随着生活和工业点源污染治理的加强,影响我国城镇水环境的主要因素已变为面源污染,包括合流制排水系统暴雨溢流污染和农业面源污染。

与传统的污水处理相比,面源污染物处理需要考虑:① 面源污染多发生在暴雨期间,首先要满足防汛安全和减灾减涝的需要;② 短历时、高强度的降雨对处理系统的抗水量水质冲击能力有极高的要求;③ 面源污染物可生化性极差,传统生物处理难以适用;④ 城市地上和地下的用地都极为紧

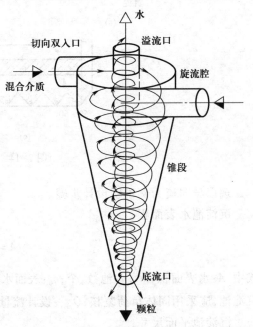

图 2-15　水力旋流分离器原理和结构图

张且对环保要求较高,处理系统应占地面积小且二次污染(如臭气污染等)小。

旋流分离技术不仅是分离污染物的理想方法,还具有分离效率高、占地面积小、性能可靠和维护简单等优点,在石化、冶金、医药和土木等涉及气液固分离的行业应用较广,也是美国环境保护署(EPA)推荐的合流制排水系统污染控制技术之一。

由于我国对面源污染控制技术开发和应用起步较晚,该技术在国内应用案例较少。近年来,随着我国海绵城市的建设试点和黑臭水体的治理,相关研究和实践逐渐增多,此方面研究取得了较大进展。国家自然科学基金项目"雨水截流-调蓄-处理系统的水力旋流调控机制研究"通过试验研究和实践表明,将水力旋流分离器、合流制排水泵站、调蓄池等设施相结合,可有效降低合流制溢流污染对排放水体的影响。

思考题

1. 了解用于污水处理的不同格栅的用途;通过查找设备样本资料,了解不同形式的机械格栅的原理。
2. 沉砂池的作用是什么? 如何提高沉沙池的沉沙效率? 平流式和曝气沉砂池的设计要点有何不同?
3. 理解用于污水处理的沉淀池的主要设计参数,掌握周进周出辐流式沉淀池的设计要点。

第3章

污水生物处理原理

　　微生物可以利用自然界中的各种有机物和无机物作为营养,将各种有机物分解成无机物,或利用各种无机物合成复杂的碳水化合物、蛋白质等有机物。微生物在自然界的物质转化和污染物净化中起着不可替代的作用。

　　地球上存在$5×10^{30}$个细菌,非常活跃的存在于海、陆、空等一般环境和极端环境中。微生物个体微小、比表面积大、代谢速率快。较大的酵母菌,一般为椭圆形,宽$1～5 \mu m$,长$5～30 \mu m$。大肠杆菌与人相比,其比表面积约为人的 30 万倍,为营养物的吸收与代谢产物的排泄奠定了基础。微生物代谢速度快,发酵乳糖的细菌在一小时内可分解其自重的$1 000～10 000$倍;假丝酵母(Candida utilis)合成蛋白质的能力比大豆强 100 倍。微生物繁殖快、易变异、适应性强。大肠杆菌在条件适宜时 17 min 就分裂一次;有一种假单胞细菌在不到 10 min 就分裂一次。相对于其他生物体,微生物可以快速适应低温、高温、高压、酸、碱、盐、辐射等条件下;对于进入环境中的"陌生"污染物,微生物可通过突变而改变原来的代谢类型而降解。因此,微生物对污染物的降解具有巨大潜力,包括甲基汞、有毒氰、酚类等有毒化合物都能被微生物作为营养物质分解利用。

　　微生物作为生命体,呼吸是其降解基质获取能量的生理功能。根据与氧气的关系,微生物呼吸可以分为两大类,即好氧呼吸和厌氧呼吸。由于呼吸作用是生物氧化和还原的过程,存在着电子、原子转移,而在有机物的分解和合成过程中,都有氢原子的转移,因此,呼吸作用可按受氢体的不同划分为好氧呼吸、无氧呼吸和发酵三种类型。

一、好氧呼吸

　　好氧呼吸是在有分子氧(O_2)参与的生物氧化,反应的最终受氢体是分子氧。好氧呼吸是营养物质进入好氧微生物细胞后,通过一系列氧化还原反应获得能量的过程。首先底物中的氢被脱氢酶活化,并从底物中脱出交给辅酶(递氢体),同时放出电子,氧化酶利用底物放出的电子激活游离氧,活化氧和从底物中脱出的氢结合成水。因此,好氧呼吸过程实质上是脱氢和氧活化相结合的过程。好氧呼吸过程中,底物被氧化得比较彻底,获得的能量也较多。

依据好氧微生物的类型不同,被其氧化的底物不同,氧化产物也不同。好氧呼吸有下述两种:

1. 异养型微生物的好氧呼吸

异氧型微生物以有机物为底物(电子供体),其终点产物为二氧化碳、氨和水等无机物,同时放出能量。

以葡萄糖为例,好氧呼吸反应式为:

$$C_6H_{12}O_6 + 6O_2 \longrightarrow 6CO_2 + 6H_2O + 2\ 817.3\ kJ \tag{3-1}$$

若以 $C_5H_7O_2N$ 为微生物有机体主要组成元素的化学式(若考虑 P,微生物化学式为 $C_{60}H_{87}O_{23}N_{12}P$),其好氧分解的反应式也可表示为:

$$C_5H_7O_2N + 7O_2 + OH^- \longrightarrow 5CO_2 + 4H_2O + NO_3^- + 能量 \tag{3-2}$$

有机废水的好氧生物处理,如活性污泥法、生物膜法、污泥的好氧消化等都属于这种类型的呼吸。

2. 自养型微生物

自养型微生物以无机物为底物(电子供体),其终点产物也是无机物,同时放出能量。

污水沟道存在下式所示的生化反应,是引起沟道顶部腐蚀的原因。

$$H_2S + 2O_2 \longrightarrow H_2SO_4 + 能量 \tag{3-3}$$

氨氮的硝化过程可用下式表示:

$$NH_4^+ + 2O_2 \longrightarrow NO_3^- + 2H^+ + H_2O + 能量 \tag{3-4}$$

二、厌氧呼吸

厌氧呼吸是在无分子氧(O_2)的情况下进行的生物氧化。厌氧微生物只有脱氢酶系统,没有氧化酶系统。在呼吸过程中,底物中的氢被脱氢酶活化,从底物中脱下来的氢经辅酶传递给除氧以外的有机物或无机物,使其还原。因此,厌氧呼吸的受氢体不是分子氧。在厌氧呼吸过程中,底物氧化不彻底,最终产物不是二氧化碳和水,而是一些较原来底物简单的化学物质。如有机污泥的厌氧消化过程中产生的甲烷,是含有相当能量的可燃气体。

按厌氧呼吸反应过程中的最终受氢体的不同,可分为发酵和无氧呼吸。

1. 发酵

指供氢体和受氢体都是有机化合物的生物氧化作用,最终受氢体无须外加,就是供氢体的分解产物(有机物)。这种生物氧化作用不彻底,最终形成的还原性产物,是比原来底物简单的有机物。在反应过程中,释放的自由能较少,故厌氧微生物在进行生命活动过程中,为了满足能量的需要,消耗的底物要比好氧微生物的多。葡萄糖的发酵产乙醇可用式 3-5 表示

$$C_6H_{12}O_6 \longrightarrow 2CO_2 + 2CH_3CH_2OH + 92.0\ kJ \tag{3-5}$$

2. 无氧呼吸

指以无机氧化物,如 NO_3^-,NO_2^-,SO_4^{2-},$S_2O_3^{2-}$,CO_2 等代替分子氧作为最终受氢体的生物氧化作用。如在反硝化作用中,受氢体为 NO^{3-} 可用下式所示:

$$C_6H_{12}O_6 + 6H_2O \longrightarrow 6CO_2 + 24[H]$$

$$24[H] + 4NO_3^- \longrightarrow 2N_2 \uparrow + 12H_2O \tag{3-6}$$

总反应式为

$$C_6H_{12}O_6 + 4NO_3^- \longrightarrow 6CO_2 + 6H_2O + 2N_2 \uparrow + 1\ 755.6\ kJ \qquad (3-7)$$

在无氧呼吸过程中,供氢体和受氢体之间也需要细胞色素等中间电子传递体,并伴随有磷酸化作用,底物可被彻底氧化,能量得以分级释放,故无氧呼吸也产生较多的能量用于生命活动。但由于有些能量随着电子转移至最终受氢体中,故释放的能量不如好氧呼吸的多。

污水生物处理就是采取相应的人工措施,创造有利于微生物生长、繁殖的良好环境,增强微生物的新陈代谢功能,从而使水中的有机污染物和植物性营养物得以降解和去除。

污水生物处理技术根据呼吸类型的不同,主要分为好氧法、厌氧法两大类。根据微生物在反应器中的生长状态,生物处理工艺又可以分为悬浮生长型的活性污泥法和附着生长型的生物膜法。本章将分别对活性污泥法、生物膜法和厌氧生物处理处理技术,以及厌氧好氧组合的生物脱氮除磷技术进行介绍。

3.1 活性污泥法

活性污泥法于1914年在英国曼彻斯特建成试验场以来,已有100多年的历史。随着生产上的广泛应用和技术上的不断革新改进,特别是近几十年来,在对其生物反应和净化机理进行深入研究探索的基础上,活性污泥法在生物学、反应动力学的理论方面及在工艺、功能方面都取得了长足的发展,出现了能够适应各种条件的工艺流程。当前,活性污泥法已成为城镇污水及有机工业废水的主体处理技术。

3.1.1 活性污泥形态及微生物

一、活性污泥是活性污泥处理系统中的主体

活性污泥中栖息着微生物群体,在微生物群体新陈代谢功能的作用下,具有将污水中有机污染物转化为稳定的无机物质的活性,故称之为"活性污泥"。

活性污泥为在外观上呈黄褐色的絮绒颗粒状,故又称为"生物絮凝体",其颗粒尺寸取决于微生物的组成、数量、污染物质的特征及某些外部环境因素。活性污泥絮体一般介于0.02~0.2 mm之间,含水率99%以上,其相对密度则因含水率不同而异,介于1.002~1.006之间。

活性污泥中的固体物质仅占1%以下,由有机与无机两部分组成,其组成比例因原污水性质不同而异。城市污水的活性污泥,有机成分一般占75%~85%,无机成分占15%~25%。

活性污泥中固体物质的有机成分,主要由栖息在活性污泥上的微生物群体所组成,此外活性污泥还夹杂着由入流污水挟带的有机固体物质,其中包括某些难以被细菌摄取、利用的所谓"难降解有机物质"。微生物菌体经内源代谢、自身氧化的残留物,如细胞膜、细胞壁等,也属于难降解的有机物质。

活性污泥可以认为由下列4部分物质组成:

(1) 具有代谢功能活性的微生物群体(M_a);

(2) 微生物(主要是细菌)内源代谢、自身氧化的残留物(M_e);

(3) 由污水带入的难以为细菌降解的惰性有机物(M_i);

(4) 由污水带入的无机物质(M_{ii})。

活性污泥浓度又称混合液悬浮固体浓度,即(Mixed Liquid Suspended Solids,MLSS),它表示曝

气反应池单位容积混合液中所含有的活性污泥固体物质的总质量,表示单位为 mg/L 或 kg/m³。

二、活性污泥微生物及其在活性污泥反应中的作用

活性污泥微生物是由细菌类、真菌类、原生动物、后生动物等多种群体所组成的混合群体。这些微生物在活性污泥上形成食物链和相对稳定的特有生态系统。

活性污泥微生物中的细菌以异养型的原核生物为主,在正常成熟的活性污泥上的细菌数量大致介于 $10^7 \sim 10^8$ 个/mL 之间。在活性污泥中能形成优势的细菌,主要有各种杆菌、球菌、单胞菌属等。在环境适宜的条件下,它们的世代时间仅为 $20 \sim 30$ min。它们也都具有较强的分解有机物并将其转化成无机物质的功能。

真菌的细胞构造较为复杂,而且种类繁多,与活性污泥处理系统有关的真菌是微小腐生或寄生的丝状菌,这种真菌具有分解碳水化合物、脂肪、蛋白质及其他含氮化合物的功能,但其大量异常的增殖会引发污泥膨胀,丝状菌的异常增殖是活性污泥膨胀的主要诱因之一。

活性污泥中的原生动物有肉足虫、鞭毛虫和纤毛虫三类。通过显微镜镜检,能够观察到出现在活性污泥中的原生动物,并辨别认定其种属,据此能够判断处理水质的优劣。因此将原生动物称之为活性污泥系统的指示性生物。此外,原生动物还不断地摄食水中的游离细菌,起到进一步净化水质的作用。图 3-1 所示是作为活性污泥处理系统指示性生物的原生动物在曝气池内活性污泥反应过程中,数量和种类的增长与递变关系。

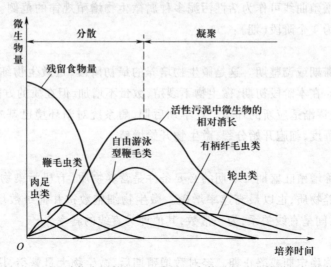

图 3-1 原生动物在活性污泥反应过程中数量与种类的增长与递变

后生动物(主要指轮虫)在活性污泥系统中是不经常出现的,仅在处理水质优异的完全氧化型活性污泥系统(如延时曝气活性污泥系统)中出现。轮虫出现是水质非常稳定的标志。

在活性污泥处理系统中净化污水的第一承担者和主要承担者是细菌,而摄食处理水中游离细菌,使污水进一步净化的原生生物则是污水净化的第二承担者。原生生物摄取细菌,是活性污泥生态系统的首位捕食者。后生动物摄食原生动物,则是生态系统的第二捕食者。通过显微镜镜检活性污泥原生动物的生物相,是对活性污泥质量评价的重要手段之一。

三、活性污泥微生物的增殖与活性污泥的增长

曝气反应池内,活性污泥微生物降解污水中有机污染物的同时,伴随着微生物的增殖,而微生物的增殖实际上就是活性污泥的增长。

微生物的增殖规律,一般用增殖曲线来表示。增殖曲线所表示的是在某些关键性的环境因素,如温度一定、溶解氧含量充足等情况下,营养物质一次充分投加时,活性污泥微生物总量随时间的变化,如图 3-2 所示。

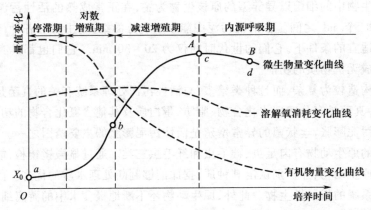

图 3-2　活性污泥增长曲线及其与有机污染物(BOD)降解、氧利用速率的关系

纯种微生物的增殖曲线可作为活性污泥多种属微生物增殖规律的范例。根据图 3-2 所示,整个增长曲线可分为 4 个阶段(期):

1. 适应期

适应期亦称停滞期或调整期。这是微生物培养的最初阶段,是微生物细胞内各种酶系统对新环境的适应过程。在本阶段初期,微生物不裂殖,数量不增加,但在质的方面却开始出现变化,如个体增大,酶系统逐渐适应新的环境。在本期后期,酶系统对新环境已基本适应,微生物个体发育也达到一定的程度,细胞开始分裂,微生物开始增殖。

2. 对数增殖期

对数增殖期又称增殖旺盛期。本期的必要条件是营养物质(有机污染物)非常充分,微生物以最高速率摄取营养物质,也以最高速率增殖。微生物细胞数按几何级数增加。微生物(活性污泥)增殖速率与时间呈直线关系,为一常数,其值即为直线的斜率。

3. 减速增殖期

减速增殖期又称稳定期或静止期。经对数增殖期后,微生物大量繁衍、增殖,培养液(污水)中的营养物质也被大量耗用,营养物质逐步成为微生物增殖的控制因素,微生物增殖速率减慢,增殖速率几乎和细胞衰亡速率相等,微生物活体数达到最高水平,但也趋于稳定。

4. 内源呼吸(代谢)期

内源呼吸期又称衰亡期。培养液(污水)中营养物质(有机物)浓度继续下降,并达到近乎耗尽的程度。微生物由于得不到充足的营养物质,而开始利用自身体内的储存物质或衰亡的菌体,进行内源代谢以维持生理活动。在此期间,多数细菌进行自身代谢而逐步衰亡,只有少数微生物细胞继续裂殖,活菌体数大为下降,增殖曲线呈显著下降趋势。在细菌形态方面,此时也多呈退化状态,且往往产生芽孢。

决定污水中微生物活体数量和增殖曲线上升、下降走向的主要因素是其周围环境中营养物质的多少。通过对污水中营养物(有机污染物)量的控制,就能够控制微生物增殖(活性污泥增长)的走向和增殖曲线各期的延续时间。以增殖曲线所反映的微生物增殖规律,即活性污泥增长规律,对活性污泥处理系统有着重要的意义。比值 F(有机物量)/M(微生物量)是活性污泥处理技术重要的设计和运行参数。

四、活性污泥絮凝体的形成

在活性污泥反应器——曝气反应池内形成发育良好的活性污泥絮凝体,是使活性污泥处理系统保持正常净化功能的关键。活性污泥絮凝体,也称为生物絮凝体,其骨干部分是由千万个细菌为主体结合形成的通常称之为"菌胶团"的颗粒。菌胶团对活性污泥的形成及各项功能的发挥,起着十分重要的作用,只有在它发育正常的条件下,活性污泥絮凝体才能很好地形成,其对周围有机污染物的吸附功能及其絮凝、沉降性能,才能够得到正常发挥。

3.1.2 活性污泥法反应过程及其动力学

一、初期吸附

在活性污泥系统内,污水开始与活性污泥接触后的较短时间内,污水中的有机污染物即被大量去除,BOD 去除率很高。这种初期高速去除有机物的现象是由物理吸附和生物吸附交织在一起的吸附作用所产生的。

活性污泥强吸附能力的产生源是:

(1) 活性污泥具有很大的表面积:2 000~10 000 m^2/m^3 混合液;

(2) 组成活性污泥的菌胶团细菌使活性污泥絮体具有多糖类黏质层。

活性污泥吸附能力的影响因素有:

(1) 微生物的活性程度,处于良好状态的微生物具有很强的吸附能力;

(2) 反应器内水力扩散程度与水动力学流态。

吸附过程进行较快,能够在 30min 内完成,污水 BOD 的去除率最高可达 70%。被吸附在微生物细胞表面的有机污染物,只有在经过数小时的曝气后,才能够相继被摄人微生物体内降解,因此,被"初期吸附去除"的有机物数量是有限度的。

二、微生物的代谢

被吸附在栖息有大量微生物的活性污泥表面的有机污染物,与微生物细胞表面接触,在微生物透膜酶的催化作用下,透过细胞壁进入微生物细胞体内。小分子的有机物能够直接透过细胞壁进入微生物体内,而如淀粉、蛋白质等大分子有机物,则必须在细胞外酶(水解酶)的作用下,被水解为小分子后再为微生物摄入。被摄入细胞体内的有机污染物,在各类酶如脱氢酶、氧化酶等的催化作用下,微生物对其进行代谢反应。

微生物对一部分有机污染物进行氧化分解,最终形成 CO_2 和 H_2O 等稳定的无机物质,并从中获取合成新细胞物质所需要的能量,这一过程可用下列化学方程式表示:

$$C_xH_yO_z+(x+y/4-z/2)O_2 \xrightarrow{\text{酶}} xCO_2+y/2H_2O+\Delta H \tag{3-8}$$

式中,$C_xH_yO_z$:有机物。

另一部分有机污染物为微生物用于合成新细胞即合成代谢,所需能力取自分解代谢,这一反应过程可用下列方程表示:

$$nC_xH_yO_z+nNH_3+n(x+y/4-z/2-5)O_2 \xrightarrow{\text{酶}} (C_5H_7NO_2)_n+n(x-5)CO_2+n/2(y-4)H_2O+\Delta H$$

$$(3-9)$$

式中，$C_5H_7NO_2$：细菌细胞组织的化学式。

如果污水中营养物质匮乏，微生物可能进入内源代谢反应，微生物对其自身的细胞物质进行代谢反应，其过程可用下列化学方程式表示：

$$(C_5H_7NO_2)_n+5nO_2 \xrightarrow{\text{酶}} 5nCO_2+2nH_2O+nNH_3+\Delta H \qquad (3-10)$$

微生物分解代谢和合成代谢及其产物的数量关系模式如图 3-3 所示。微生物分解代谢和合成代谢的相互关系为，(1) 二者不可分，而是相互依赖的；分解过程为合成提供能量和前物，而合成则给分解提供物质基础；分解过程是一个产能过程，主要产物为 CO_2 和 H_2O，可直接进入自然环境；合成过程则是一个耗能过程，其产物是新生的微生物细胞，并以剩余污泥的方式排出活性污泥处理系统。(2) 二者对有机物的去除都有重要贡献；(3) 合成量的大小，对后续污泥的处理有直接影响，剩余污泥需进行妥善处理和处置（污泥的处理费用一般可以占整个城市污水处理厂的 40% ~ 50%）。美国污水处理专家麦金尼认为可降解有机物的 1/3 为微生物氧化分解，2/3 为微生物用于合成新细胞，自身增殖；而通过内源代谢反应，80% 的细胞物质被分解为有机物质并产生能量，20% 为不能分解的残留物，它们主要是由多糖、脂蛋白组成的细胞壁的某些组分和壁外的黏液层。

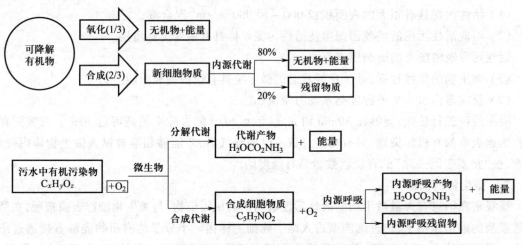

图 3-3 微生物对有机物的分解代谢及合成代谢的模型

在水处理工作中，大多以 COD 和 BOD_5 两个指标度量有机物。COD 大致上代表了水中有机物的总量，BOD 则反映了水中微生物可降解的有机物量。COD 由可生物降解的 COD_B 和不可生物降解的 COD_{NB} 两部分组成，即：$COD = COD_B + COD_{NB}$。根据 BOD_u 和 COD_B 的意义和图 3-3 所示的代谢模型，可知

$$BOD_u = \frac{1}{3}COD_B + \frac{2}{3}COD_B \times (1-0.2) = \left(\frac{1}{3} + \frac{1.6}{3}\right)COD_B = 0.87COD_B$$

或

$$COD_B = 1.15BOD_u$$

或 $$BOD_5 = 0.68BOD_u = 0.68 \times 0.87COD_B = 0.59COD_B$$

有 $$COD_B = 1.69BOD_5$$
$$BOD_u = 1.47BOD_5$$

由此可知,$BOD_u < COD_B$。由以上分析可知,可以从 COD 和 BOD_5 值算出水样的 COD_B 和 COD_{NB} 值,从而对水中有机物的了解更加完整。

三、活性污泥反应动力学

反应动力学是研究各种物理、化学因素(如温度、压力、浓度、反应体系中的介质、催化剂、流场、停留时间等)对反应速率的影响,以及相应的反应机理和数学表达式等的化学反应工程的分支学科。借助化学反应工程动力学研究活性污泥系统复杂体系各因素的变化规律即为活性污泥反应动力学。

反应动力学常以稳定状态下某个特定的反应器为对象,通过物料平衡,研究生物化学反应各组分物质的量的变化规律。对普通活性污泥处理系统,曝气池是生化反应构筑物,是微生物完成初期吸附、分解代谢和合成代谢的场所;二沉池是生物污泥和处理水澄清的构筑物。普通活性污泥系统的反应模型如图 3-4,并假设:

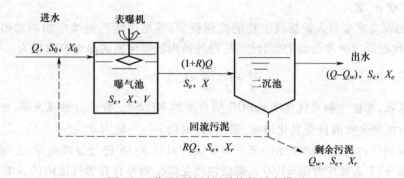

图 3-4　普通活性污泥系统的反应模型

(1)曝气池是连续混合型反应器;

(2)活性污泥在二次沉淀池内不产生微生物代谢活动且澄清分离良好;

(3)系统处于稳定运行状态:环境条件和进入系统的物质组分稳定;生物毒性和抑制物质不超过允许范围。

其中,Q:进水流量(m^3/d);Q_w:剩余污泥排放流量(m^3/d);R:污泥回流比,即 Q_w/Q;S_0:进水基质浓度,一般指 BOD_5,mg/L;S_e:出水基质浓度,一般指 BOD_5,mg/L;V:曝气池容积(m^3);X_0:随进水流入曝气池内的混合液悬浮物固体(MLSS)浓度,mg/L;X:曝气池内的混合液悬浮物固体(MLSS)浓度,mg/L;X_r:回流污泥中的混合液悬浮物固体(MLSS)浓度,mg/L;X_e:二沉池出水带出的少量混合液悬浮物固体(MLSS)浓度,mg/L。

据图 3-4,以曝气池为对象,对反应基质 S 列物料平衡式,得

$$QS_0 + RQS_e - (1+R)QS_e = V \cdot \frac{dS}{dt} \tag{3-11}$$

经整理,得

$$\frac{dS}{dt} = \frac{Q(S_0 - S_e)}{V} \tag{3-12}$$

据图 3-4,以曝气池为对象,对混合液悬浮物固体 X 进行物料平衡,得

$$\left(\frac{\mathrm{d}X}{\mathrm{d}t}\right)V=(1+R)QX-(QX_0+RQX_r) \tag{3-13}$$

式中,t:反应时间,d;$\dfrac{\mathrm{d}S}{\mathrm{d}t}$:基质在微生物作用下发生分解代谢而进行物质降解转化的速率,当然也是微生物利用基质速率,此处为正值;$\dfrac{\mathrm{d}X}{\mathrm{d}t}$:基质分解,微生物进行合成代谢而发生增殖的速率,不包括内源代谢速率。

为了更好地反映微生物的分解和合成代谢的效率,通常定义:

$$v=\frac{1}{X}\cdot\frac{\mathrm{d}S}{\mathrm{d}t} \tag{3-14}$$

$$\mu=\frac{1}{X}\cdot\frac{\mathrm{d}X}{\mathrm{d}t} \tag{3-15}$$

其中,v:基质的比降解速率,即指单位微生物量在单位时间降解的基质,量纲为[时间]$^{-1}$,常用 h^{-1} 或 d^{-1} 表示;μ:微生物的比增殖速率,即指单位微生物量在单位时间增殖的量,量纲也为[时间]$^{-1}$,常用 h^{-1} 或 d^{-1} 表示。

1951 年,由霍克来金等人根据微生物的代谢模型,提出活性污泥微生物的增殖是微生物合成反应和内源代谢两项生理活动的综合结果,曝气池内活性污泥的净增殖速率为:

$$\frac{\mathrm{d}X}{\mathrm{d}t}=Y\cdot\frac{\mathrm{d}S}{\mathrm{d}t}-K_d\cdot X \tag{3-16}$$

其中,Y:产率系数,即微生物每代谢 1 kgBOD 所合成的 MLSS kg 数;K_d:衰减速率,也称内源呼吸系数,是活性污泥微生物的自身氧化速率,量纲为[时间]$^{-1}$,一般用 d^{-1};

式 3-16 为活性污泥微生物增殖的基本方程式。对式 3-16 进行分离变量,在曝气池反应时间 0→T 进行积分(T 为反应时间 $=V/Q$),得活性污泥微生物每日在曝气池内的净增殖量为:

$$\Delta X=Y(S_0-S_e)Q-K_dVX \tag{3-17}$$

其中,ΔX:活性污泥微生物的增殖量,即剩余污泥量,kgMLSS/d。

令 $S_r=S_0-S_e$,S_r:污水中被利用的有机物浓度,其量纲为[质量][体积]$^{-1}$,一般用 $\mathrm{kg/m^3}$ 表示。

将式(3-17)各项除以 XV,则上式变为

$$\frac{\Delta X}{XV}=Y\frac{(S_0-S_e)Q}{XV}-K_d \tag{3-18}$$

令

$$L_s=\frac{(S_0-S_e)Q}{XV}=Q\frac{S_r}{XV} \tag{3-19}$$

$$\theta_c=\frac{XV}{\Delta X} \tag{3-20}$$

其中,L_s:在工程上称为污泥负荷率,kgBOD$_5$/(kgMLSS.d);θ_c:污泥龄,d。

因此,式(3-18)可改写为:

$$\frac{1}{\theta_c}=Y\cdot v-K_d=YL_s-K_d \tag{3-21}$$

在实际工程中,产率系数(微生物增长系数)Y 常以实际测得的表观产率系数(微生物净增

长系数) Y_{obs} 代替。故式(3-21)可改写为

$$\frac{1}{\theta_c} = Y_{obs} v \tag{3-22}$$

式(3-21)和式(3-22)联立,解得

$$Y_{obs} = \frac{Y}{1 + K_d \theta_c} \tag{3-23}$$

式(3-21)反映了污泥龄与产率系数、比降解速率和微生物衰减系数的关系。此乃著名的劳伦斯-麦卡蒂(LaWraence-McCarty)基本模型。由式(3-21)可见,污泥龄(θ_c)与 BOD_5 污泥去除负荷呈反比关系。

将式(3-19)代入式(3-21),可求得

$$V = \frac{YQ(S_0 - S_e)\theta_c}{X(1 + K_d \theta_c)} \tag{3-24}$$

将式(3-23)代入式(3-24),可得

$$V = \frac{Y_{obs} Q(S_0 - S_e)\theta_c}{X} \tag{3-25}$$

式(3-24)、式(3-25)是计算生化反应池有效容积的动力学方法之一。由于基质在完全混合反应器中平均反应时间即为水力停留时间 T,而 $T = \dfrac{V}{Q}$,代入(3-24),得

$$X = \frac{Y(S_0 - S_e)\theta_c}{(1 + K_d \theta_c)T} \tag{3-26}$$

式中,T:平均反应时间,即水力停留时间,此处单位为 d。

式(3-26)说明反应器内微生物浓度(X)是污泥龄(θ_c)、反应时间(曝气时间)、进出水基质浓度的函数。

在式(3-26)中可以定义 $\Phi = \dfrac{\theta_c}{T}$,为污泥龄与水力停留时间之比值,称为污泥循环因子,反映了活性污泥从生长到被排出系统期间与废水接触的平均次数。

对式(3-13),设进水流入的 $X_0 = 0$,将式(3-16)和式(3-21)分别代入式(3-13),求得

$$\frac{1}{\theta_c} = \frac{Q}{V} \cdot \left(1 + R - R\frac{X_r}{X}\right) \tag{3-27a}$$

即

$$\frac{1}{\Phi} = \left(1 + R - R\frac{X_r}{X}\right) \tag{3-27b}$$

经变换,式(3-28b)可改写成

$$\left(1 - \frac{1}{\Phi}\right) = R \cdot \left(\frac{X_r}{X} - 1\right) \tag{3-27c}$$

由于 $\Phi \gg 1$,式(3-27c)可简化为 $1 = R \cdot \left(\dfrac{X_r}{X} - 1\right)$,得

$$R \approx \frac{X}{X_r - X} \tag{3-27d}$$

对于稳定运行的活性污泥系统,式(3-27a)反映了污泥龄与污泥回流比之间的关系,可以通过调整污泥回流比,来控制污泥龄。

劳伦斯-麦卡蒂基本模型中,产率系数 Y 和衰减速率 K_d 因所处理污水基质不同而有所不同。一般对于生活污水或性质与其相近的工业废水,Y 值可取为 0.5—0.65;K_d 取值 0.05—0.1。其他工业废水,由于种类繁多,成分复杂,其 Y 值与 K_d 值则介于很大的范围内,应通过实际测定确定。

生物化学反应是一种以生物酶为催化剂的化学反应。污水生物处理工程需要创造合适的环境条件以获得期望的反应速率和处理效率。因此,生化反应动力学的初步研究主要包括以下三个方面:

(1) 基质降解速率与基质浓度、生物量、环境因素等方面的关系;

(2) 微生物增长速率与基质浓度、生物量、环境因素等方面的关系;

(3) 基质反应机理,明确从反应物到产物所经历的途径。

一切生化反应都是在酶的催化下进行的酶反应,反应速率受酶浓度、底物(基质)浓度、pH、温度、反应产物、活化剂和抑制剂等因素的影响。在有足够底物又不受其他因素影响时,酶促反应速率与酶浓度成正比。当底物浓度在较低范围内,而其他因素恒定时,反应速率与底物浓度成正比,是一级反应。当底物浓度增加到一定限度时,所有的酶全与底物结合后,酶反应速率达到最大值,此时再增加底物部的浓度对反应速率就无影响,是零级反应。对于不同的酶,达到饱和时所需的底物浓度并不相同,甚至差异有时很大。

1913 年前后,米歇里斯和门坦提出了表示整个反应中底物浓度与酶促反应速率之间关系的式子,称为米歇里斯-门坦(MiChaelis-Menten)方程式,简称米氏方程式,即

$$v_{酶}=\frac{v_{酶max}S}{K_m+S} \tag{3-28}$$

式中,$v_{酶}$:酶反应速率;$v_{酶max}$:最大酶反应速率;S:底物浓度;K_m:米氏常数,K_m 在数值上是 $v=1/2v_{max}$ 时的底物浓度,故又称半速率常数。

微生物增殖速率和微生物本身的浓度、底物浓度之间的关系是废水生物处理中的一个重要课题。有多种模式反映这一关系。当前公认的是莫诺特于 1942 年和 1950 年两次用纯种的微生物在单一底物的培养基上进行试验得出的结果,如图 3-5 所示。这个结果在形式上与米凯利斯-门坦取得的酶促反应速率与底物浓度之间的关系相同。因此,莫诺特提出了与经典的米-门方程式相类似的莫诺特公式来描述底物浓度与微生物比增殖速率之间的关系,即

$$\mu=\frac{\mu_{max}S}{K_S+S} \tag{3-29}$$

式中,μ_{max}:微生物最大比增殖速率,[时间]$^{-1}$,常用 h^{-1} 或 d^{-1} 表示;K_S:饱和常数,为当 $\mu=\mu_{max}/2$ 时的底物浓度,也称之为半速

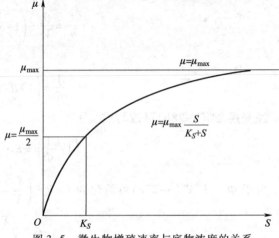

图 3-5　微生物增殖速率与底物浓度的关系

率常数或饱和常数,[质量][体积]$^{-1}$,一般用 mg/L 表示。

可以假设,微生物的比增殖速率(μ)与基质的比降解速率(v)成比例关系,即

$$\mu \propto v$$

因此,基质比降解速率v,也可以用莫诺特公式描述,即

$$v = v_{max}\frac{S}{K_S + S} \tag{3-30}$$

式中,v_{max}:底物的最大比降解速率,[时间]$^{-1}$,常用 h^{-1}或 d^{-1}表示;其余各符号表示意义同前。

根据式(3-14),有

$$-\frac{dS}{dt} = v_{max}X\frac{S}{K_S + S} \tag{3-31}$$

莫诺特公式(3-25)、(3-26)描述的是微生物比增殖速率或基质比降解速率与基质浓度之间的函数关系。对这种函数关系,在两种极端条件下,能够得出如下推论。

(1) 在高底物浓度的条件下,$S \gg K$,式(3-30)分母中的K_S值与S值相比,可以忽略不计,于是式(3-26)可简化为:

$$v = v_{max} \tag{3-32}$$

而式(3-31)可简化为:

$$-\left(\frac{dS}{dt}\right) = v_{max}X = K_1X \tag{3-33}$$

式中,v_{max}为常数值,以K_1表示。

式(3-33)及图 3-6 说明,在高底物浓度的条件下,底物以最大的速率进行降解,而与底物浓度无关,呈零级反应关系。即图 3-6 上所表示的底物浓度大于 S′的情况。底物浓度进一步提高,比降解速率也不会提高,因为在这一条件下,微生物处于对数增殖期,其酶系统的活性位置都被底物所饱和。式(3-33)也说明,在高底物浓度的条件下,底物降解速率与活性污泥浓度(生物量)有关,并呈一级反应关系。

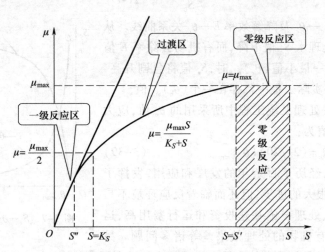

图 3-6　基质比降解速率与基质浓度的关系

(2) 在低底物浓度的条件下,$S \ll K_S$,式(3-30)分母中,与K_S值相比较,S值可忽略不计,这

样,式(3-30)和式(3-31)可分别简化为:

$$v = v_{max} \frac{S}{K_S} \tag{3-34}$$

$$-\frac{dS}{dt} = K_2 X S \tag{3-35}$$

式中,$K_2 = v_{max}/K_S$,量纲为[体积][质量][时间]$^{-1}$,一般用 $m^3/(kg \cdot d)$ 或 $L/(mg \cdot h)$ 表示。

从式(3-31)可见,底物降解速率与底物浓度呈一级反应,底物浓度已成为底物降解的限制因素。因为在这种条件下,混合液中底物浓度已经不高,微生物增殖处于减衰增殖期或内源呼吸期,微生物酶系统多未被饱和,在图3-6中即为横坐标 $S=0$ 到 $S=S''$ 这样的一个区段。这个区段的比降解速率曲线表现为通过原点的直线,其斜率即为 K_2。

城市污水属低底物浓度的污水,COD 值一般在 400 mg/L 以下,BOD$_5$ 值在 300 mg/L 以下,在曝气池中浓度更低,因此,对处理城市污水的活性污泥法系统,可近似地用(3-31)描述有机物的降解速率。

对于完全混合活性污泥法,曝气池内的基质(底物)浓度为 S_e,用式(3-26)表达比降解速率为

$$v = v_{max} \frac{S_e}{K_S + S_e} \tag{3-36}$$

将式(3-36)代入式(3-21),解得

$$S_e = \frac{K_S(1 + K_d \theta_c)}{\theta_c(Y v_{max} - K_d) - 1} \tag{3-37}$$

对某一特定生化反应系统,S_0、K_S、K_d、Y 及 v_{max} 值为常数,那么 S_e 值仅为 θ_c 单值函数,则基质的降解效率

$$E = \frac{S_0 - S_e}{S_0}\% = F_2(\theta_c) \tag{3-38}$$

图3-7所示为 S_e—θ_c 及降解效率 E—θ_c 关系曲线。从图可见,θ_c 值提高,处理水 S_e 值下降,而有机物去除率 E 值提高;当 θ_c 值低于某一最小值 $(\theta_c)_{min}$ 时,S_e 值将急剧升高,E 值则急剧下降。在实际工程中都存在一个 $(\theta_c)_{min}$ 值。

实际活性污泥法处理系统工程中所采用的 θ_c 值,应大于 $(\theta_c)_{min}$ 值,实际取值为:

$$\theta_c = (2 \sim 20)(\theta_c)_{min} \tag{3-39}$$

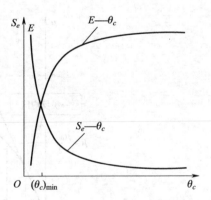

图3-7　S_e—θ_c 与 E—θ_c 关系图

活性污泥技术已经历了百余年的发展和应用,发挥了巨大的作用,取得了很大的进步,但还面临着反应环境不易控制、反应速率较低、处理设施基建投资和运行费用高、运行不够稳定、难降解有机物的处理效果差等诸多问题。另外,活性污泥技术消耗了基质中的大量有机碳而未加以利用,释放较多二氧化碳、剩余污泥量大。通过生物学和生化反应动力学的研究,充分利用微生物的无穷潜力和反应设备的发展及相关学科技术的进步,活性污泥技术必将取得更大的发展,发挥更大的作用。

1999 年国际水质协会课题组推出活性污泥 3 号模型(ASM3)。活性污泥 3 号模型(ASM3)引进了有机物在微生物体内的贮藏及内源呼吸的细胞内部活动过程。ASM3 中包括了 12 种生化反应过程、13 个组分、6 个化学计量常数和 21 个动力学参数,可以实现除碳、脱氮的动态模拟过程。ASM 系列模型已经成为国际上污水处理新技术开发、工艺设计和计算机模拟的重要平台和工具。

3.1.3 活性污泥法反应的主要影响因素

活性污泥微生物只有在适宜的环境下才能生存和繁殖,活性污泥处理技术就是人为地为微生物创造良好的环境条件,使微生物对有机物降解的生理功能得到强化。影响微生物生理活动的因素较多,其中主要有:营养物质、溶解氧、pH、温度以及有毒物质等。

1. 营养平衡

活性污泥的微生物,在其生命活动过程中,所必需的营养物质包括:碳源、氮源、无机盐类及某些生长素等。碳是构成微生物细胞的重要物质,污水中大多含有微生物能利用的碳源,对于有些含碳量低的工业废水,可能需要补充投加碳源。微生物除了需要碳营养外,还需要氮、磷营养性成分。微生物对碳、氮、磷的需求量,可按 BOD:N:P=100:5:1 考虑。

微生物对无机盐类的需求量很少,但却又是不可缺少的。对微生物而言,无机盐类可分为主要的和微量的两类。主要的无机盐类为磷及钾、镁、钙、铁、硫等,它们参与细胞结构的组成、能量的转移、控制原生质的胶态等。微量的无机盐类则有铜、锌、钴、锰、钼等,它们是酶辅基的组成部分,或是酶的活化剂。微生物一般从污水中所含有的各种盐类获取上述各种无机元素。微量元素对微生物的生理活动有着激活作用,但需求量极少。一般情况下,对生活污水、城市污水及绝大部分有机性工业废水进行生物处理时,都无须另行投加。

活性污泥微生物的最佳营养比一般为 BOD:N:P=100:5:1,生活污水是活性污泥微生物的最佳营养源,一般满足这一比值要求。经过初次沉淀池或水解酸化工艺等预处理后,BOD值有所降低,N 及 P 含量的相对值有所提高,其 BOD:N:P 比值可能变为 100:20:2.5。

2. 溶解氧

参与污水活性污泥处理的是以好氧菌为主体的微生物种群,曝气反应池内必须有足够的溶解氧。溶解氧不足,将对微生物的生理活动产生不利的影响。活性污泥法大量的运行经验数据,要维持曝气反应池内微生物正常的生理活动,在曝气反应池出口端的溶解氧一般宜保持不低于 2 mg/L。

曝气反应池内溶解氧也不宜过高,否则会导致有机污染物分解过快,从而使微生物缺乏营养,活性污泥结构松散、破碎、易于老化。此外,溶解氧过高,过量耗能,也是不经济的。

3. pH

以 pH 表示的氢离子浓度能够影响微生物细胞膜上的电荷性质。电荷性质改变,微生物细胞吸取营养物质的功能也会发生变化,从而对微生物的生理活动产生不良影响。pH 过大地偏离适宜数值,微生物的酶系统的催化功能就会减弱,甚至消失。参与污水生物处理的微生物,最佳的 pH 范围一般介于 6.5~8.5。

在曝气反应池内,保持微生物最佳 pH 范围是十分必要的。这是活性污泥处理进程正常、取得良好处理效果的必要条件。当污水(特别是工业废水)的 pH 变化较大时,应设置调节池,将污水的 pH 调节到适应范围后再进入曝气池。

4. 水温

温度适宜,能够促进、强化微生物的生理活动;温度不适宜,会减弱甚至破坏微生物的生理活动,导致微生物形态和生理特性的改变,甚至可能使微生物死亡。最适宜的温度是指在这一温度条件下,微生物的生理活动强劲、旺盛,增殖速度快,世代时间短。参与活性污泥处理的微生物,多属嗜温菌,其适宜温度介于 10 ~ 45 ℃。最佳温度范围一般为 15 ~ 30 ℃。

在常年或多半年处于低温的地区,应考虑将生化反应池建于室内。建于室外露天的曝气反应池,则应采取适当的保温措施。

5. 有毒物质

有毒物质是指达到一定浓度时对微生物生理活动具有抑制作用的某些无机物质及有机物质,如重金属离子(铅、镉、铬、铁、铜、锌等)和非金属无机有毒物质(砷、氰化物等),能够和细胞的蛋白质结合,而使其变性或沉淀。汞、银、砷等离子对微生物的亲和力较大,能与微生物酶蛋白的-SH 基结合而抑制其正常的代谢功能。

有机物质对微生物的毒害作用,有一个量的问题,即只有有毒物质在环境中达到某一浓度时,毒害与抑制才显露出来,这一浓度称之为有毒物质极限允许浓度。

3.1.4 活性污泥处理系统的控制指标

通过人工强化、控制,使活性污泥处理系统能够正常、高效运行的基本条件是:适当的污水水质和水量;具有良好活性和足够数量的活性污泥微生物,并相对稳定;在混合液中保持能够满足微生物需要的溶解氧浓度;在曝气池内,活性污泥、有机污染物、溶解氧三者能够充分接触。

为保证达到上述基本条件,需确定相应的控制指标,这些指标既是活性污泥法的评价指标,也是活性污泥法处理系统的设计和运行参数。

一、混合液活性污泥微生物量的指标

1. 混合液悬浮固体浓度 MLSS

它表示曝气反应池单位容积混合液中所含有的活性污泥固体物质的总质量,表示单位为 mg/L 或 kg/m³:

$$MLSS = M_a + M_e + M_i + M_{ii} \tag{3-40}$$

该指标既包含 M_e、M_i 两项非活性物质,也包括 M_{ii} 无机物,因此不能精确地表示"活"的活性污泥量,仅能表示活性污泥的相对值。

2. 混合液挥发性悬浮固体浓度,简称为 MLVSS

该指标表示混合液活性污泥中所含有的有机性固体物质的浓度,表示单位为 mg/L 或 kg/m³:

$$MLVSS = M_a + M_e + M_i \tag{3-41}$$

本项指标中还包括 M_e、M_i 等惰性有机物质,因此也不能很精确地表示活性污泥微生物量,它表示的仍然是活性污泥量的相对值。MLVSS 与 MLSS 的比值以 f 表示:

$$f = MLVSS/MLSS \tag{3-42}$$

一般情况下,f 值比较固定,对于生活污水,f 值为 0.75 左右。以生活污水为主的城镇污水也接近此值。

二、活性污泥的沉降性能指标

正常的活性污泥在静止 30 min 内即可完成絮凝沉淀和成层沉淀过程,随后进入浓缩。根据活性污泥在沉降、浓缩方面所具有的这一特性,建立了以活性污泥静止沉淀 30 min 为基础的两项指标,表示其沉降、浓缩性能。

1. 污泥沉降比,又称 30 min 沉降率,简称 SV

混合液在量筒内静置 30 min 后形成的沉淀污泥容积占原混合液容积的百分数,以 % 表示。

污泥沉降比能够反映曝气池运行过程的活性污泥量,可用以控制、调节剩余污泥的排放量,还能通过它及时地发现污泥膨胀等异常现象。

2. 污泥容积指数,又称"污泥指数",简称 SVI

该指标的物理意义是在曝气池出口处的混合液,经过 30 min 静置后,每克干污泥形成的沉淀污泥所占有的容积,以 mL 计。

污泥容积指数(SVI)的计算式为:

$$SVI = \frac{混合液(1\ L)30\ min\ 静沉形成的活性污泥容积(mL)}{混合液(1\ L)中悬浮物固体干重(g)} = \frac{SV(\%) \times 10(mL/L)}{MLSS(g/L)} \quad (3-43)$$

SVI 的单位为(mL/g)。习惯上只称数字,而把单位略去。

SVI 值能够反映活性污泥的凝聚、沉降性能。生活污水及城市污水处理的活性污泥 SVI 值介于 70~100。SVI 值过低,说明泥粒细小、无机物质含量高、缺乏活性;SVI 过高,说明污泥沉降性能不好,并且有产生膨胀现象的可能。

SV 和 SVI 是活性污泥处理系统重要的设计参数,也是评价活性污泥数量和质量的重要指标。

三、污泥龄

生物反应池(曝气反应池)内活性污泥总量(VX)与每日排放污泥量(ΔX)之比,称为"生物固体平均停留时间",即污泥龄 θ_c:

$$SRT = \frac{VX}{\Delta X} = \theta_c \quad (3-44)$$

式中,ΔX:每日排除系统外的活性污泥量(即新增污泥量),kg/d。

ΔX 按下式计算:

$$\Delta X = Q_w X_r + (Q - Q_w) X_e \quad (3-45)$$

式中,Q_w:作为剩余污泥排放的污泥量,m^3/d;X_r:剩余污泥浓度,kg/m^3;Q:污水流量,m^3/d;X_e:出水的悬浮物固体浓度,kg/m^3。

将式(3-45)代入式(3-44),得

$$\theta_c = \frac{VX}{Q_w X_r + (Q - Q_w) X_e} \quad (3-46)$$

在一般条件下,X_e 值极低,可忽略不计,式(3-46)可简化为

$$\theta_c = \frac{VX}{Q_w X_r} \quad (3-47)$$

X_r 值在一般情况下是活性污泥特性和二次沉淀池效果的函数,可由 SVI 值近似求定:

$$X_r = \frac{10^6}{SVI}(mg/L) \quad (3-48)$$

污泥龄(生物固体平均停留时间)是活性污泥处理系统重要的设计、运行参数。这一参数能够说明活性污泥微生物的状况,世代时间长于污泥龄的微生物在生物反应池内不可能繁衍成优势菌种属,如硝化菌在 20 ℃时,其世代时间为 3 d,当 $\theta_c < 3$ d 时,硝化菌就不可能在曝气反应池内大量增殖,不能成为优势菌种,生物反应池内就不能产生硝化反应。

四、BOD−污泥负荷

BOD−污泥负荷是指生物反应池内单位质量污泥(干重,kg)在单位时间(d)内所接受的或所去除的有机物量(BOD,kg)。它表示了生化反应池内供给污泥的食料(Feed)和污泥质量(Mass)之比。曝气反应池的 F/M 值可按式(3−49)计算:

$$\frac{F}{M} = \frac{QS_0}{XV} (\text{kgBOD}/(\text{kgMLSS} \cdot \text{d})) \tag{3-49}$$

根据反应动力学,BOD−污泥负荷都是指去除负荷,即

$$L_S = \frac{Q(S_0 - S_e)}{XV} (\text{kgBOD}/(\text{kgMLSS} \cdot \text{d})) \tag{3-50}$$

L_S 是活性污泥处理系统设计、运行的重要参数,是影响有机污染物降解、活性污泥增长的重要因素。采用高 L_S,将加快有机污染物的降解速率与活性污泥增长速率,减小生物反应池的容积,在经济上比较适宜,但处理水的水质未必能够达到预定的要求;采用低 L_S,有机物的降解速率和活性污泥的增长速率都将降低,生物反应池的容积加大,建设费用有所增高,但处理水的水质较好。

L_S 还与活性污泥的膨胀现象有直接关系。在 0.5 kgBOD/(kgMLSS · d)以下的低负荷区和 1.5 kgBOD/(kgMLSS · d)以上的高负荷区域,SVI 值都在 150 以下,难以出现污泥膨胀现象。而 L_S 介于 0.5 ~ 1.5 kgBOD/(kgMLSS · d)之间,SVI 值很高,属于污泥膨胀高发区。

五、BOD−容积负荷

在活性污泥法系统的设计与运行中,还使用另一种负荷值:BOD−容积负荷,它是指生物反应池单位容积(m^3)在单位时间内(d)内所接受的有机物量(BOD)。BOD−容积负荷按式(3−49)计算:

$$L_V = \frac{QS_0}{V} (\text{kgBOD}/(m^3 \text{ 曝气池} \cdot \text{d})) \tag{3-51}$$

六、剩余污泥量

剩余污泥量有两种计算方法:

(1) 按污泥龄计算:

$$\Delta X = VX/\theta_c \tag{3-52}$$

(2) 按污泥产率系数、衰减系数,并考虑惰性悬浮物增加的污泥量计算:

$$\Delta X = YQ(S_0 - S_e) - K_d VX_v + fQ[(SS)_0 - (SS)_e] \tag{3-53}$$

若已知 Y_{obs},则

$$\Delta X = Y_{\text{obs}} Q(S_0 - S_e) + fQ[(SS)_0 - (SS)_e] \tag{3-54}$$

式中,X_v:混合液挥发性悬浮污泥浓度,kg/m^3;f:SS 的污泥转化率,宜根据实验资料确定,无试验资料时可取 0.5 ~ 0.7 gMLSS/gSS;$(SS)_0$:生物反应池进水悬浮物浓度,kg/m^3;$(SS)_e$:生物反应

池出水悬浮物浓度,kg/m³。

七、有机污染物降解与需氧量

生物反应池中好氧区的生物反应需氧量,可根据 BOD₅ 的定义、氮素的氧化还原过程的化学反应计量关系及生物细胞化学式的氧当量进行理论推算,规范推荐采用式(3-55)计算:

$$S(O_2) = 0.001aQ(S_0-S_e)-c\Delta X_V+b[0.001(N_k-N_{ke})-0.12\Delta X_V]-$$
$$0.62b[0.001Q(N_t-N_{ke}-N_{oe})-0.12\Delta X_V] \qquad (3-55)$$

式中,O_2:需氧量,kgO₂/d;Q:生物反应池进水水量,m³/d;S_0:生物反应池进水五日生化需氧量,mg/L;S_e:生物反应池出水五日生化需氧量,mg/L;ΔX_V:排出生物反应池系统的合成代谢剩余生物量(不包括进水悬浮物 SS 的污泥转化量),kg/d;N_k:生物反应池进水总凯氏氮浓度,mg/L;N_{ke}:生物反应池出水总凯氏氮浓度,mg/L;N_t:生物反应池进水总氮浓度,mg/L;N_{oe}:生物反应池出水硝态氮浓度,mg/L;$0.12\Delta X_V$:排出生物反应池系统的微生物含氮量,kg/d;a:碳的氧当量,当含碳物质以 BOD 计时,取 1.47;b:常数,氧化每公斤氨氮所需氧量,kgO₂/kgN,取 4.57;c:常数,细菌细胞的氧当量,取 1.42。

公式(3-55)右边的第 1 项为去除含碳污染物的需氧量,第 2 项为剩余污泥氧当量,第 3 项为氧化氨氮需氧量,第 4 项为反硝化脱氮回收的氧量。

总凯氏氮(TKN)包括有机氮和氨氮。有机氮可通过水解脱氨基而生成氨氮,此过程为氨化作用。氨化作用对氮原子而言化合价不变,并无氧化还原反应。

因为 $NH_4^+ + 2O_2 \longrightarrow NO_3^- + H_2O + 2H^+ + \Delta H$,可知氧化 1 kg 氨氮需 4.57 kg 氧来计算 TKN 降低所需要的氧量,因此式(3-55)中 b 取 4.57。

反硝化反应可采用式(3-56)表示的反应式简单描述:

$$5C + 2H_2O + 4NO_3^- \longrightarrow 2N_2 + 4OH^- + 5CO_2 \qquad (3-56)$$

由式(3-56)可知,4NO₃⁻ 还原成 2N₂,可使 5 个有机碳氧化成 CO₂,相当于抵消 5O₂,而从反应式 $4NH_3 + 8O_2 \longrightarrow 4NO_3^- + 8H^+ + 4H_2O$ 可知,4NH₃ 氧化成 4NO₃⁻ 需要消耗 8O₂,故反硝化时氧的回收率为 5/8=0.62,这就是式(3-55)中第四项系数 0.62 的来源。

若用 $C_5H_7NO_2$ 表示细菌细胞,则氧化 1 个 $C_5H_7NO_2$ 分子需要 5 个氧分子,则 160/113 = 1.42 kgO₂/kgVSS,故式(3-55)中 c 取 1.42。

若处理系统仅去除碳源污染物,则 b 为 0,只计第 1 项和第 2 项。含碳物质氧化的需氧量,也可采用经验数据,参照国内外研究成果和国内污水厂生物反应池污水需氧量的数据综合分析,去除含碳污染物时,每去除千克五日生化需氧量可采用 0.7 ~ 1.2 kgO₂。

3.2 生物膜法

生物膜法具有运行稳定、脱氮效能强、抗冲击负荷能力强、经济节能、无污泥膨胀问题,并能在其中形成较长的食物链,污泥产量较活性污泥工艺少等优点,它主要适用于温暖地区和中小城镇的污水处理。

3.2.1 生物膜的构造

污水与滤料或某种载体流动接触,经过一段时间后,在其表面形成一种膜状污泥——生物膜。生物膜沿水流方向分布,是由各种微生物、原生动物、后生动物及微型动物等组成的能稳定降解有机物的生态系统。从开始形成到成熟,生物膜经过潜伏和生长两个阶段,一般的城市污水,在20℃的条件下大致需要30 d左右形成稳定的生物膜。

生物滤池滤料上的生物膜构造见图3-8。

生物膜是高度亲水的物质,当污水流经生物膜,在其外侧形成一层附着水层。生物膜又是微生物高度密集的物质,在膜的表面和一定深度的内部生长繁殖着大量的各类微生物和微型动物,形成有机污染物—细菌—原生动物(后生动物)的食物链。

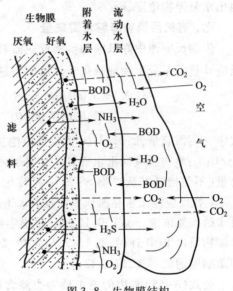

图3-8 生物膜结构

3.2.2 生物膜中生物相

生物膜主要有细菌、真菌、藻类(在有光条件下)、原生动物和后生动物等,此外还有病毒。这些微生物体,有的细胞结构简单(如原核生物),有的细胞结构较复杂(如真核生物),而病毒只是非细胞的组织结构。

一、细菌

细菌是微生物膜的主体,而其产生的胞外聚合物为生物膜结构的形成提供了内在条件。生物膜上细菌的种类取决于其生长速率和微生物膜所处的环境,诸如水中营养状况、附着生长状况、细菌在生物膜中所处的位置和温度等环境条件。根据所需营养的不同,细菌可分为无机营养型的自养菌和有机营养型的异养菌,其中异养菌是生物膜中的主要细菌类型。

二、真菌

真菌是具有明显细胞核而没有叶绿素的真核生物,大多数具有丝状形态,包括单细胞的酵母菌(在一定条件下亦形成菌丝)和多细胞的霉菌。真菌可利用的有机物范围很广,特别是多碳类有机物,故有些真菌可降解木质素等难降解有机物。当污水中有机物的成分变化、负荷增加、温度降低、pH降低和溶解氧水平下降时,很容易孳生丝状菌。

三、藻类

藻类是受阳光照射下的生物膜中的主要成分。生物膜中常出现的藻类有:小球藻属、绿球藻属、席藻属、额藻属、毛枝藻属和环丝藻属等。由于藻类含有叶绿素,故藻类能够进行光合作用,即将光能转化成化学能。藻类是阳光照射下生物膜微生物的主要构成部分,但由于藻类只是生物膜表层的很小部分,因而对污水净化作用较小。

四、原生动物

原生动物是动物界中最低等的单细胞动物,在成熟的生物膜中,能不断捕食生物膜表面的细菌,因而在保持生物膜处于活性方面起着积极作用。从微观角度讲,浮游的原生动物可通过在生物膜内运动产生紊动而影响生物膜深处的传质。原生动物主要包括鞭毛类、肉足类和纤毛类。在1 mL的生物滤池的生物膜污泥中,通常可见肉足类100~4 600个,鞭毛虫类200~1 300个,纤毛虫类500~10 000个。从种属和个数方面讲,纤毛虫类在生物膜中占的比例较大。

五、后生动物

后生动物是由多个细胞组成的多细胞动物,属无脊椎型。生物膜中经常出现的有轮虫类,包括旋轮虫和蛭型轮虫等,线虫类包括双胃线虫和杆线虫属,寡毛类包括爱胜蚓、颤蚓属和水丝蚓属和昆虫如毛蠓属及其幼虫类。

综上所述,生物膜上的微生物相十分丰富,形成了由细菌、真菌和藻类到原生动物和后生动物的复杂生态体系,这些微生物的出现及是否占优常与污水水质和生物膜所处的环境条件相关,如负荷适当时常出现独缩虫属、聚缩虫属、累枝虫属、集盖虫属和钟虫等;负荷过高,真菌类增加,纤毛虫类减少,可以见到的只有屋滴虫属、波豆虫属、尾波虫属等鞭毛虫类;负荷较低时可观察到盾纤虫属、尖毛虫属、表壳虫属和鳞壳虫属等。后生动物如轮虫和线虫等大量出现时,能使生物膜快速更新,生物膜中的厌氧层减少,不会引起生物膜过厚,且生物膜脱落量也少;如果扭头虫属、新态虫属和贝日阿托氏菌属等出现时,表明生物膜中厌氧层增厚。可见,微生物膜上的生物相可以起指标性作用,可用以判断生物膜反应器的运行情况及处理效果。

3.2.3 生物膜净化过程

生物膜在其形成与成熟后,由于微生物不断增殖,生物膜的厚度不断增加,在增厚到一定程度后,在氧不能透入的里侧深部即转变为厌氧状态,形成厌氧性膜。这样,生物膜便由好氧和厌氧两层组成。好氧层的厚度一般为 2 mm 左右,有机物的降解主要是在好氧层内进行。从图 3-8 可见,在生物膜内外,生物膜与水层之间进行着多种物质的传递过程。空气中的氧溶解于流动水层中,通过附着水层传递给生物膜,供微生物呼吸;污水中的有机污染物则由流动水层传递给附着水层,然后进入生物膜,并通过细菌的代谢活动而被降解,使污水在其流动过程中逐步得到净化。

当厌氧层不厚时,它与好氧层保持着一定的平衡与稳定关系,好氧层能够维持正常的净化功能,但当厌氧层逐渐加厚,并达到一定的程度后,其代谢产物也逐渐增多,这些产物向外侧逸出,必然要透过好氧层,使好氧层生态系统的稳定状态遭到破坏,从而失去这两种膜层之间的平衡关系,又因气态代谢产物的不断逸出,减弱了生物膜在滤料(载体、填料)上的附着力,处于这种状态的生物膜即为老化生物膜,老化生物膜净化功能较差且易于脱落。生物膜脱落后生成新的生物膜,新生生物膜必须在经历一段时间后才能充分发挥其净化功能。

3.2.4 生物膜法的特征

一、微生物相方面的特征

1. 参与净化的微生物多样性

生物膜法处理的各种工艺,具有适于微生物生长栖息、繁衍的稳定环境,有利于微生物生长增殖。填料上的微生物,其生物固体平均停留时间(污泥龄)较长,因此在生物膜中能够生长世代时间较长、比增殖速率较小的微生物,如硝化菌等;在生物膜上还可能大量出现丝状菌,而无污泥膨胀之虞;线虫类、轮虫类及寡毛虫类的微型动物出现的频率也较高。此外,在日光照射到的部位能够出现藻类,在生物滤池上,还会出现像小苍蝇(滤池蝇)等昆虫类生物。

2. 生物的食物链长

在生物膜上生长繁育的生物中,动物性营养类生物所占比例较大,微型动物的存活率亦较高,表明在生物膜上能够栖息高次营养水平的生物,在捕食性纤毛虫、轮虫类、线虫类之上还栖息着寡毛虫类和昆虫。生物膜上形成的这种长食物链,使生物膜处理系统内产生的污泥量较活性污泥处理系统少 1/4 左右。

二、处理工艺方面的优缺点

1. 生物膜法优点

(1) 对水质、水量波动有较强的适应性

生物膜法的各种工艺,对流入污水水质、水量的变化都具有较强的适应性,即使有一段时间中断进水,对生物膜的净化功能也不会造成显著的影响,通水后能够较快得到恢复。

(2) 污泥沉降性能良好,易于固液分离

由生物膜上脱落下来的生物污泥,所含动物成分较多,相对密度较大,而且污泥颗粒个体较大,沉降性能良好,易于固液分离。但是,如果生物膜内部形成的厌氧层过厚,在其脱落后,将有大量的非活性的细小悬浮物分散于水中,使处理水的澄清度降低。

(3) 适合处理低浓度的污水

如原污水的 BOD 值较低,将影响活性污泥絮凝体的形成和增长,净化功能降低,处理水水质低下。但生物膜法中的微生物栖息在填料上繁衍生长,因此处理低浓度污水时,也能取得较好的处理效果。

(4) 易于维护管理、节能

与活性污泥处理系统相比,生物膜法中的各种工艺都比较易于维护管理,而且生物滤池、生物转盘等工艺具有节省能源、动力费用较低的特点。

2. 生物膜法缺点

虽然生物膜法有诸多优点,但是与活性污泥法相比,生物膜法也存在着一些缺点和不足:

(1) 与活性污泥法相比,生物膜法更容易受到传质的限制。而且尽管生物量较大,但是有活性的微生物数量有限,集中在生物膜的表面。一般认为,2 ~ 3 mg/L 的溶解氧浓度对大多数活性污泥法已经足够,但是生物膜法在该溶解氧浓度下可能受到明显限制。

(2) 生物膜工艺需要填料和支撑结构作为微生物生长的载体,因此往往造成其基建投资超过活性污泥法。

(3) 生物膜法处理废水的 BOD 浓度不宜过高。过高的 BOD 浓度会导致生物膜过快生长,容易引起系统堵塞。

(4) 多数生物膜工艺对原水的 SS 有较为严格的要求。原水 SS 过高会引起系统堵塞,或增加反冲洗的频率。

(5) 生物膜法的生物量较难控制,运行灵活性差。出水携带脱落的生物膜片,非活性细小悬浮物分散在水中使处理的水澄清度降低。

3.2.5　生物膜的增长及动力学

微生物在经过不可逆的附着过程(俗称挂膜)后,固定在载体表面的微生物开始通过代谢环境所提供的底物进行繁殖、增长。生物膜的增长过程一般认为与悬浮微生物的增长过程相似。主要经历适应期、对数增长期、稳定期及衰减期。

为描述生物膜中的传质过程和基质生物利用动力学,已经开发了多种模型,并提供了用于评价生物膜工艺的各种工具。但是由于生物膜反应器的复杂性,且无法准确定义物理参数和模型系数,所以在设计中一般采用经验关系式。

跟活性污泥法一样,微生物比增长速率(μ)是描述生物膜增长繁殖特性的最常用参数之一,它反映了微生物增长的活性。微生物比增长速率的定义为

$$\mu = \frac{\mathrm{d}x/\mathrm{d}t}{x} \tag{3-57}$$

式中,x:微生物浓度,[质量][体积]$^{-1}$;μ:微生物比增长速率,[时间]$^{-1}$。

从理论上讲,当获得微生物增长曲线(x-t)后,可通过任一点的导数及对应的 X 值计算出微生物增长过程中时刻 t 对应的比增长速率。

3.3 厌氧处理技术

厌氧处理又称为厌氧生物消化,是指在厌氧条件下由多种(厌氧或兼氧)微生物的共同作用,使有机物分解并产生 CH_4 和 CO_2 的过程。厌氧生物处理技术不仅用于有机污泥和高浓度有机废水的处理,而且能有效地处理城市污水等低浓度污水。近年来,相继开发的厌氧生物滤床、厌氧接触池、上流式厌氧污泥床、厌氧膨胀床、内循环厌氧反应器、厌氧折流板反应器和分段厌氧处理设备等,都属于新型的厌氧生物处理设备。与好氧生物处理法相比,厌氧生物处理具有下列优点:

(1)能耗低,且可回收生物能,具有良好的环境效益与经济效益。厌氧生物处理不仅无须供氧,而且厌氧去除 1 kgCOD 能产生 0.35 m³ CH_4,而每 1 m³ CH_4 可发电 1.5~2.0 kWh。

(2)厌氧废水处理设施负荷高,一般可达 2~6 kgCOD/(m³·d),占地少。

(3)剩余污泥量低,厌氧产生的剩余污泥量只相当于好氧法的 1/10~1/6。

(4)厌氧生物处理对营养物的需求量小。好氧生物处理需要营养比为 BOD_5 : N : P = 100 : 5 : 1;厌氧法为 BOD_5 : N : P = (200~400) : 5 : 1。

(5)应用范围广。厌氧既适合处理高浓度有机废水,又能处理低浓度有机废水,也能进行污泥消化稳定,还能处理某些含难降解有机物的废水。

(6)对水温的适应范围较广。厌氧生物处理法在高温(50~60 ℃)、中温(33~35 ℃)和常温(15~30 ℃)条件下都能进行有效地处理。

(7)厌氧污泥在长时间的停止运行后,较易恢复生物活性。

厌氧生物处理的缺点是:

(1)出水 COD 浓度较高,仍须进行好氧处理,故它通常作为废水好氧处理的前处理。

(2)厌氧细菌增殖速度较慢,厌氧反应器启动历时长,水力停留时间长。

(3)厌氧微生物,特别是产甲烷菌,对有毒物质较敏感。

3.3.1 污水厌氧处理基本原理

20 世纪 70 年代,Bryant 提出了厌氧消化过程的三阶段理论:

第一阶段为水解酸化阶段。在该阶段,复杂的有机物在厌氧菌胞外酶的作用下,首先被分解成简单的有机物,如纤维素经水解转化成较简单的糖类;蛋白质转化成较简单的氨基酸;脂类转

化成脂肪酸和甘油等。继而这些简单的有机物在产酸菌的作用下经过厌氧氧化成乙酸、丙酸、丁酸等脂肪酸和醇类等。参与这个阶段的水解发酵菌主要是厌氧菌和兼性厌氧菌。

第二阶段为产氢产乙酸阶段。在该阶段,产氢产乙酸菌把除乙酸、甲酸、甲醇以外的第一阶段产生的中间产物,如脂肪酸和醇类等转化成乙酸和氢,并有 CO_2 产生。

第三阶段为产甲烷阶段。在该阶段,产甲烷细菌把第一阶段和第二阶段产生的乙酸、H_2 和 CO_2 等转化为甲烷。

1979 年,Zeikus J G 提出了四种群说理论,该理论认为复杂有机物的厌氧消化过程有四种群厌氧微生物参与作用,这四种群即是:水解发酵菌、产氢产乙酸菌、同型产乙酸菌(又称耗氢产乙酸菌)及产甲烷菌。图 3-9 表达了四种群说关于复杂有机物的厌氧消化过程。由图 3-9 可知,复杂有机物在第Ⅰ类种群(水解发酵菌)作用下被转化为有机酸和醇类。第Ⅱ类种群(产氢产乙酸菌)将有机酸和醇类转化为乙酸和 H_2/CO_2、一碳化合物(甲醇、甲酸等)。第Ⅲ类种群产甲烷菌把乙酸、H_2/CO_2 和一碳化合物(甲醇、甲酸)转化为 CH_4 和 CO_2。第Ⅳ类种群(同型产乙酸菌)将 H_2 和 CO_2 等转化为乙酸,一般情况下这类转化数量很少。在有硫酸盐存在的条件下,硫酸盐还原菌也将参与厌氧消化过程。

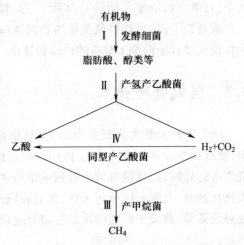

图 3-9　厌氧消化过程中的三阶段理论和四种群说理论

目前为止,三阶段理论和四类群说理论是对厌氧生物处理过程较全面和较准确的描述。图 3-9 中的Ⅰ、Ⅱ、Ⅲ为三阶段理论,Ⅰ、Ⅱ、Ⅲ、Ⅳ为四种群说理论,所产生的细胞物质在图中未表示。

3.3.2　污水厌氧处理微生物

一、不产甲烷菌及其作用

不产甲烷菌包括三类:发酵细菌、产氢产乙酸细菌和同型产乙酸细菌,这三类细菌在厌氧消化过程中都起着非常重要的作用。

1. 发酵细菌。发酵细菌是一群非常复杂的混合细菌群,主要属于专性厌氧细菌,包括梭菌属、丁酸弧菌属和真细菌属等。该类细菌可以在厌氧条件下将多种复杂有机物水解为可溶性物质,并将可溶性有机物发酵,主要生成乙酸、丙酸、丁酸、H_2 和 CO_2,所以也有人称其为水解发酵细菌或产氢产酸菌。

2. 产氢产乙酸细菌。Bryant 在研究奥氏甲烷芽孢杆菌的过程中发现了产氢产乙酸菌,并证实奥氏甲烷芽孢杆菌是两种菌的共生体,该菌株将乙醇发酵为乙酸和氢,此反应称为产氢产乙酸反应。

3. 同型产乙酸细菌。同型产乙酸细菌是混合营养型厌氧细菌,既能利用有机基质产生乙酸,也能利用 H_2 和 CO_2 产生乙酸。因为同型产乙酸细菌可以利用 H_2 而降低 H_2 分压,所以对产 H_2 的发酵性细菌有利,同时对利用乙酸的产甲烷菌也有利。

二、产甲烷菌及其作用

产甲烷菌(Methanogen)是1974年由Bryant提出的,其目的是为了避免这类细菌与另一类氧化甲烷的好氧细菌相混淆。产甲烷菌具有特殊的细胞成分和产能代谢功能,是一群形态多样,可代谢H_2、CO_2及少数几种简单有机物并生成CH_4的严格厌氧的古细菌。产甲烷菌也是唯一能够有效地利用氧化H_2时形成的电子,并能在没有光或游离氧等外源电子受体的条件下,还原CO_2为CH_4的微生物。

随着厌氧微生物学的快速发展和研究,近20年来,在分离产甲烷菌方面已取得了很大进展,先后分离出产甲烷菌有20多种。产甲烷菌的形态多种多样,但大致可分为4类:球状、杆状、螺旋状和八叠状。球状产甲烷菌通常为正圆形或椭圆形,排列成对或链状。杆状产甲烷菌为短杆、长杆、竹节状或丝状。螺旋状产甲烷菌仅发现一种,呈规则的弯曲杆状,最后发展为不能运动的螺旋丝状。八叠状产甲烷菌是球形细胞形成规则的或不规则的堆积状。下面介绍几种典型的产甲烷菌:

(1) 甲酸甲烷杆菌,长杆状,宽$0.4 \sim 0.8\ \mu m$,在液体培养基中老龄菌丝常互相缠绕成聚集体,革兰氏染色阳性或阴性。用H_2/CO_2为基质,37℃培养,$3 \sim 7\ d$形成菌落。最适生长温度为$37 \sim 45$℃,最适pH值$6.6 \sim 7.8$。

(2) 万氏甲烷球菌,是规则或不规则的球菌,直径$0.5 \sim 4\ \mu m$,老培养物可达$10\ \mu m$单生、成对,革兰氏染色阴性,以丛生鞭毛而活跃运动,细胞极易破坏。深层菌落淡褐色,凸透镜状,直径$0.5 \sim 1\ mm$。利用H_2/CO_2和甲酸生长并产生甲烷,以甲酸为底物,最适pH值$8.0 \sim 8.5$,以H_2/CO_2为底物,最适pH值$6.5 \sim 7.5$。生长最适温度$36 \sim 40$℃。

(3) 巴氏甲烷八叠球菌,细胞形态为直径$1 \sim 39\ \mu m$的不对称球形,通常形成几十微米到$1 \sim 2\ mm$的拟八叠球菌状的细胞聚体。革兰氏染色阳性,不运动,细胞内可能有气泡。大多数菌株为中温型,最适生长温度$35 \sim 40$℃,最适pH值$6.7 \sim 7.2$。嗜热甲烷八叠球菌最适生长温度为50℃。

(4) 亨氏甲烷螺菌,细胞呈弯杆状或长度不等的波形丝状体,宽$0.4\ \mu m$,长度从几微米到数百微米,菌体长度受营养条件的影响,革兰氏染色阴性,具极生鞭毛,缓慢运动。表面菌落淡黄色、圆形、突起、边缘裂叶状,具有间隔为$16\ \mu m$的特征性羽毛状浅蓝色条纹。35℃培养12周,菌落直径达到$1 \sim 2\ mm$。

三、产甲烷菌与不产甲烷菌的相互作用

在厌氧处理系统中,产甲烷菌与不产甲烷菌相互依存,互为对方创造良好的环境和条件,构成互生关系。同时,双方又互为制约,在厌氧生物处理系统中处于平衡状态。不产甲烷菌为产甲烷菌提供生长和产甲烷所必需的基质,为产甲烷菌创造了适宜的氧化还原电位条件,为产甲烷菌消除了有毒物质。产甲烷菌为不产甲烷菌的生化反应解除反馈抑制,并和不产甲烷菌共同维持环境中适宜的pH值。

3.3.3 污水厌氧处理的影响因素

一、温度

温度是影响微生物生存及生物化学反应最重要的因素之一。各类微生物适宜的温度范围是不同的。一般认为,产甲烷菌的生存温度范围是$5 \sim 60$℃,在35℃和53℃左右可分别达较高的

消化效率,而温度为 40~45 ℃时,厌氧消化效率较低,如图 3-10 所示。

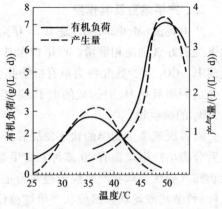

图 3-10 温度对厌氧消化的影响

温度对消化效率的影响有时会因其他工艺条件的差异而有某种程度的不同,如反应器内污泥浓度较高,即有较高的微生物酶浓度,则温度的影响就不易显露出来。在一定温度范围内,温度升高,有机物去除率增大,产气量增多。同时,温度对反应速度的影响明显,温度的急剧变化和上下波动不利于厌氧消化作用,短时间内温度升降 5 ℃,沼气产量明显下降,波动的幅度过大时,甚至停止产气。在高温厌氧消化时,温度的波动不仅影响沼气产量,还影响沼气中的甲烷含量。

二、pH

每种微生物可在一定的 pH 范围内活动,产酸细菌对酸碱度不及产甲烷菌敏感,其适宜的 pH 范围较广,pH 在 4.5~8.0。产甲烷菌则要求环境介质 pH 在中性附近,最适宜的 pH 为 6.6~7.4。在普通单相厌氧反应器中,为了维持平衡,避免过多的酸积累,常保持 pH 在 6.5~7.5。

在厌氧过程中,pH 的变化除受外界的影响外,还取决于有机物代谢过程中某些产物的增减。产酸作用会使 pH 下降,含氮有机物分解产物氨的增加,会引起 pH 的升高。

在 pH 为 6~8,控制消化液 pH 的主要化学体系是二氧化碳/重碳酸盐缓冲系统。在厌氧生物处理过程中,pH 除受进水的 pH 影响外,还取决于代谢过程中自然建立的缓冲平衡,以及挥发酸、碱度、CO_2、氨氮、氢之间的平衡。

三、氧化还原电位

严格厌氧(既无分子氧又无硝态氮氧)是产甲烷菌繁殖的最基本条件之一。产甲烷菌对氧和氧化剂非常敏感,这是因为它不像好氧菌那样具有过氧化氢酶。厌氧反应器介质中的氧浓度可根据浓度与电位的关系判断。氧化还原电位与氧浓度的关系可用能斯特(Nernst)方程确定。根据有关研究结果,产甲烷初始繁殖的环境条件是氧化还原电位小于等于 -0.33 V,按 Nernst 方程计算,相当于 2.36×10^{56} L 水中有 1 mol 氧。由此可见,产甲烷菌对介质中分子态氧极为敏感。在厌氧消化全过程中,不产甲烷阶段可在兼氧条件下完成,氧化还原电位为 -0.25~+0.1 V,而在产甲烷阶段,氧化还原电位须控制在 -0.3~-0.5 V(中温厌氧)与 -0.56~-0.6 V(高温厌氧),常温消化与中温相近。

氧是影响厌氧反应器中氧化还原电位的重要因素。挥发性有机酸的增减、pH 的升降及铵离子浓度的高低等因素也有影响,如 pH 低,氧化还原电位高;pH 值高,氧化还原电位低。

四、有机容积负荷

有机容积负荷是厌氧消化过程中的重要参数,直接影响产气量和处理效率。

五、搅拌与混合

混合搅拌是提高消化效率的工艺条件之一。通过搅拌可增加有机物与微生物之间的接触,避免产生分层,促进沼气分离。在连续投料的消化池中,搅拌还能使进料迅速与池中原有料液相匀混。采用搅拌措施能显著提高消化效率。故在传统厌氧消化工艺中,将有搅拌的消化器称为高效消化器。有关研究表明:消化池每次搅拌的时间不应超过 1 h,消化器内物质移动的速度不宜超过 0.5 m/s。搅拌的作用还与污水有机物性状有关,当含不溶性有机物较多时,因易于生成浮渣,搅拌的功效相对较大;对含可溶性有机物或易消化悬浮固体的污水,搅拌的功效相对小些。

搅拌的方法有:① 机械搅拌器搅拌;② 消化液循环搅拌;③ 沼气循环搅拌等。其中沼气循环搅拌,还有利于使沼气中的 CO_2 作为产甲烷的基质被细菌利用,提高甲烷的产量。厌氧滤池和上流式厌氧污泥床等新型厌氧消化设备,虽没有专设搅拌装置,但以上流的方式连续投入料液,通过液流及其扩散作用,也起到一定程度的搅拌作用。

六、废水的营养比

厌氧微生物生长繁殖需按一定的比例摄取碳、氮、磷及其他微量元素。工程上主要控制进料的碳、氮、磷比例,其他营养元素不足的情况较少出现。不同的微生物在不同的环境条件下所需的碳、氮、磷比例不完全一致。一般认为,厌氧处理中碳、氮、磷的比例以(200 ~ 300):5:1 为宜。在碳、氮、磷比例中,碳氮比例对厌氧消化的影响更为重要,研究表明,C:N 为(10 ~ 18):1,如图 3-11 和图 3-12 所示。在厌氧处理时提供氮源,除满足合成菌体所需外,还有利于提高反应器的缓冲能力。若碳氮比太高,不仅厌氧菌增殖缓慢,而且消化液的缓冲能力降低,pH 容易下降;相反,若碳氮比太低,氮不能被充分利用,将导致系统中氨的过分积累,pH 上升,也可能抑制产甲烷菌的生长繁殖,使消化效率降低。

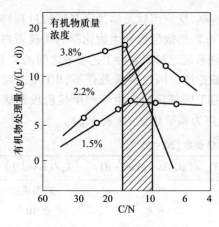

图 3-11 C/N 与处理量的关系

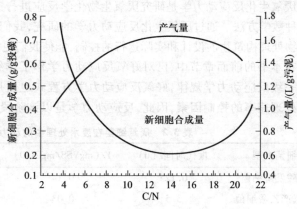

图 3-12 C/N 与新细胞合成量及产气量关系

七、有毒物质

系统中的有毒物质会不同程度地对厌氧过程产生抑制作用,这些物质是进水中所含成分,或是厌氧菌代谢的副产物,包括有毒有机物、重金属离子和一些阴离子(如硫离子)等。对有机物来说,带醛基、双键、氯取代基、苯环等结构,往往具有抑制性。重金属是使反应器失效的最常见的因素,它通过与微生物酶中的巯基、氨基、羧基等相结合,而使生物酶失活,或者通过金属氢氧化物凝聚作用使生物酶沉淀。金属离子对厌氧的影响顺序为 Cr>Cu>Zn>Cd>Ni。毒性物质抑制厌氧的浓度范围见表 3.1。

表 3.1　毒性物质抑制厌氧的浓度范围

物质名称	物质的量浓度/(mol/L)
碱金属或碱土金属(Ca^{2+},Mg^{2+},Na^+,K^+)	$10^{-1} \sim 10^{+6}$
重金属(Cu^{2+},Ni^{2+},Zn^{2+},Hg^{2+},Fe^{2+})	$10^{-5} \sim 10^{-3}$
H^+和OH^-	$10^{-6} \sim 10^{-4}$
胺类	$10^{-5} \sim 1.0$

硫化氢是甲烷菌的必需营养物,甲烷菌的最佳生长需要量是 11.5 mg/L(以 H_2S 计),但厌氧处理仅可在有限的硫化氢浓度范围内运行。硫化物过量存在(厌氧过程的中间产物),对厌氧过程会产生强烈的抑制作用:一是由硫酸盐的还原过程与产甲烷过程争夺有机物氧化脱出的氢;二是当介质中可溶性硫化物积累后,会对细菌细胞的功能产生直接抑制,影响产甲烷菌群的生长繁殖;三是使出水中含硫化氢产生臭味,影响环境;四是使沼气中含硫化氢引起管道、发动机或锅炉腐蚀。有资料介绍,硫化物的浓度达到 60 mg/L(以 H_2S 计),甲烷菌的活性下降 50%;达到 100 mg/L时,对产甲烷过程有抑制;超过 200 mg/L,抑制作用十分明显。当然,有毒物质的最高容许浓度与处理系统的运行方式、污泥驯化程度、废水特性、操作控制条件等因素相关。目前,我国有的高负荷反应器中硫化物浓度在 150 ~ 200 mg/L(以 H_2S 计),也获得了满意的负荷率和处理效果。

氨同样是厌氧生物处理过程中的营养物和缓冲剂,但高浓度时由于 NH_3-N 浓度增高和 pH上升也会产生抑制作用。

3.3.4　污水厌氧处理反应动力学

厌氧生化反应动力学是研究厌氧生物化学反应进行速率、反应历程及描述厌氧降解过程特性的一种数学方法。通过厌氧生化反应动力学的研究,我们可以把微生物和生物化学的实验资料用于生物处理构筑物的设计和实际运行的控制,能使我们更加系统地理解各种工艺参数之间的关系。

在本书的前面章节中,已对好氧反应动力学作了详细论述。因在厌氧条件下,BOD_5 去除也遵循一级反应动力学规律,好氧反应动力学方程式也适用于厌氧反应。由于产甲烷阶段是厌氧生物处理速率的控制因素,因此,反应动力学是以该阶段作为基础建立的(表 3.2)。

表 3.2　厌氧细菌在废水处理中的动力学参数(30 ~ 35 ℃)

细菌类型	世代时间/(d)	Y/(mgVSS/mgCOD)	V_{max}/(gCOD/(gVSS·d))	K_s/(mmol/L)
产酸发酵细菌	0.125	0.14	39.6	未报道
产氢产乙酸细菌	3.5	0.03	6.6	0.40
利用氢产甲烷细菌	0.5	0.07	19.6	0.004
甲烷丝菌	7.0	0.02	5.0	0.30
甲烷八叠球菌	1.5	0.04	11.6	5.0
好氧活性污泥	0.03	0.40	57.8	0.25

3.4　污水生物脱氮除磷

氮、磷对水体环境的影响最为突出的是水体(特别是封闭水体)的富营养化,表现为藻类的过量繁殖及继而引起的水质恶化以致湖泊退化;其次是氨氮的耗氧特性会使水体的溶解氧降低,从而导致水中生物死亡和水体黑臭。因此有效降低污水中氮、磷的含量是污水处理的一项重要任务。

3.4.1 污水生物脱氮

一、传统生物脱氮机理

污水中氮主要以氨氮和有机氮形式存在,通常只含有少量或没有亚硝酸盐和硝酸盐形态的氮,在未经处理的污水中,氮有可溶性的,也有非溶性的。可溶性有机氮主要以尿素和氨基酸的形式存在。一部分非溶性有机氮在初沉池中可以去除。在生物处理过程中,大部分的非溶性有机氮转化成氨氮和其他无机氮,却不能有效地去除氮。污水生物脱氮是在水处理微生物的作用下将污水中有机氮和 NH_3-N 转化为 N_2 和 N_xO 气体的过程。传统生物脱氮可分为氨化—硝化—反硝化三个步骤。

1. 氨化

城市污水中氮的主要来源为:生活污水,工业污水,特别是化肥、焦化、洗毛、制革、印染、食品与肉类加工、石油精炼行业排放的污水等。在未经处理的新鲜污水中,含氮化合物存在的主要形式有:① 有机氮,如蛋白质、氨基酸、尿素、胺类化合物、硝基化合物等;② 氨态氮(NH_3,NH_4^+)一般以 NH_3 为主。含氮化合物在微生物的作用下,首先会产生氨化反应。有机氮化合物在氨化菌的作用下分解、转化为氨态氮,这一过程称之为"氨化反应",以氨基酸为例,其反应式为:

$$RCHNH_2COOH+O_2 \xrightarrow{\text{氨化菌}} RCOOH+CO_2+NH_3 \tag{3-58}$$

2. 硝化

(1) 硝化反应

硝化反应是将氨氮转化为硝酸盐氮的过程。硝化反应是由一群自养型好氧微生物完成的,它包括两个基本反应步骤,第一阶段是由亚硝酸菌将氨氮转化为亚硝酸盐(NO_2^-),称为亚硝化反应,亚硝酸菌中有亚硝酸单胞菌属、亚硝酸螺旋杆菌属和亚硝化球菌属等。第二阶段则由硝酸菌将亚硝酸盐进一步氧化为硝酸盐,称为硝化反应。

亚硝酸菌和硝酸菌统称为硝化菌,硝化菌是化能自养,属革兰氏染色阴性和不生芽孢的短杆状细菌,广泛存活在土壤中,在自然界氮的循环中起着重要的作用。这类细菌的生理活动不需要有机性营养物质,而利用无机碳化合物,如 CO_2、CO_3^{2-}、HCO_3^- 等作为碳源,通过与 NH_3、NH_4^+、NO_2^- 的氧化反应来获得能量。硝化菌是专性好氧菌,只有在有溶解氧的条件下才能增殖,厌氧和缺氧条件都不能增殖,但在厌氧、缺氧、好氧状态下均会发生衰减死亡。亚硝酸菌和硝酸菌的特性可见表3.3。

表3.3 硝化菌的特性

项目	亚硝酸菌(椭球或棒状)	硝酸菌(椭球或棒状)
细胞尺寸/μm	1×1.5	0.5×1.5
革兰氏染色	阴性	阴性
世代期/h	8~36	12~59
自养性	专性	兼性

续表

项目	亚硝酸菌(椭球或棒状)	硝酸菌(椭球或棒状)
需氧性	严格好氧	严格好氧
最大比增长速率 μ_m/h^{-1}	0.04 ~ 0.08	0.02 ~ 0.06
产率系数 Y	0.04 ~ 0.013	0.02 ~ 0.07
饱和常数 K/(mg/L)	0.6 ~ 3.6	0.3 ~ 1.7

氨氮被氧化为亚硝酸盐、亚硝酸盐被氧化为硝酸盐的表示形式如下：

$$NH_4^+ + 1.5O_2 \longrightarrow NO_2^- + 2H^+ + H_2O + (240 \sim 350 \text{ kJ/mol}) \tag{3-59}$$

$$NO_2^- + 0.5O_2 \longrightarrow NO_3^- + (65 \sim 90 \text{ kJ/mol}) \tag{3-60}$$

第一阶段反应放出能量多,该能量供给亚硝酸菌将 NH_4^+ 合成 NO_2^-,维持反应的持续进行,第二阶段反应放出能量较小,到目前为止未发现中间产物,从 NH_4^+ 到 NO_3^- 的反应历程如表 3.5 所示。由此可见,由于亚硝酸菌的酶系统十分复杂,氨氮氧化为亚硝态氮经历了 3 个步骤 6 个电子变化,而硝化反应只经历了 1 个步骤和 2 个电子变化,相对简单些。因此,有人认为亚硝酸菌比硝酸菌更易受到抑制。从能量角度来看,第一阶段反应放能远大于第二阶段,而能量是用于细胞合成的,所以亚硝酸菌的产量大于硝酸菌的产量,这一点从表 3.3 中污泥产率系数的大小也可以看出。

氧化(代谢)不是单独进行的,合成也在同时进行,这就导致了微生物的增长。合成的表示形式为：

$$15CO_2 + 13NH_4^+ \longrightarrow 10NO_2^- + 3C_5H_7NO_2 + 23H^+ + 4H_2O \tag{3-61}$$
$$\text{(亚硝酸菌)}$$

$$5CO_2 + NH_4^+ + 10NO_2^- + 2H_2O \longrightarrow 10NO_3^- + C_5H_7NO_2 + H^+ \tag{3-62}$$
$$\text{(硝酸菌)}$$

同时在水体中,CO_2 存在以下平衡关系：

$$CO_2 + H_2O \longrightarrow H_2CO_3 \longrightarrow H^+ + HCO_3^- \tag{3-63}$$

方程式(3-61)、式(3-62)、式(3-63)均有 H^+ 生成,平衡右移,水中 pH 下降。综合考虑上述方程式,则有：

$$NH_4^+ + 1.5O_2 + 2HCO_3^- \longrightarrow NO_2^- + 2H_2CO_3 + H_2O \text{(第一阶段氧化)}$$

$$13NH_4^+ + 23HCO_3^- \longrightarrow 8H_2CO_3 + 10NO_2^- + 3C_5H_7NO_2 + 19H_2O \text{(第一阶段合成)}$$

$$NH_4^+ + 10NO_2^- + 4H_2CO_3 + HCO_3^- \longrightarrow 10NO_3^- + 3H_2O + C_5H_7NO_2 \text{(第二阶段合成)} \tag{3-64}$$

若第一阶段的产率系数 $Y_M = 0.15$ gVSS/g·NH_4-N,假设生成一个 $C_5H_7NO_2$ 需 NH_4^+ 中氮为 x 个,则

$$
\begin{array}{ccc}
C_5H_7NO_2(VSS) & & xN \\
113 & & x \times 14 \\
0.15 & & 1
\end{array}
$$

可得 $x = 54$,加上需氧化的一个 NH_4^+,第一阶段的总反应式为：

$$55NH_4^+ + 76O_2 + 109HCO_3^- \longrightarrow C_5H_7O_2N + 54NO_3^- + 57H_2O + 104H_2CO_3 \tag{3-65}$$

同理对于第二阶段,若产率系数 $Y_b = 0.02$ gVSS/gNO$_2$-N,第二阶段的总反应式为:

$$400NO_2^- + NH_4^+ + 4H_2CO_3 + HCO_3^- + 195O_2 \longrightarrow C_5H_7O_2N + 3H_2O + 400NO_3^- \qquad (3-66)$$

硝化过程总反应如下:

$$NH_4^+ + 1.83O_2 + 1.98HCO_3^- \longrightarrow 0.021C_5H_7O_2N + 1.041H_2O + 1.88H_2CO_3 + 0.98NO_3^- \qquad (3-67)$$

式(3-67)包括了第一、二阶段的合成及氧化,可见,反应物中的 N 大部分被硝化为 NO_3^-,只有 2.1% 合成为生物体,硝化菌的产量很低,且主要在第一阶段产生(占 1/55)。若不考虑分子态以外的氧合成细胞本身,光从分子态氧来计量,只有 1.1% 的分子态氧进入细胞体内,因此细胞的合成几乎不需要分子态的氧。

整个硝化过程总氧化反应式:

$$NH_4^+ + 2O_2 \longrightarrow NO_3^- + 2H^+ + H_2O \qquad (3-68)$$

考虑 H_2CO_3 平衡,得

$$NH_4^+ + 2O_2 + 2HCO_3^- \longrightarrow NO_3^- + 2H_2CO_3 + H_2O \qquad (3-69)$$

由上述反应过程可知,将 1 g 氨氮转化为硝酸盐氮需耗氧 $2O_2/NH_4^+$-N = 4.57 g(其中第一阶段反应耗氧 3.43 g,第二阶段反应耗氧 1.14 g。整个硝化过程要消耗水中碱度,主要是氧化反应所致。

$$2H^+ + CaCO_3 \longrightarrow Ca^{2+} + CO_2 + H_2O \qquad (3-70)$$

即 $CaCO_3 \longrightarrow 2HCO_3^- \longrightarrow NH_4$-N,$CaCO_3/NH_4^+$-N = 100/14 = 7.14,亦即每氧化 1 g 氨氮需消耗重碳酸盐碱度(以 $CaCO_3$ 计)7.14 g。

硝化过程中氮的转化见表3.4。

表3.4 硝化过程中氮的转化

氮的价态变化	氮的变化
-Ⅲ	氨或氨离子 NH_3、NH_4^+
-Ⅱ	
-Ⅰ	羟氨 NH_2OH
0	氮气 N_2
+Ⅰ	硝酰基 NOH
+Ⅱ	(NO_2-NHOH)
+Ⅲ	亚硝酸盐 NO_2^-
+Ⅳ	
+Ⅴ	硝酸盐 NO_3^-

(2)硝化反应动力学

自养型硝化菌的增殖和底物的去除可用 Monod 公式表示。如前所述,氨氮转化为亚硝态氮时所释放的能量,大约是亚硝态氮转化为硝态氨时所释放能量的 4~5 倍。所以要想获得相同的能量,所氧化的亚硝态氮的量也必须是氨氮的 4~5 倍。因此在稳态条件下,生物处理系统中一般不会产生亚硝酸盐的积累。限制整个硝化反应过程速度的步骤是亚硝化反应(氨氮转化为亚硝态氮的)过程,可用 Monod 方程表示如下:

$$\mu_N = \mu_{N,\max}\frac{N}{K_N+N} \tag{3-71}$$

式中,μ_N:亚硝酸菌的比增长速率,d^{-1};$\mu_{N,\max}$:亚硝酸菌的最大比增长速率,d^{-1};K_N:亚硝酸菌氧化氨氮的饱和常数,mg/L;N:NH_4-N 浓度,mg/L。

硝化菌的动力学参数 μ_N 和 K_N 的值较小,μ_N 值小于 1 d^{-1},K_N 在 1～5 mg/L 之间。由式(3-71)可知,当 N 比 K_N 大得多时,可以认为 μ_N 与 N 无关,μ_N 与 N 两者之间呈零级反应,此时不可能达到很高的硝化程度。

同理,氨氮的氧化降解速率直接与亚硝酸菌的增长速率有关,而亚硝酸菌的增长速率与亚硝酸菌的产率系数有关。NH_4^+-N 氧化速率与亚硝酸菌产率系数之间的关系可以表示为:

$$v_N = \frac{\mu_N}{Y_N} = v_{N,\max}\frac{N}{K_N+N} \tag{3-72}$$

式中,v_N:NH_4-N 氧化降解速率,$gNH_4-N/(gVSS \cdot d)$;$v_{N,\max}$:NH_4-N 最大氧化速率,$gNH_4-N/(gVSS \cdot d)$;Y_N:亚硝酸菌产率系数,$gVSS/gNH_4-N$ 去除。

由于硝化菌的增殖速率很低,在活性污泥系统中为了充分进行硝化反应必须有足够大的泥龄 θ_c,θ_c 定义为系统中生物固体总量除以系统每日排出的生物固体总量,因此

$$\theta_c^d \geqslant \theta_c^m = 1/\mu_N \tag{3-73}$$

式中,θ_c^d:设计泥龄,d;θ_c^m:实现硝化所需的最小泥龄,d;μ_N:硝化菌比增长速率,d^{-1}。

并给出安全系数的定义:$S_f = \theta_c^d/\theta_c^m$。

在稳态运行的条件下,系统每日排出的生物固体总量等于微生物净增殖的数量,因此泥龄与微生物增长速率的关系又可以表示为:

$$1/\theta_c = \mu_N - b_N = \mu_N' \tag{3-74}$$

式中,μ_N':硝化菌净比增长速率,d^{-1};b_N:硝化菌内源代谢分解速率,d^{-1}。

b_N 与 μ_N 相比要小得多,因此在泥龄 θ_c 的计算上可以忽略 b_N。

(3)影响硝化反应的环境因素

硝化菌对环境的变化很敏感,为了使硝化反应正常进行,必须保持硝化菌所需要的环境条件。影响硝化反应的主要因素有:

① 溶解氧。氧是硝化反应过程中的电子受体,反应器内溶解氧的高低,必将影响硝化反应的进程。实验结果证实,溶解氧含量不能低于 2 mg/L。

② pH 与碱度。在硝化反应过程中,将释放出 H^+ 离子,致使混合液中 H^+ 离子浓度增高,从而使 pH 下降。硝化菌对 pH 的变化十分敏感,最佳 pH 为 7.0～8.5。在这一最佳 pH 条件下,硝化速率、硝化菌最大的比增殖速率可达最大值。为了保持适宜的 pH,应当在污水中保持足够的碱度,以保证对反应过程中 pH 的变化起缓冲作用。一般地说,1 g 氨态氮(以 N 计)完全硝化,需碱度(以 $CaCO_3$ 计)7.14 g,因此,好氧池(区)总碱度(以 $CaCO_3$ 计)宜大于 70 mg/L。反硝化前置,反硝化产生的碱度可以补偿硝化过程消耗的碱度。另外,好氧降解 BOD 进行分解代谢,产生 CO_2 也会补偿少量碱度。有研究表明,BOD_5 分解过程中产生的碱度与系统的 SRT 有关:

当 SRT>20 d 时,可按降解每千克 BOD_5 产碱度(以 $CaCO_3$ 计)0.1 kg 计算;

当 SRT=10～20 d 时,按 0.05 kg 碱度/$kgBOD_5$;

当 SRT<10 d 时,按 0.01 g 碱度/$kgBOD_5$。

③ 有机物浓度。硝化菌是自养型细菌,有机物浓度虽然不是它的生长限制因素,但是若有机物浓度过高,会使增殖速率较高的异养型细菌迅速增殖,从而使自养型的硝化菌不能成为优势种属,硝化反应难于进行。故在硝化反应过程中,混合液中有机物含量不应过高,BOD 值宜在 20 mg/L 以下。

④ 温度。硝化反应的适宜温度是 20～30℃,15℃ 以下时,硝化速率下降,5℃ 时完全停止。

⑤ 污泥龄(θ_c)。为了使硝化菌群能够在连续流反应池中存活,活性污泥在反应池中的污泥龄 θ_c,必须大于自养型硝化菌最小的世代时间 $(\theta_c)_N$,否则硝化菌的流失率将大于净增殖率,使硝化菌从系统中流失殆尽。一般 θ_c 至少应为硝化菌最小世代时间的 2 倍以上,即安全系数应大于 2。$(\theta_c)_N$ 值与温度密切相关,温度低,$(\theta_c)_N$ 明显增长。

⑥ 重金属及有害物质。除重金属外,对硝化反应产生抑制作用的物质还有:高浓度的 NH_4^+-N、高浓度的 NO_2^--N、有机物及配位阳离子等。

3. 反硝化

(1) 反硝化反应

反硝化反应是由一群异养性微生物完成的生物化学过程。它的主要作用是在缺氧(无分子态氧)的条件下,将硝化过程中产生的亚硝酸盐和硝酸盐还原成气态氮(N_2)或 N_2O、NO。

参与反应的反硝化菌在自然环境中很普遍,在污水处理系统中许多常见的微生物都是反硝化细菌,包括假单胞菌属、反硝化杆菌属、螺旋菌属和无色杆菌属等。它们多数是兼性细菌,有分子态氧存在时,反硝化菌氧化分解有机物,利用分子氧作为最终电子受体。在无分子态氧条件下,反硝化菌利用硝酸盐和亚硝酸盐中的 N^{5+} 和 N^{3+} 作为电子受体,O^{2-} 作为受氢体生成 H_2O 和 OH^- 碱度,有机物则作为碳源及电子供体提供能量并得到氧化稳定。

反硝化过程中亚硝酸盐和硝酸盐的转化是通过反硝化细菌的同化作用和异化作用来完成的。异化作用就是将 NO_2^- 和 NO_3^- 还原为 NO、N_2O、N_2 等气体物质,主要是 N_2。而同化作用是反硝化菌将 NO_2^- 和 NO_3^- 还原成 NH_3-N 供新细胞合成之用,氮成为细胞质的成分,此过程可称为同化反硝化。反硝化反应中氮元素的转化及其氧化还原态的变化见表 3.5。

表 3.5　反硝化反应中氮的转化

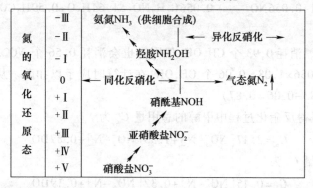

生物反硝化过程可简单地用下式表示:

$$NO_3^-+5H(电子供体有机物) \longrightarrow 1/2N_2+2H_2O+OH^- \tag{3-75}$$

$$NO_2^-+3H(电子供体有机物) \longrightarrow 1/2N_2+H_2O+OH^- \tag{3-76}$$

　　污水中含碳有机物作为反硝化过程的电子供体。由上式可知,每转化 1 gNO_2^--N 为 N_2 时,需有机物(以 BOD 表示)1.71 g。(注:因为 BOD 即需氧量,其电子当量为 8,可得 $3 \times 8/14 =$ 1.71)。同理,每转化 1 gNO_3^--N 为 N_2 时,需有机物(以 BOD 表示)2.86 g(可得 $5 \times 8/14 = 2.86$)。同时产生 3.57 g 碱度(以 $CaCO_3$ 计)($100/(2 \times 14) = 3.57$)。

　　如果污水中含有溶解氧,为使反硝化进行完全,所需碳源有机物(以 BOD 表示)总量可用下式计算:

$$C = 2.86[NO_3^--N] + 1.71[NO_2^--N] + DO \tag{3-77}$$

式中,C:反硝化过程有机物需要量(以 BOD 表示),mg/L;$[NO_3^--N]$:硝酸盐浓度,mg/L;$[NO_2^--N]$:亚硝酸盐浓度,mg/L;DO:污水溶解氧浓度,mg/L。

　　如果污水中碳源有机物不足时,应补充投加易于生物降解的碳源有机物。以甲醇为例,则

$$NO_3^- + 1/3CH_3OH \longrightarrow NO_2^- + 1/3CO_2 + H_2O \tag{3-78}$$

$$NO_3^- + 1/2CH_3OH \longrightarrow 1/2N_2 + 1/2CO_2 + 1/2H_2O + OH^- \tag{3-79}$$

综合反应:

$$NO_3^- + 5/6CH_3OH \longrightarrow 1/2N_2 + 5/6CO_2 + 7/6H_2O + OH^- \tag{3-80}$$

　　与前类似,考虑水中碳酸平衡,将式(3-80)改写为

$$NO_3^- + 5/6CH_3OH + 1/6H_2CO_3 \longrightarrow 1/2N_2 + 4/3H_2O + HCO_3^- \tag{3-81}$$

　　合成细胞用去甲醇:

$$14CH_3OH + 3NO_3^- + 4H_2CO_3 \longrightarrow 3C_5H_7NO_2 + 20H_2O + 3HCO_3^- \tag{3-82}$$

　　综合式(3-80)、式(3-81)可得反硝化总反应式(反硝化+合成):

$$NO_3^- + 1.08CH_3OH + 0.24H_2CO_3 \longrightarrow 0.056C_5H_7NO_2 + 0.47N_2 \uparrow + 1.68H_2O + HCO_3^- \tag{3-83}$$

　　如水中有 NO_2^--N,则会发生下述反应:

$$NO_2^- + 0.67CH_3OH + 0.53H_2CO_3 \longrightarrow 0.04\ C_5H_7NO_2 + 0.48N_2 \uparrow + 1.23H_2O + HCO_3^- \tag{3-84}$$

　　由上列式子可见,每还原 1 g NO_2^-N 和 1 g NO_3^-N,分别需要甲醇 1.53 g($0.67 \times 32/14 = 1.53$)和 2.47 g($1.08 \times 32/14 = 2.47$)。当水中有溶解氧存在时,氧消耗甲醇的反应式为:

$$O_2 + 0.93CH_3OH + 0.056NO_3^- \longrightarrow 0.056C_5H_7NO_2 + 1.64H_2O + 0.59H_2CO_3 + 0.056HCO_3^-$$

$$\tag{3-85}$$

　　所以每一个溶解氧消耗 0.93 个 CH_3OH,但同时也会消耗 0.56 个 NO_3^-,而这些 NO_3^- 在进行反硝化时可以消耗 $0.056 \times 1.08 = 0.06$ 个 CH_3OH,在计算时应予以扣除。从而每一个溶解氧会消耗甲醇 0.87 个($0.93 - 0.06 = 0.87$)。

　　综合上述因素,可得反硝化过程中甲醇的总用量 C_a 为

$$C_a = 2.47[NO_3^--N] + 1.53[NO_2^--N] + 0.87DO \tag{3-86}$$

　　同样可得细胞产量 C_b 为

$$C_b = 0.45[NO_3^--N] + 0.32[NO_2^--N] + 0.19DO \tag{3-87}$$

　　反硝化过程中,每转化 1 g NO_3^--N 需要 2.47 g 甲醇,这部分甲醇表现为 BOD_u 是其的 1.05 倍,即在还原 NO_3^--N 的同时去除了 $1.05 \times 2.47 = 2.6$ g BOD_u,以 DO 计相当于在反硝化过程中"产生"了 2.6 g 氧。综上所述,硝化反应每氧化 1 g NH_4^+-N 耗氧 4.57 g,消耗碱度 7.14 g,表现

为 pH 下降;在反硝化过程中,去除 NO_3^--N 的同时去除碳源,这部分碳源折合 DO 为 2.6 g,另外,反硝化过程中补偿碱度为 3.57 g。

(2) 影响反硝化反应的环境因素

① 碳源。能为反硝化菌所利用的碳源是多种多样的,但从污水生物脱氮工艺来考虑,可分两大类:一类是污水中所含碳源,这是比较理想和经济的,优于外加碳源。一般当污水中 BOD_5/TN 值>5 时,可认为碳源充足,无须外加碳源。另一类是当原污水中碳、氮比过低,如 BOD_5/TN 值<3,需另投加有机碳源,现多采用甲醇(CH_3OH),因为它被分解后的产物为 CO_2 和 H_2O,不留任何难于降解的中间产物,而且反硝化速率高。通常 BOD_5/TN 宜>4,当 BOD_5/TN 值为 3~4 时,虽然可产生反硝化反应,但反硝化速率很慢。

② pH。pH 是反硝化反应的重要影响因素,对反硝化菌最适宜的 pH 是 6.5~7.5,在该 pH 条件下,反硝化速率最高,当 pH 高于 8 或低于 6 时,反硝化速率将大大下降。

③ 溶解氧。反硝化菌是异养兼性厌氧菌,只有在无分子氧而同时存在硝酸和亚硝酸离子的条件下才能利用这些离子中的氧进行呼吸,使硝酸盐还原。若反应池内溶解氧较高,反硝化菌利用分子态氧进行呼吸则会抑制反硝化菌体内硝酸盐还原酶的合成,使氧成为电子受体,阻碍硝酸氮的还原。因此,反硝化过程溶解氧宜控制在 0.5 mg/L 以下。

④ 温度。反硝化反应的适宜温度是 20~40 ℃,低于 15 ℃时,反硝化菌的增殖速率和代谢速率都会降低,从而降低反硝化速率。此外,温度对反硝化反应速率的影响大小,与反应设备的类型有关,温度对流化床反硝化反应的影响明显小于生物转盘或悬浮污泥床反应池。负荷高,温度的影响大;负荷低,温度影响小。反硝化反应过程的温度系数介于 1.06~1.15。在冬季低温季节,为保持一定的反硝化速率,应考虑提高反硝化反应系统的污泥龄 θ_c、降低负荷和延长水力停留时间。在已投产的污水处理厂中,可在夏末秋初逐步提高反应池的活性污泥浓度,使冬季能够抵御低温条件对反硝化的不利影响,春季后再逐步降低活性污泥浓度,以保证反应池的溶解氧浓度。

4. 传统生物脱氮技术

根据硝化和反硝化的原理可知,要达到废水生物脱氮的目的,必须先通过好氧硝化作用将氨氮转化为硝态氮,然后在缺氧的条件下进行反硝化,将废水中的氮最终转化为氮气逸出。因此生物脱氮工艺是一个包括硝化和反硝化的工艺流程,并据此可采用多级活性污泥系统或单级活性污泥系统。多级活性污泥系统是传统的生物脱氮系统,即单独进行硝化和反硝化的工艺系统。单级活性污泥系统是将含碳有机物的氧化、硝化和反硝化在一个活性污泥系统中实现,并只有一个沉淀池。从完成生物硝化的反应器来分,脱氮工艺可分为微生物悬浮生长型(活性污泥法及其变形)和微生物附着生长型(生物膜反应器)。随着实际运行经验的增加和技术的改进,新的脱氮工艺不断出现,并在实际处理工程中得到推广应用。现将主要的有关技术介绍如下。

(1) 多级生物脱氮技术

图 3-13 所示为传统的多级生物脱氮工艺,它们都具有多级污泥回流系统。

图 3-13(a)所示为三级活性污泥系统的生物脱氮流程,在此流程中,含碳有机物的氧化和含氮有机物的氨化、氨氮的硝化及硝酸盐的反硝化分别在三个池子中进行,并维持各自独立的污泥回流系统。第一个曝气池和第二个硝化池均应维持好氧状态,第三个反硝化池则应维持缺氧状

态,不进行曝气,只采用搅拌使污泥处于悬浮状态并与污水保持良好的混合。另外,不同性质的污泥分别在不同的沉淀池中得到沉淀分离而且拥有各自独立的污泥回流系统,所以运行的灵活性和适应性较好。这种流程的缺点是流程长、构筑物多、基建费用很高。且由于需加甲醇作为外加碳源,运行费用高,出水中还往往残留一定量的甲醇,形成 BOD$_5$ 和 COD。

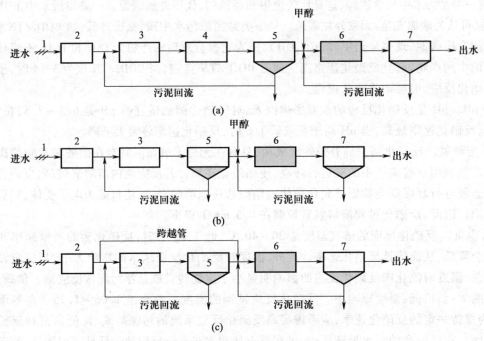

图 3-13　传统的生物脱氮工艺流程

1—格栅;2—沉砂池;3—曝气池;4—硝化池;5—二沉池;6—反硝化池;7—最后沉淀池

图 3-13(b)所示为二级活性污泥脱氮系统,是三级系统的改进型。它将好氧环境的曝气池和硝化池合二为一,即将含碳有机物的氧化和含氮有机物的氨化、氨氮的硝化合并在一个构筑物中进行。因此,省去了曝气池、沉淀池、污泥回流系统各一个,但仍需外加甲醇作为碳源。所以,该系统的优缺点与三级活性污泥系统极为相似。

图 3-13(c)所示流程将部分原水引入反硝化池作碳源,以省去外加碳源,节约运行费用,同时还降低了硝化 BOD$_5$ 的负荷。但正如前面所说,由于原水中的碳源成分复杂,反硝化菌利用这些碳源进行反硝化的速率将比外加甲醇时碳源要低,而且此时出水中的 BOD$_5$ 去除效果也将有所下降。

(2)单级活性污泥脱氮工艺

单级活性污泥脱氮系统最典型的特征就是只有一个沉淀池,即只有一个污泥回流系统,单级活性污泥系统具有许多不同的形式,如缺氧/好氧(A/O)工艺、厌氧/缺氧/好氧(A^2/O)工艺、UCT(University of Capetwon)工艺和 VIP(Virginia Initiative Plant)工艺。Bardenpo 生物脱氮工艺和改良 UCT 工艺是具有两个缺氧池的单级活性污泥脱氮系统。此外还有多缺氧池的单级活性污泥脱氮系统,其他如氧化沟、SBR 法、循环曝气系统(Cyclical Aerated System)也可归属为单级活性污泥脱氮系统。

（3）生物膜反应器

生物滤池、生物转盘、生物流化床等均是常用的生物膜法处理构筑物,通过适当的设计可以使其同时具有去除含碳有机物和脱氮的功能。有机负荷是影响硝化效果的重要因素,有机负荷增加会使硝化率减少,因为异养菌会与硝化菌竞争生物膜表面空间和溶解氧,从而抑制硝化菌的增殖。在生物膜脱氮系统中,应进行混合液的回流以提供缺氧反应器所需的 NO_3^--N,但污泥不需要回流。不同的反应器采取的工艺流程也会不同。

二、生物脱氮新技术

在传统的生物脱氮工艺中,氮的去除是通过硝化与反硝化两个独立的过程实现的。传统理论认为,进行硝化与反硝化的细菌种类和所需环境条件都不同,硝化细菌主要以自养菌为主,需要环境中有较高的溶解氧;而反硝化细菌与之相反,以异养菌为主,适宜生长于缺氧环境。所以很难设想能在同一反应器中同时实现硝化与反硝化两个过程。

然而,近几年中有不少研究和实践证明,在各种不同的生物处理系统中存在有氧条件下的反硝化现象。研究还发现一些与传统脱氮理论有悖的现象,如硝化过程可以有异养菌参与、反硝化过程可在好氧条件下进行、NH_4^+ 可在厌氧条件下转变成 N_2 等。这些研究的结果,导致了不少脱氮新工艺的诞生。

1. 厌氧氨氧化工艺

厌氧氨氧化（Anaerobic Ammonium Oxidation, ANAMMOX）工艺是 1990 年荷兰 Delft 技术大学 Kluyver 生物技术实验室开发的。该工艺突破了传统生物脱氮工艺中的基本理论概念。在厌氧条件下,以氨为电子供体,以硝酸盐或亚硝酸盐为电子受体,将氨氧化成氮气,这比全程硝化（氨氧化为硝酸盐）节省 60% 以上的供氧量。以氨为电子供体还可节省传统生物脱氮工艺中所需的碳源。同时由于厌氧氨氧化菌细胞产率远低于反硝化菌,所以,厌氧氨氧化过程的污泥产量只有传统生物脱氮工艺中污泥产量的 15% 左右。

（1）机理

Van de Graaf 等人通过同位素 15 N 示踪研究表明,氨被微生物氧化时,羟氨最有可能作为电子受体,而羟基本身又是由 NO_2^- 分解而来,其反应的可能途径如图 3-14 所示。

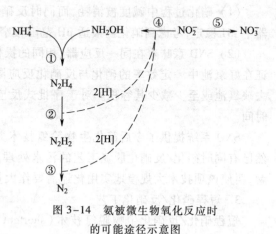

氨厌氧氧化涉及的反应如下：

$$NH_2OH + NH_3 \longrightarrow N_2H_4 + H_2O \qquad (3-88)$$

$$N_2H_4 \longrightarrow N_2 + 4[H] \qquad (3-89)$$

$$HNO_2 + 4[H] \longrightarrow 4NH_2OH + H_2O \qquad (3-90)$$

$$NH_3 + HNO_2 \longrightarrow N_2 + 2H_2O \qquad (3-91)$$

$$HNO_2 + H_2O + NAD^+ \longrightarrow 4HNO_3 + NADH_2 \qquad (3-92)$$

图 3-14 氨被微生物氧化反应时的可能途径示意图

厌氧氨氧化涉及的是自养菌,反应过程无须添加有机物。Jetten 等人从 ANAMMOX 工艺的反硝化流化床反应器中分离并取得了 ANAMMOX 菌,经富集培养后获得了一种优势自养菌,该优势菌种为一种具有不规则球状的革兰氏阴性菌,颜色呈红色。迄今为止,已获得两种厌氧氨氧化菌：*Brocadia anammoxidans* 和 *Kuenen stuttgartiensis*。这种厌氧氨氧化细菌的比生长速率非常低,仅为 0.003 h^{-1},即其倍增时间为 11 d。因此,一般认为 ANAMMOX 工艺的污泥龄越长越好。

Strous 等人研究了好氧和微氧条件下厌氧氨氧化污泥的性质,发现在好氧和微氧条件下均没有发生氨氧化反应,这说明即使是微量的氧对厌氧氨氧化细菌也有较强的抑制作用。但是,发现氧气对厌氧氨氧化的抑制是可逆的,即当厌氧氨氧化细菌从好氧或微氧条件下恢复到厌氧条件时,很快就能恢复活性。

自厌氧氨氧化工艺提出以来,人们对这一全新的氨氧化过程进行了大量的研究。结果发现,在自然界的许多缺氧环境中(尤其是在缺氧/有氧界面上),如土壤、湖底沉积物等,均有厌氧氨氧化细菌存在。因此,厌氧氨氧化菌在自然界分布广泛。

(2) 影响因素

① 底物浓度。厌氧氨氧化过程的底物是氨和亚硝酸盐,但如果二者的浓度过高,也会对厌氧氨氧化过程产生抑制作用。有研究表明,氨的抑制浓度为 38.0～98.5 nmoL/L,NO_2^- 的抑制浓度为 5.4～12.0 nmol/L。Jetten 等人的研究认为,在 NO_2^- 浓度高于 20 nmol/L 时,ANAMMOX 工艺受到 NO_2^- 的抑制,长期(2 h)处于高 NO_2^- 浓度下,ANAMMOX 活性会完全消失,但在较低的 NO_2^- 浓度(10 nmol/L 左右)下,其活性仍会较高。

② pH。由于氨和 NO_2^- 在水溶液中会发生离解,因此 pH 对厌氧氨氧化有影响。研究表明,ANAMMOX 工艺在 pH 为 6.7～8.3 范围内可以运行较好,最适 pH 为 8 左右。

③ 温度。厌氧氨氧化的适宜温度为 30～40 ℃,有研究认为,最适温度在 30 ℃ 左右。

2. 同时硝化/反硝化(SND)工艺

根据传统的脱氮理论,硝化与反硝化反应不能同时发生。然而,近年有不少试验和报道证明,存在同时硝化反硝化现象(Simultaneous Nitrification and Denitrification,SND),在各种不同的生物处理系统中,有氧条件下的反硝化现象确实存在,如生物转盘、SBR、氧化沟、CAST 工艺等。

同时硝化/反硝化的优点如下:

(1) 硝化过程中碱度被消耗,而同时反硝化过程又产生碱度,因此 SND 能有效地保持反应器中 pH 稳定,考虑到硝化菌最适 pH 范围很窄(7.5～8.6),这便很有价值。

(2) SND 意味着在同一反应器、相同的操作条件下,使硝化、反硝化同时进行。如果能够保证在好氧池中一定效率的硝化与反硝化反应同时进行,那么对于连续运行的 SND 工艺,可以省去缺氧池或至少减少其容积。对于序批式反应器来讲,SND 能够降低完全硝化、反硝化所需的时间。

SND 系统提供了今后简化生物除氮技术并降低投资的可能性。目前,在荷兰、德国等国虽然已有同时硝化/反硝化脱氮工艺的污水处理厂,但由于对 SND 的机理还缺乏深入的认识与了解,要使该项技术大规模地实用化还需要作大量的工作。

3. 短程硝化/反硝化工艺

短程硝化/反硝化生物脱氮技术(shortcut nitr nification—denitrification,SHARON)也称为亚硝酸型生物脱氮。Voet 于 1975 年发现,在硝化过程中有 NO_2^--N 累积现象,因而首次提出了短程硝化/反硝化生物脱氮的概念和机理,最初被用于污泥消化液的处理。

亚硝酸菌和硝酸菌虽然彼此为邻,但并无进化谱系上的必然性,完全可以独立生活。从氨的生物化学转化过程看,氨被氧化成 NO_3^- 是由两类独立的细菌完成的两个不同生物化学反应,也应该能够分开。这两类细菌的特征有明显的差异。对于反硝化菌,无论是 NO_2^- 还是 NO_3^-,均可以作为最终电子受体,因此整个生物脱氮过程可以通过 NH_4^+-N 到 NO_2^--N 到 N_2 这样的短途径来完成。所谓短程硝化/反硝化生物脱氮就是将硝化过程控制在 NO_2^- 阶段,随后进行反硝化。控制在亚硝酸型阶段易于提高硝化反应速率,缩短硝化反应时间,减小反应器容积。此外,从亚硝酸菌的生物氧化反应可以知道,控制在亚硝酸型阶段可以节省氧化 NO_2^--N 为 NO_3^--N 所需的氧量。从反硝化的角度看,从 NO_3^--N 还原到 N_2 所需要的电子供体比从 NO_3^--N 还原到 N_2 所需要的电子供体要少,这对于低 C/N 比废水的脱氮是很有价值的。

短程硝化/反硝化生物脱氮技术与传统生物脱氮技术相比具有以下特点:

(1)对 NH_4^+-N 进行生物氧化时,把 NH_4^+-N 氧化到 NO_2^--N 为止,较氧化成 NO_3^--N 为止更能节省能源。

(2)短程硝化/反硝化脱氮方式中,在脱氮反应初期虽然有来自 NO_2^--N 的阻碍而存在一段停滞期,但即使包括停滞期在内,NO_2^--N 的还原速率仍然较 NO_3^--N 的还原速率快。

(3)短程硝化/反硝化脱氮方式中,作为脱氮菌所必需的电子供体,即有机碳源的需要量较硝酸型脱氮减少 50% 左右。

4. 氧限制自养硝化反硝化(OLAND)工艺

氧限制自养硝化反硝化(OLAND)工艺由比利时 GENT 微生物生态实验室开发。研究表明,低溶解氧条件下亚硝酸菌增殖速率加快,补偿了由于低氧所造成的代谢活动下降,使得整个硝化阶段中氨氧化未受到明显影响。低氧条件下亚硝酸积累是由于亚硝酸菌对溶解氧的亲合力较硝酸菌强。亚硝酸菌氧饱和常数一般为 0.2 ~ 0.4 mg/L,硝酸菌为 1.2 ~ 1.5 mg/L。OLAND 工艺就是利用这两类菌动力学特性的差异,实现了在低溶解氧状态下淘汰硝酸菌和积累大量亚硝酸的目的。然后以 NH_4^+ 为电子供体,以 NO_2^- 为电子受体进行厌氧氨氧化反应产生 N_2。OLAND 工艺与 SHARON 工艺同属亚硝酸型生物脱氮工艺。

3.4.2 污水生物除磷

城镇污水中所含的磷主要来源于各种洗涤剂、工业原料、农业化肥的生产及人体排泄物。废水中磷的存在形态取决于废水的类型,最常见的是磷酸盐($H_2PO_4^-$、HPO_4^{2-}、PO_4^{3-})、聚磷酸盐和有机磷。一般地,生活污水中的磷 70% 是可溶性的。常规二级生物处理的出水中,90% 左右的磷以磷酸盐的形式存在。在传统的活性污泥法中,磷作为微生物正常生长所必需的元素用于微生物菌体的合成,并以生物污泥的形式排出从而引起磷的去除。在常规活性污泥系统中,微生物正常生长时通过活性污泥的排放仅能获得 10% ~ 30% 的除磷效果。但在污水处理厂的运行中,常常会观察到更高的去除率,即微生物吸收的磷量超过了微生物正常生长所需要的磷量,这就是活性污泥的生物超量除磷现象。污水生物除磷技术的发展正是源于生物超量除磷现象的发现。

一、生物除磷的机理

针对生物超量现象,不少学者进行了一系列研究以阐述其机理,比较有代表性的有两种解释。一是生物诱导的化学沉淀作用;二是生物积磷作用。但第一种解释在理论上有矛盾的地方,因此一般倾向于认为废水中磷的去除是一种生物作用过程。

大量的实验观测资料证实,经过厌氧状态释放磷的活性污泥在好氧状态下有很强的磷吸收能力,这就是磷得以除去的原因所在。生物除磷的机理可具体表述如下。

(1)在厌氧区。在没有溶解氧和硝态氮存在的厌氧条件下,兼性细菌通过发酵作用将溶解性 BOD 转化为 VFAs（低分子发酵产物–挥发性有机酸）。聚磷菌吸收这些或来自原污水的 VFA,并将其运送到细胞内,同化成胞内碳能源储存物（PHB/PHV）,所需的能量来源于聚磷的水解及细胞内糖的酵解,并导致磷酸盐的释放。

（2）在好氧区。聚磷菌的活力得到恢复,并以聚磷的形式存储超出生长需要的磷量,通过 PHB/PHV 的氧化代谢产生能量,用于磷的吸收和聚磷的合成,能量以聚磷酸高能键的形式捕积存储,磷酸盐从液相去除。产生的富磷污泥（新的聚磷菌细胞）,将在后面的操作单元中通过剩余污泥的形式得到排放,从而将磷从系统中除去。从能量角度来看,聚磷菌在厌氧状态下释放磷获取能量以吸收废水中溶解性有机物,在好氧状态下降解吸收的溶解性有机物获取能量以吸收磷,在整个生物除磷过程中表现为 PHB 的合成和分解。

乙酸盐和其他发酵产物来源于厌氧区内兼性微生物的正常发酵作用,一般认为这些发酵产物产生于进水中的溶解性 BOD（快速生物降解有机物）,这是由于反应时间短,进水中的颗粒性 BOD 尚来不及得到水解和转化。

除磷系统的关键所在就是厌氧区的设置,可以说厌氧区是聚磷菌的"生物选择器"。由于聚磷菌能在这种短暂性的厌氧条件下优先于非聚磷菌吸收低分子基质（发酵终产物）并快速同化和储存这些发酵产物,厌氧区为聚磷菌提供了竞争优势。同化和储存发酵产物的能源来自聚磷的水解以及细胞内糖的酵解,储存的聚磷为基质的主动运输、乙酰乙酸盐（PHB 合成前体）的形成提供能量。这样一来,能吸收大量磷的聚磷菌群体就能在处理系统中得到选择性增殖,并可通过排除高含磷量的剩余污泥达到除磷的目的。这种选择性增殖的另一个好处就是抑制了丝状菌的增殖,避免了产生沉淀性能差的污泥,这就意味着厌氧/好氧生物除磷工艺的应用可使曝气池混合液的 SVI 值保持在相当低的水平。

聚磷菌在生物除磷过程中的作用机理可见图 3–15。由生物除磷的机理可知,PHB 的合成和降解,作为一种能量的储存和释放过程,在聚磷菌的摄磷和放磷过程中起着十分重要的作用,即聚磷菌对 PHB 的合成能力的大小将直接影响其摄磷能力的高低。应当指出,正是因为聚磷菌在厌氧–好氧交替运行的系统中有释磷和摄磷的作用,才使得它在与其他微生物的竞争中取得优势,从而使除磷作用向正反馈的方向发展。其原因就在于聚磷菌在厌氧条件下能够将其体内储存的聚磷酸盐分解,以提供能量摄取废水中溶解性有机基质,合成并储存 PHB,这样使得其在与其他微生物竞争中,其他微生物可利用的基质减少,从而不能很好地生长。在好氧阶段,由于聚

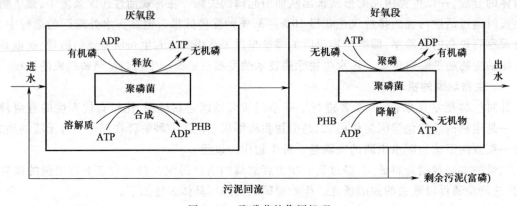

图 3–15　聚磷菌的作用机理

磷菌的高能过量摄磷作用,使得活性污泥中其他非聚磷微生物得不到足够的有机基质及磷酸盐,也会使聚磷菌在与其他微生物的竞争中获得优势。

对于废水生物除磷工艺中的聚磷菌,早期的研究认为主要是不动杆菌,而目前有的研究则认为假单胞菌属和气单胞菌属才是生物除磷起主要作用的聚磷菌。Brodisch 等人通过研究认为,假单胞菌属和气单胞菌属可占聚磷菌数量的 15% ~ 20%,而不动杆菌仅占 1% ~ 10%。但较多的报道还是认为,虽然不动杆菌并非唯一的聚磷菌,但在生产性生物处理系统中不动杆菌储存聚磷的能力最强,在生物除磷系统中分离出的细菌中不动细菌数量居多。目前,有关聚磷菌中哪种或哪几种菌群占主要地位的问题,尚需进一步研究。Osborn 等人在硝酸盐异化还原过程中观测到了磷的快速吸收现象,这表明某些反硝化菌也能超量吸收磷。由于许多生物除磷系统同时包含了硝化作用和反硝化作用,聚磷菌的反硝化能力也十分重要,所以目前对于厌氧区的设置与否并无定论。另外,在生物除磷过程中起重要的作用还有发酵产酸菌,其和聚磷菌在除磷方面的作用是密不可分的。只有发酵产酸菌将废水中的大分子物质降解为低分子脂肪酸类有机基质,聚磷菌才能加以利用以合成 PHB 或通过 PHB 的分解来过量地摄取磷。因而当发酵产酸菌的作用受到抑制时(如有 NO_3^- 存在),系统的除磷效果将大受影响。

二、生物除磷的影响因素

1. 溶解氧

溶解氧的影响包括两方面,首先必须在厌氧区中控制严格的厌氧条件,这直接关系到聚磷菌的生长状况、释磷能力及利用有机基质合成 PHB 的能力。由于 DO 的存在,一方面 DO 将作为最终电子受体而抑制厌氧菌的发酵产酸作用,妨碍磷的释放;另一方面会耗尽能快速降解的有机基质,从而减少了聚磷菌所需的脂肪酸产生量,造成生物除磷效果差。其次是在好氧区中要供给足够的溶解氧,以满足聚磷菌对其储存的 PHB 进行降解,释放足够的能量供其过量摄磷之需,有效地吸收废水中的磷。一般厌氧段的 DO 应严格控制在 0.2 mg/L 以下,而好氧段的溶解氧控制在 2.0 mg/L 左右。

2. 厌氧区硝态氮

硝态氮包括硝酸盐氮和亚硝酸盐氮,其存在同样也会消耗有机基质而抑制聚磷菌对磷的释放,从而影响在好氧条件下聚磷菌对磷的吸收。另一方面硝态氮的存在会被部分生物聚磷菌(气单胞菌)利用作为电子受体进行反硝化,从而影响其以发酵中间产物作为电子受体进行发酵产酸,从而抑制了聚磷菌的释磷和摄磷能力及 PHB 的合成能力。

3. 温度

温度对除磷效果的影响不如对生物脱氮过程的影响那么明显,因为在高温,中温、低温条件下,有不同的菌群都具有生物脱磷的能力,但低温运行时厌氧区的停留时间要更长一些,以保证发酵作用的完成及基质的吸收。实验表明在 5 ~ 30 ℃ 的范围内,都可以得到很好的除磷效果。

4. pH

试验证明 pH 在 6 ~ 8 的范围内时,磷的厌氧释放比较稳定。pH 低于 6.5 时生物除磷的效果会大大下降。

5. BOD 负荷和有机物性质

废水生物除磷工艺中,厌氧段有机基质的种类、含量及其与微生物营养物质的比值($BOD_5/$

TP)是影响除磷效果的重要因素。不同的有机物为基质时,磷的厌氧释放和好氧摄取是不同的。根据生物除磷原理,分子量较小的易降解的有机物(如低级脂肪酸类物质)易于被聚磷菌利用,将其体内储存的多聚磷酸盐分解释放出磷,诱导磷释放的能力较强,而高分子难降解的有机物诱导释磷的能力较弱。厌氧阶段磷的释放越充分,好氧阶段磷的摄取量就越大。另一方面,聚磷菌在厌氧段释放磷所产生的能量,主要用于其吸收进水中低分子有机基质合成 PHB 储存在体内,以作为其在厌氧条件压抑环境下生存的基础。因此,进水中是否含有足够的有机基质提供给聚磷菌合成 PHB,是关系到聚磷菌在厌氧条件下能否顺利生存的重要因素。一般认为,进水中 BOD_5/TP 要大于 15,才能保证聚磷菌有着足够的基质需求而获得良好的除磷效果。为此,有时可以采用部分进水和省去初沉池的方法,来获得除磷所需要的 BOD 负荷。

6. 污泥龄

由于生物脱磷系统主要是通过排除剩余污泥去除磷的,因此剩余污泥量的多少将决定系统的脱磷效果。而泥龄的长短对污泥的摄磷作用及剩余污泥的排放量有着直接的影响。一般来说,泥龄越短,污泥含磷量越高,排放的剩余污泥量也越多,越可以取得较好的脱磷效果。短的泥龄还有利于好氧段控制硝化作用的发生而利于厌氧段的充分释磷,因此,仅以除磷为目的的污水处理系统中,一般宜采用较短的泥龄。但过短的泥龄会影响出水的 BOD_5 和 COD,若泥龄过短可能会使出水的 BOD_5 和 COD 达不到要求。资料表明,以除磷为目的的生物处理工艺污泥龄一般控制在 3.5 ~ 7 d。

另外,一般来说厌氧区的停留时间越长,除磷效果越好。但过长的停留时间,并不会太多地提高除磷效果,且会有利于丝状菌的生长,使污泥的沉淀性能恶化,因此厌氧段的停留时间不宜过长。剩余污泥的处理方法也会对系统的除磷效果产生影响,因为污泥浓缩池中呈厌氧状态会造成聚磷菌的释磷,使浓缩池上清液和污泥脱水液中含有高浓度的磷,因此有必要采取合适的污泥处理方法,避免磷的重新释放。

3.5 好氧生物处理供氧

好氧生物处理是采取人工措施,创造有氧环境,强化活性污泥或生物膜中微生物的新陈代谢功能,加速污水中有机污染物降解的污水生物处理技术。人工措施之一是向反应池中的混合液或生物膜提供足够的溶解氧。活性污泥法的供氧方法主要有:鼓风曝气、机械曝气和两者联合的鼓风机械曝气,除供氧作用外,另一个作用是使混合液中的活性污泥与污水充分接触混合。生物膜法的供氧方法主要是鼓风曝气。

3.5.1 氧转移原理

在供氧曝气过程中,氧分子通过气、液界面由气相转移到液相,描述气液两相氧传递的最经典理论是"双膜理论"。这一理论的基本点可归纳如下(见图 3-16):

(1) 在气、液相接触的界面两侧存在着处于层流状态的气膜和液膜。

(2) 气相主体和液相主体均处于紊流状态,其中物质浓度基本上是均匀的。气体分子从气相主体传递到液相主体,阻力仅存在于气、液两层层流膜中。

(3) 在气膜中存在着氧的分压梯度,在液膜中存在着氧的浓度梯度,它们是氧转移的推动力。

（4）氧难溶于水，氧转移决定性的阻力又集中在液膜上，氧分子通过液膜是氧转移过程的控制步骤，因此双膜传质过程可简化为单一液膜传质过程。

在气膜中氧分子的传递动力很小，气相主体与界面之间的氧分压差值 p_g-p_i 很低，一般可以认为 $p_g \approx p_i$。这样，界面处的溶解氧浓度值 c_s，是在氧分压为 p_g 条件下的溶解氧的饱和浓度值。如果气相主体中的气压为一个大气压，则 p_g 就是一个大气压中的氧分压（约为一个大气压的 1/5）。

依据双膜理论，运用费克第一扩散定律，可推导出氧总转移系数 K_{La} 的表达式如下：

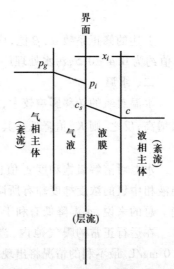

图 3-16 气体传递双膜理论模型

$$\frac{dc}{dt} = K_{La}(c_s-c) \qquad (3-93)$$

式中，K_{La}：氧总转移系数，$1/h$；$\frac{dc}{dt}$：液相主体中溶解氧浓度变化速率（或氧转移速率），$kgO_2/(m^3 \cdot h^{-1})$；c_s：界面处的溶解氧浓度值，kgO_2/m^3；系在氧分压为 p_g 条件下的溶解氧饱和浓度值；c：液相主体中溶解氧浓度值，kgO_2/m^3；t：时间，h。

K_{La} 的倒数 $\frac{1}{K_{La}}$ 的单位为 h，它所表示的是曝气池中溶解氧浓度从 c 提高到 c_s 所需要的时间。

当 K_{La} 值低时，$\frac{1}{K_{La}}$ 值高，使混合液中溶解氧浓度从 c 提高到 c_s 所需时间长，说明氧传递速率慢；反之，则氧的传递速率快，所需时间短。

这样，为了提高氧转移速率值，可从两方面考虑：

（1）提高 K_{La} 值。这样需要加强液相主体的紊流程度，降低液膜厚度，加速气、液界面的更新，增大气、液接触面积等。

（2）提高 c_s 值。提高气相中的氧分压，如采用纯氧曝气、深井曝气等。

氧总转移系数 K_{La} 是评价空气扩散装置供氧能力的重要参数。

3.5.2 氧转移的影响因素

一、污水水质

污水中含有各种杂质，它们对氧的转移产生一定的影响。污水中的氧总转移系数 K_{La} 值通常小于清水，为此，引入一个小于 1 的修正系数 α。

$$\alpha = \frac{污水中的 K'_{La}}{清水中的 K_{La}}$$

$$K'_{La} = \alpha K_{La} \qquad (3-94)$$

由于污水中含有盐类，因此氧在水中的饱和度也受水质的影响，对此，引入另一数值小于 1 的系数 β 予以修正。

$$\beta = \frac{污水中的 c'_s}{清水的 c_s}$$

$$c_s' = \beta c_s \tag{3-95}$$

上述的修正系数 α、β 值,均可通过对污水、清水的曝气充氧试验予以测定。城市原污水的 α 值约为 $0.4 \sim 0.5$,污水处理厂出水的 α 值约为 $0.9 \sim 1.0$;β 值一般为 $0.85 \sim 0.95$。

二、水温

水温对氧的转移影响较大,水温上升,水的黏度降低,扩散系数提高,液膜厚度随之降低,K_{La} 值增高;反之,则 K_{La} 值降低。其关系式为:

$$K_{La(T)} = K_{La(20)} 1.024^{(T-20)} \tag{3-96}$$

水温对溶解氧饱和度 c_s 值也产生影响,c_s 值因温度上升而降低。K_{La} 值因温度上升而增大,但液相中氧的浓度梯度却有所降低。因此,水温对氧转移有两种相反的影响,但并不能两相抵消。总的来说,水温降低有利于氧的转移。

在运行正常的曝气池内,当混合液在 $15 \sim 30$ ℃,混合液溶解氧浓度能够保持在 $1.5 \sim 2.0$ mg/L。最不利的情况将出现在温度为 $30 \sim 35$ ℃的盛夏。

三、氧分压

c_s 值受氧分压或气压的影响。气压降低,c_s 值也随之下降;反之则提高。因此,在气压不是 1.013×10^5 Pa 的地区,c_s 值应乘以如下的压力修正系数:

$$\rho = \frac{\text{所在地区实际气压}(\text{Pa})}{1.013 \times 10^5} \tag{3-97}$$

对鼓风曝气池,安装在池底的空气扩散装置出口处的氧分压最大,c_s 值也最大;但随气泡上升至水面,气体压力逐渐降低到一个大气压,而且气泡中的一部分氧已转移到液体中,鼓风曝气池中的 c_s 值应是扩散装置出口处和混合液表面两处的溶解氧饱和浓度的平均值,按下列公式计算:

$$c_{sb} = c_s \left(\frac{P_b}{2.026 \times 10^5} + \frac{O_t}{42} \right) \tag{3-98}$$

式中,c_{sb}:鼓风曝气池内混合液溶解氧饱和度的平均值,mg/L;c_s:在大气压力条件下氧的饱和度,mg/L;P_b:空气扩散装置出口处的绝对压力,单位为 Pa,其值按下式计算:

$$P_b = P + 9.8 \times 10^3 H \tag{3-99}$$

式中,H:空气扩散装置的安装深度,m;P:大气压力,$P = 1.013 \times 10^5$ Pa。

气泡在离开曝气池水面时,氧的百分比按下式求得:

$$O_t = \frac{21(1 - E_A)}{79 + 21(1 - E_A)} \times 100\% \tag{3-100}$$

式中,E_A:空气扩散装置氧转移效率(氧利用率)。

氧的转移效率还与气泡的大小、液体的紊流程度和气泡与液体的接触时间有关。

综合上述,氧的转移速度取决于下列因素:污水水质、液相中氧的浓度、气液之间的接触面积和接触时间、水温及水流的紊流程度等。

3.5.3 氧转移速率与供气量的计算

对于实际运行的生化反应池,稳定条件下,氧的转移速率应等于曝气池微生物的需氧速度(R_r):

$$\frac{\mathrm{d}c}{\mathrm{d}t} = \alpha K_{La(20)} \times 1.024^{(T-20)} (\beta \rho c_{s(T)} - c) = R_r \tag{3-101}$$

生产厂家提供空气扩散装置的氧转移参数是在标准条件下测定的,即水温为20 ℃;气压为 1.013×10^5 Pa(大气压);测定用水是脱氧清水。生物反应池中好氧区的供氧,应满足污水需氧量、混合和处理效率的要求,一般采用鼓风曝气或表面曝气等方式。工艺计算中,必须将实际工程条件下算得的生物降解需氧量换算为充氧设备在标准条件下的供氧量以满足实际污水需氧要求。

在标准条件下,充氧设备的供氧量(R_0)为:

$$R_0 = K_{La(20)} c_{s(20)} V (kg/h) \tag{3-102}$$

实际条件下,转移进曝气池的氧量(R)为:

$$R = \alpha K_{La(20)} \left[\beta \rho c_{s(T)} - c \right] \times 1.024^{(T-20)} V = R_r V \tag{3-103}$$

其中 R_r 可以根据式(3-101)求得。

解上两式,求得

$$R_0 = \frac{R c_{s(20)}}{\alpha \left[\beta \rho c_{sb(T)} - c \right] \times 1.024^{(T-20)}} \tag{3-104}$$

在一般情况下: $R_0/R = 1.33 \sim 1.61$。说明,受污水水质、水温等因素对氧转移的不利影响,为满足实际工程污水好氧生物处理的需氧量,所选充氧设备在标准状态下测得的供氧能力应比实际条件需氧量多33% ~61%。

氧转移效率(氧利用率)为:

$$E_A = \frac{R}{O_s} \times 100\% \tag{3-105}$$

式中,O_s:供氧量,kg/h;R 即为生物反应需氧量,可由式(3-55)求得。

$$O_s = G_s \times 0.21 \times 1.43 = 0.3 G_s (kg/h) \tag{3-106}$$

式中,G_s:供气量,m^3/h;0.21:氧在空气中所占百分比;1.43:氧的密度,kg/m^3。

对于鼓风曝气,各种空气扩散装置在标准状态下 E_A 值,是生产厂家提供的,因此,供气量可以通过式3-104、式3-105及式3-106确定,即

$$G_s = \frac{R_0}{0.3 E_A} \times 100 (m^3/h) \tag{3-107}$$

污水好氧生物处理的供空气流量 $G_s(m^3/h)$ 与污水流量 $Q_h(m^3/h)$ 之比即为气水比。

对于机械曝气,各种叶轮在标准条件下的充氧量与叶轮直径及叶轮线速度有关,生产厂家通过实际测定确定并提供设备充氧量参数。对于泵形叶轮曝气器,叶轮外缘最佳线速度应在4.5 ~ 5.0 m/s的范围内。泵型叶轮的充氧量和轴功率可按下列经验公式计算:

$$R_0 = 0.379 K_1 v^{2.8} D^{1.88} (kgO_2/h) \tag{3-108}$$

$$N_b = 0.0804 K_2 v^3 D^{2.08} (kW) \tag{3-109}$$

其中,R_0:泵型叶轮在标准条件下的充氧量,kg/h;v:叶轮线速度,m/s;D:叶轮直径,m;N_b:叶轮轴功率,kW;K_1、K_2:考虑池型结构的修正系数。

例3-1 某城镇污水量 $Q = 10\,000$ m^3/d,原污水经初次沉淀池处理后 BOD$_5$ 值 $S_0 = 150$ mg/L,要求处理后出水 BOD$_5$ 值 $S_e = 15$ mg/L,去除率90%,求鼓风曝气的供气量和机械曝气泵形叶轮的直径。

假定设计参数如下:

混合液活性污泥浓度(挥发性)$X_v = 2\,000$ mg/L;曝气池出口处溶解氧浓度$c = 2$ mg/L;计算水温25 ℃。

有关系数为:$\alpha=0.85$;$\beta=0.95$;$\rho=1$;$E_A=10\%$。

经计算曝气池有效容积 $V=3\,000$ m³,空气扩散装置安设在水下 4.5 m 处。

解 (1) 先求需氧量。本例题仅考虑去除 BOD_5 的需氧量,计算需氧量:

$$S(O_2)=0.001aQ(S_0-S_e)-c\Delta X_V$$

其中 ΔX_V 可按公式计算,不计无机部分,即取前两项计算挥发性新增污泥量:$\Delta X_V=YQ(S_0-S_e)-K_dVX_V$。

将公式(3-17)代入公式(3-55),得

$$O_2=0.001aQ(S_0-S_e)-c[YQ(S_0-S_e)-K_dVX_V]$$

代入各值,求得

$$O_2=0.001\times1.47\times10\,000\times(150-15)-1.42\times0.001\times[0.5\times10\,000\times(150-15)-0.05\times3\,000\times2\,000]$$

$$=1\,984.5-1.42\times[675-300]=1\,984.5-532.5=1\,452=60.5(kgO_2/h)$$

(2) 计算曝气池内平均溶解氧饱和度

按公式(3-98),有

$$c_{sb}=c_s\left(\frac{p_b}{2.026\times10^5}+\frac{O_t}{42}\right)$$

先确定式中各参数值:

① 空气扩散装置出口处的绝对压力 P_b 值:

$$P_b=1.013\times10^5+9.8\times4.5\times10^3=1.454\times10^5\ Pa$$

② 气泡离开曝气池表面时,氧的百分比 O_t 值:

$$Q_t=\frac{21\times(1-0.1)}{79+21\times(1-0.1)}\times100\%=19.3\%$$

③ 计算曝气池在水温 20 ℃和 25 ℃条件下溶解氧的饱和度。

水中溶解氧饱和度:

$$c_s(20℃)=9.17(mg/L)$$

$$c_s(25℃)=8.38(mg/L)$$

按公式(3-98),代入各值,求得

$$c_{sb}(25℃)=8.38\times\left(\frac{1.454}{2.026}+\frac{19.3}{42}\right)=9.86(mg/L)$$

$$c_{sb}(20℃)=9.17\times\left(\frac{1.454}{2.026}+\frac{19.3}{42}\right)=10.79(mg/L)$$

(3) 计算 20 ℃时脱氧清水的需氧量

按公式(3-104)计算:

$$R_0=\frac{Rc_{s(20)}}{\alpha[\beta\rho c_{sb(T)}-c]\times1.024^{(T-20)}}$$

代入各值,求得

$$R_0=\frac{600\times9.17}{0.85\times[0.95\times1\times9.86-2]\times1.024^{(25-20)}}=780.4(kgO_2/d)=32.5(kgO_2/h)$$

(4) 计算实际供气量

按公式(3-107)计算:

$$G_s=\frac{R_0}{0.3E_A}\times100$$

代入各值,求得

$$G_s = \frac{780.4}{0.3 \times 10} \times 100 = 26\ 013 = 1\ 084\ (\text{m}^3/\text{h})$$

（5）若采用机械曝气

$$R_0 = \frac{Rc_{s(20)}}{\alpha[\beta\rho c_{sb(T)} - c] \times 1.024^{(T-20)}} = \frac{600 \times 9.17}{0.85 \times 1.024^{(25-20)} \times (0.95 \times 1.0 \times 8.38 - 2)}$$
$$= 964.46 = 40.19\ (\text{kgO}_2/\text{h})$$

取修正系数 $K_1 = 0.90$，叶轮边缘线速度为 5.0 m/s，代入 3-108 式，解得机械曝气泵型叶轮的直径

$$D = \sqrt[1.88]{\frac{40.19}{0.379 \times 0.9 \times 5^{2.8}}} = 1.15\ \text{m}$$

3.5.4 曝气系统与空气扩散装置

曝气装置在曝气池的主要作用是：提供微生物生长所需要的溶解氧；搅拌混合曝气池内的混合液。曝气装置一般采用空气扩散曝气和机械表面曝气等方式。

一、鼓风曝气系统与空气扩散装置

鼓风曝气系统由鼓风机、空气扩散装置和管道系统所组成。

鼓风曝气系统的空气扩散装置主要分为：微气泡、中气泡、大气泡、水力剪切、水力冲击及空气升液等类型。

1. 微气泡空气扩散装置

主要性能特点是产生微小气泡，气、液接触面大，氧利用率较高，一般可达 10% ~ 20%，其缺点是气压损失较大，易堵塞扩散装置，送入的空气应预先通过过滤处理。

常用的微气泡空气扩散装置有：扩散板、扩散管、固定式平板型微孔空气扩散器、固定式钟罩型微孔空气扩散器、膜片式微孔空气扩散器等。

2. 中气泡空气扩散装置

应用较为广泛的中气泡空气扩散装置是穿孔管，开孔直径 3 ~ 5 mm。这种扩散装置构造简单，不易堵塞，阻力小，但氧利用率较低，只有 4% ~ 6%，动力效率亦低，约 1 kgO$_2$/kWh。

网状膜空气扩散装置也属于中气泡空气扩散装置，该装置的特点是不易堵塞，布气均匀，构造简单，便于维护管理，氧的利用率较高。

3. 水力剪切式空气扩散装置

利用装置本身的构造特点，产生水力剪切作用，在空气从装置吹出之前，将大气泡切割成小气泡。此种类型的空气扩散装置有：倒盆式扩散装置；固定螺旋扩散装置和金山型空气扩散装置等。此类扩散装置构造简单，便于维护管理，氧利用率 8% ~ 10%。

4. 水力冲击式空气扩散装置

主要有密集多喷嘴空气扩散装置、射流式空气扩散装置。密集多喷嘴空气扩散装置氧的利用率较高，且不易堵塞。射流式空气扩散装置，也称液下曝气器，氧利用率高、噪声低，但动力效率不高，约 1 kgO$_2$/kWh。

二、机械表面曝气装置

1. 机械表面曝气装置的氧转移途径

机械表面曝气装置安装在曝气池水面上、下，在动力的驱动下进行高速转动，通过下列作用

使空气中的氧转移到污水中去。

叶轮转动形成的幕状水跃,使空气卷入;叶轮转动造成的液体提升作用,使混合液连续地上、下循环流动,气、液接触界面不断更新,不断地使空气中的氧向液体内转移。高速转动曝气器其后侧形成负压区,能吸入部分空气。

2. 机械表面曝气装置的分类

按传动轴的安装方向,机械曝气器可分为:

① 竖轴(纵轴)式机械曝气器:常用的有泵型、K型、倒伞型和平板型等四种。

② 卧轴(横轴)式机械曝气器:主要是转刷曝气器。转刷曝气器主要用于氧化沟,它具有负荷调节方便、维护管理容易、动力效率高等优点。

思考题

1. 污水处理工艺设计中,有哪些关于负荷率的参数? 解释其意义。

2. 进水条件和出水水质要求相同时,如果单从反应动力学的角度来考虑,采用推流式曝气池和完全混合式曝气池,那种所需要的池容量较小?

3. 解释污水生物处理中MLSS、水力停留时间、污泥龄、污泥循环因子、气水比、SVI、回流比的意义是什么? 如何控制?

4. 污水生物处理工艺中如何通过构建不同的氧环境以实现碳氮磷污染的去除?

5. 污水生物处理中,生物体的聚集形态有哪些? 相应的工艺形式和特点是什么?

第4章

污水生物处理工艺

4.1 生物处理反应器

一、生物处理反应器类型

生物处理工艺由多个生物处理反应器和其他反应器(如沉淀分离)组合形成。生物处理反应器是污水生物处理工艺的主体,是微生物栖息生长的场所,应为微生物创造适宜的条件,使微生物的生长状态最好,其作用得以最大限度发挥。影响微生物生长和作用的主要条件有:基质的种类和配比,负荷,温度,pH,有毒物质的种类和数量,好氧反应器中氧的供应和传质条件,厌氧反应器中氧的隔绝情况,基质与微生物间的接触和传质好坏,反应器可能保持的最大生物固体量及其活性等。

化工原理和设备的进步,推动了废水生物处理反应器的发展。100多年来,在传统活性污泥法及低负荷生物滤池的基础上,出现了为数众多的活性污泥法和生物膜法工艺。它们代表了微生物的两种生长状态——悬浮态和附着态。不同生长状态的微生物和不同结构类型、不同运行方式的反应器,有着很不相同的特性,具有不同的功能,能适应不同的需要。从反应器的特性看,大致可将现有废水生物处理反应器进行如下分类。

(1) 根据不同生长状态的微生物可以分为:悬浮生长型(活性污泥法)、附着生长型(生物膜法);

(2) 根据反应器的流态可以分为:推流式、完全混合式;

(3) 根据不同运行方式可以分为:连续运行式、间歇运行式。

上述类型是互相交叉重叠的。例如,有连续运行的推流式的活性污泥池(悬浮生长型),也有连续运行的完全混合式的生物接触氧化池(附着生长型),还有间歇运行的完全混合式的活性污泥池等。

二、生物处理反应器流态

污水生物处理反应器的流态可以根据其接近理想反应器流态的程度,大致分为推流式和完全混合式两种。本节以活性污泥系统为例来讲述生物处理反应器不同流态的运行方式。

1. 推流式活性污泥法处理系统

推流式活性污泥法处理系统是指生物反应池的水流流态属推流式。所谓推流是指混合液在池中沿水流方向无纵向返混,即混合液从池的一端流入池内,然后沿池长方向一直向前流动,最终从池的另一端流出。

由图4-1可见,经预处理后的污水从曝气生物反应池首端进入池内,由二次沉淀池回流的回流污泥也同步进入。污水与回流污泥形成的混合液在池内呈推流式流动至池的末端,流出池外进入二次沉淀池,在这里污水与活性污泥分离,分离后的污水排出,沉淀污泥部分回流至曝气池,部分剩余污泥排出系统。

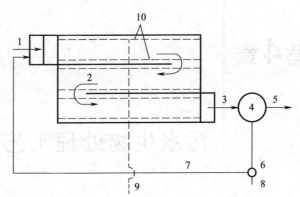

图4-1 推流式活性污泥法系统

1—经预处理后的污水;2—曝气生物反应池;
3—从曝气池流出的混合液;4—二次沉淀池;5—处理后污水;
6—污泥井;7—回流污泥系统;8—剩余污泥;
9—来自空压机站的空气管;10—曝气系统与空气扩散装置

2. 完全混合式活性污泥法处理系统

完全混合式活性污泥法处理系统中的曝气生物反应池与二沉池可以合建,也可以分建。在该系统中,污水与回流污泥进入曝气生物反应池后,立即与池内混合液充分混合,可以认为池内混合液是已经处理而未经泥水分离的处理水。

该工艺特点如下:

(1) 进入曝气生物反应池的污水很快即被池内已存在的混合液稀释、均化,原污水在水质、水量方面的变化,对活性污泥产生的影响将降到较小程度,正因为如此,这种工艺对冲击负荷有较强的适应能力,适用于处理工业废水,特别是浓度较高的工业废水。

(2) 污水在曝气生物反应池内分布均匀,各部位的水质相同,F/M值相等,微生物群体的组成和数量几近一致,各部位有机污染物降解工况相同,因此,有可能通过对F/M值的调整,将整个曝气生物反应池的工况控制在最佳条件。

(3) 曝气生物反应池内混合液的需氧速率均衡,动力消耗低于推流式曝气生物反应池。

完全混合式活性污泥法处理系统存在的主要问题是:在曝气生物反应池混合液内,各部位的有机负荷相同,微生物浓度和活性相同,在这种情况下微生物对有机物的降解动力较低,因此,活性污泥易于产生膨胀现象。此外,在一般情况下,其处理水质低于采用推流式曝气生物反应池的活性污泥系统。

4.2 活性污泥法工艺

4.2.1 活性污泥法基本流程

图4-2所示为活性污泥法处理系统的基本流程。该系统由以活性污泥反应器(曝气反应池)为核心处理设备和二次沉淀池、污泥回流设施及供气与空气扩散装置组成。

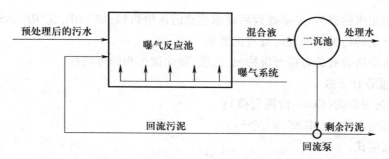

图 4-2 活性污泥法处理系统的基本流程

经初次沉淀池等预处理后的污水从一端进入曝气反应池,与此同时,从二次沉淀池连续回流的活性污泥作为接种污泥,也同步进入曝气反应池。从鼓风机房送来的空气,通过管道系统和铺设在曝气反应池底部的空气扩散装置,以细小气泡的形式进入污水中,其作用除向污水充氧外,还使曝气反应池内的污水、活性污泥处于剧烈搅动状态。活性污泥、水和空气互相混合(称为混合液),充分接触,使活性污泥反应得以正常进行。

活性污泥反应进行的结果是污水中的有机污染物得到降解、去除,污水得以净化。由于微生物的繁衍,活性污泥本身也得到增殖。

经过活性污泥净化作用后的混合液进入二沉池,活性污泥通过沉淀与污水分离,澄清后的污水排出系统。沉淀浓缩的污泥从沉淀池底部排出,其中一部分作为接种污泥回流到曝气反应池,多余部分则作为剩余污泥排出系统。剩余污泥与在曝气反应池内增长的生物污泥,在数量上应保持动态平衡,使曝气反应池内的污泥浓度相对恒定。

从活性污泥法基本流程中可以看出,活性污泥法净化污水的效果是由两个构筑物完成的:一是污水首先在曝气反应池中由活性污泥微生物氧化分解有机物,使污水中的有机物得以从污水中去除;二是曝气反应池中的混合液经二次沉淀池,使由于氧化分解污水中有机物得以增殖的活性污泥从污水中分离出来,此时污水才真正得以净化。因此,活性污泥法的设计者必须重视这两者的设计,应该明确:曝气反应池和沉淀池是保证活性污泥法净化污水效率的统一体。

4.2.2 活性污泥法系统工艺设计

一、概述

1. 设计内容

活性污泥处理系统是由曝气生物反应池、曝气系统、污泥回流系统、二次沉淀池等单元组成的。它的工艺设计主要包括下列几方面的内容:

(1) 选定工艺流程;

(2) 曝气生物反应池(区)容积的计算及工艺设计;

(3) 需氧量、供气量以及曝气系统的计算与工艺设计;

(4) 回流污泥量、剩余污泥量、污泥回流系统的计算与工艺设计;

(5) 二次沉淀池池型的选定、容积的计算与工艺设计。

2. 基本资料与数据

(1) 原污水和经一级处理后的主要水质指标,如 BOD_5、COD_{cr}、SS、TOC、总固体、总氮、总磷等。

（2）处理后出水的去向，要求处理后出水达到的水质指标，如 BOD_5、COD_{cr}、SS 等。

（3）对所产生的污泥的处理与处置的要求。

（4）原污水中所含有的有毒有害物质、浓度、驯化微生物的可能性。

3. 确定主要设计参数

（1）BOD-污泥负荷（COD-污泥负荷）；

（2）混合液污泥浓度（MLSS、MLVSS）；

（3）污泥回流比。

4. 处理工艺流程的确定

上述各项原始资料是确定处理工艺流程的主要根据。此外，还要综合考虑现场的地质、地形条件、气候条件及施工水平等客观因素，综合分析所选工艺在技术上的可行性、先进性及经济上的合理性等。

二、曝气生物反应池（区）容积计算

当以去除碳源污染物为主时，曝气生物反应池（区）容积的计算，可采用以下两种方法：

1. 按 BOD-污泥负荷计算，其计算式为：

$$V = \frac{24Q(S_0 - S_e)}{1\,000L_s X} \tag{4-1}$$

式中，L_s：曝气生物反应池的 BOD-污泥负荷，$kgBOD_5/(kgMLSS \cdot d)$；Q：曝气生物反应池的设计流量，m^3/h；S_0：曝气生物反应池进水的五日生化需氧量，mg/L；S_e：曝气生物反应池出水的五日生化需氧量，mg/L；X：曝气生物反应池内混合液悬浮物固体平均浓度，$gMLSS/L$；V：曝气生物反应池容积，m^3。

由式（4-1）可见，合理地确定 BOD-污泥负荷（L_s）和混合液污泥浓度（X）是正确确定曝气生物反应池（区）容积的关键。

（1）BOD-污泥负荷（L_s）的确定

确定 BOD-污泥负荷，首先必须结合要求处理后出水的 BOD_5 值（S_e）来考虑。其次，确定 BOD-污泥负荷，还必须考虑污泥的凝聚、沉淀性能，即根据处理后出水 BOD 值确定 L_s 值后，应进一步复核其相应的污泥指数 SVI 值是否在正常运行的允许范围内。

（2）混合液污泥浓度（MLSS）的确定

曝气生物反应池内混合液的污泥浓度（MLSS），是活性污泥处理系统重要的设计与运行参数，采用高污泥浓度能够减少曝气生物反应池的有效容积，但会带来一系列不利的影响。在确定这一参数时，应考虑下列因素：

① 供氧的经济与可能性；

② 活性污泥的凝聚沉淀性能；

③ 沉淀池与回流设备的造价。

混合液中的污泥主要来自回流污泥，回流污泥浓度可近似地按式（4-2）修正后确定：

$$X_r = \frac{10^3}{SVI} r \, (kg/m^3) \tag{4-2}$$

式中，r：考虑污泥在二次沉淀池中停留时间、池深、污泥厚度等因素有关的修正系数，一般取 1.2 左右。

从式(4-2)看出，X_r 与 SVI 呈反比。一般情况下，SVI 值为 100 左右，X_r 值在 8～12 kg/m³（或 8 000～12 000 mg/L）。

污泥浓度高，会增加二次沉淀池的固体负荷，从而使其造价提高。此外，对于分建式曝气生物反应池，混合液浓度越高，则维持平衡的污泥回流量也越大，从而使污泥回流设备的造价和动力费用增加。按物料平衡关系可得出混合液污泥浓度(X)和污泥回流比(R)及回流污泥浓度(X_r)之间的关系：

$$RQX_r = (Q+RQ)X \tag{4-3}$$

故

$$X = \frac{R}{1+R}X_r \cdot 10^3 \tag{4-4}$$

式中，R：污泥回流比；X：曝气生物反应池混合液污泥浓度，mg/L；X_r：回流污泥浓度，kg/m³。

将式(4-2)代入式(4-4)，可估算出曝气生物反应池混合液污泥浓度：

$$X = \frac{R}{1+R}\frac{10^6}{SVI}r \tag{4-5}$$

曝气生物反应池混合液污泥浓度(X)也可参照经验数据取值，一般普通曝气生物反应池可采用 2 000～3 000 mg/L；延时曝气生物反应池 2 000～4 000 mg/L。

2. 按污泥龄(θ_c)计算，其计算式为：

$$V = \frac{24Q\theta_c Y(S_0-S_e)}{1\ 000X_v(1+K_d\theta_c)} \tag{4-6}$$

式中，V：曝气生物反应池容积，m³；θ_c：设计污泥龄，d；Y：污泥产率系数，kgVSS/kgBOD₅；Y 值根据试验资料确定，无试验资料时，一般取为 0.4～0.8 kgVSS/kgBOD₅；X_v：混合液挥发性悬浮固体平均浓度，gMLVSS；K_d：衰减系数，d⁻¹，20℃时为 0.04～0.075d⁻¹，K_d 值应按当地冬季和夏季的污水温度加以修正，修正式为：

$$K_{dT} = K_{d20} \cdot (\theta_T)^{T-20} \tag{4-7}$$

式中，K_{dT}：T ℃时的 K_d 值，d⁻¹；K_{d20}：20℃时的 K_d 值，d⁻¹；θ_T：温度系数，取值 1.02～1.06；T：设计计算温度，℃。

3. 曝气系统的设计计算

曝气系统的设计计算首先应选择曝气方式，然后计算所需充氧量或空气量：对鼓风曝气，按式(3-107)计算出 G_s；对机械曝气，按式(3-108)计算出 R_0。最后进行曝气系统的设计计算。鼓风曝气包括空气扩散装置(曝气装置)、空气输送管道(干管、支管和竖管)、选择空压机型号与台数及空压机房的设计；机械曝气包括型式及其直径选择。

(1) 鼓风曝气系统的设计计算

① 空气扩散装置的选定与布置

在选定空气扩散装置时，要考虑下列因素：

a. 空气扩散装置应具有较高的氧利用率(E_A)和动力效率(E_P)，布气均匀，阻力小，具有较好的节能效果。几种常见的空气扩散装置的 E_A、E_P 值见表 4.1。

表 4.1 几种空气扩散装置的 E_A、E_P 测定值

扩散装置类型	氧利用率 E_A/(%)	动力效率 E_P/(kgO₂/kW·h)
穿孔管:$\Phi 5$(水深 3.5 m)	6.2 ~ 7.9	2.3 ~ 3.0
$\Phi 10$(水深 3.5 m)	6.7 ~ 7.9	2.3 ~ 2.7
射流式扩散装置	24 ~ 30	2.6 ~ 3.0
橡胶膜微孔曝气器(水深 4.3 m)	20 ~ 23	6 ~ 7
钟罩式微孔曝气器(水深 4.0 m)	17.3 ~ 24.8	5.7

b. 不易堵塞,耐腐蚀,出现故障易排除,便于维护管理。

c. 构造简单,便于安装,工程造价及装置成本较低。

此外还应考虑污水水质、地区条件及曝气生物反应池池型、水深等。

根据计算出的总供气量 G_s 和每个空气扩散装置的通气量、服务面积、曝气生物反应池池底面积等数据,计算、确定空气扩散装置的数目,并对其进行布置,可考虑满池布置或池侧布置,也可沿池长分段渐减布置。

② 空气管道系统的设计要点

活性污泥系统的空气管道系统是从空压机的出口到空气扩散装置的空气输送管道,一般使用焊接钢管,管道内外应该有不同的耐热、耐腐蚀处理。小型污水处理站的空气管道系统一般为枝状,而大、中型污水处理厂则宜环状布置,以保证安全供气。空气管道一般敷设在地面上,且应考虑温度补偿。

接入曝气池的输气立管管顶,应高出池水面 0.5 m,以免产生回水。曝气生物反应池水面上的输气管,宜按需要布置控制阀,其最高点宜设置真空破坏阀。空气管道的流速:干、支管为 10 ~ 15 m/s,通向空气扩散装置的竖管、小支管为 4 ~ 5 m/s。

③ 鼓风机的选定与鼓风机房的设计要点

a. 根据每台鼓风机的设计风量和风压选择鼓风机。各式罗茨鼓风机、离心式空压机等均可用于活性污泥系统。

定容式罗茨鼓风机噪声大,应采取消声措施,一般用于中、小型污水处理厂。离心式空压机噪声较小,效率较高,适用于大、中型污水处理厂。变速率离心空压机节省能源,能根据混合液溶解氧浓度,自动调整鼓风机开启台数和转速。

b. 在同一供气系统中,应尽量选用同一型号的鼓风机。鼓风机的备用台数:工作空压机≤3 台时,备用1台;工作空压机≥4台时,备用2台。

c. 鼓风机房应设双电源,供电设备的容量,应按全部机组同时启动时的负荷设计。当采用燃油发动机作为动力时,可与电动鼓风机共同布置,但相互应有隔离措施,并应符合国家现行防火防爆规范的要求。

d. 每台鼓风机应单独设置基础,基础间通道宽度应在 1.5 m 以上。

e. 鼓风机房一般包括机器间、配电室、进风室(设空气净化设备)、值班室。值班室与机器间之间,应有隔声设备和观察窗,还应设自控设备。

f. 鼓风机房内、外应采取防止噪声的措施,使其符合国家《工业企业厂界环境噪声排放标准》和《声环境质量标准》(GB 3096)的有关规定。

（2）机械曝气装置的设计

机械曝气装置的设计内容主要是选择曝气器的形式和确定其直径。在选择曝气器型式时要考虑其充氧能力、动力效率以及加工条件等。直径的确定，主要取决于曝气生物反应池的需氧量，使所选择的曝气器的充氧量应能够满足混合液需氧量的要求。

如果选择叶轮，要考虑叶轮直径与曝气生物反应池直径的比例关系，叶轮过大，可能伤害污泥，过小则充氧不够。一般认为平板叶轮或伞形叶轮直径与曝气生物反应池直径或正方形一边之比为 1/3～1/5；而泵型叶轮以 1/3.5～1/7 为宜，叶轮线速度 3.5～5.0 m/s，叶轮直径与水深之比可采用 2/5～1/4，池深过大，将影响充氧和泥水混合。宜设置调节曝气器转速和浸没水深的设施。

4. 污泥回流系统的设计

分建式曝气生物反应池中，污泥从二次沉淀池回流需设污泥回流系统，其中包括污泥提升装置和污泥输送的管渠系统。

污泥回流系统的设计计算内容包括：回流污泥量的计算和污泥提升设备的选择和设计。

（1）回流污泥量的计算

回流污泥量 Q_R 值为：

$$Q_R = RQ \tag{4-8}$$

R 值可通过式（4-9）求定：

$$R = \frac{X}{X_r - X} \tag{4-9}$$

由式（4-9）可知，回流比值取决于混合液污泥浓度（X）和回流污泥浓度（X_r），而 X_r 值又与 SVI 值有关。根据式（4-2）和式（4-5），并令 r 值为 1.2，可以推测出随 SVI 值和 X 值而变化的回流污泥浓度 X_r 值，并据此可以按式（4-9）求定污泥回流比 R 值。SVI、X 和 X_r 三者关系值列于表 4.2。

表 4.2　SVI、X 和 X_r 三者的关系

SVI	X_r/（mg/L）	在下列 X/（mg/L）值时的回流比					
		1 500	2 000	3 000	4 000	5 000	6 000
60	20 000	0.08	0.11	0.18	0.25	0.33	0.43
80	15 000	0.11	0.15	0.25	0.36	0.50	0.66
120	10 000	0.18	0.25	0.43	0.67	1.00	1.50
150	8 000	0.24	0.33	0.60	1.00	1.70	3.00
240	5 000	0.43	0.67	1.5	4.00	—	—

在实际运行的曝气生物反应池内，SVI 值在一定的幅度内变化，且混合液浓度 X 也需要根据进水负荷的变化而加以调整，因此，在进行污泥回流系统的设计时，应按最大回流比考虑，并使其具有能够在较小回流比条件下工作的可能性，即应使回流污泥量可以在一定幅度内变化。

（2）污泥提升设备的选择与设计

在污泥回流系统中，常用的污泥提升设备主要是污泥泵、空气提升器和螺旋泵。

① 污泥泵的主要形式是轴流泵，运行效率较高。可用于较大规模的污水处理工程。在选择

时,首先应考虑的因素是不破坏活性污泥的絮凝体,使污泥能够保持其固有的特性,运行稳定可靠。采用污泥泵时,将从二次沉淀池流出的回流污泥集中到污泥井,再用污泥泵抽送至曝气生物反应池。大、中型污水厂则设回流污泥泵站,泵的台数视条件而定,一般采用2~3台,此外,还应考虑适当台数的备用泵。

② 空气提升器是利用升液管内、外液体的相对密度差而使污泥提升的。它结构简单,管理方便,而且有利于提高活性污泥中的溶解氧和保持活性污泥的活性,多为中、小型污水处理厂采用。

③ 螺旋泵螺旋泵由泵轴、螺旋叶片、上支座、下支座、导槽、挡水板和驱动装置组成。

4.2.3 活性污泥法——AB 法工艺

AB 法污水处理工艺,即吸附-生物降解(Adsorption-Biodegration)工艺,是德国亚琛工业大学宾克(Bohnke)教授于 20 世纪 70 年代中期开创的。

一、工艺系统及其主要特征

AB 法污水处理工艺流程如图 4-3 所示。

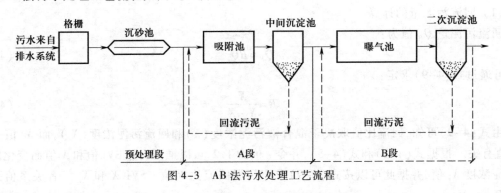

图 4-3　AB 法污水处理工艺流程

从图 4-3 可见,与普通活性污泥法相比,AB 工艺的主要特征是:

(1) 全系统分预处理段、A 段、B 段等三段。预处理段只设格栅、沉砂池等简易处理设备,不设初次沉淀池。

(2) A 段由吸附池和中间沉淀池组成,B 段则由曝气生物反应池及二次沉淀池组成。

(3) A 段与 B 段各自拥有独立的污泥回流系统,两段完全分开,每段能够培育出各自独特的、适于本段水质特征的微生物种群。

二、A 段的功能与设计运行参数

(1) A 段连续不断地从排水系统中接受污水,同时也接种了在排水系统中存活的微生物种群,也就是排水系统起到了"微生物选择器"的作用。在这里不断地产生微生物种群的适应、淘汰、优选、增殖等过程。从而能够培育、驯化、诱导出与原污水适应的微生物种群。

由于该工艺不设初沉池,所以 A 段能够充分利用经排水系统优选的微生物种群,从而使 A 段能够形成开放性的生物动力学系统。

(2) A 段负荷高,为增殖速度快的微生物种群提供了良好的环境条件。在 A 段能够成活的微生物种群,只能是抗冲击负荷能力强的原核细菌,原生动物和后生动物难于存活。

(3) A 段污泥产率高,并有一定的吸附能力,A 段对污染物的去除,主要依靠生物污泥的吸附作用。这样,某些重金属和难生物降解有机物质及氮、磷等物质,都能够通过 A 段而得到一定的去除,因而大大地减轻了 B 段的负荷。

A 段对 BOD 去除率介于 40% ~70%,但经 A 段处理后的污水,其可生化性将有所改善,有利于后续 B 段的生物降解。

(4) 由于 A 段对污染物质的去除,主要是以物理化学作用为主导的吸附功能,因此,其对负荷、温度、pH 及毒性等作用具有一定的适应能力。

(5) 对处理城市污水,A 段主要设计与运行参数的建议值为:

① BOD-污泥负荷(L_s):2 ~6 kgBOD/(kgMLSS·d),为普通活性污泥处理系统的 10 ~20 倍;

② 污泥龄(θ_c):0.3 ~0.5 d;

③ 水力停留时间(t):30 min;

④ 吸附池内溶解氧(DO)浓度:0.2 ~0.7 mg/L。

三、B 段的功能与设计、运行参数

首先应当说明,B 段的各项功能的发挥,都是以 A 段正常运行为条件的。

(1) B 段接受 A 段的处理水,水质、水量比较稳定,冲击负荷已不再影响 B 段,B 段的净化功能得以充分发挥。

(2) 去除有机污染物是 B 段的主要净化功能。

(3) B 段的污泥龄较长,氮在 A 段也得到了部分的去除,BOD/N 的比值有所降低,因此,B 段具有产生硝化反应的条件。

(4) B 段承受的负荷为总负荷的 30% ~60%,与普通活性污泥处理系统相比,曝气生物反应池的容积可减少 40% 左右。

(5) 对处理城市污水 B 段的设计、运行参数建议值为:

① BOD-污泥负荷(L_s):0.15 ~0.3 kgBOD/(kgMLSS·d);

② 污泥龄(θ_c):15 ~20 d;

③ 水力停留时间(t):2 ~3 h;

④ 曝气池内混合液溶解氧含量(DO):1 ~2 mg/L。

4.2.4　活性污泥法——A_NO 工艺

20 世纪 80 年代后期开发了缺氧-好氧活性污泥法脱氮系统,其主要特点是将反硝化反应池放置在系统之首,故又称为前置反硝化生物脱氮系统,或称 A_NO 工艺,这是目前采用比较广泛的一种脱氮工艺,如图 4-4 所示。

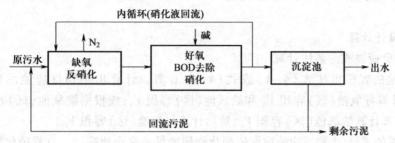

图 4-4　分建式缺氧-好氧活性污泥脱氮系统

一、工艺特征

在缺氧–好氧活性污泥脱氮系统中,反硝化、硝化与 BOD 去除分别在两座不同的反应池内进行。原污水、回流污泥同时进入系统之首的反硝化池(缺氧池),同时硝化反应池内已经充分反应的一部分硝化液回流至反硝化反应池(称混合液回流或内循环),反硝化反应池内的反硝化菌以原污水中的有机物作为碳源,将硝态氮还原为气态氮(N_2),可不外加碳源。之后,混合液进入好氧池,完成有机物的氧化、氨化和硝化反应。

缺氧–好氧活性污泥脱氮系统中设内循环系统,向前置的反硝化池回流混合液是本工艺的特征。由于原污水直接进入反硝化池(缺氧池),为缺氧池中内循环混合液(硝化液)的硝态氮的反硝化反应提供了足够的碳源,不需要外加碳源,可保证反硝化过程 C/N 的要求。此外,由于前置的反硝化池消耗了一部分碳源有机物,有利于降低后续好氧池的污泥负荷,减少了好氧池中有机物氧化和硝化的需氧量。本系统硝化池在后,使反硝化残留的有机物得以进一步去除,提高了处理后出水的水质。

在该系统中,反硝化反应所产生的碱度可以补偿硝化反应消耗的部分碱度。在缺氧–好氧系统中,反硝化反应所产生的碱度可补偿硝化反应消耗的一半左右。所以,对含氮浓度不高的废水(如生活污水、城市污水)可不必另行投碱以调节 pH。

二、影响因素

1. 水力停留时间。硝化反应与反硝化反应进行的时间对脱氮效果有一定的影响。为了取得 70% ~ 80% 的脱氮率,硝化反应所需时间长,而反硝化反应所需时间较短,总水力停留时间一般为 8 ~ 16 h,其中缺氧池(区)0.5 ~ 3.0 h。

2. 混合液回流(内循环)比(R_i)。混合液回流的作用是向反硝化池(区)提供硝态氮作为反硝化反应的电子受体,从而达到脱氮的目的。混合液回流比不仅影响脱氮效果,而且影响本工艺系统的动力消耗,是一项非常重要的参数。

混合液回流比与要求达到的处理效果和反应池类型有关,适宜的混合液回流比应通过试验或对运行数据进行分析后确定。回流比在 50% 以下时,脱氮率很低;回流比在 50% ~ 200% 之间时,脱氮率随回流比增高而显著上升;回流比高于 200% 后,脱氮率提高较慢,因此,回流比不宜高于 400%。

3. MLSS 值。反应池内的 MLSS 值一般为 2 500 ~ 4 500 mg/L,通常不应低于 3 000 mg/L。

4. 污泥龄(θ_c)。为保证在硝化池(区)内有足够数量的硝化菌,应采用较长的污泥龄,一般取值为 11 ~ 23 d。

5. TN/MLSS 负荷。TN/MLSS 负荷应低于 0.05 kgTN/(kgMLSS·d),高于此值时,脱氮效果将急剧下降。

三、工艺设计计算

1. 按污泥负荷法或泥龄法计算

生物反应池的容积可按式(4–1)或式(4–6)计算。计算出生物反应池总容积 V 后,按 $V_O/V_N = 2 ~ 4$ 计算好氧池(区)容积 V_O 和缺氧池(区)容积 V_N;或根据缺氧池(区)水力停留时间经验值 0.5 ~ 3 h 计算缺氧池(区)容积 V_N,然后计算好氧池(区)容积 V_O。

考虑到脱氮的需要,生物反应池应保证硝化作用能尽量完全地进行。自养硝化细菌比异养菌的比生长速率小得多,为了使硝化菌形成优势种属,污泥负荷通常取较低的值 0.05 ~ 0.15 kgBOD$_5$/

（kgMLSS·d）。同时，A_N/O 系统的污泥产率较低，需氧量较大，水力停留时间也较长。

2. 动力学计算法

（1）好氧池（区）容积 V_o，可按式（4-10）计算：

$$V_o = \frac{Q(S_o - S_e)\theta_{CO}Y_t}{1\,000X} \tag{4-10}$$

式中，θ_{co}：好氧池（区）设计污泥龄，d；可按式（4-11）计算：

$$\theta_{CO} = F\frac{1}{\mu} \tag{4-11}$$

式中，F：安全系数，为 $1.5 \sim 3.0$；μ：硝化细菌比生长速率，d^{-1}；可按式（4-12）计算：

$$\mu = 0.47\frac{N_a}{K_N + N_a}e^{0.098(T-15)} \tag{4-12}$$

式中，N_a：好氧池（区）中氨氮浓度，mg/L；K_N：硝化作用中氮的半速率常数，mg/L，一般取 1.0 mg/L；T：设计温度，℃；0.47：15℃时，硝化细菌最大比生长速率，d^{-1}。Q：设计流量，m^3/d；S_o：生物反应池进水 BOD_5 浓度，mg/L；S_e：生物反应池出水 BOD_5 浓度，mg/L；X：好氧池（区）内混合液悬浮固体平均浓度，gMLSS/L；Y_t：污泥产率系数（kgMLSS/kgBOD₅），宜根据试验资料确定。无试验资料时，应考虑原污水中总悬浮固体量对污泥净产率系数的影响。由于原污水总悬浮固体中的一部分沉积到污泥中，系统产生的污泥量将大于由有机物降解产生的污泥量，在不设初次沉淀池的处理工艺中这种现象更明显。因此，系统有初次沉淀池时取 $Y_t = 0.3$，无初次沉淀池时取 $Y_t = 0.6 \sim 1.0$。

（2）缺氧池（区）容积 V_N 可按下式计算：

$$V_N = \frac{0.001Q(N_k - N_{te}) - 0.12\Delta X_V}{K_{de}X} \tag{4-13}$$

式中，Q：设计流量，m^3/d；0.12：微生物中氮的质量分数，由表示微生物细胞中各组分质量比的分子式 $C_5H_7NO_2$ 计算得出；X：缺氧池（区）内混合液悬浮固体平均浓度，gMLSS/L；N_k：缺氧池（区）进水总凯氏氮浓度，mg/L；N_{te}：生物反应池出水总氮浓度，mg/L；K_{de}：缺氧池（区）反硝化脱氮速率，$kgNO_3^--N/$（kgMLSS·d）。其值宜根据试验资料确定。无试验资料时，20℃ 的 K_{de} 值可取 $0.03 \sim 0.06 kgNO_3^--N/$（kgMLSS·d）。$K_{de}$ 与混合液回流比、进水水质、温度和污泥中反硝化菌的比例等因素有关。混合液回流量大，带入缺氧池的溶解氧多，K_{de} 取低值；进水有机物浓度高且较易生物降解时 K_{de} 取高值。K_{de} 按下式进行温度修正：

$$K_{de(t)} = K_{de(20)}1.08^{(T-20)} \tag{4-14}$$

式中，$K_{de(t)}$、$K_{de(20)}$ 分别为 T 和 20℃ 时的脱氮速率，T 为设计温度，℃。

微生物的净增量 ΔX_V，即排出系统的微生物量，kgMLVSS/d，可按下式计算：

$$\Delta X_V = yY_t\frac{Q(S_o - S_e)}{1\,000} \tag{4-15}$$

式中，y：MLSS 中 MLVSS 所占比例。

（3）$A_N O$ 工艺要实现高效率脱氮，混合液回流量很大，反硝化和硝化池可看成一体化的完全混合式反应器，混合液回流量可按式（4-16）计算：

$$Q_{Ri} = \frac{1\,000V_N K_{de}X}{N_{te} - N_{ke}} - Q_R \tag{4-16}$$

式中,Q_{Ri}:混合液回流量,m^3/d,混合液回流比宜取 100% ~400% ;Q_R:污泥回流量,m^3/d,污泥回流比宜取 50% ~100% ;N_{ke}:生物反应池出水总凯氏氮浓度,m/L;V_N:缺氧池(区)容积,m^3;N_{te}:生物反应池出水总氮浓度,mg/L。

3. 回流控制

A_NO 工艺需要进行污泥回流以控制生化反应系统的污泥浓度,同时需要进行硝化液回流,以实现前置反硝化。一般采用的污泥回流比为 50% ~100% ,混合液的回流比则决定于所要求的脱氮率,常用的混合液回流比为 200% 左右。设进水流量为 Q,混合液回流比为 r_1,污泥回流比为 r_2,根据物料平衡,得

$$QN_{oi}=Qr_1N_{oe}+Qr_2N_{oe}+QN_{oe}$$

式中,N_{oi}:A_NO 工艺脱除的硝态氮浓度,mg/L;N_{oe}:A_NO 工艺出水硝态氮浓度,mg/L。

由上式可得,A_NO 工艺脱氮效率 $\eta=\dfrac{r_1+r_2}{1+r_1+r_2}$。由于 $r_1\gg r_2$,式 $\eta=\dfrac{r_1}{1+r_1}$ 或 $r_1=\dfrac{\eta}{1-\eta}$ 近似成立。由此可知,A_NO 工艺脱氮效率为 80% 时,混合液回流比需达 400% 以上。混合液回流比增大理论上可以提高脱氮率,但是混合液回流量增大将导致缺氧池溶解氧和氧化还原电位升高,A_NO 工艺的流态也会趋向完全混合式,这将导致反硝化效率降低。因此,混合液回流比控制在 100% ~400% 为宜。

4. 设计参数

缺氧/好氧法(A_NO 法)生物脱氮的主要设计参数宜根据试验资料确定。无试验资料时,可采用经验数据或按表4.3 的规定取值。

表4.3 缺氧/好氧法(A_NO 法)生物脱氮的主要设计参数

项目	单位	参数值
BOD$_5$ 污泥负荷 L_S	kgBOD$_5$/(kgMLSS · d)	0.05 ~0.15
总氮负荷率	kgTN/(kgMLSS · d)	≤0.05
污泥浓度(MLSS)X	g/L	2.5 ~4.5
污泥龄 θ_c	d	11 ~23
污泥产率系数 Y	kgVSS/kgBOD$_5$	0.3 ~0.6
需氧量 O$_2$	kgO$_2$/kgBOD$_5$	1.1 ~2.0
水力停留 HRT	h	8 ~16
		其中厌氧段0.5 ~3.0 h
污泥回流比 R	%	50 ~100
混合液回流比 R_i	%	100 ~400
总处理效率 η	%	90 ~95(BOD$_5$)
	%	60 ~85(TN)

例4-1 某城市污水处理厂设计日流量 150 000 m^3/d。初沉池出水 BOD$_5$ 140 mg/L,SS 120 mg/L,TKN25 mg/L。设计出水水质要求 BOD$_5\leqslant 20$ mg/L,SS$\leqslant 30$ mg/L,总氮$\leqslant 5$ mg/L,试计算 A_NO 工艺反应池。

解 本例拟采用污泥负荷法计算,由表4.3,污泥负荷 L_S 取 0.12 kgBOD/(kgMLSS · d),污泥浓度(MLSS)X 取 3.3 g/L,污泥回流比 R 取 100% 。

(1) 反应池总容积

$$V=\frac{24Q(S_o-S_e)}{1\,000L_SX}=\frac{150\,000\times(140-20)}{1\,000\times0.12\times3.3}=45\,455\ \text{m}^3$$

(2) 反应池总面积 A。取有效水深 $H_1=4.5$ m,则

$$A=\frac{V}{H_1}=\frac{45\,455}{4.5}=10\,101\ \text{m}^2$$

(3) 总水力停留时间

$$t=V/Q=45\,455/(150\,000/24)=7.27\ \text{h}$$

(4) 好氧段与缺氧段的容积。取好氧段与缺氧段的容积比 $V_O:V_N=4$,则 $V_O=36\,364$ m^3,$V_N=9\,091$ m^3,$t_0=5.82$ h,$t_N=1.45$ h。

设反应池分 3 组,每组设 5 廊道,廊道宽 10 m,则每组反应池面积 $A_1=A/3=10\,101/3=3\,367$ m^2,廊道长 $L_1=A_1/(5\times10)=3\,367/50\approx67$ m。

(5) 混合液回流比 R_i。总氮去除率

$$\eta_{TN}=\frac{N_k-N_{te}}{N_k}=\frac{25-5}{25}\times100\%=80\%$$

则

$$R_i=\frac{\eta_{TN}}{1-\eta_{TN}}=\frac{0.8}{1-0.8}\times100\%=400\%$$

4.2.5 活性污泥法——A$_P$O 工艺

A$_P$O 工艺即厌氧好氧生物除磷工艺,其流程如图 4-5 所示。

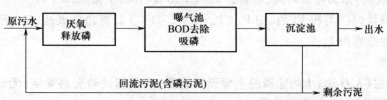

图 4-5 厌氧好氧生物除磷(A$_P$O 法)工艺流程

一、工艺特征

从图 4-5 可知,该工艺流程简单,既不投药,也无需考虑混合液回流,因此,建设费及运行费都较低,而且由于无混合液回流的影响,厌氧反应器能够保持良好的厌氧(或缺氧)状态。

根据该工艺实际应用情况,它具有如下特点:

1. 污水在反应池内的停留时间较短,一般 3~6 h。

2. 曝气生物反应池内污泥浓度一般在 2 700~3 000 mg/L 之间。

3. BOD 的去除率大致与一般传统活性污泥法系统相同,磷的去除率较好,处理水中磷含量一般都低于 1.0 mg/L,去除率大致在 76% 左右。

4. 沉淀污泥含磷约 4%,污泥的肥效较好。

5. 混合液的 SVI 值≤100,污泥易沉淀,不膨胀。

根据试验与运行实践也发现本工艺具有如下问题:

1. 除磷率难于进一步提高,因为微生物对磷的过量吸收是有一定限度的,特别是当进水 BOD 值不高或废水中含磷量过高时,即 BOD/P 值低时,由于污泥产量低,将更是如此。

2. 在沉淀池内容易产生磷的释放现象,特别是当污泥在沉淀池内停留时间较长时更是如此。

二、影响因素

1. 好氧反应池中的溶解氧应维持在 2 mg/L 以上。聚磷菌对磷的吸收和释放是可逆的,其控制因素是溶解氧浓度。溶解氧浓度高易于吸收,低则易于释放。

2. pH 应控制在 7 ~ 8 之间。有研究表明:当 pH 为 6 以下时,混合液中的磷在 1 h 内急剧增加;当 pH 为 7 ~ 8 时,含磷量减少,且比较稳定。

3. 原水中的 BOD_5 浓度应在 50 mg/L 以上。据研究,向废水中投加有机物可提高磷的吸收率。因此废水中的有机物必须保证有一定的浓度。

4. 好氧池曝气时间不宜过长,污泥在沉淀池中的停留时间宜尽可能短,因为聚磷菌吸收磷是可逆的。

三、工艺设计计算

1. 按污泥负荷法或泥龄法计算

与 A_NO 工艺计算方法类似,可按式(4-1)或式(4-6)计算总容积 V,然后,按 $V_P : V_O = 1 : 2 ~ 1 : 3$ 计算厌氧池(区)容积 V_P 和好氧池(区)容积 V_O。

2. 按水力停留时间法

按水力停留时间先计算出厌氧池(区)容积:

$$V_P = \frac{t_P Q}{24} \qquad (4-17)$$

式中,t_P:厌氧池(区)水力停留时间,h,宜为 1 ~ 2 h;Q:设计污水流量,m^3/d。

计算出厌氧池(区)容积 V_P 后,按 $V_P : V_O = 1 : 2 ~ 1 : 3$ 计算出好氧池(区)容积 V_O,最后计算出生物反应池总容积 V。

3. 设计参数

厌氧/好氧法(A_PO 法)生物除磷的主要设计参数,宜根据试验资料确定;无试验资料时,可采用经验数据或按表4.4的规定取值。

表 4.4　厌氧/好氧法(A_PO)生物除磷的主要设计参数

项目	单位	参数值
BOD_5 污泥负荷 L_s	kgBOD$_5$/(kgMLSS · d)	0.4 ~ 0.7
总氮负荷率	g/L	2.0 ~ 4.0
污泥浓度(MLSS)X	d	3.5 ~ 7
污泥产率系数 Y	kgVSS/kgBOD$_5$	0.4 ~ 0.8
污泥含磷率	kgTP/kgVSS	0.03 ~ 0.07
需氧量 O$_2$	kgO$_2$/kgBOD$_5$	0.7 ~ 1.1
水力停留 HRT	h	3 ~ 8 h 其中厌氧段 1 ~ 2 h $A_P : O = 1 : 2 ~ 1 : 3$
污泥回流比 R	%	50 ~ 100
总处理效率 η	%	80 ~ 90(BOD$_5$)
	%	75 ~ 85(TP)

4.2.6 活性污泥法——A^2/O 工艺

A^2/O 工艺即厌氧——缺氧——好氧工艺,是 20 世纪 70 年代由美国学者 Phoredox 在厌氧——好氧(A_pO)法工艺基础上开发的三段生物脱氮除磷技术,工艺流程如图 4-6 所示。

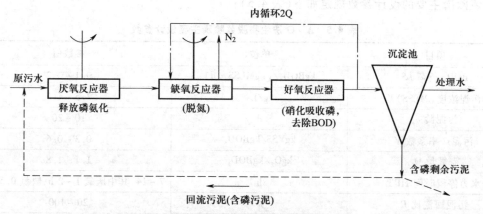

图 4-6 $A_p/A_N/O$ 法同步脱氮除磷工艺流程

在 A^2/O 工艺中污水与来自二沉池的回流污泥在厌氧池混合,厌氧池内聚磷菌释磷和吸收有机物,缺氧池发生反硝化,好氧池进行硝化及进一步去除污水中的 COD。好氧池的混合液循环(内循环)至缺氧池,回流比一般为 100% ~200%,二沉池底部的污泥回流(外循环)至厌氧池以保证系统中的污泥浓度,回流比一般为 50% ~100%。厌氧池、缺氧池的水力停留时间一般为 1~2 h,好氧池的水力停留时间一般为 4~8 h。A^2/O 工艺适合于污水碳源较为充足的情况,通常是 TKN/COD<0.08 或 BOD/TKN>4。当系统无除磷要求时,厌氧池可充当选择池,有利于菌胶团的形成和抑制丝状菌生长,缺氧池设置在最前端时也有同样的选择效果。

一、A^2/O 工艺各组成单元的功能

1. 厌氧反应器中污水和从沉淀池回流的含磷污泥混合,并要求厌氧过程溶解氧接近 0 mg/L,使回流污泥中的好氧微生物处于抑制状态,达到磷释放的目的;同时污水中的有机氮由于异养氨化菌的作用转化为氨氮(NH_3-N)。

2. 缺氧反应器中污水与通过内循环从好氧反应器回流而来的消化液混合,并要求缺氧过程溶解氧<0.3 mg/L,利用污水中的有机物作为碳源,使消化液的硝酸盐氮(NO_3^--N)和亚硝酸盐氮(NO_2^--N)在自养脱氮菌的作用下形成气态氮从污水中逸出,达到脱氮的目的。

3. 好氧反应器中要求溶解氧>1.5 mg/L,此阶段有三个功能:

(1) 有机污染物得到降解,BOD(或 COD)得到去除;

(2) 在 BOD(或 COD)低负荷情况下,利用亚硝化菌和硝化菌将污水中的氨氮(NH_4^+-N)转化为亚硝酸盐氮(NO_2^--N)和硝酸盐氮(NO_3^--N);

(3) 聚磷菌利用氧化分解有机污染物获得的能量,大量富集厌氧反应过程释放的磷和原污水中含有的磷,合成新的细胞质。

4. 沉淀池进行泥水分离,上清液作为处理水排放;含磷污泥的一部分回流到厌氧反应器,其余作为剩余污泥排放而达到除磷的目的。

二、A²/O 工艺典型设计参数

当需要同时脱氮除磷时,宜采用厌氧/缺氧/好氧法。

生物反应池的容积,可按式(4-1)或式(4-6)、式(4-10)、式(4-13)、式(4-17)计算。

A²/O 法生物脱氮除磷的主要设计参数,宜根据试验资料确定。无试验资料时,对 A²/O 法生物脱氮除磷主要的设计参数规定如下(表4.5):

表 4.5 A²/O 法生物脱氮除磷主要设计参数

项目	单位	参数值
BOD₅ 负荷 LS	kgBOD₅/(kgMLSS·d)	0.1~0.2
污泥浓度(MLSS)X	g/L	2.5~4.5
污泥龄 θ_c	d	10~20
污泥产率系数 Y	kgVSS/kgBOD₅	0.3~0.6
需氧量 O_2	kgO₂/kgBOD₅	1.1~1.8
水力停留时间 HRT	h	7~14,其中厌氧1~2 h,缺氧0.5~3 h
污泥回流比 R	%	20~100
混合液回流比 R_i	%	≥200
总处理效率 η	%	85~95(BOD₅)
	%	50~75(TP)
	%	55~80(TN)

值得指出的是,同步脱氮除磷工艺,即在同一工艺流程中同时完成脱氮和除磷,各自对工艺参数的要求不尽相同,甚至有矛盾之处。脱氮和除磷是相互影响的。脱氮要求较低负荷和较长泥龄,除磷却要求较高负荷和较短泥龄。脱氮要求有较多硝酸盐供反硝化,而硝酸盐不利于除磷。设计生物反应池各区(池)容积时,应根据氮、磷的排放标准等要求,寻找合适的平衡点。因此,必须在明确脱氮还是除磷哪一个为主要目标后来选择和调整设计参数。

A²/O 工艺中,当脱氮效果好时,除磷效果较差。反之亦然,不能同时取得较好的效果。针对这些存在的问题,可对工艺流程进行变形改进,调整泥龄、水力停留时间等设计参数,改变进水和回流污泥等布置形式,从而进一步提高脱氮除磷效果。图4-7为一些变形的工艺流程。

三、A²/O 工艺主要特点

1. A²/O 工艺为最简单的同步脱氮除磷流程,总的水力停留时间少于其他同类工艺。在工程造价和运行费用较常规活性污泥法略有提高的情况下,可同时达到脱氮、除磷、去除 BOD (COD)、SS 等目标。该处理系统出水中磷含量可降至 1 mg/L 以下,氨氮可降至 15 mg/L 以下。

2. 对污水中污染物的去除率一般可达到 BOD₅>90%、CODcr>85%、NH₃-N>90%、TN>70%、TP>60%、SS>90%。

3. 厌氧(缺氧)、好氧交替运行条件下,丝状菌不能大量繁殖,因而无污泥膨胀之忧,SVI 值一般均小于100,污泥沉降性能良好。

4. 对以脱氮为主要目标的 A²/O 系统,剩余污泥产率较常规活性污泥法低。

5. 该工艺不要求投加药剂,厌氧(缺氧)段只需要在液下轻缓搅拌混合,动力消耗少,运行费用低。

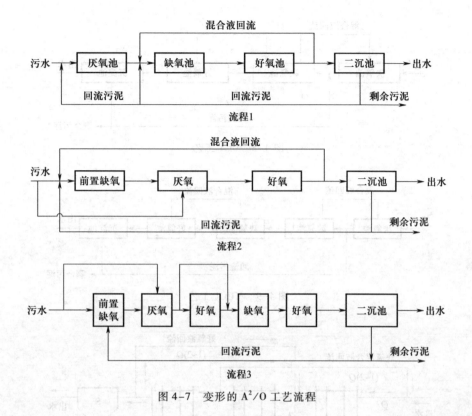

图 4-7 变形的 A^2/O 工艺流程

四、A^2/O 工艺的改良

为解决 A^2/O 工艺中存在的问题,研究者们进行了大量工艺改进,归纳起来主要针对四个方面:一是降低进入厌氧池的硝酸盐;二是碳源不足的问题;三是随着反硝化聚磷菌 DPB 的发现形成的反硝化除磷工艺;四是池型的改良以优化运行效果或节能减耗。

1. UCT 工艺

南非开普敦大学开发了 UCT 工艺,见图 4-8,包括厌氧/缺氧/好氧三个区,改进目的在于降低厌氧池的硝酸盐负荷。污泥回流至缺氧池而不是厌氧池,增加缺氧池至厌氧池的回流。污泥在缺氧池反硝化后再进入厌氧池,硝酸盐大大减少,在适当的 COD/TKN 比例下,缺氧区的反硝化可使回流至厌氧区的硝酸盐含量接近于零。但与之相对应的是为了保证回流至厌氧池的硝酸盐最少,好氧池至缺氧池的循环液也需要严格控制,这样一来系统的脱氮能力不能被充分利用,即牺牲脱氮能力来保证除磷。因此又产生改良的 MUCT 工艺,见图 4-9。MUCT 工艺将缺氧池分为 2 格,缺氧池 1 只承担回流污泥的脱氮,缺氧池 2 用于好氧池硝化液的反硝化,即可将回流污泥的脱氮与污水的脱氮完全分开,分别调节除磷与脱氮,两者互不影响。

2. VIP 工艺

VIP 是弗吉尼亚首创废水厂(Virginal Initiative Plant)的缩写。该工艺与 UCT 工艺类似,只是反应池池体形式和运行参数不同。所有区都分格,至少有两个以上的完全混合区格串联,形成有机物、氮、磷的梯度分布,有利于提高反应速率。缺氧池的分格使得由最后一格回流至厌氧池的硝酸盐处于最低水平。VIP 工艺采用高负荷、短污泥龄的运行方式,混合液中活性微生物所占的比例较高,相对于 A^2/O 工艺来说,反应池的容积更小,除磷率更高。VIP 工艺流程图见 4-10。

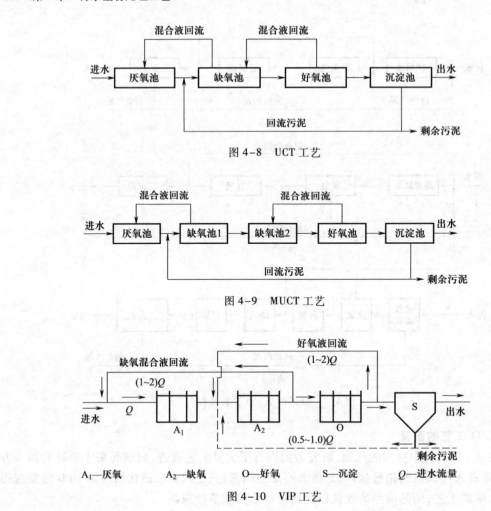

图 4-8 UCT 工艺

图 4-9 MUCT 工艺

图 4-10 VIP 工艺

3. A-A²/O 工艺

A-A²/O 工艺和 A²/O 工艺的原理相同,区别仅在于选择池、厌氧池的进水分配比例不同,在国内首先由中国市政工程华北设计研究院提出,在泰安市污水处理厂应用。该工艺在 A²/O 工艺的厌氧池分出一格作为选择池,池内环境为厌氧或缺氧状态,来自二沉池的回流污泥和10% 左右的进水(另90% 左右的进水直接进入厌氧池)进入该池进行污泥反硝化,停留时间为 20~30min,去除回流污泥携带的硝酸盐。这种工艺改良简单易行,在一些工程中已有应用。

此外,对传统 A²/O 工艺有人建议,采用1/3 进水进入缺氧区,2/3 进水进入厌氧区的分配方案可以取得较高的氮磷去除效果。

4.2.7 活性污泥法——SBR 工艺

间歇式活性污泥法处理系统(英文简称为 SBR,Sequencing Batch Reactor,故又称序批式活性污泥法)工艺,其进水、曝气、沉淀、出水都是在空间上的同一地点(反应池),但在时间上是按顺序间歇进行的。间歇式活性污泥法工艺是一种既古老又有一定生命力的处理技术。

一、工艺流程及特点

间歇式活性污泥处理系统的工艺流程如图 4-11 所示。从图可见,该工艺系统最主要的特点是采用集有机污染物降解与混合液沉淀于一体的反应器——间歇曝气池。

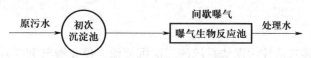

图 4-11　间歇式活性污泥处理系统

与连续式活性污泥法系统相比较,该工艺系统组成简单,无须设置污泥回流设备,不设置二次沉淀池。建设费用与运行费用比传统工艺约降低 20%。此外,间歇式活性污泥法系统还具有如下优点:

(1) 在大多数情况下(包括工业废水处理),可不设置调节池;

(2) SVI 值较低,污泥易于沉淀,一般情况下不易产生污泥膨胀现象;

(3) 通过对运行方式的调节,在单一的曝气池内能够进行脱氮和除磷反应;

(4) 应用电动阀、液位计、自动计时器及可编程控制器等自控仪表,可使本工艺过程实现自动化控制;

(5) 运行管理得当,处理水水质优于连续式处理系统。

二、工作原理与操作工序

间歇式活性污泥法系统也是活性污泥法的一种运行方式。如果说,连续式推流式曝气池,是空间上的推流,则间歇式活性污泥曝气池,在流态上虽然属完全混合式,但在有机污染物降解方面,则是时间上的推流。在连续式推流曝气池内,有机污染物是沿着空间降解的,而间歇式活性污泥处理系统,有机污染物则是沿着时间的推移而降解的。

间歇式活性污泥处理系统,是通过其主要反应器——曝气池的运行操作而实现的。曝气池的运行操作,是由流入、反应、沉淀、排放、待机(闲置)等 5 个工序所组成。这 5 个工序都在曝气池这一个反应器内进行。各工序操作要点与功能如图 4-12 所示。

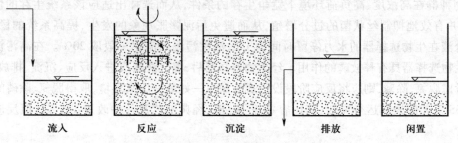

图 4-12　间歇式活性污泥法运行操作五道工序

1. 流入工序

在污水注入之前,反应器处于 5 道工序中最后的闲置段(或待机段),反应器内留存着高浓度的活性污泥混合液。

污水注入、水位上升,可以根据工艺要求进行曝气,即可取得预曝气的效果,又可使污泥再生恢复其活性;也可以根据要求,如脱氮、除磷等,进行缓速搅拌;或根据限制曝气的要求,而单纯注水等。

2. 反应工序

这是该工艺最主要的一道工序。污水注入达到预定高度后,即开始反应操作,根据污水处理的目的和要求,如去除 BOD、硝化、磷的吸收及反硝化等,而采取相应的技术措施,并决定反应的延续时间。

3. 沉淀工序

该工序相当于连续式活性污泥法系统的二次沉淀池。停止曝气和搅拌,使混合液处于静止状态,活性污泥与水分离。

沉淀时间基本同二次沉淀池,一般为 1.5 ~ 2.0 h。

4. 排放工序

经过沉淀后的上清液,作为处理水排放。在反应器内留存一部分活性污泥,作为种泥。

5. 闲置(待机)工序

在处理水排放后,反应器处于停滞状态,等待下一个操作周期开始。

三、SBR 工艺的发展及主要工艺改进

迄今,在 SBR 经典工艺基础上已开发出多种各具特色的改进型工艺,其中具有代表性的有下列几种:

1. 间歇式循环延时曝气活性污泥工艺(ICEAS)

该工艺的运行方式是连续进水、间歇排水。在反应阶段,污水多次反复地经受"曝气好氧、闲置缺氧"的状态,从而产生有机污染物降解、硝化、吸收磷、反硝化、释放磷等反应,能够取得比较彻底的去除 BOD、脱氮和除磷的效果。在反应(包括闲置)阶段后设沉淀和排放阶段。

该工艺最主要的优点是将同步去除 BOD、脱氮、除磷的 A–A–O 工艺集于一池,无污泥回流和混合液的内循环,能耗低。此外,污泥龄长,污泥沉降性能好,剩余污泥少。

2. 循环式活性污泥工艺(CASS)

该工艺的主要技术特点是在进水区设置一生物选择器,它实际上是一个容积较小的污水与污泥的接触区。另外,活性污泥由反应器回流,在生物选择器内与进入的新鲜污水混合、接触,创造微生物种群在高浓度、高负荷环境下竞争生存的条件,从而选择出适应该系统生存的优势微生物种群,并有效地抑制丝状菌的过分增殖,从而避免污泥膨胀现象的发生,提高系统的稳定性。

混合液在生物选择器的水力停留时间为 1 h,活性污泥回流比一般取 20%。在高污泥浓度条件下的生物选择器具有释放磷的作用。经生物选择器后,混合液顺次进入反应、沉淀、排放等工序。如需要考虑脱氮、除磷,则应将反应阶段设计成为缺氧—好氧—厌氧环境,取得脱氮、除磷的效果。

CASS 工艺的操作运行灵活,其内容覆盖了 SBR 经典工艺及各种改进型工艺,但反应机理比较复杂。

3. 连续进水、间歇排水的工艺系统(DAT–IAT)工艺。

该工艺由需氧池为主体的预反应区和以间歇曝气池为主体的主反应区组成。

在需氧池,污水连续流入,同时有从主反应区回流的活性污泥投入,进行连续的高强度曝气,强化活性污泥的生物吸附作用,"初期降解"功能得到充分的发挥。大部分可溶性有机污染物被去除。

在主反应区的间歇曝气池,由于需氧池的调节、均衡作用,进水水质稳定、负荷低,提高了对水质变化的适应性。又由于进行间歇曝气和搅拌,能够形成缺氧—好氧—厌氧—好氧的交替环境,在去除 BOD 的同时,取得脱氮、除磷的效果。

四、SBR 的工艺要求

1. SBR 的构造及要求

由于进水时可均衡水量变化,且反应池对水质变化有较大的缓冲能力,SBR 反应池宜按平均日污水量设计。为顺利输送污水并保证处理效果,SBR 反应池前、后的水泵、管路等输水设施应按最高日最大时污水量设计。

考虑到清洗和检修等情况,SBR 反应池的数量不宜少于 2 个。但水量较小(小于 500 m^3/d)时,设 2 个反应池不经济,或当投产初期污水量较小,采用低负荷连续进水方式时,可建一个反应池。

反应池宜采用矩形池,水深宜为 4.0 ~ 6.0 m;反应池长度与宽度之比:间歇进水时宜为 1:1 ~ 2:1,连续进水时宜为 2.5:1 ~ 4:1。

反应池应设置固定式事故排水装置,可设在滗水结束时的水位。

2. SBR 的设计计算

SBR 反应池容积,可按下列公式计算:

$$V = \frac{24QS_0}{1\,000XL_st_R} \tag{4-18}$$

式中,Q:每个周期的进水量,m^3;t_R:每个周期的反应时间,h。

SBR 反应池工艺各工序的时间,宜按下列公式计算。进水时间可按下列公式计算。

$$t_F = \frac{t}{n} \tag{4-19}$$

式中,t_F:每池每周期所需要的进水时间,h;t:一个运行周期所需要的时间,h;n:每个系列反应池的个数。

反应时间可按下列公式计算:

$$t_R = \frac{24S_0m}{1\,000L_sX} \tag{4-20}$$

式中,m:充水比,仅需除磷时宜为 0.25 ~ 0.5,需脱氮时宜为 0.15 ~ 0.3。

一个周期所需时间可按下列公式计算:

$$t = t_R + t_s + t_D + t_b \tag{4-21}$$

式中,t_R:反应时间,h;t_s:沉淀时间,h;宜为 1.0 h;t_D:排水时间,h;宜为 1.0 ~ 1.5 h;t_b:闲置时间,h。

SBR 工艺是按周期运行的,每个周期包括进水、反应、沉淀、排水和闲置五个工序,前四个工序是必需工序。

进水时间指开始向反应池进水至进水完成的一段时间。在此期间可根据具体情况进行曝气(好氧反应)、搅拌(厌氧、缺氧反应)、沉淀、排水或闲置。若一个处理系统有 n 个反应池,连续地将污水流入各个池内,依次对各池污水进行处理,假设在进水工序不进行沉淀和排水,一个周期的时间为 t,则进水时间应为 t/n。

式(4-20)中充水比的含义是每个周期进水体积与反应池容积之比。充水比的倒数减 1,可理解为回流比;充水比小,相当于回流比大。要取得较好的脱氮效果,充水比要小;但充水比过小,反而不利。

排水目的是排除沉淀后的上清液,直至达到开始向反应池进水时的最低水位。排水可采用滗水器,所用时间由滗水器的能力决定。排水时间可通过增加滗水器台数或加大溢流负荷来缩短。但是,缩短了排水时间将增加后续处理构筑物(如消毒池等)的容积和增大排水管管径。综合两者关系,排水时间宜为 1.0 ~ 1.5 h。

闲置不是一个必需的工序,可以省略。在闲置期间,根据处理要求,可以进水,好氧反应,非好氧反应,以及排除剩余污泥等。闲置时间的长短由进水流量和各工序的时间安排等因素决定。

例4-2 某城市污水处理厂有 4 组 SBR 反应池连续运行,每组有效容积为 2 800 m³ 其中进水 2 h、沉淀 1 h、排水 1 h、闲置 2 h,反应池内混合液悬浮固体平均浓度采用 3.5 gMLSS/L,进水 BOD₅ 为 105 mg/L,污泥负荷采用 0.1 kgBOD₅/(kg·MLSS·d),请计算该 SBR 工艺日处理水量?

解 (1) 一个运行周期 $t = n \cdot t_F = 4 \times 2 = 8$ h,反应时间 $t_R = t - t_s - t_D - t_b = 8-1-1-2 = 4$ h,每天运行 3 个周期。

(2) 一个周期内单池的处理水量:

$$Q = \frac{1\,000XL_S t_R V}{24S_0} = \frac{1\,000 \times 3.5 \times 0.1 \times 4 \times 2\,800}{24 \times 150} = 1\,088.9 \text{ m}^3$$

(3) 该 SBR 工艺日处理总水量 = 1 088.9 × 4 × 3 = 13 066.8(m³/d)

4.2.8 活性污泥法——氧化沟工艺

氧化沟又称为连续循环曝气池,图 4-13 所示为以氧化沟作为生物处理单元的污水处理流程。其中 20 世纪 60 年代由荷兰开发的卡鲁塞尔(Carrousel)氧化沟和丹麦开发的交替工作氧化沟以及奥贝尔(Orbal)氧化沟在国内外得到广泛应用。

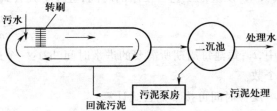

图 4-13 以氧化沟为生物处理单元的污水处理流程

一、氧化沟的工作原理与特点

1. 构造方面

氧化沟一般呈环状沟渠型。平面多为椭圆形或圆形等组合型,总长可达几十米,甚至百米以上。沟深取决于曝气装置,2 ~ 6 m 不等。

单池的进水装置比较简单,只有一根进水管;如双池以上平行工作时,则应设配水井;采用交替工作系统时,配水井内还要设自动控制装置,以变换水流方向。

出水一般采用溢流堰式,宜采用可升降式,以调节池内水深。采用交替工作系统时,溢流堰应能自动启闭,并与进水装置相配合以控制沟内水流方向。

2. 流态方面

氧化沟水流流态介于完全混合与推流式之间。

污水在沟内的流速平均 0.4 m/s,氧化沟总长 L 为 100 ~ 500 m 时,污水完成一个循环所需时间约为 4 ~ 20 min,如果水力停留时间定为 24 h,则在整个停留时间内要作 72 ~ 360 次循环,氧化沟内混合液的水质较均匀,从这个意义来说,氧化沟水流流态是完全混合式的。但是又具有某些推流式的特征,例如在曝气装置的下游,溶解氧浓度从高向低变动,甚至可能出现缺氧段。

氧化沟的这种独特的水流形态,有利于活性污泥的生物凝聚,而且可以将其区分为富氧区、缺氧区,用以进行硝化和反硝化,取得脱氮的效果。

3. 在工艺方面

可不设置初沉池,有机污染物在氧化沟内能够达到好氧稳定的程度。

可考虑不单独设置二次沉淀池,氧化沟与二次沉淀池合建,可省去污泥回流装置。

具有延时曝气活性污泥法系统的一些特点：由于 BOD 负荷低，对水温、水质、水量的变动适应性强，抗冲击负荷能力强。污泥龄一般可达 15～30 d，为传统活性污泥系统的 3～6 倍。可以存活繁殖世代时间长、增殖速度慢的微生物，如硝化菌，如果运行得当，氧化沟能够具有反硝化脱氮的效应。污泥产率低，污泥趋于稳定。

二、氧化沟的主要设备

氧化沟曝气装置的功能是：① 向混合液供氧；② 使混合液中有机污染物、活性污泥、溶解氧三者充分混合、接触。这两项是与普通活性污泥系统相同的。此外，氧化沟对曝气装置有一项独特的要求，即：③ 推动水流以一定的流速（不低于 0.25 m/s）沿池长循环流动，这一项对氧化沟保持其工艺特征具有重要的意义。

氧化沟采用的曝气装置，可分为横轴曝气装置和纵轴曝气装置两种类型：

1. 横轴曝气装置

（1）曝气转刷（转刷曝气器）

构造上以钢管为转轴，在轴的外部沿轴长焊接大量钢质叶片，使整个曝气器呈刷子状。轴长一般为 4～9 m，转刷直径多为 0.8～1.0 m，充氧能力一般在 2 kgO$_2$/kWh 左右。采用转刷曝气器的氧化沟，深度多为 2～2.5 m，少有采用 3.0 m 者。

（2）曝气转盘

用于氧化沟的曝气转盘成组安装在转轴上，由转轴带动在水面上转动。轴长可达 6.0 m，安装转盘的个数由所需充氧量确定。

转盘直径可达 1.37 m，转盘上有凸出的三角块并留有小孔，以提高充氧能力，转速一般为 45～60 r/min，充氧能力可达 2.0 kgO$_2$/kWh，采用曝气转盘的氧化沟，深度可达 3.5 m。

2. 纵轴曝气装置

纵轴曝气装置即完全混合曝气生物反应池采用的表面机械曝气器，各种类型的表面机械曝气器都可用于氧化沟。一般安装在沟渠的转弯处。这种曝气装置有较大的提升能力，因此，氧化沟的水深可增大到 4～4.5 m。

除以上两种曝气装置外，在工程上采用的还有射流曝气器和提升管式曝气装置。

三、氧化沟的常用类型

1. 帕斯维尔（Pasveer）氧化沟

第一家氧化沟处理厂于 1954 年在荷兰海牙北部的沃绍本（Voorshopen）投入使用，它是由帕斯维尔（Pasveer A）博士设计的，服务人口为 360 人，这是一种间歇运行、曝气和沉淀利用一沟完成的氧化沟。以后几经改革作为污水处理设施用于污水处理中，现已在欧洲、美国、日本等国普及采用。后来发展的 Pasveer 氧化沟的处理污水的基本流程如图 4-14 所示。

Pasveer 氧化沟是连续式处理污水的氧化沟系统，具有分建的二次沉淀池。原污水经过格栅后直接进入氧化沟，与沟中的污泥混合液混合。氧化沟为一跑道形的沟渠。沟上装设一个或数个曝气器，曝气器推动混合液在沟内循环流动，平均流速保持在 0.3 m/s 以上，使活性污泥呈悬浮状态并充氧。混合液到二沉池中进行泥水分离。部分污泥和二沉池表面

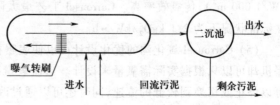

图 4-14 Pasveer 氧化沟的基本流程

的浮渣回流到氧化沟中,剩余污泥比较稳定,经浓缩后可以直接脱水,或贮存在污泥池中以待进一步处理。

2. 卡鲁赛尔(Carrousel)氧化沟

Carrousel 氧化沟是由荷兰的 DHV(Dwars-Heederik-Verhey)技术咨询公司在 20 世纪 60 年代后期发明的,应用领域涉及几乎所有行业的污水、废水处理,处理规模从 400 m^3/d 到 113×10^4 m^3/d 不等。Carrousel 氧化沟平面示意图见图 4-15。

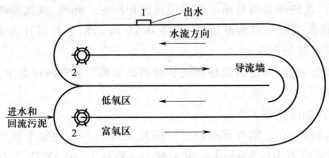

图 4-15　Carrousel® 氧化沟示意图

与传统的氧化沟不同,Carrousel 氧化沟主要采用特殊设计的立式低速表曝机(纵轴曝气装置)作为主要设备。表曝机的泵作用(即水力提升作用)可以保证足够的混合液渠道流速。表曝机与分隔墙的布局使表曝机将混合液从上游经曝气区推进到下游。在曝气区,混合液与原水得到彻底的混合。

为保证充分的混合并维持渠道流速,恰当的沟型选择与曝气机构造设计是至关重要的。曝气机叶轮尺寸、转速、叶轮浸没深度、叶轮定位、曝气区深度、渠道宽度与深度、沟型及曝气容积等都是关键的设计因素。

由于采用特殊设计的立式曝气机,Carrousel 工艺具有以下特点:

(1) 保持和充分发挥了氧化沟特有的耐冲击负荷的能力。Carrousel 这种沟流型不但可以防止短流,而且还通过完全混合作用产生很强的耐冲击负荷能力。

(2) 其推流式模型的某些特征,混合液在流到出水堰时会形成良好的混合液生物絮凝体,可以提高二沉池内的污泥沉降速度及澄清效果。通过对 Carrousel 系统表曝机的设计与控制,曝气区末端的溶解氧可以减少到最低程度,有效地防止了前置缺氧池氧过量的问题,可以取得良好的反硝化效果。

(3) Carrousel 氧化沟的曝气设备单机容量大,设备数量少,在不使用任何辅助推进器的情况下氧化沟沟深可达到 4.5 米。Carrousel 系统设备的管理维护工作量较小。

(4) Carrousel 表曝机实际上是在局部区域内工作,其局部动力密度非常高(约为 105 ~ 158 kW/1 000 m^3),传氧效率高。Carrousel 工艺最大限度地利用了这一原理,它的表曝机传氧效率在标准状况下为 2.1 kgO_2/kW·h。

(5) Carrousel 氧化沟的优化设计可以使表曝机的一部分能量专门用于维持渠道流速,但表曝机却可以只根据实际需氧量来设计。当需氧量减少时,Carrousel 氧化沟的一个或数个表曝机可以停止或切换到较低的流速,同时还可以通过改变叶轮浸没深度来改变动力输入。一般情况下,Carrousel 曝气机的输出功率可以在 25% ~ 100% 的范围内调节而不影响混合搅拌功能和氧化沟渠道流速。

（6）Carrousel 曝气区可以很方便地覆盖起来以防止可能的喷溅、水雾和结冰问题。

3. 奥贝尔（Orbal）氧化沟

Orbal 氧化沟是一种多级氧化沟,典型的 Orbal 氧化沟是多沟式椭圆型,椭圆型内设有三个环沟（图 4-16）,污水进入第一沟后,通过水下输入口连续地从一条沟进入下一条沟,每一条沟都是一个闭路连续循环的完全混合反应器,每条沟中的水流在排出之前,污水及污泥（混合液）在沟内绕了数百圈的循环后再流入下一沟,最后,污水由第三沟流入二沉池,进行固液分离。另外,在各沟道横跨安装有不同数量水平转碟曝气机,进行供氧兼有较强的推流搅拌作用（图 4-16）。

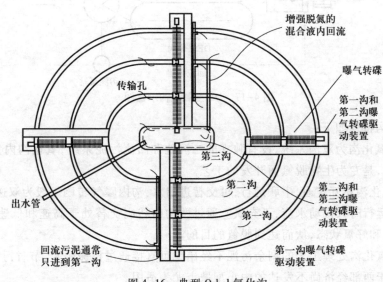

图 4-16　典型 Orbal 氧化沟

Orbal 氧化沟的基本特点：

（1）Orbal 氧化沟有较大的溶解氧梯度,充氧的动力效率高

由于 Orbal 氧化沟设计成较大的溶解氧梯度,第一沟 DO=0~0.5 mg/L,第二沟 DO=0.5~1.5 mg/L,第三沟 DO=1.5~2.0 mg/L,使占总容积 50% 以上的第一沟有较大的溶解氧驱动力,提高了充氧的动力效率,而给仅占总容积 10%~20% 的第三沟混合液的溶解氧增加至 2 mg/L,所以 Orbal 氧化沟比较省电。Orbal 氧化沟的总能耗较低,比常规硝化/反硝化系统供氧能耗节约 20% 以上。

（2）出水水质好且稳定

Orbal 氧化沟能提供较好的缺氧反硝化（脱氮）条件,脱氮效果好。此外,Orbal 氧化沟硝化-脱氮的碱度平衡较好。Orbal 氧化沟出水水质比较稳定。

（3）能较好地避免二沉池污泥流失

由于三环沟设计,运行中可避免暴雨季节造成的二沉池污泥流失,将污水引入第三沟,回流污泥进第一沟,则在 3~4 h 内,进出二沉池的污泥达到平衡。

（4）有利于有机物的去除,可减少污泥膨胀现象的发生

Orbal 氧化沟具有推流式和完全混合式两种流态的优点。对于每个沟道内来讲,混合液的流

态基本为完全混合式,具有较强的抗冲击负荷能力;对于三个沟道来讲,沟道与沟道之间的流态为推流式,有着不同的溶解浓度和污泥负荷,兼有多沟道串联的特性,有利于有机物的去除,并可减少污泥膨胀现象的发生。

4. DE 型氧化沟

DE 型氧化沟即双沟系统,氧化沟与最终沉淀池分建,并有独立的污泥回流装置,见图4-17。该系统不仅能去除污水中的 BOD 和实现生物脱氮,若在氧化沟之前增设厌氧段,则可以实现生物脱氮和除磷。出水水质一般 BOD$_5$<15 mg/L,TN<8 mg/L,TP<1.5 mg/L。

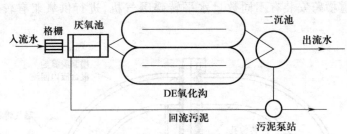

图 4-17　DE 型氧化沟示意图

DE 型氧化沟特点如下:

(1) DE 型氧化沟为双沟系统,设有独立的二沉池和回流污泥系统,氧化沟内只是交替进行着硝化和反硝化,是专为生物脱氮而开发的工艺。

(2) 两个氧化沟相互连通,串联运行,可交替进出水,沟内曝气转刷一般为双速,高速工作时曝气充氧,低速运行时只推动水流,不充氧。通过两沟内转刷交替处于高速和低速运行,可使两沟交替处于缺氧和好氧状态,从而达到脱氮的目的。

(3) DE 型氧化沟处理工艺的剩余污泥不经硝化可直接通过机械脱水,节省污泥装置的投资和运行费用,对于西部经济尚不发达的中小型城市尤为适用。

5. T 型氧化沟

三沟式氧化沟又称三沟交替运行式氧化沟或 T 型氧化沟,见图4-18。

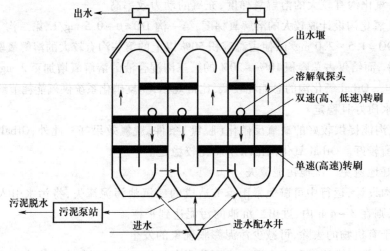

图 4-18　T 型氧化沟示意图

T型氧化沟容积较大,曝气状态下,沟内循环流速较高(0.3~0.5 m/s),沟内泥水混合均匀,因而具有较强的耐冲击负荷能力,属完全混合型反应池。它是由三条大小相同的沟组合,利用管道或沟壁之间的连通孔连为一体,根据工艺要求三条沟分别进行曝气、反硝化、沉淀,每条沟根据其容积大小和尺寸配有一个或数个水平曝气转刷,用于充氧曝气和混合循环。在工艺中考虑脱氮时,沟中应配有若干个双速转刷,低速转刷用于混合而不起充氧曝气作用。该系统进水分配井中的三个自动控制进水堰交替分配进水至各条沟。剩余污泥一般通过剩余污泥泵由中间沟间歇抽至污泥浓缩池。沟内的水深一般为3.5 m,边沟配备可调节出水堰(旋转堰门)用于出水和调节转刷叶片的浸没深度,调节叶片的浸没深度即可调整充氧量和对沟内混合液的输入功率。T型氧化沟运行模式非常灵活,曝气沉淀均在沟内交替运行,因而既无二沉池,也无须污泥回流系统。与双沟交替工作式氧化沟相比,在3沟中,有1沟(中沟)一直作为曝气区使用,因而提高了转刷的利用率。

中间沟连续进行硝化或反硝化,两侧边沟交替作为曝气,反硝化和沉淀运行,其中转刷只在曝气阶段和混合反硝化阶段运转,处理后的污水在边沟中沉淀,经自动调节出水堰溢出,流入出水泵站。

工艺运行程序输入可编程控制器内,由该控制器按程序切换进水方向和改变沟内运行方式,以控制整个工艺运行。在时间程序的基础上,溶解氧控制可根据设定沟内溶解氧的范围,自动开启和停止部分转刷,从而达到节约能源的目的。运行模式有两种,即硝化运行模式和硝化-反硝化运行模式。

6. 一体化氧化沟

一体化氧化沟,就是充分利用氧化沟较大的容积和水面,在不影响氧化沟正常运行的情况下,通过改进氧化沟部分区域的结构或在沟内设置一定的装置,使泥水分离过程在氧化沟内完成,见图4-19。

一体化氧化沟工艺具有如下基本特点:

(1)工艺流程短、构筑物和设备少,不设初沉池、调节池、单独的二沉池和污泥消化池,污泥自动回流,投资少、能耗低、占地少、管理简便。

(2)处理效果稳定可靠,其 BOD$_5$ 和 SS 去除率均在90%~95%或更高,COD 的去除率在85%以上,且硝化、脱氮作用明显。

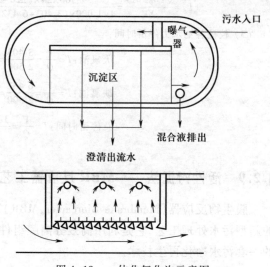

图4-19 一体化氧化沟示意图

(3)产生的剩余污泥量少,污泥不需消化,污泥性质稳定,易脱水,不会带来二次污染。

(4)造价低,建造快,设备事故率低,运行管理工作量少。

(5)固液分离效果比一般的二沉池高,能使整个系统在较大的流量浓度范围内稳定运行。

(6)污泥回流及时,减少了污泥膨胀的可能。

四、氧化沟的工艺设计

氧化沟的容积,可按式(4-1)或式(4-6)、式(4-10)、式(4-13)、式(4-17)计算,并结合氧化沟工艺类型确定。

氧化沟前设置厌氧池可提高系统的除磷功能。氧化沟可按两组或多组系列布置,并设置进水配水井,以保证均匀配水。进水和回流污泥点宜设在缺氧区首端,有利于反硝化脱氮。出水点宜设在充氧器后的好氧区,以防止二次沉淀池中出现厌氧状态。

氧化沟的超高与选用的曝气设备类型有关,当采用转刷、转碟时,宜为0.5 m;当采用竖轴表曝机时,宜为0.6~0.8 m,其设备平台宜高出设计水面0.8~1.2 m。

氧化沟的有效水深与曝气、混合和推流设备的性能有关,宜采用3.5~4.5 m。根据氧化沟的渠宽度,弯道处可设一道或多道导流墙;氧化沟的导流墙和隔流墙宜高出设计水位0.2~0.3 m。

曝气转刷、转碟宜安装在沟渠直线段的适当位置,曝气转碟也可安装在沟渠的弯道上,竖轴表曝机应安装在沟渠的端部。氧化沟的走道板和工作平台,应安全、防溅和便于设备维修。氧化沟系统宜采用自动控制。

例4-3 某城市污水处理厂设计流量2 500 m³/h,采用 A^2/O 氧化沟工艺,设计进水 COD_{Cr} 为400 mg/L,BOD_5 为220 mg/L,SS 为250 mg/L,TN 为52 mg/L,NH_3-N 为40 mg/L,TP 为4 mg/L,出水要求达到一级B标准,该氧化沟设计厌氧区池容积3 403 m³,缺氧区容积6 432 m³;好氧区池容21 020 m³,MLSS 为4 g/L,请计算污泥负荷、水力停留时间。

解 (1)根据《城镇污水处理厂污染物排放标准》(GB 18918—2002),可知一级B排放标准出水 BOD_5 为20 mg/L。

(2)根据规范公式校核污泥负荷

$$L_S = \frac{Q(S_0 - S_e)}{XV} = \frac{2\ 500 \times 24 \times (220 - 20)}{4 \times 1\ 000 \times (3\ 403 + 6\ 432 + 21\ 020)} = 0.097(\text{kgBOD}_5/\text{kgMLSS} \cdot \text{d})$$

(3)校核各池水力停留时间:

$$厌氧池:T = \frac{V}{Q} = \frac{3\ 403}{2\ 500} = 1.36\ \text{h}$$

$$缺氧池:T = \frac{V}{Q} = \frac{6\ 432}{2\ 500} = 2.57\ \text{h}$$

$$总停留时间:T = \frac{V}{Q} = \frac{3\ 403 + 6\ 432 + 21\ 020}{2\ 500} = 12.34\ \text{h}$$

4.2.9 活性污泥法——MBR反应器工艺

膜生物反应器(Membrane Bioreactor, MBR)工艺是集合了传统污水处理技术与膜过滤技术的新型污水处理工艺,它是利用高效分离膜组件取代二沉池,与生物处理中的生物单元组合形成的一套污水净化再生技术。

一、MBR的组成

MBR工艺主要由膜分离装置及生物反应器两部分组成。将膜分离技术与传统的污水生物处理技术有机地结合起来,把几乎所有的悬浮物和胶体都通过膜截留,使出水水质不再受污泥沉降性能好坏的影响,从而也使曝气池中活性污泥的浓度大大增加,提高了生物降解的速率,同时也降低了F/M(有机负荷率),减少了剩余污泥的产生量。

二、MBR的分类

MBR主要由生物反应器和膜分离装置组成,根据膜组件放置形式的不同分为:外置式和浸没式;根据生物反应器有无供氧可分为:好氧式和厌氧式;根据膜组件的种类又分为:中空纤维式、平板式和管式等。其中第一种分类方式较常用,厌氧式 MBR 仅在工业污水处理上有实际应用,在城市污水处理上还未见实例。

外置式 MBR,见图 4-20,也称为分体式 MBR,是把生物反应器和膜组件分开进行循环操作的分离系统。生物反应器中的混合液经泵加压后送入膜组件进行固液分离,在压力作用下混合液中的液体透过膜,成为系统产水,固态物质等大分子物质则被膜截留,随浓缩液流回生物反应器。外置式 MBR 的特点是运行稳定,易于膜

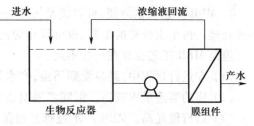

图 4-20　外置式 MBR

清洗、更换及增设,且膜通量较大。但一般条件下,为了防治膜污染,延长膜的清洗周期,需要在膜表面保持较高的错流流速,因此,水流循环量较大、动力消耗大,而且混合液通过加压泵时,由于泵叶片的剪切作用,会使部分微生物菌体失去活性。

浸没式 MBR,见图 4-21,也称为内置式或一体式 MBR。膜组件直接置于生物反应器的活性污泥中,其中大部分污染物被微生物代谢去除,在负压操作下,由膜过滤出水。为减少膜组件污染,延长运行周期,在膜组件下方设置曝气装置送入空气,所形成的向上流动的混合液在膜表面上产生剪切作用力,以除去表面沉淀物。与外置式 MBR 相比,内置式 MBR 的最大特点是运行能耗低。浸没式 MBR 一般有两种形式,一种是膜池与生物反应器的曝气池合建在一起,如图 4-21(a)所示,一般用于中小型污水处理工程;另一种是膜池与生物反应器分开设置,如图 4-21(b)所示,一般用于大型污水处理工程。

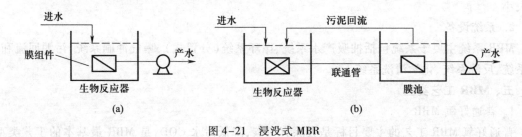

(a)　　　　　　　　　　　　(b)

图 4-21　浸没式 MBR

三、MBR 技术特点

与传统的污水处理生物处理技术相比,MBR 具有以下明显优势:

1. 出水水质好且稳定。由于膜的高效截留作用,将全部的活性污泥都截留在反应器内,使出水中悬浮固体的浓度基本为零,而生物反应器内的污泥浓度可达到较高水平,最高可达 8 ~ 20 g/L,大大降低了生物反应器内的污泥负荷,提高了 MBR 对有机物的去除效率。另外,由于膜组件的分离作用,使得生物反应器中的水力停留时间(HRT)和污泥停留时间(SRT)是完全分开的,使生长缓慢、世代时间较长的微生物(如硝化细菌)也能在反应器中生存下来,保证了 MBR 除具有高效降解有机物的作用外,还具有良好的硝化作用。

2. 污泥产量少。对于传统的活性污泥法,过长的污泥龄将会导致出水中悬浮固体的增加,而 MBR 工艺中,污泥负荷低,反应器内营养物质相对缺乏,微生物处在内源呼吸区,污泥产率低,

因而使得剩余污泥的产生量很少,泥龄变长。

3. 设备紧凑,占地面积少。MBR 工艺中的污泥浓度、容积负荷都远高于传统活性污泥法,所以 MBR 工艺的占地面积要小于传统活性污泥法。

4. MBR 工艺灵活方便,可以满足污水处理厂升级改造的需要。MBR 工艺既可以作为现有污水处理厂再生水处理的工艺,也可以作为污水处理厂新建或规模扩大。

但是 MBR 工艺也存在一些不足:

(1) 在运行过程中,膜易受到污染,产水量降低,给运行管理带来不便。

(2) 膜的制造成本较高。但随着膜制造技术的不断进步,其成本可望降低。

(3) 运行能耗高。MBR 产水过程必须保持一定的膜驱动压力,其次是系统中污泥浓度非常高,要保持足够的传氧速率,必须加大曝气强度。此外,为了保证膜通量、减轻膜污染,必须增大气体在膜表面的冲刷速度,这些都造成 MBR 工艺的能耗要比传统的生物处理工艺高。

四、MBR 膜组件及系统设备

1. 膜组件

目前用于 MBR 工程应用的膜组件包括平板式、管式两种,其中管式膜根据规格的不同大致分为三种:中空纤维膜(直径小于 0.5 mm)、毛细管膜(0.5~5 mm)和管状膜(直径大于 5 mm)。其中,中空纤维膜组件按照膜的装配形式分为帘式和束式。按照膜组件过滤孔径的不同又可分为微滤和超滤两种膜组件。用于 MBR 工艺主要有平板式、中空纤维式、管状膜组件,其中以中空纤维膜应用为最多。

膜组件应满足以下要求:(1)适当均匀的湍流流动,无静水区;(2)膜元件具有良好的机械稳定性、化学稳定性和热稳定性;(3)装填密度大,制造成本低;(4)抗污染性好,易于清洗;(5)压力损失小。

2. 系统设备

MBR 系统主要子系统包括抽吸产水系统、循环系统(分置式)、曝气冲刷系统、污泥回流和排放系统、反洗系统、化学清洗系统等。

五、MBR 工艺类型

1. 普通好氧 MBR

普通好氧 MBR 工艺的主要目标是去除有机碳,降低污水 COD,是 MBR 最基本的工艺类型,也是目前应用最广泛的 MBR 工艺,主要面向生活污水及中水回用等领域。

2. 脱氮 MBR 工艺

由于 MBR 利用膜的高效截留作用可以将具有较长世代周期的硝化菌长期截留在生物反应器中,对氨氮的硝化效率一般很高,基本上能将氨氮完全转化为硝态氮。根据硝化与反硝化作用是否发生在同一反应器内,可将脱氮 MBR 工艺分为两大类 A/O-MBR 脱氮工艺和单一反应器间歇曝气 MBR 脱氮工艺。

A/O-MBR 工艺与传统 A/O 工艺的不同之处在于在好氧池中加入膜组件来完成固液分离。根据好氧区和缺氧区相对位置,又可分为缺氧区前置工艺和缺氧区后置工艺。不管采用哪种工艺,含碳有机物的去除、含氮有机物的氧化和氨氮的硝化均在好氧区中完成,反硝化在缺氧区中完成。目前,A/O-MBR 脱氮工艺基本以缺氧区前置工艺为主,缺氧区后置 A/O-MBR 工艺主要应用在垃圾渗滤液等高浓度有机废水处理。

单一反应器间歇曝气 MBR 脱氮工艺,此类工艺大多采用序批式反应器(SBR)的运行方式,以下简称 SBR–MBR 工艺,工艺过程如图 4–22(a)、(b)所示。SBR–MBR 工艺通过间歇曝气或限制曝气运行方式在时间序列上交替实现缺氧、好氧过程。

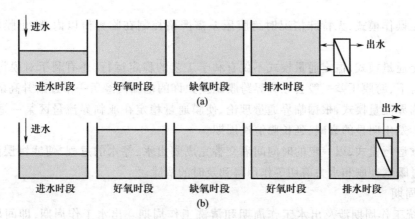

图 4–22　SBR–MBR 工艺过程示意

与 A/O–MBR 工艺不同的是,SBR–MBR 工艺通过调节同一反应器、不同时间段的生化环境来实现除碳、硝化和反硝化等过程。SBR–MBR 工艺操作方便,而且很容易根据进水水质来调节各阶段反应的时间比,特别适宜于进水水质和水量波动比较大的情况;同时,由于 SBR–MBR 工艺将各反应从时间段上划分,与处理能力、工艺参数及膜组件类型相同的 A/O–MBR 工艺相比,将使得膜组件出水比较集中,即膜通量将会成倍增加,从而需要更大的膜面积。

3. 脱氮除磷 MBR 工艺

传统厌氧–缺氧–好氧工艺(A²/O 工艺)与 MBR 的联合应用工艺是一种目前应用最广泛的脱氮除磷 MBR 工艺,以下简称 A²/O–MBR 工艺。从工艺流程上来看,A²/O–MBR 工艺就是在 A/O–MBR 工艺的基础上再增加一级厌氧区,如图 4–23 所示。因此,对 A²/O–MBR 工艺的设计可在 A/O–MBR 工艺的基础上增加厌氧回流比和厌氧区停留时间两个重要工艺参数的设计。与传统 A²/O 工艺一样,A²/O–MBR 工艺的一个基本特征就是厌氧、缺氧环境的存在可有效提高污泥的沉降性能。这是因为厌氧区中反硝化菌及聚磷菌等微生物利用进水中充足的有机物可发挥其最大生长优势,并对丝状菌产生抑制作用。经过厌氧区和缺氧区的反应,大量的有机物已被利用,有利于维持好氧区中有机物浓度在较低水平,使硝化菌等微生物的生长相对比较有优势,从而进一步抑制丝状菌的生长。

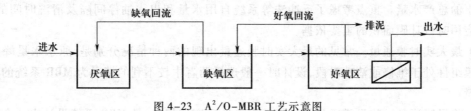

图 4–23　A²/O–MBR 工艺示意图

六、MBR 工艺运行设计

1. 出水运行方式

为使 MBR 能够长期稳定运行,根据污染的形成机理,出水运行方式最好能遵循以下四个基本原则。

(1)低压操作模式,无特殊情况时跨膜压差需严格控制在临界值以内,防止膜污染的速度过快。

(2)恒定通量模式,恒定通量模式不仅有利于工艺的稳定运行,还有利于对膜污染的控制,在此模式运行下,跨膜压差一般会在临界跨膜压差允许的范围内经历一个逐渐升高的过程。

(3)亚临界流量模式,根据临界通量理论,使膜通量稳定在亚临界流量区某一适当的值,在较长时间内不发生明显的衰减,延长膜清洗周期。

(4)间歇运行模式,以一定的时间间隔交替完成膜出水、停水的过程,使滤饼层尚未被压密压实之前通过曝气冲刷和水力剪切等作用得到及时的清除。

2. 工作周期

MBR 系统工作周期涉及出水工作周期和清洗工作周期。出水工作周期,即间歇运行时抽水、停水的循环变化,一般时间都较短,多以分钟为计时单位,以及时去除累积在膜表面的污染物,延缓膜的污染速率,但过短的出水周期会增加运行控制难度和缩短设备的使用寿命。清洗工作周期主要指化学清洗周期,通常分为维护性清洗和恢复性清洗。维护性清洗持续时间一般不长(1 h 左右)、清洗药剂浓度较低、清洗频率较高(周期一般以周为单位),目的在于在维持日常膜通量的前提下尽量减少恢复性清洗次数,多为在线清洗,主要针对的是中空纤维膜组件。恢复性化学清洗持续时间较长(可达 4 ~ 12 h)、药剂浓度相对较高、清洗频率相对较低(周期一般以季度为单位)。目的在于尽量恢复膜的透水能力,可以采用在线清洗的方式,也可以在专门的清洗装置内进行离线清洗。

3. 膜通量

膜通量是影响 MBR 运行稳定性的关键因素之一,只有在合适的亚临界流量下运行才能最大限度地把不可逆的膜污染速率降低到最低水平。由于水量变化、出水/停水的周期性循环、清洗方式等因素的影响,在实际应用中,膜通量的设计需要考虑膜系统可能承受的流量冲击负荷,一般包括以下几种膜通量的确定。

(1)平均膜通量。平均膜通量是指在整个污水处理系统运行期间,在一定处理规模下,设计膜面积上的名义平均通量。此参数可初步评估过滤膜的使用效率,但并没有考虑维修、停歇、反冲等因素,不能反映出具体时段的实际通量。

(2)平均实时膜通量。平均实时膜通量是指某一时段内实际使用膜面积需要完成的确定处理规模下的总产水量。重点考虑了反冲洗等系统自用水量和出水抽停间隔及清洗时间的影响,是工程应用时设计膜面积的重要依据。

(3)最大实时膜通量。常见的最大实时膜通量出现的两种情况分别是:原水水量峰值时段和部分膜组件处于维修或清洗时段,设计时一般选择两者中较不利的情况为 MBR 系统的最大实时膜通量。

(4)临界膜通量。临界膜通量与膜组件本身性质密切相关,是 MBR 系统设计中一个重要的校核参数,通常情况下.最大实时膜通量必须小于膜临界通量。

例 4-4 某污水处理厂设计规模为 $1.5 \times 10^4 \ m^3/d$,生物反应池采用具有脱氮除磷功能的(A^2/O 工艺)的浸没式 MBR。某膜产品的设计参数如下:MLSS $3\ 000 \sim 15\ 000$ mg/L,BOD 容积负荷 1.2 kg/($m^3 \cdot d$),水力停留时间 $4 \sim 6$ h,标准膜通量 $J = 290$ L/($d \cdot m^2$);组件膜面积 $F = 1\ 372 \ m^2$;曝气强度 $4.2 \sim 5.6$ L/($min \cdot m^2$);膜组件长 2.7 m,宽 2.0 m,高 1.6 m,求膜池容积。

解 (1)生物反应池按平均流量设计,平均时流量

$$Q_h = 15\ 000/24 = 625(m^3/h) = 0.174(L/s)$$

(2)膜组件数量:单个膜组件的产水量

$$q = JF = 0.001 \times 290 \times 1\ 372 = 397.88(m^3/d)$$

膜组件数

$$n = \frac{24Q_h}{q} = \frac{24 \times 625}{397.88} = 37.7$$

膜池分为 2 格,每格设膜组件 20 个,共计 40 个。每个膜池中膜组件排列方式为 2 列,10 排。为方便安装与维修,膜组件列间距为 0.8 m,排间距 0.4 m,与池壁间距 0.8 m。

单格膜池宽度:$B = 2 \times 2 + 3 \times 0.8 = 6.4$ m。

单格膜池长度:$L = 10 \times 2.7 + 9 \times 0.4 + 2 \times 0.8 = 32.2$ m。

膜池平均水深取 5.0 m,则膜池容积为:

$$V = 2BLH = 2 \times 6.4 \times 32.2 \times 5 = 2\ 060.8 \ m^3$$

4.3 生物膜法工艺

4.3.1 生物膜法——生物滤池

生物滤池是生物膜反应器的最初形式,随着研究的不断深入和实际运行经验的积累,生物滤池已由原来承受较低负荷的普通生物滤池逐步发展成为能承受较高负荷的高负荷生物滤池、塔式生物滤池和曝气生物滤池。

一、普通生物滤池

普通生物滤池,又名滴滤池,是生物滤池早期出现的类型,即第一代的生物滤池。

1. 普通生物滤池的构造

普通生物滤池由池体、滤料、布水装置和排水系统等四部分组成。

(1)池体普通生物滤池池体在平面上多呈方形、矩形或圆形。池壁一般应高出滤料表面 $0.5 \sim 0.9$ m,具有围护滤料的作用,并防止风力对池表面均匀布水的影响。

(2)滤料普通生物滤池的滤料一般宜采用碎石、卵石、炉渣、焦炭等无机滤料或塑料制品有机滤料。

(3)布水装置普通生物滤池可采用固定喷嘴式的间歇喷洒布水系统,主要由投配池、布水管道和喷嘴等几部分组成,向滤池表面均匀地撒布污水。除间歇喷洒布水系统外,目前使用较为广泛的是旋转式布水器,主要由固定不动的进水竖管、配水短管和可以转动的布水横管所组成,其多用于圆形或多边形的生物滤池。

(4)排水系统生物滤池的排水系统设于池的底部,有两个作用:一是排除处理后的污水;二

是保证滤池的良好通风。

2. 普通生物滤池的特点

普通生物滤池一般适用于处理日污水量不大于 1 000 m³ 的小城镇污水或有机工业废水。其优点是处理效果良好,BOD₅ 去除率可达 95% 以上;易于管理;节省能源;运行稳定;剩余污泥量小且易于沉降分离。主要缺点是占地面积大、不适于处理量大的污水;滤料易于堵塞;易产生滤池蝇,影响环境卫生;喷嘴喷洒污水易散发臭气。

3. 普通生物滤池设计

普通生物滤池的设计与计算一般包括两部分内容。一是滤料的选定,滤料容积的计算以及滤池各部位如池壁、排水系统的设计;二是布水装置系统的计算与设计。

生物滤池的滤料容积一般按负荷率进行计算。处理城市污水时,在正常气温情况下,表面水力负荷以滤池面积计,宜为 1 ~ 3 m³/(m² · d);BOD₅ 容积负荷以填料体积计,宜为 0.15 ~ 0.30 kgBOD₅/(m³ · d)。当采用固定喷嘴布水时,最大设计流量时的喷水周期宜为 5 ~ 8 min,小型污水厂不应大于 15 min。

一般设计要求与参数如下:

(1) 生物滤池的平面形状采用圆形或矩形,滤池个数(或分格数)应不少于 2 个,且按同时工作考虑。

(2) 处理城市污水时,表面水力负荷 1 ~ 3 m³ 废水/(m² 滤池 · d);BOD₅ 容积负荷为 0.15 ~ 0.30 kgBOD₅/(m³ 滤池 · d)。

(3) 生物滤池的滤料要求质坚、耐腐蚀、高强度、比表面积大、空隙率高,适合就地取材,一般宜采用碎石、卵石、炉渣、焦炭等无机滤料。采用塑料制品时,应能抗老化,比表面积大,一般为 100 ~ 200 m²/m³,空隙率高,一般为 80% ~ 90%。

(4) 普通生物滤池滤料层分工作层和承托层两部分,工作层厚 1.3 ~ 1.8 m,粒径 30 ~ 50 mm,承托层厚 0.2 m,粒径 60 ~ 100 mm,即滤层高 1.5 ~ 2.0 m。

(5) 池壁高度比滤料层高出 0.5 ~ 0.9 m,用以挡风,保证布水均匀。

(6) 生物滤池底部空间的高度不应小于 0.6 m,沿滤池池底周边应设置自然通风孔,其总面积应不小于池表面积的 1%。

(7) 生物滤池的池底应设 0.01 ~ 0.02 的坡度坡向集水沟,集水沟以 0.005 ~ 0.02 的坡度坡向总排水沟,并有冲洗底部排水渠的措施。

4. 普通生物滤池计算实例

例 4-5 已知污水量 $Q = 2\ 000\ \text{m}^3/\text{d}$,进水 BOD₅ 浓度 $S_0 = 160\ \text{mg/L}$,出水 BOD₅ 浓度 $S_e \leqslant 20\ \text{mg/L}$,冬季污水平均水温 $t = 10\ ℃$,当地年平均气温 11 ℃。试用容积负荷法计算普通生物滤池。

解 (1) BOD 去除率

$$\eta_{\text{BOD}} = \frac{S_0 - S_e}{S_0} \times 100\% = \frac{160 - 20}{160} \times 100\% = 87.5\%$$

当地年平均气温 11 ℃,且 BOD₅ 去除效率在中等水平,故 BOD₅ 容积负荷 L_v 选用 0.20 kgBOD₅/(m³ 滤料 · d)。

(2) 滤料体积 $V_{\text{总}}$。拟设计 2 座滤池并联运行,滤料总体积:

$$V_{\text{总}} = \frac{Q S_0}{L_v} = \frac{2\ 000 \times 160}{1\ 000 \times 0.20} = 1\ 600\ \text{m}^3$$

单滤料体积：

$$V_{单} = \frac{V_{总}}{2} = \frac{1\ 600}{2} = 800\ \text{m}^3$$

（3）滤池尺寸。设滤料层高 $h_2 = 2$ m，单池滤料面积：

$$A_{单} = \frac{V_{单}}{h_2} = \frac{800}{2} = 400\ \text{m}^2$$

滤池采用方形，每一池的边长：

$$a = \sqrt{A_{单}} = \sqrt{400} = 20\ \text{m}$$

取滤池超高 $h_1 = 0.8$ m，底部构造层 $h_3 = 1$ m，则滤池总高

$$H = h_1 + h_2 + h_3 = 0.8 + 2 + 1 = 3.8\ \text{m}$$

（4）校核滤池水力负荷

$$L_q = \frac{Q/2}{A_{单}} = \frac{2\ 000/2}{400} = 2.5\ \text{m}^3\ 废水/(\text{m}^2\ 滤池 \cdot \text{d})$$

计算水力负荷在 $1 \sim 3$ m³ 废水/(m² 滤池·d)之间，符合要求。

二、高负荷生物滤池

1. 高负荷生物滤池的特点

高负荷生物滤池是生物滤池的第二代工艺，它是在改善普通生物滤池在净化功能和运行中存在的实际弊端的基础上开创的。

高负荷生物滤池大幅度地提高了滤池的负荷率，其 BOD 容积负荷高于普通生物滤池 $6 \sim 8$ 倍，水力负荷则高达 10 倍。

高负荷生物滤池通过限制进水 BOD_5 值（要求 $BOD_5 < 200$ mg/L）和采用处理水回流等技术措施而达到降低滤池进水有机物浓度，保证生物滤池供氧充足，以保证高滤率。处理水回流将对生物滤池的功能产生诸多作用：

（1）均化与稳定进水水质和水量的波动。

（2）加大水力负荷，及时地冲刷过厚和老化的生物膜，加速生物膜更新，抑制厌氧层发育，使生物膜经常保持较高的活性；增大流动水层的紊流程度，可加快传质和有机污染物去除速率。

（3）抑制滤池蝇的过度滋生和减轻散发恶臭。

（4）当进水缺氧、缺少营养元素或含有有害、有毒物质时，采取污水回流措施可改善生物滤池处理效果。

2. 高负荷生物滤池的处理流程

采取处理水回流措施，使高负荷生物滤池具有多种多样的处理流程，见图 4-24。

流程（1）是应用比较广泛的高负荷生物滤池处理系统，生物滤池出水直接回流至滤池；由二次沉淀池向初次沉淀池回流生物污泥。这种系统有助于生物膜的接种，促进生物膜的更新。此外，初次沉淀池的沉淀效果由于生物污泥的注入而有所提高。

流程（2）也是应用较为广泛的高负荷生物滤池系统。处理水回流至滤池前，可避免加大初次沉淀池的容积，生物污泥由二次沉淀池回流至初次沉淀池，以提高初次沉淀池的沉淀效果。

流程（3）处理水和生物污泥同步从二次沉淀池回流至初次沉淀池，这样，提高了初次沉淀池的沉淀效果，也加大了滤池的水力负荷。本系统的弊端是加大了初次沉淀池的负荷。

流程（4）以不设置二次沉淀池为本系统的主要特征，滤池出水（含生物污泥）直接回流至初

次沉淀池,这样能够提高初次沉淀池的效果,并使其兼行二次沉淀池的功能。

流程(5) 滤池出水直接回流至初沉池,生物污泥则从二次沉淀池回流至初沉池。

当原污水浓度较高,或对处理水质要求较高时,可以考虑两段(级)滤池处理系统。

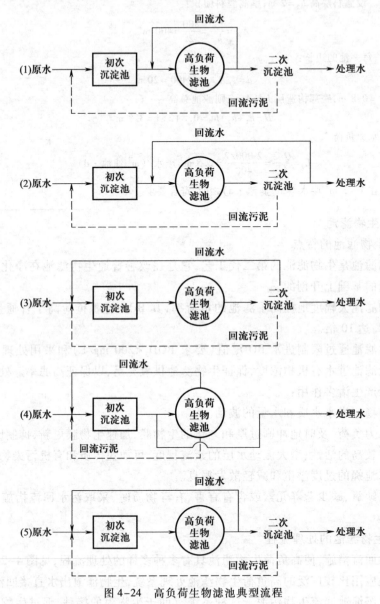

图4-24　高负荷生物滤池典型流程

3. 高负荷生物滤池的构造

在构造上,高负荷生物滤池与普通生物滤池基本相同,但也有不同之处,其中主要有:

(1) 高负荷生物滤池采用碎石或塑料制品作填料,滤料粒径较大,一般下层填料粒径宜为70~100 mm,厚度0.2 m,上层填料粒径宜为40~70 mm,厚度不宜大于1.8 m,空隙率较高。

(2) 高负荷生物滤池多使用旋转式布水装置。这种旋转布水器所需水头较小,一般为0.25~0.8 m。

4. 高负荷生物滤池的需氧与供氧

（1）生物膜量

据实测，处理城市污水的普通生物滤池的生物膜污泥量是 $4.5 \sim 7 \ kg/m^3$，高负荷生物滤池则为 $3.5 \sim 6.5 \ kg/m^3$。

（2）生物滤池的需氧量

生物滤池单位容积滤料的需氧量按下列公式求得：

$$O_2 = a'BOD_5 + b'P \ (kg/m^3 \ 滤料) \tag{4-22}$$

式中，a'：每 $kgBOD_5$ 完全降解所需要的氧量，kg。对城市污水，此值约为 1.46 左右；BOD_5：在生物滤池上去除的 BOD_5 值；b'：单位重量活性生物膜的需氧量，约为 0.18 kg/kg 活性生物膜；P：每立方米滤料上覆盖着的活性生物膜量，kg/m^3 滤料。

（3）生物滤池的供氧

生物滤池中氧是在自然条件下通过池内、外空气的流通转移到污水中，并通过污水而扩散传递到生物膜内部的。

影响生物滤池通风状况的因素很多，主要有滤池内、外的温度差、风力、滤料类型及污水的布水量等，其中特别是第一项，能够决定空气在滤池内的流速、流向等。滤池内部的温度大致与水温相等，在夏季滤池内温度低于池外气温，空气由上而下，冬季则相反。

滤池内、外温差与空气流速的关系，可用下列经验公式决定：

$$v = 0.075 \times \Delta T - 0.15 \tag{4-23}$$

式中，v：空气流速，m/min；ΔT：滤池内、外温差；0.075 及 0.15 均为经验数值。

从式（4-23）可见，当 $\Delta T = 2$ 时，$v = 0$，空气停止流通。在一般情况下，ΔT 值为 6 ℃，按上式计算，空气流通速度为 0.3 m/min = 18 m/h = 432 m/d。即每平方米滤料每日通过的空气量为 432 m^3，每立方米空气中氧的含量为 0.28 kg，则向生物膜提供的氧量为 120.96 kg，氧的利用率以 5% 考虑，则实际上能够利用的氧量为 6.048 kg。这样，当 BOD 容积负荷为 1.2 kg/（m^3 滤料·d）时，供氧是充足的。

（4）高负荷生物滤池的设计负荷

处理城市污水时，在正常气温情况下，高负荷生物滤池的表面水力负荷以滤池面积计，宜为 $10 \sim 36 \ m^3/(m^2 \cdot d)$；$BOD_5$ 容积负荷以填料体积计，不宜大于 $1.8 \ kgBOD_5/(m^3 \cdot d)$。

5. 高负荷生物滤池计算实例

例 4-6 某城市设计人口为 100 000 人，排水量标准为 200 L/（人·d），BOD_5 按每人 27 g/d 考虑。市内设有排水量较大的肉类加工厂一座，生产废水量 1 500 m^3/d，BOD_5 值为 1 800 mg/L。该市年平均气温 10 ℃，城市污水冬季水温 15 ℃，处理水排放：BOD_5 值应低于 30 mg/L。拟采用高负荷生物滤池处理。试进行工艺计算与设计。

解 首先，设计水量、水质及回流稀释倍数的确定。

（1）计算污水水量

$$Q = 100 \ 000 \times 0.2 + 1 \ 500 = 21 \ 500 \ m^3/d$$

（2）计算污水的 BOD_5 值

$$S_0 = \frac{100 \ 000 \times 27 + 1 \ 500 \times 1 \ 800}{21 \ 500} = 251.16 \ g/m^3 = 251 \ mg/L$$

（3）因 $S_0 > 200$ mg/L，原污水必须用处理水回流稀释，稀释后的污水达到的 BOD_5 值按式 $S_a = \alpha S_e$ 计算，$S_e = 30$ mg/L。滤池采用自然通风，滤料层高度取 2 m。该市年平均气温 10 ℃ > 6 ℃，冬季污水平均水温为 15 ℃。按以上数据查下表，得 $a = 4.4$，代入式 $S_a = \alpha S_e$，得

$$S_a = \alpha S_e = 4.4 \times 30 = 132 \text{ mg/L}$$

		a 值				（城镇排水设计手册）
污水冬季平均温度（℃）	年平均气温（℃）	滤池滤料厚度（m）				
		2.0	2.5	3.0	3.5	4.0
8 ~ 10	<3	2.5	3.3	4.4	5.7	7.5
10 ~ 14	3 ~ 6	3.3	4.4	5.7	7.5	9.6
>14	>6	4.4	5.7	7.5	9.6	12.0

（4）经物料平衡，回流比可按式 $R = \dfrac{S_0 - S_a}{S_a - S_e}$ 计算，其中 S_0 为原污水的 BOD_5 值（mg/L）：

$$R = \frac{S_0 - S_a}{S_a - S_e} = \frac{251 - 132}{132 - 30} = \frac{119}{102} \cong 1.2$$

其次，滤池容积及滤池表面面积的计算。

（1）计算滤料总体积。BOD_5 容积负荷 L_V 取 1.2 $kgBOD_5/(m^3$ 填料 $\cdot$ d)，按式 $V = \dfrac{Q(n+1)S_a}{L_V}$ 进行计算滤池面积，式中 L_V 为 BOD_5 容积负荷，$kgBOD_5/(m^3$ 滤料 $\cdot$ d)

$$V = \frac{Q(n+1)S_a}{L_V} = \frac{21\,500 \times (1.2+1) \times 132}{1\,000 \times 1.2} = 5\,203 \text{ m}^3$$

（2）计算滤池面积。填料高度 h 取 2.0 m，

$$\text{滤池面积 } A = \frac{V}{h} = \frac{5\,203}{2.0} = 2\,601.5 \text{ m}^2$$

（3）校核水力负荷

$$L_q = \frac{Q(n+1)}{A} = \frac{21\,500 \times (1.2+1)}{2\,601.5} = 18.18 \text{ m}^3/(m^2 \cdot d)$$

L_q 介于 10 ~ 36 $m^3/(m^2 \cdot d)$，符合要求。

最后，滤池座数、每座滤池表面面积、滤池直径的确定。

（1）拟采用 6 座滤池。

（2）每座滤池表面面积：

$$A_1 = \frac{A}{6} = \frac{2\,601.5}{6} = 434 \text{ m}^2$$

（3）每座滤池直径：

$$D_1 = \sqrt{\frac{4A_1}{\pi}} = \sqrt{\frac{4 \times 434}{3.14}} = 23.5 \text{ m，取 24 m}$$

（4）滤池高度 H。滤池超高 h_1 取 0.8 m，底部构造层高 $h_2 = 1.5$ m，则

$$H = h + h_1 + h_2 = 2.0 + 0.8 + 1.5 = 4.3 \text{ m}$$

即采用直径 24 m,高 4.3 m 的高负荷生物滤池 6 座。

三、塔式生物滤池

塔式生物滤池,简称塔滤,属第三代生物滤池。塔式生物滤池是一种新型高负荷生物滤池。塔式生物滤池池体高,有抽风作用,可以克服滤料空隙小所造成的通风不良问题。由于它的直径小、高度大、形状如塔,故称为塔式生物滤池。

1. 塔式生物滤池的构造特点

塔式生物滤池一般由塔体、滤料、布水系统及通风、排水装置组成,如图 4-25 所示。

(1) 塔体

塔体主要起围挡滤料的作用,可以在现场浇筑钢筋混凝土或预制板构件进行现场组装,还可以采用钢框架结构,四周用塑料板或金属板围嵌。每层还应设检修孔,以便更换滤料;设测温孔和观察孔,以便测量池内温度和观察塔内生物膜的生长情况及滤料表面布水的均匀程度,并取样分析。

(2) 滤料

滤料塔式生物滤池应采用轻质滤料。如国内常用的纸蜂窝(密度 20 ~ 25 kg/m³)、玻璃布蜂窝和聚氯乙烯斜交错波纹板(密度 140 kg/m³)等。这些滤料的比表面积较大,结构比较均匀,有利于空气流通与污水的均匀配布,流量调节幅度大,不易堵塞。

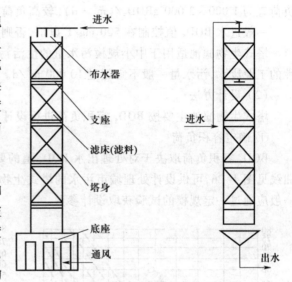

图 4-25 塔式生物滤池构造示意图

滤料应分层,每层滤料厚度视填料材质确定,一般不宜大于 2.0 m,并应便于安装和养护。

填料应采用塑料制品,滤层总厚度应由试验或参照相似污水的实际运行资料确定,一般宜为 8 ~ 12 m。

(3) 布水装置

塔式生物滤池的布水装置与一般的生物滤池相同,对大、中型滤塔多采用旋转布水器,对小型滤塔则多采用固定式喷嘴布水系统。

(4) 通风

塔式生物滤池一般都采用自然通风,自然通风供氧不足的情况下可考虑采用机械通风。采用机械通风时,在滤池上部和下部装设吸气或鼓风的风机,要注意空气在滤池表面上的均匀分布,并防止冬天寒冷季节池温降低,影响效果。

2. 塔式生物滤池的特征

塔式生物滤池的主要工艺特征是负荷高,高有机物负荷使生物膜生长迅速,高水力负荷也使生物膜受到强烈的水力冲刷,从而使生物膜不断脱落、更新;塔式生物滤池占地面积小,由于滤料分层而使得抗冲击负荷能力较强。但在地形平坦时污水所需抽升费用较大,且由于滤池较高,使运行管理不够方便。

3. 塔式生物滤池的工艺特点

（1）设计要求及主要设计参数

塔式生物滤池直径宜为 1~3.5 m，直径与高度之比宜为 1∶6~1∶8；填料层厚度宜根据试验资料确定，一般宜为 8~12 m。塔式生物滤池的填料应采用轻质材料。

塔式生物滤池填料应分层，每层高度不宜大于 2 m，并应便于安装和养护。塔式生物滤池宜采用自然通风方式。

塔式生物滤池水力负荷和五日生化需氧量容积负荷应根据试验资料确定。无试验资料时，水力负荷宜为 80~200 m³/(m²·d)（为一般高负荷生物滤池的 2~10 倍），五日生化需氧量容积负荷宜为 1 000~3 000 gBOD$_5$/(m³·d)（较高负荷生物滤池高 2~3 倍）。

一般进水 BOD$_5$ 值控制在 500 mg/L 以下，否则需采取处理水回流稀释措施。

塔式生物滤池适用于中小规模污水量的生活污水和城市污水处理，也适用于处理各种有机性的工业废水，污水量一般不宜超过 10 000 m³/d。

（2）设计方法

塔式生物滤池主要按 BOD$_5$ 容积负荷进行设计。

① 确定容积负荷

BOD$_5$ 容积负荷取决于对处理出水 BOD$_5$ 值的要求和污水在冬季的平均温度，三者间的关系曲线见图 4-26，可供设计处理城市污水的塔式生物滤池时参考。当塔滤用于处理工业废水时，一般应通过一定规模的试验获取设计参数。

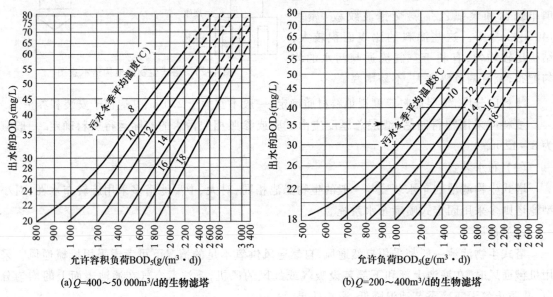

(a) Q=400~50 000m³/d 的生物滤塔　　　　　　(b) Q=200~400m³/d 的生物滤塔

图 4-26　生物塔滤 BOD$_u$ 允许负荷与处理水 BOD$_u$ 及温度之间的关系曲线

② 滤料总体积计算

$$V=\frac{QS_0}{1\,000L_V} \tag{4-24}$$

式中，V：滤料总体积，m³；S_0：进水 BOD$_5$，也可按 BOD$_u$ 考虑，mg/L；Q：污水流量，m³/d；L_V：BOD$_5$

容积负荷,由图 4-26 查定,kgBOD$_5$/(m^3 滤料·d)。

③ 确定滤池尺寸

（a）滤池面积

$$A=\frac{V}{h} \tag{4-25}$$

式中,A:滤塔的表面面积,m^2;h:滤料总高度,m,其值可根据表 4.6 所列数据确定。

表 4.6　进水 BOD$_u$ 与滤料高度的关系

进水 BOD$_u$(mg/L)	250	300	350	450	500
滤料高度(m)	8	10	12	14	>16

（b）滤池总高

$$H=h+h_1+h_2+h_3 \tag{4-26}$$

式中,H:滤池总高,m;h_1:滤池超高,m,一般取 0.8 m;h_2:滤层间距总高,m,一般每层取 0.4~0.5 m;h_3:底部构造层高,m,一般取 1.85 m。

④ 校核水力负荷 L_q

$$L_q=\frac{Q}{A} \tag{4-27}$$

式中,L_q:水力负荷,m^3/(m^2·d)。

当有条件时,水力负荷 L_q 应由试验确定,并用式(4-27)进行验算。如通过试验所得到的 $L_q'=L_q$,说明设计是可行的;如 $L_q'>L_q$,可考虑适当降低滤池高度;如 $L_q'<L_q$,则应考虑加大滤池高度或采用回流或多级滤池串联。

4. 塔式生物滤池计算实例

例 4-7　某污水厂污水量 $Q=2\,000$ m^3/d,进水 BOD$_u$ 浓度 $S_0=280$ mg/L,出水 BOD$_u$ 浓度 $S_e\leqslant40$ mg/L,污水冬季平均水温 14 ℃,夏季 26 ℃。拟采用塔式生物滤池处理,试进行塔式生物滤池的工艺计算与设计。

解　1. 设计 6 座塔式滤池,每座处理水量为 333.3 m^3/d,选用塔滤的容积负荷 L_V 为 2.5 kgBOD$_5$/(m^3·d),则滤料总体积为:

$$V=\frac{QS_0}{L_V}=\frac{2\,000\times280}{1\,000\times2.5}=224 \text{ m}^3$$

2. 滤池面积和直径

滤池填料层高度 h 取 10 m,滤池总面积:

$$A=\frac{V}{h}=\frac{224}{10}=22.4 \text{ m}^2$$

单池面积:

$$A_{单}=\frac{A}{6}=\frac{22.4}{6}=3.73 \text{ m}^2$$

单池直径:

$$D=\sqrt{\frac{4A_{单}}{\pi}}=\sqrt{\frac{4\times3.73}{3.14}}=2.18 \text{ m,取 2.2 m}$$

3. 校核水力负荷 L_q

$$L_q=\frac{Q}{A}=\frac{2\,000}{22.4}=89.3 \text{ m}^3/(\text{m}^2\cdot\text{d})$$

在 $80 \sim 200 \ m^3/(m^2 \cdot d)$ 之间,符合要求。

4. 滤池总高 H

设滤料上部超高 $h_1 = 0.8 \ m$,滤料分 5 层,每层高 $2.0 \ m$,滤层间距高 $h_2 = 0.5 \ m$,底部构造高 $h_3 = 1.85 \ m$。塔式滤池总高:

$$H = h + h_1 + h_2 + h_3 = 10 + 0.8 + 0.5 \times 4 + 1.85 = 14.65 \ m$$

5. 校核径高比:

$D : H = 2.2 : 14.65 = 1 : 6.7$,满足 $1 : 6 \sim 1 : 8$ 的要求。

四、曝气生物滤池

曝气生物滤池是 20 世纪 80 年代末在普通生物滤池的基础上,借鉴给水滤池工艺开发的集生物降解和固液分离为一体的污水处理新工艺,具有处理流程短、基建投资少、能耗及运行成本低、出水水质好的特点。曝气生物滤池最初用于污水的三级处理,后发展成兼有二级处理工艺的功能。

1. 曝气生物滤池的类型

（1）根据进出水情况

根据曝气生物滤池水流方向的不同,可分为上向流滤池和下向流滤池,如图 4-27 和图 4-28 所示。上向流滤池和下向流滤池的池型结构基本相同,早期的曝气生物滤池大多都是下向流。但上向流滤池具有不易堵塞、冲洗简便、出水水质好等优点,近年来,工程应用中采用上向流曝气生物滤池较多。

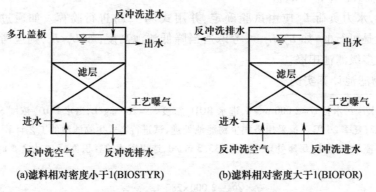

(a)滤料相对密度小于1(BIOSTYR)   (b)滤料相对密度大于1(BIOFOR)

图 4-27 上向流曝气生物滤池示意

（2）根据功能

曝气生物滤池根据功能可划分为 DC 型曝气生物滤池（主要考虑碳氧化的滤池）、N 型曝气生物滤池（考虑硝化的滤池也可将去除 BOD_5 和硝化功能合并一池）、DN 型曝气生物滤池（硝化反硝化滤池）。

2. 曝气生物滤池的构造

曝气生物滤池在构造上与给水处理的快滤池类似。滤池底部设承托层,上部设滤料层。在承托层设置曝气和反冲洗用的空气管及空气扩散装置,集水管兼作反冲洗配水管,也设置在承托层内。曝气生物滤池结构图见图 4-29。

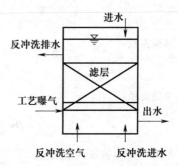

图 4-28 下向流曝气生物滤池示意图

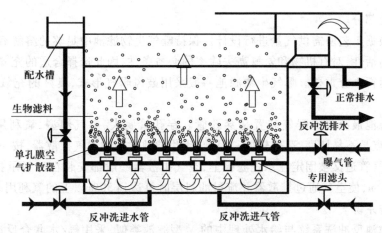

图 4-29　曝气生物滤池结构图

（1）滤池池体

曝气生物滤池的形状有圆形、正方形和矩形三种，结构形式有钢结构和钢筋混凝土结构等。一般当处理水量较小、池体容积较小并为单座池时，采用圆形钢结构为多；当处理水量和池容较大，选用的滤池个数较多并考虑池体共壁时，采用矩形和方形钢筋混凝土结构较为经济。滤池的平面尺寸应能满足所需流态，布水、布气均匀，滤料安装和维护管理方便，尽量同其他处理构筑物尺寸相匹配等要求。

（2）承托层

承托层主要是为了支撑滤料，防止滤料流失和堵塞滤头，同时也可保持反冲洗稳定。承托层常用材质为卵石或磁铁矿，为保证承托层稳定，并使配水均匀，要求材质具有良好的机械强度和化学稳定性，形状尽量接近圆形，工程中一般选用鹅卵石作为承托层。

（3）布水系统

曝气生物滤池的布水系统主要包括滤池最下部的配水室和滤板上的配水滤头，对于上向流滤池，配水室的作用是使进入滤池的污水能在短时间内在配水室内混合均匀，并通过配水滤头均匀流向滤料层。布水系统除作为滤池运行时配水外，也是滤池反冲洗时的布水装置。而对于下向流滤池，该布水系统主要用作滤池的反冲洗布水和收集净化水。

配水区的功能是在滤池正常运行时和滤池反冲洗时使水在整个滤池断面上均匀分布。进入滤池的污水首先必须先进入配水区，在此先进行一定程度的混合后依靠承托滤板和滤头的阻力作用使污水在滤板下均匀、均质分布，并通过滤板上的滤头均匀流入滤料层。在气、水联合反冲洗时，配水区还起到均匀配气作用。

由于曝气生物滤池在正常运行时一直处于曝气阶段，曝气造成的扰动足以使水很快均匀分布于整个滤池断面，所以单从进水方面看，其配水设施没有一般给水滤池要求高，通常采用小阻力配水系统。滤池在运行时，生物滤料层会截留部分悬浮颗粒，包括老化脱落的生物膜，这增加了曝气生物滤池的过滤阻力，使处理能力减小，出水水质下降，所以运行一定时间后，必须对滤池进行反冲洗，以保证滤池的正常运行。

（4）布气系统

曝气生物滤池内的布气系统包括正常运行时曝气所需的曝气系统和进行气/水联合反冲洗

时的供气系统两部分。

曝气系统根据工艺所需供气量进行设计。保持曝气生物滤池中足够的溶解氧是维持曝气生物滤池生物膜高活性,对有机物和氨氮高去除率的必备条件,因此选择合适的充氧方式对曝气生物滤池的稳定运行十分重要。曝气生物滤池一般采用鼓风曝气形式,良好的充氧方式将促进氧吸收率的提高。

曝气生物滤池最简单的曝气装置是穿孔管。穿孔管属大、中气泡型,氧利用率较低,仅为3% ~4%,其优点是不易堵塞、造价较低。目前,生物滤池常用的曝气扩散器,按一定间隔安装在空气管道上,空气管道又被固定在承托滤板上,空气扩散器一般都安装在滤料承托层里,距承托板约 0.1 ~ 0.15 m,使空气通过扩散器并流过滤料层时可达到30%以上的氧利用率。

(5)反冲洗系统

曝气生物滤池反冲洗系统与给水处理中的 V 型滤池类似,采用气/水联合反冲洗,其目的是去除生物滤池运行过程中截留的各种颗粒及胶体污染物,以及老化脱落的生物膜。曝气生物滤池气/水联合反冲洗过程一般按以下步骤进行:先降低滤池内的水位并单独气洗,而后采用气/水联合反冲洗,最后再单独采用水洗。在反冲洗过程中必须掌握好冲洗强度和冲洗时间,既要使截留物质冲洗出滤池,又要避免对滤料过分冲刷,使生长在滤料表面的生物膜脱落而影响处理效果。

曝气生物滤池的反冲洗可通过运行时间、滤料层阻力损失、水质参数等来控制,一般是由在线检测仪表将检测数据反馈给 PLC,并由 PLC 系统来自动操作和控制。

(6)出水系统

曝气生物滤池出水系统有周边出水和单侧堰出水等方式。在大、中型污水处理工程中,为工艺布置方便,一般采用单侧堰出水。

(7)自控系统

小型滤池的控制可以简单些,甚至可采用手动控制。而对于大型城镇污水处理厂,由于污水处理规模较大,一般有若干组滤池构成,在运行中可能还要根据需要进行滤池组间的切换,若采用手动控制,工作量较大且较难完成。为提高滤池的处理能力和对污染物的去除效果,需要设计必要的自控系统对滤池的运行进行控制。

3. 曝气生物滤池的特点

曝气生物滤池具有以下优点:① 气液在滤料间隙充分接触,由于气、液、固三相接触,导致氧的转移率较高,动力消耗较低;② 具有截留原污水中悬浮物与脱落的生物污泥的功能,因此,无需设沉淀池,占地面积少;③ 以 3 ~5 mm 的小颗粒作为滤料,比表面积大,较易被微生物附着;④ 池内能够保持较高的生物量,加上滤料的截留作用,污水处理效果良好;⑤ 无须污泥回流,也无污泥膨胀之虞,如反冲洗全部自动化,则维护管理也较方便。同时,曝气生物滤池也有如下缺点:如对进水的SS 要求较高;水头损失较大,水的总提升高度较大;在反冲洗操作中,短时间内水力负荷较大,反冲出水直接回流入初沉池会造成较大的冲击负荷;当设计或运行管理不当时,还会造成滤料随水流失等。

4. 曝气生物滤池设计参数

(1)设计参数

对曝气生物滤池设计是应满足如下相关规定:

① 可采用上向流或下向流进水方式。滤池个数(格数)一般不应少于 2 个。

② 曝气生物滤池前应设沉砂池、初次沉淀池或混凝沉淀池、除油池等预处理设施，也可设置水解调节池，进水悬浮固体浓度不宜大于 60 mg/L。

③ 根据处理程度不同可分为碳氧化、硝化、后置反硝化或前置反硝化等。碳氧化、硝化和反硝化可在单级曝气生物滤池内完成，也可在多级曝气生物滤池内完成。

④ 池体高度宜为 5~7 m。由配水区、承托层、滤料层、清水区的高度和超高等组成。

⑤ 宜采用滤头布水布气系统。

⑥ 宜分别设置反冲洗供气和曝气充氧系统。曝气装置可采用单孔膜空气扩散器或穿孔管曝气器。曝气器可设在承托层或滤料层中。

⑦ 宜选用机械强度和化学稳定性好的卵石作承托层，并按一定级配布置。一般选用卵石作承托层。用卵石作承托层其级配自上而下：卵石直径 2~4 mm,4~8 mm,8~16 mm,卵石层高度 50 mm,100 mm,100 mm。

⑧ 滤料应具有强度大、不易磨损、孔隙率高、比表面积大、化学物理稳定性好、易挂膜、生物附着性强、相对密度小、耐冲洗和不易堵塞的性质,宜选用球形轻质多孔陶粒或塑料球形颗粒。

⑨ 曝气生物滤池的容积负荷宜根据试验资料确定,无试验资料时,曝气生物滤池的五日生化需氧量容积负荷宜为 3~6 kgBOD$_5$/(m^3·d),硝化容积负荷(以 NH$_3$-N 计)宜为 0.3~0.8 kgNH$_3$-N/(m^3·d),反硝化容积负荷(以 NO$_3^-$-N 计)宜为 0.8~4.0 kgNO$_3^-$-N/(m^3·d)。

⑩ 曝气生物滤池的反冲洗宜采用气水联合反冲洗,通过长柄滤头实现。反冲洗空气强度宜为 10~15 L/(m^2·s),反冲洗水强度不应超过 8 L/(m^2·s)。

（2）设计方法

曝气生物滤池的设计计算一般采用容积负荷法。其步骤如下：

① 滤料体积

$$V = \frac{QS_0}{1\ 000 \times L_V} \tag{4-28}$$

式中,V:滤料体积,m^3;S_0:进水 BOD$_5$,mg/L;Q:污水流量,m^3/d;L_v:容积负荷,DC 型滤池采用 BOD$_5$ 容积负荷,kgBOD$_5$/(m^3·d);N 型滤池采用 NH$_3$-N 容积负荷,kgNH$_3$-N/(m^3·d);DN 型滤池采用 NO$_3^-$-N 容积负荷,kgNO$_3^-$-N/(m^3·d)。

② 滤料面积

$$A = \frac{V}{h_3} \tag{4-29}$$

式中,h_3:滤料高度,m。

③ 校核水力负荷(过滤速率)

$$L_q = \frac{Q}{A} \tag{4-30}$$

此值应介于 2~8 m^3/(m^2 滤池·h)。

④ 滤池总高度：

$$H = h_1 + h_2 + h_3 + h_4 + h_5 \tag{4-31}$$

式中,H:滤池总高度,m;h_1:滤池超高,m,一般取 0.5 m;h_2:稳水层高度,m,一般取 0.9 m;h_4:承托层高度,m,一般取 0.25~0.3 m;h_5:配水室高度,m,一般取 1.5 m。

⑤ 反冲洗系统计算

按设计要求选取适当的冲洗强度,然后按下式计算

$$Q_气 = q_气 \times A \tag{4-32}$$

式中,$Q_气$:滤池冲洗需气量,m^3/h;$q_气$:空气冲洗强度,$m^3/(m^2 \cdot h)$;A:滤池面积,m^2。

同理:

$$Q_水 = q_水 \times A \tag{4-33}$$

式中,$Q_水$:滤池冲洗需水量,m^3/h;$q_水$:水冲洗强度,$m^3/(m^2 \cdot h)$。

然后按设计要求校核冲洗水量,确定工作周期及冲洗时间。

5. 曝气生物滤池计算实例

例4-8 某污水厂污水量 $Q = 6\ 000\ m^3/d$,进水 BOD_5 浓度 $S_0 = 60\ mg/L$,出水溶解 BOD_5 浓度 $S_e \leqslant 20\ mg/L$;进水 $SS(SS_0) = 40\ mg/L$,出水 $SS(SS_e) \leqslant 20\ mg/L$;进水 $NH_3-N(N_{a0}) = 40\ mg/L$,出水 $NH_3-N(N_{ae}) \leqslant 8\ mg/L$,进水碱度 $350\ mg/L$(以碳酸钙计)。拟采用曝气生物滤池处理,试进行曝气生物滤池工艺设计计算。

解 1. N 型曝气生物滤池尺寸

(1)滤料体积计算

选用陶粒滤料。由于硝化比碳化速率慢,按滤池 NH_3-N 滤料的容积负荷 $L_V = 0.6\ kgNH_3-N/(m^3 \cdot d)$ 计算滤料总体积,则滤料总体积

$$V = \frac{QN_{a0}}{L_V} = \frac{6\ 000 \times 40}{1\ 000 \times 0.6} = 400\ m^3$$

(2)滤池尺寸计算

设计滤池为 4 格,各格滤池滤料高 h_3 为 3.5 m,滤池总面积为

$$A = \frac{V}{h_3} = \frac{400}{3.5} = 114\ m^2$$

单格面积

$$A_单 = \frac{A}{4} = \frac{114}{4} = 28.5\ m^2$$

滤池边长

$$a = \sqrt{A_单} = \sqrt{28.5} = 5.3\ m,取\ 5.5\ m$$

滤池超高 h_1 为 0.5 m,稳水层 h_2 为 0.8 m,滤料层 h_3 为 3.5 m,承托层 h_4 为 0.3 m,配水区高 h_5 为 1.5 m,滤池总高 $H = h_1 + h_2 + h_3 + h_4 + h_5 = 0.5 + 0.8 + 3.5 + 0.3 + 1.5 = 6.6\ m$。

(3)校核水力负荷 L_q

$$L_q = \frac{Q}{A} = \frac{6\ 000}{24 \times 114} = 2.2\ m^3/(m^2 \cdot h)$$

在 $2 \sim 10\ m^3/(m^2 \cdot h)$ 之内,符合要求。

(4)校核 BOD_5 容积负荷 L_V

$$L_V = \frac{QS_0}{V} = \frac{6\ 000 \times 60}{1\ 000 \times 400} = 0.9\ kgBOD_5/(m^3 \cdot h)$$

小于 $2\ kgBOD_5/(m^3 \cdot h)$,符合要求。

(5)水力停留时间 t。

空床水力停留时间 $t = \frac{V}{Q} = \frac{400}{6\ 000} \times 24 = 1.6\ h$。

滤料空隙率设为 $\varepsilon = 0.5$,则实际停留时间 $t = \varepsilon t = 0.5 \times 1.6 = 0.8\ h$。

2. 需氧量计算

（1）降解 BOD$_5$ 实际需氧量 AOR′，可采用 DC 滤池实际需氧量方法计算。一般，降解 1 kg BOD$_5$ 需氧量为 0.9 ~ 1.4 kgO$_2$ 计，此处取 1.1 kgO$_2$/kg BOD$_5$。则

$$AOR' = 1.1 \times 6\ 000 \times 0.06 = 396 (kgO_2/d) = 16.5 (kgO_2/h)$$

（2）硝化 NH$_3$-N 实际需氧量

$$AOR'' = \frac{4.57 \times Q(N_{a0} - N_{ae})}{1\ 000} = \frac{4.57 \times 6\ 000 \times (40 - 8)}{1\ 000}$$
$$= 878 (kgO_2/d) = 36.6 (kgO_2/h)$$

实际总需氧量

$$AOR = AOR' + AOR'' = 53.1 (kgO_2/h)$$

3. 碱度计算

硝化需要的碱度 $S_{ALK} = 7.14 \times (N_{a0} - N_{ae}) = 7.14 \times (40 - 8) = 228.5 (mg/L)$，剩余碱度 = 350 − 228.5 = 121.5 (mg/L) ≥ 70 (mg/L)，满足硝化碱度要求。

4.3.2 生物膜法——接触氧化法

生物接触氧化池处理技术是在池内充装填料，填料浸没在曝气充氧的污水中，污水以一定的流速流经填料。填料上布满生物膜，在微生物的新陈代谢作用下，污水中有机污染物得到去除，污水得到净化，故生物接触氧化处理技术又称为"淹没曝气生物滤池"或"接触曝气池"。

生物接触氧化技术实质上是一种介于活性污泥法与生物滤池两者之间的生物处理技术。是具有活性污泥法特点的生物膜法，兼具两者的优点，因而得到广泛应用。

一、生物接触氧化处理技术的特点

具有较高的容积负荷和处理效率，生物量高。不易出现污泥膨胀问题。对进水水质、水量的冲击负荷的适应能力强，即使在间歇运行条件下，仍能保持较好的处理效果。一般不需要污泥回流，运行管理方便。

主要缺点是，如设计或运行不当，布水或曝气不容易均匀，可能在局部出现死角，造成填料堵塞，影响处理效果。

二、生物接触氧化池的构造

接触氧化池由池体、填料、支架、曝气装置、进出水装置及排泥管道等基本部件组成（图 4-30）。

各部位的尺寸一般为：有效水深为 3.0 ~ 5.0 m。底部布气层高为 0.6 ~ 0.7 m；顶部稳定水层 0.5 ~ 0.6 m。

填料是生物膜的载体，是接触氧化处理工艺的关键部件，它直接影响处理效果；同时，在接触氧化系统建设费用中占比较大，所以选择合适的填料非常重要。

生物接触氧化池采用的填料应采用对微生物无毒害、轻质、高强度、抗老化、易挂

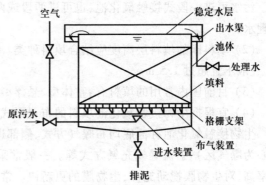

图 4-30　接触氧化池的基本构造示意图

膜、比表面积大和空隙率高的组合体,还要求水力阻力小、化学和生物稳定性好、经久耐用、价格合理等。

填料在形状方面,可分为蜂窝状、束状、筒状、列管状、波纹状、板状、网状、盾状、圆环辐射状、不规则粒状以及球状等。按性状分有硬性、半软性、软性等。按材质分则有塑料、玻璃钢、纤维等。

生物接触氧化池中的填料可采用全池布置(底部进水、进气)、两侧布置(中心进气、底部进水)、单侧布置(侧部进气、上部进水),填料分层安装;按曝气装置的位置,分为分流式与直流式(图4-31,图4-32);按水流循环方式,又分为填料内循环与外循环式。

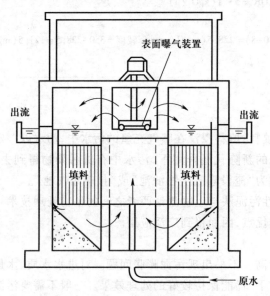 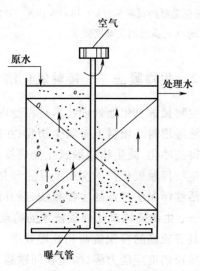

图4-31 分流式生物接触氧化池示意图　　　图4-32 直流式生物接触氧化池示意图

三、生物接触氧化池的设计

1. 设计参数

(1) 生物接触氧化池应根据进水水质和处理程度确定采用一段式或二段式。生物接触氧化池平面形状宜为矩形,有效水深宜为3~5 m。生物接触氧化池不宜少于两个,每池可分为两室。

污水可进一段式接触氧化池,也可进两段或两段以上串联的接触氧化池,以达到较高质量的处理水。

(2) 填料床的填料层高度应结合填料种类、流程布置等因素确定。每层厚度由填料品种确定,一般不宜超过1.5 m。

(3) 目前国内常用的填料有:整体型、悬浮型和悬挂型,其技术性能见表4.7。

(4) 宜根据生物接触氧化池填料的布置形式布置曝气装置。

生物接触氧化池有池底均布曝气方式、侧部进气方式、池上面安装表面曝气器充氧方式(池中心为曝气区)、射流曝气充氧方式等。一般常采用池底均布曝气方式,该方式曝气均匀,氧转移率高,对生物膜搅动充分,生物膜的更新快。常用的曝气器有中微孔曝气软管、穿孔管、微孔曝气等。

表 4.7 常用填料技术性能

填料名称 项目		整体型		悬浮型	悬挂型	
		立体网状	蜂窝直管	$\phi50{\times}50$ mm 柱状	半软性填料	弹性立体填料
比表面积(m^2/m^3)		50 ~ 110	74 ~ 100	278	80 ~ 120	116 ~ 133
空隙率(%)		95 ~ 99	98 ~ 99	90 ~ 97	>96	—
成品重量(kg/m^3)		20	38 ~ 45	7.6	3.6 ~ 6.7 kg/m	2.7 ~ 4.99 kg/m
挂膜重量(kg/m^3)		190 ~ 316	—	—	4.8 ~ 5.2(g/片)	
填充率(%)		30 ~ 40	50 ~ 70	60 ~ 80	100	100
填料容积负荷 kgCOD/($m^3 \cdot d$)	正常负荷	4.4	3 ~ 4.5	2 ~ 3	2 ~ 2.5	
	冲击负荷	5.7	—	4 ~ 6	5	—
安装条件		整体	整体	悬浮	吊装	吊装
支架形式		平格栅	平格栅	绳网	框架或上下固定	框架或上下固定

（5）生物接触氧化池进水应防止短流，出水宜采用堰式出水。

（6）生物接触氧化池底部应设置排泥和放空设施。

生物接触氧化池底部设置排泥斗和放空设施，以利于排除池底积泥和方便维护。

（7）生物接触氧化池的五日生化需氧量容积负荷，宜根据试验资料确定，无试验资料时，碳氧化宜为 $2.0 \sim 5.0$ kgBOD$_5$/($m^3 \cdot d$)，碳氧化/硝化宜为 $0.2 \sim 2.0$ kgBOD$_5$/($m^3 \cdot d$)。

2. 设计计算

生物接触氧化池一般按容积负荷进行设计，主要内容包括填料体积确定和接触氧化池体设计。其步骤如下：

（1）填料总体积

$$V = \frac{Q(S_0 - S_e)}{L_V} \quad (4-34)$$

式中，V：填料的总有效体积，m^3；Q：日平均污水量，m^3/d；S_0：原污水 BOD$_5$ 值，mg/L 即 g/m^3；S_e：处理水 BOD$_5$ 值，mg/L 即 g/m^3；L_V：BOD$_5$ 容积负荷，kgBOD$_5$/($m^3 \cdot d$)。

（2）接触氧化池总面积

$$A = \frac{W}{H} \quad (4-35)$$

式中，A：接触氧化池总面积，m^2；H：填料层高度，m，一般取 3 m。

（3）接触氧化池座（格）数

$$n = \frac{A}{f} \quad (4-36)$$

式中,n:接触氧化池座(格)数,一般$n \geqslant 2$;f:每座(格)接触氧化池面积,m^2。

（4）污水与填料的接触时间

$$t = \frac{nfH}{Q} \tag{4-37}$$

式中,t:污水在填料层内的接触时间,h。

（5）接触氧化池的总高度

$$H_0 = H + h_1 + h_2 + h_3 \tag{4-38}$$

式中,H_0:接触氧化池的总高度,m;H:填料层高度,m;h_1:超高,m;h_1 取 $0.5 \sim 1.0$ m;h_2:填料上部的稳定水层深,m;h_2 一般取 $0.4 \sim 0.5$ m;h_3:配水区高度,m;当考虑需要入内检修时,$h_3 = 1.5$ m;当不需要入内检修时,$h_3 = 0.5$ m。

（6）空气量 D 和空气管道系统

空气量 D 按下式计算:

$$D = D_0 \times Q \tag{4-39}$$

式中,D_0:处理每立方米污水所需要的空气量,m^3/m^3。

供空气量和空气管道系统的计算方法与活性污泥法的计算方法相同。

例4-9 某生活污水量 $Q = 5\ 000$ m^3/d,$BOD_5 = 200$ mg/L,处理水 BOD_5 要求达到 60 mg/L,需要去除部分氮。拟采用生物接触氧化技术处理,试进行生物接触氧化池的工艺计算。

解 1. 填料的总有效容积计算:BOD—容积负荷取 1.0 kgBOD/($m^3 \cdot d$),

$$V = \frac{Q(S_0 - S_e)}{L_V} = \frac{5\ 000 \times (200-60)}{1\ 000 \times 1.0} = 700\ m^3$$

2. 接触氧化池面积计算:填料层总高度(H)取 3 m,

$$A = \frac{V}{H} = \frac{700}{3} = 233\ m^2$$

3. 接触氧化池座(格)数:每座(格)面积(f)取 25 m^2,

$$n = \frac{A}{f} = \frac{233}{25} = 9.3$$

采用 10 座(格)。

4. 污水与填料的接触时间(即污水在填料层内的接触时间)

$$t = \frac{nfH}{Q} = \frac{10 \times 25 \times 3}{5\ 000} \times 24 = 3.6\ h$$

采用 4 h。

5. 接触氧化池的总高度

超高 h_1 取 0.5 m;填料上部的稳定水层深 h_2 取 0.4 m;配水高度 h_3 取 1.5 m,

$$H_0 = H + h_1 + h_2 + h_3 = 0.5 + 0.4 + 3 + 1.5 = 5.4\ m$$

6. 所需空气量 G_S

根据试验,处理每立方米污水所需空气量即气水比 R_G 取 8 m^3/m^3,则

$$G_S = R_G \times Q = \frac{8 \times 5\ 000}{24} = 1\ 667\ m^3/h$$

空气管道系统计算(略)。

4.3.3　生物膜法——生物转盘

生物转盘是 20 世纪 60 年代开创的一种污水生物处理技术,它由许多平行排列、部分浸没在一个水槽(接触反应槽)中的圆盘(盘片)组成。

一、生物转盘净化原理

生物转盘处理系统中的生物转盘,以较低的线速度在接触反应槽内转动,接触反应槽内充满污水,转盘交替和空气、污水相接触。经过一段时间后,转盘上会附着生长一层生物膜,转盘浸入污水时,污水中的有机污染物为生物膜所吸附降解;当转盘转动离开污水与空气接触时,生物膜上的固着水层从空气中吸收氧,并将其传递到生物膜和污水中,使槽内污水的溶解氧含量达到一定的浓度。转盘上附着的生物膜与污水及空气之间,除有机物与 O_2 的传递外,还进行着其他物质如 CO_2、NH_3 等的传递。随着处理时间的延长,生物膜逐渐增厚,其内部形成厌氧层,并逐渐老化。老化的生物膜在污水水流与盘面之间产生的剪切力作用下剥落,在二次沉淀池内被截留形成污泥。除有效地去除有机污染物外,在一定运行工况条件下,生物转盘系统具有硝化、脱氮与除磷的功能。

二、生物转盘的构造

生物转盘是由盘片、转轴和驱动装置及接触反应槽等部分组成。

1. 盘片

盘片是生物转盘的主要部件,应质轻、高强度、耐腐蚀、抗老化、易挂膜、比表面积大,以及便于安装、养护和运输。

(1)盘片形状一般为圆形平板。近年来,为了加大盘片的表面面积,开始采用正多角形和同心圆状波纹或放射状波纹的盘片。也有采用波纹状盘片与平板盘片或两种波纹盘片相结合的转盘。

(2)盘片直径一般多介于 2.0~3.0 m,如现场组装直径可以大些,也可达 5.0 m。采用表面积较大的盘片,能够缩小接触反应槽的总平面面积,减少总的占地面积。

(3)盘片间距一般多介于 10~35 mm,在决定盘片间距时,主要考虑其不为生物膜增厚所堵塞,并保证通风效果。

(4)为了减轻盘片的重量,盘片材料大多由塑料制成,平板盘片多以聚氯乙烯塑料制成,波纹板盘片则多用聚酯玻璃钢。

2. 转轴

转轴是支撑盘片并带动其转动的重要部件。转轴一般采用实心钢轴或无缝钢管。生物转盘的转轴强度和挠度必须满足盘体自重和运行过程中附加荷重的要求。

转盘的转动速度必须适当,转速过高不仅消耗电能,还由于盘面产生较大的剪切力,易使生物膜过早剥落。

3. 驱动装置

驱动装置包括动力设备、减速装置及传动链条等。

4. 接触反应槽

盘体在接触反应槽内的浸没深度不应小于盘体直径的35%,但转轴中心应高出水位150 mm以上。

三、生物转盘系统的特点

1. 微生物浓度高,转盘上的生物膜量如折算成曝气池的MLVSS,可达4～6 g/L(接触反应槽容积),F/M比为0.05～0.1,这是生物转盘高效率的主要原因之一。

2. 生物相分级明显,每级转盘生长着适应于流入该级污水性质的生物相,对微生物的生长繁育和有机污染物降解非常有利。

3. 污泥龄长,转盘上能够繁殖世代时间长的微生物,如硝化菌等,生物转盘具有硝化、反硝化的功能。

4. 适应污水浓度的范围广,从 BOD$_5$ 值达10 000 mg/L以上的超高浓度有机污水到100 mg/L以下的低浓度污水都可以采用生物转盘进行处理,都能够得到较好的处理效果。

5. 生物膜上的微生物食物链较长,产生的污泥量较少,约为活性污泥处理系统的1/2。在水温为5～20 ℃时,BOD$_5$ 去除率为90%的条件下,去除1 kgBOD$_5$的产泥量仅约为0.25 kg。

6. 接触反应槽不需要曝气,污泥也无须回流,运行费用低。

7. 设计合理、运行正常的生物转盘,不产生滤池蝇、不出现泡沫。

8. 生物转盘水的流态,从一个生物转盘单元来看是完全混合型的,但多级生物转盘总体又为推流方式。

四、生物转盘类型

1. 传统生物转盘

(1) 好氧生物转盘

当盘片缓慢转动浸没在接触反应槽内缓缓流动的污水中时,污水中的有机物将被滋生在盘片上的生物膜吸附;当盘片离开污水时,盘片表面形成的水膜从空气中吸氧,氧溶解浓度升高,同时被吸附的有机物在好氧微生物的作用下进行氧化分解。圆盘不断地转动,污水中的有机物不断地分解。当生物膜厚度增加到一定厚度以后,其内部形成厌氧层并开始老化、剥落,剥落的生物膜由二次沉淀池去除。

(2) 厌氧生物转盘

盘片缓慢转动,浸没在接触反应槽内缓缓流动的污水中,滋生在盘片上的生物膜充分与水中的有机物接触、吸附,在厌氧微生物的作用下被吸附的有机物进行分解反应。转盘转动时作用在膜上的剪力使老化生物膜不断剥落,因而生物膜可经常保持较高的活性。主要用于城市污水、小区生活污水等低浓度废水处理。

2. 新型生物转盘

为降低生物转盘法的动力消耗,节省工程投资和提高处理设施的效率,近年来,生物转盘有了一些新发展。主要有空气驱动的生物转盘、与沉淀池合建的生物转盘、与曝气池组合的生物转盘和藻类转盘等。

(1) 空气驱动的生物转盘

空气驱动的生物转盘是在盘片外缘周围设空气罩,在转盘下侧设曝气管,管上装有扩散器,空气从扩散器吹向空气罩,产生浮力,使转盘转动。它主要应用于城市污水的二级处理。

气动生物转盘由接触反应槽、填料、转轴、空气罩等组成。一般填料为蜂窝状塑料,由钢结构支撑,中心贯以转轴。填料四周的空气罩由环氧玻璃钢构成。转轴两端安放在半圆形接触反应槽(即氧化槽)的支座上。一般情况下,三到四只转盘串联成一个系列,多个系列转盘之间并联布置。气动生物转盘的主要设计及运行参数是:转盘级数一般三到四级;容积面积比一般 5~9;BOD_5 面积负荷 <20 $g/(m^2 \cdot d)$;水力负荷 <200 $L/(m^2 \cdot d)$;浸没率一般介于 40%~50%,转轴高出水面 10~25 cm;转盘转速一般 0.8~3 r/min,转盘边缘线速度一般为 20 m/min 左右。

(2) 与沉淀池合建的生物转盘

与沉淀池合建的生物转盘是将平流沉淀池做成两层,上层设置生物转盘,下层是沉淀区。生物转盘与初次沉淀池合建可起生物处理作用,与二次沉淀池合建可进一步改善出水水质。

(3) 与曝气池组合的生物转盘

与曝气池组合的生物转盘是在活性污泥法曝气生物反应池中设生物转盘,以提高原有设备的处理效果和处理能力。在曝气池上侧设生物转盘,转盘用空气驱动,盘片40%的面积浸没于水中。

(4) 藻类生物转盘

藻类生物转盘是为了去除二级处理水中的无机营养物质,控制水体富营养化而研发的。其主要特点是加大了盘间距离,增加受光面,接种经筛选的藻类,在盘面上形成藻菌共生体系。由藻类的光合作用释放的氧,提高了水中的溶解氧,为好氧菌提供了丰富的氧源,而微生物代谢所放出的 CO_2 成为藻类的主要碳源,又促进了藻类的光合作用。在菌藻共生作用下,污水得到净化。这种设备的出水中溶解氧含量高,一般可达近饱和的程度。此外,还有脱除 NH_3 的功能,可达到深度处理的要求。

五、生物转盘工艺设计

生物转盘的设计内容主要包括:确定盘片形状、直径、间距、浸没率、盘片材质;转盘的级数、转速;水槽的形状、所用材料及水流方向等。计算内容主要包括:所需转盘的总面积、转盘总片数、水槽容积、转轴长度以及污水在水槽内的停留时间等。

1. 设计要求

(1) 生物转盘一般按日平均污水量计算,季节性水量变化的污水,则按污水量最大季节的日平均污水量计算。

(2) 进入转盘污水的 BOD_5 值,应按平均值考虑。

(3) 盘片直径一般以 2~3 m 为宜。盘片厚度与盘材、直径及结构有关:以聚苯乙烯泡沫塑料为盘材时,厚度为 10~15 mm;采用硬聚氯乙烯板为盘材时,厚度为 3~5 mm;玻璃钢的盘片,厚度为 1~2.5 mm;金属板盘材,厚度在 1 mm 左右。

(4) 接触反应槽断面形状宜呈半圆形。

(5) 盘片外缘与槽壁的净距不宜小于 150 mm。盘片净间距:首级转盘宜为 25~35 mm,末级转盘宜为 10~20 mm。

(6) 转盘转速宜为 2~4 r/min,盘片外缘线速度宜为 15~19 m/min。

(7) 生物转盘的转轴强度和挠度必须满足盘体自重和运行过程中附加荷重的要求。

2. 设计参数

(1) 容积面积比

容积面积比,通称 G 值,它是接触反应槽实际容积 $V(m^3)$ 与转盘盘片全部表面积 $A(m^2)$ 之比,即

$$G = \frac{V}{A} \times 10^3 (L/m^2) \tag{4-40}$$

G 值与盘片厚度、间距及盘片与接触氧化槽壁的净距有关。对城市污水,一般生物转盘的 G 值多为 5 ~ 9 L/m^2。

(2) BOD₅ 面积负荷

BOD₅ 面积负荷是指单位盘片表面积(m^2)在 1d 内所接受并能处理达到预期效果的 BOD₅ 值,即:

$$L_A = \frac{QS_0}{1\,000A} \tag{4-41}$$

式中,S_0:原污水 BOD₅ 值,mg/L;A:转盘总面积,m^2;Q:平均日污水量,m^3/d;L_A:面积负荷,kgBOD₅/(m^2 盘片·d)。

城市污水生物转盘的设计负荷应根据试验确定,无试验条件时,BOD₅ 面积负荷(以盘片面积计),一般宜为 0.005 ~ 0.02 kgBOD₅/(m^2 盘片·d),首级转盘不宜超过 0.03 ~ 0.04 kgBOD₅/(m^2 盘片·d)。

(3) 水力负荷

水力负荷是指单位时间(h)单位盘片表面积(m^2)所接受并能处理达到预期效果的废水量(m^3):

水力负荷因原废水浓度不同而有较大差异。一般表面水力负荷以盘片面积计,宜为 0.04 ~ 0.2 m^3 废水/(m^2 盘片·d)。

(4) 平均接触时间

污水在接触反应槽内与转盘接触,并进行净化反应的时间 t 为:

$$t = \frac{Q}{V} \tag{4-42}$$

式中,Q:平均日污水量,m^3/d;V:接触反应槽有效容积,m^3。

接触时间对污水的净化效果有一定的影响,增加接触时间,能提高净化效果。

3. 设计方法

生物转盘一般按 BOD₅ 面积负荷或水力负荷进行设计。其步骤如下:

(1) 转盘总面积 $A(m^2)$

① 按面积负荷计算:

$$A = \frac{QS_0}{1\,000L_A} \tag{4-43}$$

式中,Q:平均日污水量,m^3/d;S_0:原污水 BOD₅ 值,mg/L;L_A:BOD₅ 面积负荷,kgBOD₅/

（m^2 盘片·d）。

② 按水力负荷计算：

$$A = \frac{Q}{L_q} \tag{4-44}$$

式中，L_q：水力负荷，m^3 废水/（m^2 盘片·d）。

（2）转盘总片数

当所采用的转盘为圆形时，转盘的总片数按下列公式计算：

$$m = 0.637 \times \frac{A}{D^2} \tag{4-45}$$

式中，m：转盘总片数；D：转盘直径，m。

在确定转盘总片数后，可根据现场的具体情况并参照类似条件的经验，决定转盘的级数，并求出每级转盘的盘片数。

（3）转动轴有效长度 L(m)

$$L = m_1(d+b)K \tag{4-46}$$

式中，m_1：每级转盘盘片数；d：盘片间距，m；b：盘片厚度，m；K：考虑污水流动的循环沟道系数，一般取 1.2。

（4）接触反应槽容积

当采用半圆形接触反应槽时，其总有效容积 V(m^3) 为

$$V = (0.294 \sim 0.335)(D+2C)2L \tag{4-47}$$

而净有效容积为：

$$V' = (0.294 \sim 0.335)(D+2C)2(L-m_1 b) \tag{4-48}$$

式中，C：盘片外缘与接触反应槽内壁之间的净距，m；$D+2C$：接触反应槽的有效宽度，m。

当 $r/D = 0.1$ 时取 0.294，$r/D = 0.06$ 时取 0.335，r 为转轴中心距水面的高度，一般为 $150 \sim 300$ mm。

（5）转盘转速

转盘转速按下式计算：

$$n_0 = \frac{6.37}{D} \times \left(0.9 - \frac{V'}{Q'}\right) \tag{4-49}$$

式中，n_0：转盘转速，r/min；V'：每个接触反应槽净有效容积，m^3；Q'：每个接触反应槽污水流量，m^3/d。

（6）电机功率 N_p(kW)

$$N_p = \frac{3.85R^4 n_0}{10d} m_1 \alpha\beta \tag{4-50}$$

式中，R：转盘半径，cm；d：盘片间距，cm；α：同一电机上带动的转轴数；β：生物膜厚度系数。

（7）接触时间

$$t = \frac{24V}{Q} \tag{4-51}$$

式中, t:单个接触反应槽的水力停留时间,h。

（8）校核容积面积比

$$G=\frac{V}{A}\times10^{3} \tag{4-52}$$

式中, G:容积面积比,L/m²,G 值介于 5 ~ 9 L/m² 为宜。

4.3.4　生物膜法——生物流化床

生物流化床是 20 世纪 70 年代初由美国开发的新型生物膜技术。生物流化床以砂、活性炭、焦炭一类较小的惰性颗粒为载体充填在床内,因载体表面覆盖着生物膜而使其变轻,污水以一定流速从下向上流动,使载体处于流化状态。载体颗粒小,总体的表面积大,生物量较其他生物处理工艺有大幅提高。同时,由于载体处于流化状态,与生物膜接触良好,强化了传质过程,且能有效地防止堵塞现象。

一、生物流化床的构造特征

生物流化床是由床体、载体、布水装置、脱膜装置等部分组成。

1. 床体

床体平面多呈圆形,多由钢板焊制,也可以用钢筋混凝土浇灌砌制。

2. 载体

常用的载体有石英砂、无烟煤、焦炭、颗粒活性炭、聚苯乙烯球,载体是生物流化床的核心组件。当载体为生物膜所包覆时,生物膜的生长情况对其各项物理参数,特别是膨胀率会产生明显影响,可根据具体情况实地测定。

3. 布水装置

均匀布水是生物流化床能够发挥正常净化功能的重要环节,特别是对液动流化床(二相流化床)更为重要。布水不均,可能导致部分载体沉积而不形成流化,使流化床的工作受到破坏。布水装置又是填料的承托层,在停水时,载体不流失,并易于再次启动。

4. 脱膜装置

及时脱除老化的生物膜,使生物膜经常保持一定的活性,是生物流化床维持正常净化功能的重要环节。气动流化床,一般不需另行设置脱膜装置。脱膜装置主要用于液动流化床,可单独设置,也可以设在流化床的上部。

二、生物流化床的工艺类型

根据载体流化的动力来源不同,生物流化床可分为以液流为动力的两相流化床(液流动力流化床)、以气流为动力的三相流化床(气流动力流化床)和机械搅拌流化床等三种类型。此外,生物流化床根据床内生物膜处于好氧或厌氧状态分为好氧流化床和厌氧流化床。

好氧生物流化床又可分为两相好氧生物流化床(体外充氧的流化床)、传统的三相好氧生物流化床和循环式三相好氧生物流化床。

1. 两相好氧生物流化床

两相生物流化床工艺技术是美国 Ecolotrol 公司于 1975 年首次开发成功的,命名为 Hy-Flo 生物流化床,其工艺流程如图 4-33 所示。

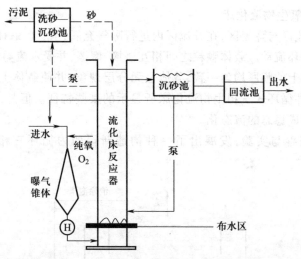

图 4-33 纯氧源的两相生物流化床工艺流程

该流化床的颗粒载体采用黄砂,以纯氧为氧源。废水与出流回流水汇合进入纯氧充氧设备(曝气锥体)中与纯氧混合,使水中溶解氧浓度提高到 32 ~ 40 mg/L,为使纯氧与进水能更好地混合与接触,故该设备呈锥形。之后用泵将氧-水混合体抽入生物流化床反应器进行生化反应,废水经生物净化后从床流出。流程中设置有体外脱膜器,将部分载体上的生物膜脱除,载体重新返回流化床,继续投入运行,脱落的膜成为剩余生物污泥外排处置或处理。脱膜器间歇运行。

2. 传统的三相生物流化床

传统的三相生物流化床系统由曝气装置、流化床及三相分离器组成,见图 4-34。工艺流程中不是在床外单独设置曝气充氧装置,而是设置在床内。空气从床的底部进入,废水也从底部进入。废水、空气、载体在床内剧烈混合、搅动,比两相流化床剧烈得多。通过载体与载体、载体与气、液之间的碰撞、摩擦,而使生物膜从载体脱落,去旧存新,用以控制生物膜的厚度。而后,在三相分离区使水、气、载体分离。出水外排。曝气装置可采用射流曝气,或用减压释放空气的充氧方式。

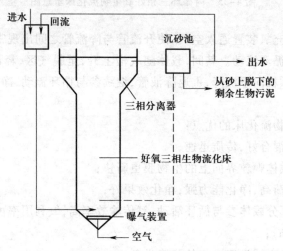

图 4-34 传统的好氧三相生物流化床工艺流程图

3. 循环式三相好氧生物流化床

流化床内设有升流区与降流区，在升流区内进行曝气充氧，水、气、载体在升流区与降流区之间产生密度差，进行循环流动。载体颗粒之间相互碰撞、摩擦，并受水流剪切力等的作用，各向基本上较均匀一致，载体上的膜厚均匀一致，载体也无分层现象，并使载体上生物膜的形成与脱落状况获得改善。此即外循环式三相生物流化床所显示的某些特征。但是，由于其高径比（H/D）往往较小，因此不易形成稳态的流态化。

为此，经过改良完善与实验，发展出了一种构造新颖的内循环三相好氧生物流化床，见图4-35。

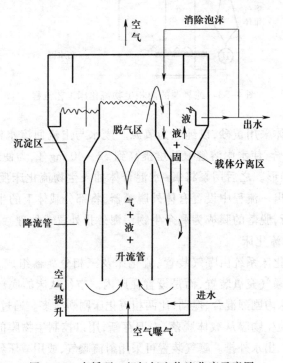

图4-35　内循环三相好氧生物流化床示意图

通过床底部的曝气充氧装置通入空气，使升流管与降流管之间出现密度差，推动液体和载体在升流管和降流管之间循环流动。其间，载体随气泡上升，至脱气区，释出气体，使液、固混合液进入载体分离区，载体颗粒向下沉降，重返降液管，继续参与循环流动，净化出水和脱下的膜从出水堰流出。

内循环三相好氧生物流化床的优点：

（1）固、气、液三相混合好，传质迅速；

（2）污泥浓度高，载体颗粒界面上的生物膜更新快；

（3）耐受的有机负荷高，净化能力强，净化效果好；

（4）流化性好，大部分载体参与循环活动，氧传输效率高，氧利用率可达10%~30%，动力效率达2~5 $kgO_2/(kW \cdot h)$；

（5）载体流失量小，不需设置专门的脱膜设备。

三、生物流化床工艺设计

1. 设计内容

生物流化床设计内容主要有载体选择和反应器设计等。

2. 设计要求与主要参数

（1）生物流化床一般不应少于两座（格）。

（2）对于生活污水，容积负荷宜为 5~11 kgBOD$_5$/（m^3·d）；水力负荷为 30 m^3/（m^2·d）左右；污泥负荷为 0.12~0.92 kgBOD$_5$/（kgVSS·d）；不同性质的废水，其有机负荷相差较大，应慎加选用。

（3）床内生物量最大达 40 g/L，一般以 6~20 g/L 为宜。

（4）载体量最大达 200 g/L，一般以 50~100 g/L 为宜。

（5）污泥产率 0.24~0.38 kgVSS/kg 去除 COD，污泥龄介于 1.3~2.7 d。

（6）氧利用率介于 10%~30%，出水 DO>2.0 mg/L。

3. 设计方法

生物流化床一般按容积负荷设计，步骤如下。

（1）流化床容积 V（m^3）

$$V = \frac{24QS_0}{1\,000 \times L_V} \tag{4-53}$$

式中，Q：平均日污水量，m^3/h；S_0：原污水 COD 值，mg/L；L_V：COD 容积负荷，kgCOD/（m^3·d）。

（2）流化床面积

$$A = \frac{V}{h} \tag{4-54}$$

式中，A：流化床面积，m^2；h：床层高，m。

（3）水力负荷

$$L_q = \frac{Q}{A} \tag{4-55}$$

式中，L_q：水力负荷，m^3 废水/（m^2·d）

（4）污泥负荷

$$L_s = \frac{24Q(S_0 - S_e)}{1\,000 \times VX \times 0.75} \tag{4-56}$$

式中，L_s：污泥负荷，kgBOD$_5$/（kgVSS·d）；X：微生物固体浓度 MLSS，g/L；S_e：处理后出水 COD 值，mg/L；0.75：MLVSS 换算系数。

4.3.5 生物膜法——流动床生物膜反应器

流动床生物膜反应器（MBBR）工艺基于生物膜工艺的基本原理，又利用活性污泥工艺中生物量悬浮生长的特性。生物膜有利于在不断的液流流过和基质利用过程中形成较为致密又布满孔隙的生物膜的微型空间结构。生物膜非整形（fractal）的空隙孔径分布使得不同颗粒粒径的污染物（基质）都能够被生物膜通过不同的途径捕获和降解。生物分解的产物也通过空隙传输到生物膜以外,进入水流中。当生物膜厚度使得基质难以进入最内层时,营养不足将导致生物膜本身被内源分解。这样,生物膜的厚度将随其生长的外部条件的变化而变化,并处于动态平衡。由于单位体积的生物膜量很大,生物反应器容积则可以很小,达到高效紧凑的工艺流程目标。

在固定式生物膜反应器中,被处理的污染物较难扩散到生物膜内部,在好氧状态,氧分子也不那么容易均匀扩散到生物膜内。同时,老化的生物膜和生物降解产物也难以传送到生物膜外。这样,固定式生物膜反应器在理论上的优越性并没有得到充分的发挥。

生物流化床工艺利用流化的颗粒填料,很好地解决了脱落的生物膜堵塞反应器的问题。由于颗粒填料性能、流化速度控制、反应器结构、曝气充氧与流化过程的结合等问题,使得生物流化床的应用受限。

活性污泥法系统相对简单,在运行稳定情况下处理效果比较好,自20世纪初应用于污水处理以来得到很大的发展。但是,活性污泥承受冲击负荷、温度变化(特别是低温)、进水毒性和污泥膨胀的能力较弱。另外,活性污泥流失和系统效率低下也是许多活性污泥污水处理厂经常面对的问题。

一、MBBR 基本原理

流动床生物膜工艺运用生物膜法的基本原理,充分利用了活性污泥法的优点,又克服了传统活性污泥法及固定式生物膜法的缺点。技术关键在于研究和开发了相对密度接近于水,轻微搅拌下易于随水自由运动的生物填料。生物填料具有有效表面积大,适合微生物吸附生长的特点。填料的结构以具有可供微生物生长的内表面积为特征。当曝气充氧时,空气泡的上升浮力推动填料和周围的水体流动起来,当气流穿过水流和填料的空隙时又被填料阻滞,并被分割成小气泡。在这样的过程中,填料被充分地搅拌并与水流混合,而空气流又被充分地分割成细小的气泡,增加了生物膜与氧气的接触和传氧效率。在厌氧条件下,水流和填料在潜水搅拌器的作用下充分流动起来,达到生物膜和被处理的污染物充分接触而进行生物降解的目的。其原理示意图如图4-36所示。MBBR工艺突破了传统生物膜法(固定床生物膜工艺的堵塞和配水不均,以及生物流化床工艺的流化局限)的限制,为生物膜法更广泛地应用于污水的生物处理奠定了较好的基础。

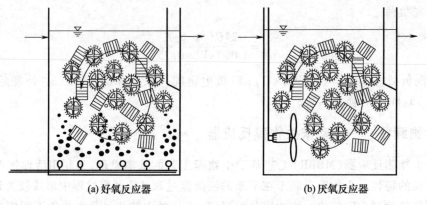

(a) 好氧反应器　　　　　　　　(b) 厌氧反应器

图 4-36　流动床生物膜工艺原理示意图

二、工艺特点

1. 容积负荷高,紧凑省地

容积负荷取决于生物填料的有效比表面积。不同填料的比表面积相差很大。AnoxKaldnes 集团开发的填料比表面积可在 200 m^2/m^3 到 1 200 m^2/m^3 范围内变化,以适应不同的预处理要求和应用情况。

2. 耐冲击性强,性能稳定,运行可靠

冲击负荷及温度变化对 MBBR 工艺的影响要远小于对活性污泥法的影响。当污水成分发生变化,或污水毒性增加时,生物膜对此的耐受力很强。

3. 搅拌和曝气系统操作方便,维护简单

曝气系统采用穿孔曝气管系统,不易堵塞。搅拌器采用具有香蕉型搅拌叶片,外形轮廓线条柔和,不损坏填料。整个搅拌和曝气系统很容易维护管理。

4. 生化池无堵塞,生化池容积得到充分利用,没有死角

由于填料和水流在生化池的整个容积内都能得到混合,从根本上杜绝了堵塞可能,池容得到完全利用。

5. 灵活方便

工艺的灵活性体现在两方面。一方面,可以采用各种池型(深浅方圆都可),而不影响工艺的处理效果;另一方面,可以很灵活地选择不同的填料填充率,达到兼顾高效和远期扩大处理规模而无须增大池容的要求。对于原有活性污泥法处理厂的改造和升级,MBBR 工艺可以很方便地与原有的工艺有机结合起来,形成活性污泥-生物膜集成工艺或流动床-活性污泥组合工艺。

6. 使用寿命长

优质耐用的生物填料,曝气系统和出水装置可以保证整个系统长期使用而不需要更换,折旧率较低。

三、工艺基本物理要素

MBBR 的基本物理要素包括:生物填料、曝气系统或搅拌器系统、出水装置、池体。图 4-37 所示为该工艺基本物理要素示意图。

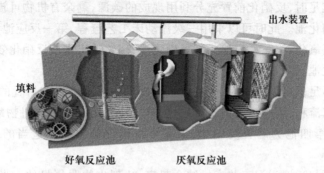

图 4-37 流动床生物膜工艺的基本物理要素

生物填料:针对不同性质的污水及出水排放标准,已经开发了一系列不同的生物填料,比表面积界于 200—1 200 m^2/m^3,以适用各种处理要求。当预处理要求较低,或污水中含有大量纤维物质时,采用比表面积较小的尺寸较大的生物填料,比如在市政污水处理中不采用初沉池,或者,在处理含有大量纤维的造纸废水时。当已有较好的预处理,或用于硝化时,采用比表面积大的生物填料。生物填料由塑料制成,填料的相对密度界于 0.96～1.30 之间。

曝气系统:由于生物填料在生物池中的不规则运动,不断地阻挡和破碎上升的气泡,曝气系统只需采用开有中小孔径的多孔管系,这样,不存在微孔曝气中常有的堵塞问题和较高的维护要求。曝气系统要求达到布气均匀,供气量由设计而定,并可以控制。

搅拌器系统:厌氧反应池中采用香蕉型叶片的潜水搅拌器。在均匀而慢速搅拌下,生物填料和水体产生回旋水流状态,达到均匀混合的目的。搅拌器的安装位置和角度可以调节,达到理想的流态。生物填料不会在搅拌过程中受到损坏。

出水装置:出水装置要求达到把生物填料保持在生物池中,其孔径大小由生物填料的外形尺寸而定。出水装置的形状有多孔平板式或缠绕焊接管式(垂直或水平方向)。出水面积取决于不同孔径的单位出流负荷。出水装置没有可动部件,不易磨损。

池体:池体的形状、深浅以及长宽高的比例基本不影响生物处理的效果,可以根据具体情况灵活选择。搅拌器系统的布置也需根据池型进行优化调整。池体的材料不限,在需要的时候,池体可以加盖并设置观察窗口。

四、MBBR 工艺的常用流程

污水生物处理的目标包括去除有机物,生物脱氮和除磷。去除有机物的工艺流程相对简单一些,而脱氮除磷工艺则较为复杂。

生物脱氮包括硝化和反硝化。反硝化需要碳源。当碳源可以由污水中的溶解性 BOD 提供时,应充分利用,如污水中碳源不足,则要外加碳源。外加碳源可以由污泥水解而产生的挥发性有机物提供,也可以是其他来源,如工业用甲醇、乙醇或其他工业生产的高浓度溶解性有机物。反硝化工艺可以前置或后置,或同时前后置。

当污水中碳源严重不足时,采用后置反硝化工艺,外加碳源可以来源于污泥水解的上清液,并补充部分碳源。此时,污水中有机物可能主要以颗粒及胶体形式存在,强化一级处理会有效地减少有机物好氧氧化池的体积。此时采用后置反硝化的三级流动床工艺流程,无须回流硝化池出水。第一池和第二池用于有机物氧化和硝化,第三池为反硝化池。

当污水中碳源充足时,反硝化前置充分利用现成的碳源,剩余有机物可被好氧氧化。后置的硝化出水回流到反硝化池。此时可以采用三级流动床工艺流程,第一反应池为厌氧反硝化,第二反应池为有机物好氧氧化,第三反应池为好氧硝化池,硝化池出水按反硝化效率计算得来的回流比回流到前置反硝化池。

当污水中碳源不足但可以利用时,则可以采用反硝化同时前置和后置的流动床工艺。此时采用四级流动床工艺流程,第一池为前置反硝化,第二池和第三池为有机物氧化和硝化(该两池可以合并为一池),第四池为后置反硝化,未完全反硝化的出水以适当的回流比回流到第一池中。

流动床工艺也可与活性污泥工艺有机结合起来,达到生物脱氮目的。当现有的活性污泥法处理厂升级时,可以在其后增设流动床单池工艺进行反硝化,见表 4.8。

表 4.8 应用 MBBR 工艺与活性污泥法结合去除有机物及脱氮工艺流程

	流程	备注
1	药剂 ↓ 碳源 ↓ 反硝化	后置反硝化（碳源缺乏）
2	含 NO_3^- 液回流	前置反硝化（碳源充足）
3	含 NO_3^- 液部分回流 碳源 ↓ 反硝化 反硝化	前后置反硝化（碳源不足）

生物除磷是利用自然界存在的聚磷菌（PAO）在厌氧条件下以释放微生物体内储存的磷酸盐产生足够的能量而利用挥发性有机酸（VFA）为碳源，并得到迅速繁殖，挥发性有机酸被转化为有机聚合物（PHB）储存在污泥中。在好氧（及缺氧）条件下，聚磷菌反过来又利用 PHB 为能源和碳源，以远远高于微生物生长所需的比例大量吸收污水中的磷酸盐，从而将污水中的磷转化为污泥中的磷，并通过排除富含磷的剩余污泥达到污水生物除磷目的

生物除磷的效率取决于两方面：第一，VFA/P 的比例高于 10—20 倍，保证有足够的 VFA 促进 PAO 的繁殖。当生物脱氮需要同时进行并采用前置反硝化时，VFA 常常不足，不能二者兼得。第二，保证二沉效率问题。出水中悬浮物/生物量不能有效去除时，磷也很难随之排出而得以去除。提高二沉池效率是保证出水中磷达标的又一关键。为此，往往需要投加药剂，特别是出水磷标准为小于 0.5 mg/L 的情况。

生物脱氮和除磷结合在同一系统，可以采用活性污泥–流动床集成工艺的处理流程（图 4-38）。

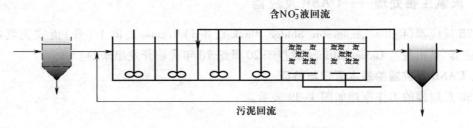

含 NO_3^- 液回流

污泥回流

图 4-38 活性污泥–流动床集成脱氮除磷工艺

五、MBBR 工艺设计的主要因素

1. 好氧泥龄

利用去除有机物和硝化所需的污泥龄的不同,MBBR 工艺使硝化在流动床生物膜载体上,而有机物去除在活性污泥上,从而实现短泥龄下的硝化,尤其是在低温下。

2. 水温和硝化速率

硝化速率也符合温度对微生物生长的影响规律,设计时必须考虑温度对硝化的重要影响。由于硝化菌在流动床生物膜填料上的附着形态,使流动床生物膜对抗低温和低温后的性能恢复有独特的优势。

3. 溶解氧浓度和氧转移效率

溶解氧浓度直接影响硝化速率,基本上是正比例关系,因此需要保证充氧设备的良好性能。采用不同的曝气系统,氧转移效率不同,对系统能耗也有较大影响。如有条件,可以通过增加水深提高氧利用率。

4. 填料类型(比表面积)

不同填料的比表面积和表面特性及其他特点,在综合表现处理性能方面有区别。不同技术工艺的供应商也有其特殊之处,需要结合其物理、化学和生物挂膜性能综合考虑填料类型。

5. 氨氮处理要求

设计要求的出水氨氮浓度的不同,硝化工艺的参数也有区别,这也是由动力学参数决定的。

6. 流态问题

采用不同的流态主要看是否可以保证填料达到完全混合的理想状态。推流式池型的流动特征,出水装置的设置,以及基质和溶解氧的梯度变化,对 MBBR 工艺有较大的影响。

7. 填料混合搅拌要求

理论上要求填料是处于完全混合流化状态,保证基质和反应产物的及时交换。对在缺氧条件下的搅拌混合设备提出了较高要求。

8. 填料填充率

不同填料在池内的最大填充率有所不同,一般不应超过 60%,最低填充率则取决于污泥量和处理的效率。

4.4 厌氧生物处理工艺

4.4.1 厌氧生物处理——UASB 反应器

UASB 反应器(Upflow Anaerobic Sludge Blanket(Bed)Reactor),即上(升)流式厌氧污泥床(层)反应器,是由荷兰 Gatze Lettinga 教授于 20 世纪 70 年代初开发出来的。

一、UASB 反应器的基本原理与特征

UASB 反应器的工作原理如图 4-39 表示。

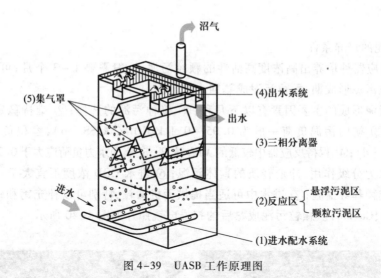

图 4-39 UASB 工作原理图

二、UASB 反应器中的颗粒污泥

1. 颗粒污泥的性质与形成

能在反应器内形成沉降性能良好、活性高的颗粒污泥是 UASB 反应器的重要特征,颗粒污泥的形成与成熟,也是保证 UASB 反应器高效稳定运行的前提。

（1）颗粒污泥的外观

颗粒污泥的外观实际上是多种多样,有呈卵形、球形、丝形等;其平均直径为 1 mm,一般为 0.1~2 mm,最大可达 3~5 mm;反应区底部的颗粒污泥多以无机粒子作为核心,外包生物膜;颗粒的核心多为黑色,生物膜的表层则呈灰白色、淡黄色或暗绿色等;反应区上部的颗粒污泥的挥发性相对较高;颗粒污泥质软,有一定的韧性和黏性。

（2）颗粒污泥的组成

在颗粒污泥中主要包括:各类微生物、无机矿物及有机的胞外多聚物等,其 VSS/SS 一般为 70%~90%;颗粒污泥的主体是各类微生物,包括水解发酵菌、产氢产乙酸菌和产甲烷菌,有时还会有硫酸盐还原菌等,细菌总数为 $1~4\times10^{12}$ 个/gVSS;常见的优势产甲烷菌有:索氏甲烷丝菌、巴氏甲烷八叠球菌等;一般颗粒污泥中 C 约为 40%~50%,H 约为 7%,N 约为 10%;灰分含量因接种污泥的来源、处理水质等的不同而有较大差距,一般灰分含量可达 8.8%~55%;灰分含量与颗粒的密度有很好的相关性,但与颗粒的强度的相关性不是很好;灰分中的 Fe、Ca 等元素对于颗粒污泥的稳定性有着重要的作用,一般认为在颗粒污泥中铁的含量比例特别高。

胞外多聚物是另一重要组成,在颗粒污泥的表面和内部,一般可见透明发亮的黏液状物质,主要是聚多糖、蛋白质和糖醛酸等;含量差异很大,以胞外聚多糖为例,少的占颗粒干重的 1%~2%,多的占 20%~30%。

2. 颗粒污泥的生物活性

通过多种研究手段对多种颗粒污泥的研究都表明,颗粒污泥中的细菌是成层分布的,即外层中占优势的细菌是水解发酵菌,而内层则是产甲烷菌;颗粒污泥实际上是一种生物与环境条件相互依存和优化的生态系统,各种细菌形成了一条很完整的食物链,有利于种间氢和乙酸的传递,因而活性很高。

3. 颗粒污泥的培养条件

在 UASB 反应器种培养出高浓度高活性的颗粒污泥,一般需要 1~3 个月;可以分为三个阶段:启动期、颗粒污泥形成期、颗粒污泥成熟期。

影响颗粒污泥形成的主要因素有以下几种:① 接种污泥的选择;② 维持稳定的环境条件,如温度、pH 等;③ 初始污泥负荷一般为 0.05~0.1 kgCOD/(kgSS·d),容积负荷一般应小于 0.5 kgCOD/(m³·d);④ 保持反应器中较低的 VFA 浓度;⑤ 表面水力负荷应大于 0.3 m³/(m²·d),以保持较大的水力分级作用,冲走轻质的絮体污泥;⑥ 进水 COD 浓度不宜大于 4 000 mg/L,否则可采取回流或稀释等措施;⑦ 进水中可适当提供无机微粒,特别可以补充钙和铁,同时应补充微量元素(如 Ni、Co、Mo)。颗粒污泥成熟后的扫描电镜照片如图 4-40 所示。

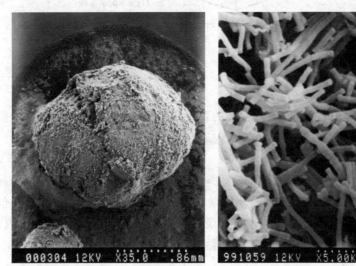

图 4-40　颗粒污泥成熟后的扫描电镜照片(运行 180 天)

三、UASB 反应器的组成

UASB 反应器的主要组成部分包括:进水配水系统、反应区、三相分离器、出水系统、气室、浮渣收集系统、排泥系统等。

1. 进水配水系统

其功能主要有两个方面:① 将废水均匀地分配到整个反应器的底部;② 水力搅拌;一个有效的进水配水系统是保证 UASB 反应器高效运行的关键之一。

2. 反应区

反应区是 UASB 反应器中生化反应的主要场所,又分为污泥床区和污泥悬浮区,其中的污泥床区主要集中了大部分高活性的颗粒污泥,是有机物的主要降解场所;而污泥悬浮区则是絮状污泥集中的区域。

3. 三相分离器

三相分离器由沉淀区、回流缝和气封等组成;其主要功能有:① 将气体(沼气)、固体

（污泥）和液体（出水）分开；② 保证出水水质；③ 保证反应器内污泥量高；④ 有利于污泥颗粒化。

4. 出水系统

出水系统的主要作用是将经过沉淀区后的出水均匀收集，并排出反应器。

5. 气室

气室也称集气罩，其主要作用是收集沼气。

6. 浮渣收集系统

浮渣收集系统的主要功能是清除沉淀区液面和气室液面的浮渣。

7. 排泥系统

排泥系统的主要功能是均匀地排除反应器内的剩余污泥。

四、UASB 反应器的型式

一般来说，UASB 反应器主要有两种型式，开敞式 UASB 反应器和封闭式 UASB 反应器。

1. 开敞式 UASB 反应器

开敞式 UASB 反应器的顶部不加密封，或仅加一层不太密封的盖板；多用于处理中低浓度的有机废水；其构造较简单，易于施工安装和维修。

2. 封闭式 UASB 反应器

封闭式 UASB 反应器的顶部加盖密封，这样在 UASB 反应器内的液面与池顶之间形成气室；主要适用于高浓度有机废水的处理；这种形式实际上与传统的厌氧消化池有一定的类似，其池顶也可以做成浮动盖式。

在实际工程中，UASB 的断面形状一般可以做成圆形或矩形，一般来说矩形断面便于三相分离器的设计和施工；UASB 反应器的主体常为钢结构或钢筋混凝土结构；UASB 反应器一般不在反应器内部直接加热，而是将进入反应器的废水预先加热，而 UASB 反应器本身多采用保温措施。反应器内壁必须采取防腐措施，因为在厌氧反应过程中肯定会有较多的硫化氢或其他具有强腐蚀性的物质产生。

五、UASB 反应器的设计

由于 UASB 反应器在一定程度上还属于较新的废水处理工艺技术，在实际应用过程中还存在着许多不确定因素，因此到目前为止，还没有形成完整的工程设计的计算方法。

UASB 反应器设计计算的主要内容有：① 池型选择、有效容积及各主要部位尺寸的确定；② 进水配水系统、出水系统、三相分离器等主要设备的设计计算；③ 其他设备和管道，如排泥和排渣系统等的设计计算。下面将分别进行叙述。

1. 有效容积及主要构造尺寸的确定

UASB 反应器的有效容积，一般将沉淀区和反应区的总容积作为反应器的有效容积进行考虑，多采用进水容积负荷法确定，即

$$V = QS_0/L_v \tag{4-57}$$

式中，Q：废水流量，m^3/d；S_0：进水有机物浓度，$mgCOD/L$；L_v：COD 容积负荷，$kgCOD/(m^3 \cdot d)$。

UASB 反应器的容积负荷与反应温度、废水性质和浓度以及是否能够在反应器内形成颗粒污泥等多种因素有关，参考表 4.9。

表 4.9 UASB 容积负荷与废水性质、反应区污泥状态关系表(反应温度为 30 ℃)

废水 COD 浓度(mg/L)	悬浮 COD 占比(%)	容积负荷 L_v(kgCOD/(m³·d))	
		絮状污泥	颗粒污泥
大于 2 000	10 ~ 30	2 ~ 4	8 ~ 12
	30 ~ 60	2 ~ 4	8 ~ 14
2 000 ~ 6 000	10 ~ 30	3 ~ 5	12 ~ 18
	30 ~ 60	4 ~ 8	12 ~ 24
6 000 ~ 9 000	10 ~ 30	4 ~ 6	15 ~ 20
	30 ~ 60	5 ~ 7	15 ~ 24
9 000 ~ 18 000	10 ~ 30	5 ~ 8	15 ~ 24
	30 ~ 60	若 TSS>6 ~ 8 g/L,不适用	若 TSS>6 ~ 8 g/L,不适用

2. 进水配水系统的设计

进水系统兼有均匀配水和水力搅拌筛分颗粒污泥的功能。良好的配水系统必须确保反应器底部各单位面积的进水量基本相同,防止短流和上部三相分离区的沉淀表面负荷不均匀的现象。同时,应该满足污泥床水力搅拌的需要,有利于反应传质、气固分离和水力筛分作用。

3. 三相分离器的设计

三相分离器的基本原理与构造如有以下几种布置形式,见图 4-41。

三相分离器的设计要点为:① 沉淀区表面负荷宜小于 0.8 m³/(m²·h),沉淀区水深应大于 1.0 m;② 进入沉淀区前,沉淀槽底缝隙中的流速≤2.0 m/h;③ 沉淀器斜壁角度应为 45°~60°;④ 出气管的直径应保证从集气室引出沼气;⑤ 三相分离器宜选用聚乙烯(HDPE)、碳钢、不锈钢等材料,如采用碳钢材质应进行防腐处理。

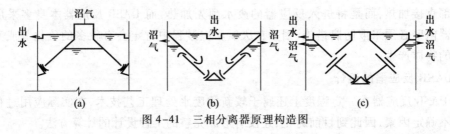

图 4-41 三相分离器原理构造图

4. 出水系统的设计

① 出水收集装置应设在 UASB 反应器顶部。② 断面为矩形的反应器出水宜采用几组平行出水堰的出水方式,断面为圆形的反应器出水宜采用放射状的多槽或多边形槽出水方式。③ 集水槽上应加设三角堰,堰上水头大于 25 mm,水位宜在三角堰齿 1/2 处。④ 出水堰口负荷宜小于 1.7 L/(s·m)。⑤ 处理废水中含有蛋白质或脂肪、大量悬浮固体,宜在出水收集装置前设置挡板。

5. 浮渣清除系统的设计

三相分离器顶部气室应设置浮渣排除管道。

6. 排泥系统设计

UASB 反应器的污泥产率为 0.05 ~ 0.10 kgVSS/kgCOD$_{Cr}$,排泥频率宜根据污泥浓度分布曲线确定。应在不同高度设置取样口,根据监测污泥浓度制订污泥分布曲线。UASB 反应器宜采用重力多点排泥方式。排泥点宜设在污泥区中上部和底部,中上部排泥点宜设在三相分离器下0.5~1.5 m处。排泥管管径应大于150 mm;底部排泥管可兼作放空管。

7. 其他设计中应考虑的问题

加热和保温;沼气的收集、贮存和利用;防腐等。

例4-10 某精细化工厂废水COD浓度7 000~20 000 mg/L,pH3~7,BOD$_5$为4 690~16 500 mg/L,SS浓度为870~1 060 mg/L,废水流量为240 m³/d。废水处理的工艺流程为:废水→调节池→混凝沉淀池→UASB→接触氧化→砂滤→出水,使处理水达到《污水综合排放标准》(GB 8978)的一级排放标准,即COD≤100 mg/L,BOD$_5$≤20 mg/L,SS≤20 mg/L,pH6~9。

解 调节池调节时间为10 h,使COD浓度调节至约9 600 mg/L。

预处理(混凝沉淀)去除COD25%~30%,平均27.5%计,进入UASB反应器的COD为7 000 mg/L。

UASB的设计:

(1) 反应区容积:污泥床为颗粒污泥与絮状污泥,参考表4.8,取容积负荷L_V=9.2 kgCOD/(m³·d),则

$$V = QS_0/L_V = 0.001 \times 240 \times 7 000/9.2 = 182.6 \text{ m}^3$$

用2座反应器,每座容积

$$V_1 = 182.6/2 = 91.3 \text{ m}^3$$

由于C_0浓度较高,取反应区高度为6 m。

(2) 反应区面积

$$A_1 = V/H = 91.3/6 = 15.2 \text{ m}^2$$

用矩形,边长为3.9×3.9 m。

(3) 反应区反应时间

$$t = V/Q = 182.6/240 = 0.76 \text{ d} = 18.2 \text{ h}$$

(4) 面积水力负荷$q = 240/(2 \times 15.2 \times 24) = 0.33$ m³/(m²·h)。

(5) 三相分离器

取沉淀区水力负荷$q = 0.5$ m³/(m²·h)。

沉淀区面积为:$Q/q = 240/(2 \times 24 \times 0.5) = 10$ m²。

沉淀区工艺尺寸见图4-42。

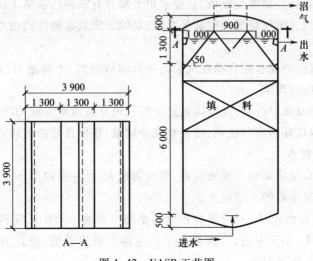

图4-42　UASB工艺图

沉淀区面积(1×3.9)×2+0.9×3.9=11.3 m²,扣除构造所占面积系数0.9,所以有效沉淀面积为11.3×0.9=10.17>10 m²,合格。

4.4.2 厌氧生物处理——IC反应器

内循环IC(Internal Circulation)反应器即内循环厌氧反应器,是新一代高效厌氧反应器,可以理解为在同一反应器内由两层UASB串联而成,见图4-43。

一、IC反应器的组成

IC反应器由下而上共分为5个区:混合区、第1厌氧区、第2厌氧区、沉淀区和气液分离区。

混合区:反应器底部进水、颗粒污泥和气液分离区回流的泥水混合物有效地在此区混合。

第1厌氧区:混合区形成的泥水混合物进入该区,在高浓度污泥作用下,大部分有机物转化为沼气。混合液上流和沼气的剧烈扰动使该反应区内污泥呈膨胀和流化状态,加强了泥水表面接触,污泥由此而保持着较高的活性。随着沼气产量的增多,一部分泥水混合物被沼气提升至顶部的气液分离区。

气液分离区:被提升的混合物中的沼气在此与泥水分离并导出处理系统,泥水混合物则沿着回流管返回到最下端的混合区,与反应器

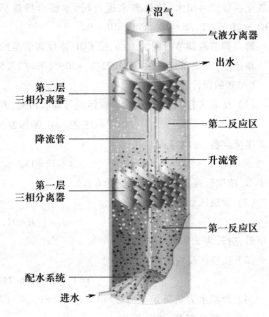

图4-43 IC反应器示意图

底部的污泥和进水充分混合,实现了混合液的内部循环。

第2厌氧区:经第1厌氧区处理后的废水,除一部分被沼气提升外,其余的都通过三相分离器进入第2厌氧区。该区污泥浓度较低,且废水中大部分有机物已在第1厌氧区被降解,因此沼气产生量较少。沼气通过沼气管导入气液分离区,对第2厌氧区的扰动很小,这为污泥的停留提供了有利条件。

沉淀区:第2厌氧区的泥水混合物在沉淀区进行固液分离,上清液由出水管排走,沉淀的颗粒污泥返回第2厌氧区污泥床。

从IC反应器工作原理中可见,反应器通过2层三相分离器来实现SRT>HRT,获得高污泥浓度;通过大量沼气和内循环的剧烈扰动,使泥水充分接触,获得良好的传质效果。

二、IC反应器的优点

1. 容积负荷高:IC反应器内污泥浓度高,微生物量大,且存在内循环,传质效果好,进水有机负荷可超过普通厌氧反应器的3倍以上。

2. 节省投资和占地面积:IC反应器容积负荷率高出普通UASB反应器3倍左右,其体积相当于普通反应器的1/4~1/3左右,大大降低了反应器的基建投资;而且IC反应器高径比很大(一般为4~8),所以占地面积少。

3. 抗冲击负荷能力强:处理低浓度废水(COD = 2 000 ~ 3 000 mg/L)时,反应器内循环流量可达进水量的 2 ~ 3 倍;处理高浓度废水(COD = 10 000 ~ 15 000 mg/L)时,内循环流量可达进水量的 10 ~ 20 倍。大量的循环水和进水充分混合,使原水中的有害物质得到充分稀释,大大降低了毒物对厌氧消化过程的影响。

4. 具有缓冲 pH 的能力:内循环流量相当于第 1 厌氧区的出水回流,可利用 COD 转化的碱度,对 pH 起缓冲作用,使反应器内 pH 保持最佳状态,同时还可减少进水的投碱量。

5. 内部自动循环,不必外加动力:普通厌氧反应器的回流是通过外部加压实现的,而 IC 反应器以自身产生的沼气作为提升的动力来实现混合液内循环,不必设泵强制循环,节省了动力消耗。

6. 出水稳定性好:利用二级 UASB 串联分级厌氧处理,会降低出水 VFA 浓度,延长生物停留时间,使反应进行稳定。

7. 启动周期短:IC 反应器内污泥活性高,生物增殖快,为反应器快速启动提供有利条件。IC 反应器启动周期一般为 1 ~ 2 个月,而普通 UASB 启动周期长达 4 ~ 6 个月。

IC 厌氧反应器适用于有机高浓度废水(COD 为 10 000-15 000 mg/L),如玉米淀粉废水、柠檬酸废水、啤酒废水、土豆加工废水、酒精废水等,容积负荷率可达 15 ~ 30 kgCOD/m³。

4.4.3 厌氧生物处理——EGSB 反应器

EGSB 反应器(Expanded Granular Sludge Bed),即膨胀颗粒污泥床,是第三代厌氧反应器,于 20 世纪 90 年代初由荷兰 Lettinga 等人率先开发。颗粒污泥的膨胀床改善了废水中有机物与微生物之间的接触,强化了传质效果,提高了反应器的生化反应速度,从而大大提高了反应器的处理效能。

EGSB 反应器是通过采用出水回流获得较高的表面液体升流速度。这种反应器的典型特征是具有较大的高径比,较大的高径比也是提高升流速度所需要的。为了使颗粒污泥达到膨胀状态,EGSB 反应器液体的升流速度可达 5 ~ 10 m/h,这比 UASB 反应器的升流速度一般在 1.0 m/h 左右要高得多。这是 EGSB 反应器和 UASB 反应器最大的区别。

一、EGSB 反应器的构造特点

EGSB 反应器的构造与 UASB 反应器有相似之处,可以分为进水配水系统、反应区、三相分离区和出水渠系统。与 UASB 反应器不同之处在于,EGSB 反应器设有专门的出水回流系统,而 UASB 反应器一般不设专门的回流系统。EGSB 反应器的构造如图 4-44 所示。

EGSB 反应器的顶部可以是敞开的,也可是封闭的。封闭的优点是可防止臭味外溢,如在压力下工作,甚至可替代气柜作用。

EGSB 反应器一般为圆柱状,具有较大高径比,一般可达 3 ~ 5 m。生产性装置反应器的高度可达 15 ~ 20 m。

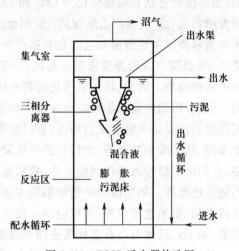

图 4-44 EGSB 反应器构造图

二、EGSB 反应器的工作原理

被处理的废水与循环的出水混合后由反应器底配水系统均匀地分配到反应器底面上,而后垂直升流通过反应区即膨胀颗粒污泥床层。使废水中的有机物与颗粒污泥充分接触,产生剧烈的生化反应,有机物被厌氧细菌降解,大部分有机物被异化转化成甲烷和二氧化碳等,一小部分有机物被同化转化为厌氧菌细胞。反应区内的混合液(水流与污泥)和沼气继续向上流动,并通过三相分离器。在三相分离器中气体首先被分离出来进入反应器顶部的集气室。沼气不断通过设在顶部的导管输送到气柜,混合液在三相分离的沉淀区经固液分离后沉淀污泥不断返回反应区,处理过的澄清液通过出水渠,一部分出水通过泵强制循环,重新回到反应器内。循环比的大小视进水浓度而变化,进水浓度高循环比大,反之则小。另一部分与进水相同流量的处理过的出水被排出反应器,完成了处理的全过程。

由于 EGSB 反应器的上升流速很高,为了防止污泥流失,对三相分离器的固液分离要求特别高。一些供货商各自开发了高效三相分离器,并持有专利,三相分离器分离效果的好坏,是 EGSB 反应器的关键技术。

前已述及,为了达到颗粒污泥的膨胀,必须提高液体升流速度,一般要求达到液体表面升流速度为 5 ~ 10 m/h。依靠原进水要达到这样高的升流速度,即使是低浓度废水也难于达到,所以必须采取出水回流的办法,使混合液表面升流速度达到预期的要求。虽然 EGSB 反应器液体表面流速很大,但颗粒污泥的沉降速度也很大,并有专门设计的三相分离器,所以颗粒污泥不会流失,使反应器内仍可维持很高的生物量。

4.4.4 厌氧生物处理——两相厌氧消化工艺

一、两相厌氧消化工艺基本原理

两相厌氧消化(two-phase anaerobic digestion),有时也称两步或两段厌氧消化(two-step anaerobic digestion)。两相厌氧消化工艺是随着厌氧消化机理的研究和厌氧微生物学的发展而出现和改进的工艺流程。

厌氧消化过程是由几大类群不同种类细菌组成的微生物群落共同完成的一系列反应组成的,最终能使复杂有机物转化为 CH_4 和 CO_2 等气体。这些细菌可以分为四个类群,即:① 水解和发酵细菌;② 产氢产乙酸细菌;③ 同型产乙酸细菌;④ 产甲烷细菌。其中产甲烷细菌又可分为氢营养型产甲烷细菌和乙酸营养型产甲烷细菌。不同类群的细菌具有不同的生理生化特性,最适 pH 范围以及营养要求等。据此,一般可以将这四类群细菌简单地分为两大类,即产酸细菌和产甲烷细菌。因此,将厌氧消化过程分成两个阶段,即产酸阶段和产甲烷阶段。在这两个阶段内,负责有机物转化的细菌在组成及生理生化特性等方面均存在着很大的差异。在第一阶段中起作用的主要是水解和发酵细菌,它们能将复杂大分子的含碳有机物水解为简单小分子的单糖、氨基酸、脂肪酸和甘油等,然后再进一步发酵为各种有机酸及醇类等。水解和发酵细菌的种类很多,它们的主要特点是代谢能力强,繁殖速度快(倍增时间最短的仅约为几十分钟),对环境条件的适应性很强。第二阶段中的细菌则主要是产甲烷细菌,它们的种类相对较少,能利用的基质也非常有限,繁殖速度很慢,倍增时间一般在十几小时,最长的达 4 ~ 6 d。此外,产甲烷细菌受环境因素,如 pH、温度有毒有害物质或抑制物质等的影响较大,比第一阶段的细菌要敏感得多。

要维持传统的单相厌氧反应器正常、高效地运行,必须在一个反应器内维持上述两类特性迥异的细菌之间的平衡,即要保证由发酵和产酸细菌所产生的有机酸等产物能够及时有效地被产甲烷细菌利用并最终转化为甲烷和二氧化碳等无机终产物,否则,就会造成反应器内有机酸的积累,严重时会导致反应器内 pH 下降;pH 的下降,又会进一步对产甲烷细菌的活性和代谢能力产生不利影响,甚至会导致严重的抑制作用,进一步降低其转化和消耗有机酸的能力。由于 pH 的下降对发酵和产酸细菌产生的不利影响不如其对产甲烷细菌所产生的那样严重,因此,就会造成更为严重的有机酸积累和更大程度的 pH 下降,以及更为严重地对产甲烷细菌的抑制作用。实际上,这样的一个过程就是厌氧反应器出现"酸化现象"的过程。如果厌氧反应器发生了酸化现象,要想将其恢复正常就很困难,需要相对较长的时间。

两相厌氧消化工艺是在 20 世纪 70 年代后期随着厌氧微生物学的研究不断深入应运而生的;它着重于工艺流程的变革,而不是像上述多种现代高速厌氧反应器那样着重于反应器的构造变革;其基本出发点是,在单相反应器中,存在着脂肪酸的产生与被利用之间的平衡,维持两类微生物之间的协调与平衡十分不易;两相厌氧消化工艺就是为了克服单相厌氧消化工艺的上述缺点而提出的;两个反应器中分别培养发酵细菌和产甲烷菌,并控制不同的运行参数,使其分别满足两类不同细菌的最适生长条件;反应器可以采用前述任一种反应器,二者可以相同也可以不同。

在两相厌氧消化工艺中,最本质的特征是实现相的分离,方法主要有:① 化学法:投加抑制剂或调整氧化还原电位,抑制产甲烷菌在产酸相中的生长;② 物理法:采用选择性的半透明膜使进入两个反应器的基质有显著的差别,以实现相的分离;③ 动力学控制法:利用产酸菌和产甲烷菌在生长速率上的差异,控制两个反应器的水力停留时间,使产甲烷菌无法在产酸相中生长。目前应用得最多的相分离方法,是最后一种,即动力学控制法。

二、两相厌氧消化工艺的主要特点

两相厌氧消化工艺主要具有如下优点:

① 能够向产酸菌、乙酸菌、产甲烷菌分别提供各自最佳的生长繁殖条件,使各个反应器达到最佳的运行效果;

② 当进水负荷有大幅度变动时,酸化反应器存在着一定的缓冲作用,对后续的产甲烷反应器影响能够缓解,具有一定的耐冲击负荷的能力。

③ 酸化反应器反应进程快,水力停留时间较产甲烷相短很多,负荷率高,能够减轻产甲烷反应器的负荷;

④ 当废水中含有 SO_4^{2-} 等抑制物质时,其对产甲烷菌的影响由于相的分离而减弱;

⑤ 对于复杂有机物(如纤维素等),可以提高其水解反应速率,因而提高了其厌氧消化的效果。

三、两相厌氧消化典型工艺流程

两相厌氧消化工艺流程及装置的选择取决于所处理基质的理化性质及生物降解性能,典型的工艺流程主要有以下三种:

1. 图 4-45 所示的两相厌氧消化工艺主要用来处理易降解的、含低浓度悬浮物的有机工业废水,其中的产酸相反应器一般可以是完全混合式的 CSTR 或升流式厌氧污泥床(UASB)等不同形式的厌氧反应器,产甲烷相反应器则主要是 UASB 反应器,也可以是升流式污泥床滤池(UBF)等。

2. 图4-46所示则是主要用于难降解、含高浓度悬浮物的有机废水或有机污泥的两相厌氧消化工艺流程,其中的产酸相和产甲烷相反应器均采用完全混合式的CSTR反应器,产甲烷相反应器的出水是否回流则需要根据实际运行情况而定。

3. 图4-47所示的两相厌氧消化工艺主要用于处理固体含量很高的农业有机废物或城市有机垃圾,其中的产酸相反应器主要采用渗滤床(leaching bed)反应器,而产甲烷相反应器则可以采用UASB、UBF、AF、CSTR等反应器,其部分出水回流至产酸相反应器。

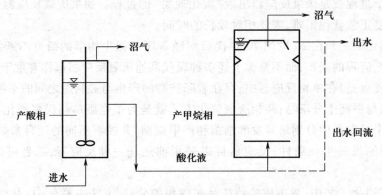

图4-45 处理易降解的低悬浮物有机废水的两相厌氧消化工艺流程

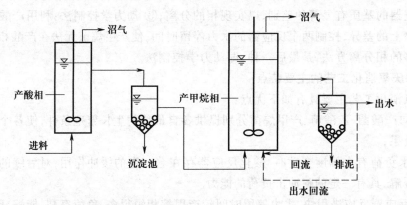

图4-46 处理难降解、含高浓度悬浮物有机废水或污泥的两相厌氧消化工艺流程

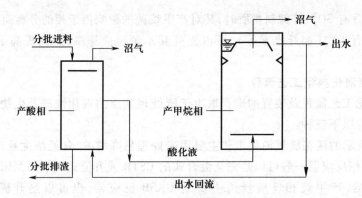

图4-47 处理固体含量很高的农业废物或城市垃圾的两相厌氧消化工艺流程

4.4.5 厌氧生物处理——ABR反应器

一、折流式厌氧反应器构造及特点

折流式厌氧反应器（ABR）是 Bachmann 和 McCarty 等人 1982 年前后提出的一种新型高效厌氧反应器。ABR 反应器构造如图 4-48 所示,反应器内设置竖向导流板,将反应器分隔成串联的几个反应室,每个反应室都是一个相对独立的上流式污泥床(UASB)系统,其中的污泥可以以颗粒化形式或以絮状形式存在。水流由导流板引导上下折流前进,逐个通过反应室内的污泥床层,使进水中的底物与微生物充分接触而得以降解去除。

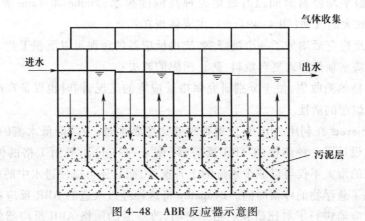

图 4-48　ABR 反应器示意图

虽然在构造上 ABR 可以看作是多个 UASB 反应器的简单串联,但工艺上与单个 UASB 还是有显著不同。UASB 可近似地看作是一种完全混合式反应器,而 ABR 则更接近于推流式反应器。ABR 反应器具有分相多阶段厌氧工艺特点。首先,挡板构造在反应器内形成几个独立的反应室,在每个反应室内驯化培养出与该处的环境条件相适应的微生物群落。厌氧降解产气中的 H_2 主要来自有机物酸化阶段,产甲烷阶段几乎不产生 H_2。与单个 UASB 中酸化和产甲烷过程融合进行不同,ABR 反应器有独立分隔的酸化反应室,酸化过程产生的 H_2 以产气形式先行排除,因此有利于后续产甲烷阶段中的丙酸和丁酸代谢过程在较低的 H_2 分压环境下顺利进行,避免了丙酸、丁酸的过度积累所产生的抑制作用。由此可以看出,在 ABR 各个反应室中的微生物相是随流程逐级递变的。递变的规律与底物降解过程协调一致,从而确保相应的微生物相拥有最佳的工作活性。其次,同传统好氧工艺相比,厌氧反应器的一个不足之处是系统出水水质较差,通常需要经过后续处理才能达到排放标准,而 ABR 的推流式特性可确保系统拥有更优的出水水质,同时反应器的运行也更加稳定,对冲击负荷以及进水中的有毒物质具有更好的缓冲适应能力。

二、折流式厌氧反应器类型

为了进一步提高 ABR 反应器的性能或用于处理某些特别难降解的废水其结构进行了不同形式的优化改造。各种形式的 ABR 反应器见图 4-49。

1981 年 Fannin 等人为了提高推流式反应器截留产甲烷菌群的能力,在推流式反应器

中增加了一些竖向挡板,从而得到了 ABR 反应器的最初形式(图 4-49(b))。结果表明,增加了挡板后,在容积负荷为 1.6 kgCOD/(m³·d)的条件下,产气中甲烷的体积分数由 30% 提高到了 55%。

Bachmann 和 McCarty 研究了图 4-49(a)所示反应器的性能。Bachmann 等人分别研究了减少降流区宽度及导流板增加折角对反应器性能的影响。研究发现,虽然经过改造后,其处理效率和甲烷的产率都得到了提高,但是产生的沼气中甲烷的含量却减少了。一般认为,减少降流区宽度可以使更多的微生物集中到主反应区即升流区内,而导流板增加折角可以使水流流向升流区的中心部分,从而增加水力搅拌作用。

为了提高细胞平均停留时间以有效地处理高浓度废水,Tilche 和 Yang 等人于 1987 年对 ABR 反应器做了较大的改动(图 4-49(c)),主要体现在:

① 最后一格反应室后增加了一个沉降室,流出反应器的污泥可以沉积于此,被再循环利用;

② 在每格反应室顶部加入复合填料,防止污泥的流失;

③ 气体被分格单独收集,便于分别研究每格反应室的工况,同时也保证产酸阶段所产生的 H₂ 不会影响产甲烷菌的活性。

Boopathy 和 Sievers 在利用 ABR 反应器处理养猪场废水时,为了降低水流的上升速度,从而减少污泥的流失,设计了一种两格的 ABR 反应器(图 4-49(d)),其第 1 格的体积是第 2 格的 2 倍。第1 格体积的增大不仅可以减少水流的上升速度,而且还可以使进水中的悬浮物尽可能多地沉积于此,增加了悬浮物的停留时间。Boopathy 将这种经过改造的 ABR 反应器与另一种等体积的 3 格 ABR 反应器进行了对比研究。结果表明,改造后的两格 ABR 反应器的污泥流失量大大减少,但处理效率却不升反降。

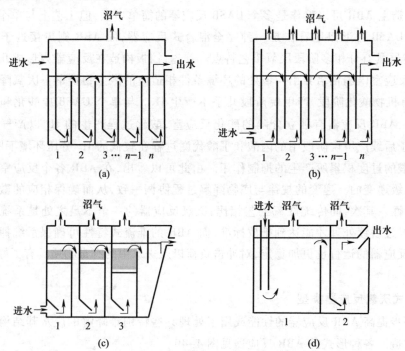

图 4-49 各种形式的 ABR 反应器

思考题

1. 试分析 A^2/O 工艺、SBR、氧化沟、UASB、IC、EGSB 工艺的反应器流态。
2. 计算生化处理反应器有效容积的方法有哪些？解释其优缺点。
3. SBR 工艺的剩余污泥量如何计算？
4. A^2/O 工艺的回流比如何确定？
5. 如何更好地联合利用活性污泥法和生物膜法，好氧生物处理和厌氧生物处理技术进行污水生物处理。

第5章

污水生态处理方法

5.1　生态处理技术

　　污水生态处理技术是指运用生态学原理和工程手段,通过有效地利用生物链来净化污水的方法。生态处理既能净化污水,又能达到生态平衡的作用,可以将水污染治理与水资源利用相结合,实现污水无害化和资源化。污水生态处理技术最早出现在 19 世纪末,能应用于处理城市生活污水和工业废水。

　　目前国内外主要的污水生态处理技术有人工湿地处理系统、稳定塘处理系统、污水土地处理系统(地下渗滤系统、慢速渗滤处理系统、快速渗滤处理系统、表面径流系统)等。生态处理不仅能去除污水中的污染物,还能以产出动植物的形式进行资源回收,使污水治理和生态建设同时进行、协调发展。

5.1.1　生态处理技术优势

　　污水生态处理技术具有投资费用低、节能、日常运行和管理方便、二次污染少、对生态环境影响小等优点。

　　(1) 适合不同的处理规模,基建费用较低。处理构筑物由各种天然生态系统或经简单修建而成,没有复杂的机械设备,工程建设相对简单,整个系统的基建费用较常规处理方法具有一定优势。

　　(2) 运行费用低。生态处理系统依地势而建,污水可自流,无须额外动力,因此运行费用只有常规工艺的 10% ~ 50% 。

　　(3) 日常管理简单,维护容易。地处山东胶州的处理水量为 3×10^4 m³/d 的稳定塘系统,管理与维护人员只有 6 人;齐齐哈尔市的某污水氧化塘系统处理水量为 20×10^4 m³/d,不需要专职在岗的维护人员。

　　(4) 建设材料来源广,就近可得。生态处理系统的主要材料如碎石、砂砾、煤渣、土壤等大多可就近获得。

（5）出水水质稳定，可以实现污水回用。设计了脱氮除磷功能的生态处理可以达到一级排放标准，出水可用于农田灌溉、水产养殖或景观用水等。

5.1.2　生态处理的发展趋势

污水处理方式最原始的形式就是灌溉，这是污水生态处理技术发展的第一阶段，即利用污水中的营养成分提高农作物的产量，很少考虑到处理系统的连续性，导致土地灌溉在一定范围内产生较严重的污染。

为了避免土地受到污染，污水的土地处理系统得到了应用，这是污水生态处理技术发展的第二阶段，即根据土地承受的污水负荷严格限制处理水量，但该阶段的主要问题多是以污水处理为主要目标，很少兼顾污水资源利用。

直到 20 世纪 90 年代末，污水生态处理技术的发展，使得污水处理问题和水资源的保护与利用得到了真正意义上的和谐共存。

不同的生态处理方法，各有优缺点，应将不同的处理过程组合起来，形成联合生态处理系统。与单一单元处理系统相比，联合处理系统能使净化过程更具针对性和系统性，更好地组织和建立不同处理系统的优化能力，以达到更好的工作效率。因此，联合生态处理系统成了污水处理技术发展的趋势之一。

为了使生态处理系统的有效性进一步提高、适用性更加广泛，一方面是采用物理、化学和生物处理方法对处理系统进行强化；另一方面是利用生物技术原理，筛选超积累、高耐性修复植物和具有特异降解功能的微生物进入处理系统，即构成强化式生态系统，这种污水处理技术也将会是未来污水处理的另一发展趋势。污水生态处理技术，符合生态文明建设和经济社会可持续发展的需要。在污水处理上应因地制宜地将处理与利用相结合，实现污水的无害化和资源化，进而实现水体的良性循环和水资源的可持续发展。

5.2　人工湿地

人工湿地（constructed wetland）是以处理污水为目的而人为设计建造的，具有可控性和工程化的湿地系统，是 20 世纪七八十年代发展起来的一种污水生态处理技术。多数采用人工筑成水池或沟槽，底面铺设防渗漏隔水层，充填一定深度的基质层，种植水生植物，利用基质、植物、微生物的物理、化学、生物三重协同作用使污水得到净化。人工湿地具有去除有机污染物、氮磷等营养物能力强，出水水质好，维护管理方便，投资运行费用低，具有美学价值等优点。

5.2.1　人工湿地类型

人工湿地的分类是基于设计过程中不同的物理构造，主要的依据为水文和植物的特征，其中水文特征包括水流位置、方向、床体浸水饱和度和布水方式，植物特征主要根据植物的固着性、植物生长特征等。按照人工湿地布水方式的不同或水流方式的差异，可以将人工湿地系统分为表面流人工湿地（surface flow constructed wetland，FWS 型）和潜流型人工湿地（subsurface flow constructed wetland，SFS 型）。后者又包含水平潜流人工湿地（horizontal subsurface flow constructed wetland,HSF 型)、垂直潜流人工湿地(vertical subsurface flow constructed wetland,VSF 型)。

一、表面流人工湿地

表面流人工湿地在内部构造、生态结构和外观上都十分类似天然湿地。表面流人工湿地的水面位于湿地基质以上,其水深一般为 0.3～0.8 m。污水从进口以一定深度缓慢流过湿地表面(图 5-1),污水经溢流流出。绝大部分污染物靠生长在水下植物茎、杆上的微生物膜去除。湿地中接近水面的部分为好氧层,较深部分及底部通常为厌氧区,因此具有某些与兼性塘相似的性质。在表面流人工湿地中,系统所需要的氧主要是来自水体表面扩散、植物根系的传输。根系的氧传输能力非常有限。

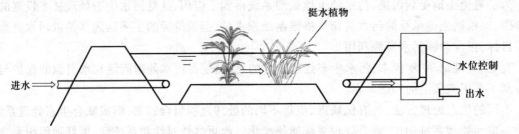

图 5-1　表面流人工湿地的典型结构

表面流人工湿地具有投资少、操作简便、运行费用低等优点,但占地面积较大、水力负荷低、去污能力有限。此外,这种湿地受自然气候影响条件较大,冬季在北方地区其表面会结冰,夏季则有蚊子滋生和公共接触的问题,多用于二级或三级处理出水的后续深度处理或预处理。在北美大多数人工湿地属于此类型,但其在欧洲发展缓慢。

二、水平潜流人工湿地

水平潜流人工湿地污水从进水口经由砂石等系统介质,在基质层表面下以水平流动的方式流过湿地,从出水口流出,在此过程中,污染物得到有效降解(图 5-2)。床体底部需设置防渗层,防止地下水污染。介质通常选用水力传导性良好的材料,避免或减少湿地的堵塞。氧气主要通过植物根系释放,单个湿地系统的建设面积一般小于 0.5 hm²。

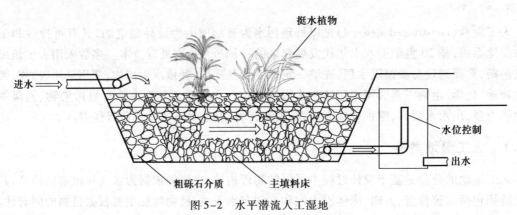

图 5-2　水平潜流人工湿地

在该系统中,污水在湿地床表面以下流动,一方面可以充分利用填料表面生长的生物膜、丰富的植物根系及填料截留等作用,因此比表面流人工湿地的水力负荷要高,对 COD、BOD、SS、重金属等污染物的去除效果更好。另一方面,由于污水在地表以下流动,故有保温性能较好、处理效果受季节影响小、卫生条件好等优点。水平潜流人工湿地处理效率中等,对有机物、悬浮物等去除效果优良,普通水平潜流人工湿地对 N、P 去除率一般,占地面积中等。

三、垂直潜流人工湿地

垂直潜流人工湿地构造如图 5-3。该系统由多孔介质组成,污水从湿地表面垂向流过填料的底部或者从底部垂直向上流进表面。

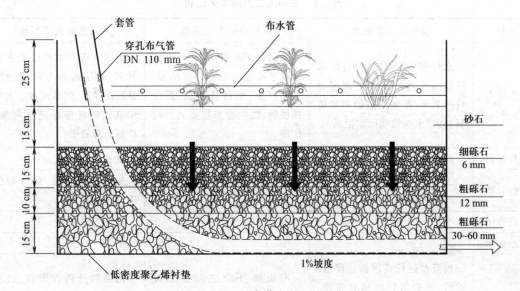

图 5-3 垂直潜流人工湿地

垂直流人工湿地主要有间歇进水向下流、非饱和连续下向流、饱和连续上/下向流和潮汐式4 种模式。其中间歇进水向下流模式加强了氧向填料床的转移,提高湿地床溶解氧水平,强化了生物降解有机物和氨氮硝化过程,在欧美国家比较受欢迎,也是垂直流人工湿地的主要形式。

非饱和下向流模式将水分布在填料床的顶部,然后水流以非饱和形式流经填料床。配水管可以位于系统上方,或者在寒冷的气候中,埋在填料床内。这个系统可以配置单通道模式,或者采用出水循环回流模式,使得废水多次通过填料床。

饱和连续上/下向流模式采用连续饱和流通过植物根区。饱和连续上/下向流在高负荷时容易发生堵塞现象。美国等国家在饱和连续流人工湿地底部增加曝气系统,以提高处理效率,重庆大学在我国西南地区也开展了人工强化曝气垂直流人工湿地的工程应用,并取得良好效果。

潮汐流模式(充放式)采用对填料床循环充放水方式运行。在充水期,废水被送入湿地床的底部,水向上流动,逐渐充满填料床。当表面被水淹没时,填充完成。然后停止充水,废水在填料床中保持与调料中生长的细菌接触。在保持期后,废水被排出,空气进入填料床的空隙。这些人工湿地创造包含氧化阶段和还原阶段的循环氧化还原条件。充放频率取决于应用程序,通常长约 2 小时。潮汐流人工湿地可以并列运行,一个充水另一个排水,往复运行。

垂直潜流人工湿地(间隙进水方式)处理效率相对较高,对有机物、N、悬浮物等去除效果好,占地面积相对较小,但运行管理相对复杂,易发生堵塞风险,小规模污水处理应用是可以考虑反冲洗系统。

近年来,人工湿地的应用范围逐渐由最初的生活污水处理扩展到工业废水、养殖废水、地表径流和垃圾渗滤液等,人工湿地的类型也逐渐得到演化,典型如曝气人工湿地、跌水复氧人工湿地、生物强化人工湿地、暴雨径流缓冲下流式人工湿地及组合人工湿地等。通过改变湿地的运行方式、内部结构或基质材料等,提高湿地床的复氧能力或合理补充电子供体,从而强化污染物的处理效果。三种典型人工湿地工艺比较见表 5.1。

表 5.1　三种人工湿地工艺比较

项目	表面流人工湿地	水平潜流人工湿地	垂直潜流人工湿地
工艺特点	水位较浅,水流缓慢,以水平流的流态沿湿地表面流经处理单元,湿地一般填有基质材料,供水生植物固定根系	水面位于基质层以下,水流以水平流流态流经处理单元。主体分层,填料较复杂,能发挥植物、微生物和基质间协同作用	水流方向和根系层呈垂直状态,表层通常为渗透性能良好的砂层,间歇进水。大气中氧气较好传输进入湿地,提高处理效果
工程建设	简单	一般	较复杂
运行管理	工艺较简单,工程建造、维护与管理相对简单	建造费用较高,管理也比表面流人工湿地复杂	建造费用较高,运行和管理较复杂
运行费用	少	中	高
占地面积	大	中	小
工艺优点	投资及运行费用低。建造、运行、维护与管理相对简单。对土地状况与质量要求不高。适合污水污染物含量不高的污水处理	有机物和 SS 去除效果较高,水力负荷较高。污水基本上在地面以下流动,保温效果好,卫生条件较好	污染物处理效率高,处理效果稳定,单位面积处理效率高,硝化能力高,去除污染物能力强,占地少
工艺局限	工程占地大,处理不当的情况下夏季可能滋生蝇蚊。需要远离居民点建造,或者在居民点下风向	建设和运行费用略高。控制较复杂。冬季处理效果受气温影响较大	对有机物的去除不如水平潜流人工湿地,落干/淹水时间较长,控制相对复杂。建设与投资费用高

5.2.2　人工湿地净化机理

研究表明,人工湿地具有独特而复杂的净化机理,它能够利用基质—微生物—植物这个复合生态系统的物理、化学和生物的三重协调作用,通过过滤、吸附、共沉、离子交换、植物吸收和微生物分解来实现对废水的高效净化,同时通过营养物质和水分的生物地球化学循环,促进绿色植物生长并使其增产,实现废水的资源化和无害化。

有机物的去除中起主要作用的是生存在土壤层中的微生物(细菌和真菌),氧气被湿地植物的根系带入周围的土壤,但远离根部的环境依旧处于厌氧状态,形成处理环境的变化带。因此,人工湿地去除复杂污染物和难处理污染物的能力就得到了加强。大部分有机物是被土壤微生物去除的,但某些污染物可通过土壤、植物作用降低浓度,例如重金属、硫、磷等。

一、基质、植物、微生物在系统中的作用

1. 基质

人工湿地中的基质又称填料、滤料，是人为设计的、由不同大小颗粒的砾、沙、土等按一定的厚度铺成的供植物生长、微生物附着的载体。它一般由土壤、细沙、粗砂、砾石、碎瓦片或灰渣等构成。基质是污水处理的主要场所，也是微生物的主要载体，同时又可以为水生植物提供支持载体和生长所需的营养物质，当这些营养物质通过污水流经人工湿地时，基质通过一些物理、化学途径来去除污水中的有机物和 N、P 等营养物质。

2. 植物

植物是人工湿地的重要组成部分。湿地中生长的植物通常称为湿地植物，包括挺水植物、沉水植物、浮水植物。一般人工湿地大多采用挺水植物。在人工湿地净化污水过程中，植物主要发挥三个重要作用：直接吸收利用污水中可利用的营养物质，吸附和富集重金属和一些有毒有害物质；为根区好氧微生物输送氧气；增强和维持介质的水力传输能力。用于湿地的植物通常选择生长快、成活率高、根系发达、耐污能力强且具有一定美学和经济价值的水生草本植物。

3. 微生物

人工湿地中微生物是净化污水的"主力军"，其数量在一定程度上可反映人工湿地净化污水的能力。它们把有机质作为丰富的能源，将其转化为营养物质和能量。人工湿地在处理污水之前，各类微生物的数量与自然湿地基本相同。但随着污水不断进入人工湿地系统，某些微生物的数量将逐渐增加，并在一定时间内达到最大值而趋于稳定。人工芦苇湿地床内存在较明显的好氧、兼氧和厌氧区。在芦苇的根茎上，好氧微生物占绝对优势，而在芦苇根系区则既存在好氧微生物的活动也有兼性微生物的活动，远离根系的区域厌氧微生物比较活跃。人工湿地系统中的微生物主要去除污水中的有机质和氮，某些难降解的有机物质和有毒物质需要运用微生物的诱发变异特性，培育驯化适宜吸收和消化这些有机物质和有毒物质的优势细菌，进行降解。

二、人工湿地的物理、化学和生化作用

1. 物理作用

污水通过人工湿地可以去除一部分悬浮颗粒。低流速，加上（表面流入人工湿地中的）植物凋落物或（垂直流入人工湿地和水平潜流入人工湿地中的）砂/砾石的存在，促进固体物质的沉降和截留。悬浮物质从水中转移到湿地沉积床对水质净化有重要影响。

2. 化学作用

污水流经人工湿地时，经化学反应（化学沉淀、离子交换、氧化还原等）将水中污染物质得到削减、去除。例如：基质中若含较多 Ca、Fe、Al 离子有利于和溶解态的磷形成化学沉淀来去除磷；处理高硫酸盐废水时，金属离子与 S^{2-}（微生物将硫酸盐转化为 S^{2-}）形成硫化物沉淀而得以去除；带正电荷的 NH_4^+ 进行阳离子交换形成的游离氨与 FWS 湿地中的碎屑和无机沉积物或 SSF 湿地中的介质交换而从水中除去等。

3. 生物作用

湿地植物和微生物在人工湿地处理污水的过程中发挥了重要作用。

湿地植物可以将空气中的氧气从上部传输到根部，从而在根区或根际形成一种好氧环境，促进有机物的分解和硝化细菌的生长。无机 N 和 P 作为植物生长的必需营养元素，会被植物吸收和利用。湿地植物还能吸附和在植物体内富集重金属，通过收割去除。

有机物的降解、氮化合物的脱氮作用和磷化合物的转化等主要是由湿地植物根区的微生物活动来完成的。由于湿地植物在根部形成了好氧微环境,促进了硝化细菌的生长,硝化细菌将 NH_3-N 转化为 NO_2^-、NO_3^-,在缺氧的环境中,受到反硝化菌的转化之后,以 N_2 的形式释放到大气中。有机磷和溶解性较差的无机磷酸盐都不能直接被湿地植物吸收利用,必须经过微生物的代谢活动将有机磷化合物转变成磷酸盐,将溶解性差的磷化合物溶解,才能被湿地植物吸收或被基质吸附等。

三、有机物、N、P 和重金属的去除

1. 有机物的去除

人工湿地中的有机物一般来源于污水中的有机质、植物根系分泌物、腐殖质等,人工湿地对有机物降解能力较强,可通过多种去除途径降解有机物,如挥发、化学氧化、沉淀、吸附、生物(微生物)降解和植物吸收等。污水中不溶性有机物一般通过湿地的沉淀、过滤作用,可以很快地被截留而被微生物利用;污水中可溶性有机物则通过植物根系生物膜的吸附、吸收及生物代谢降解等过程而被分解去除。三种微生物过程均能参与有机物的降解:发酵、有氧呼吸和无氧呼吸。

主要基于 COD 和 BOD_5 值评价有机物的去除效果,在进水浓度较低的条件下,一般人工湿地对 BOD 去除率可达85% ~95%,对 COD 去除率可达80%以上。

2. 脱氮

人工湿地处理系统对氮的去除作用包括基质的吸附、过滤、沉淀、挥发,植物的吸收和微生物硝化、反硝化作用。氮是植物生长的必需元素,废水中的无机氮包括 NH_3-N 和 NO_3^--N,均可以被人工湿地中的植物吸收、合成植物蛋白质,最后通过植物的收割形式从人工湿地的废水中去除。另外一部分 NH_3-N 还可以挥发到大气中去。植物吸收和氨氮挥发所占比率还不到总去除率的20%。微生物的硝化、反硝化作用是湿地系统最主要的脱氮方式。由于植物根系输送氧气,使土壤内形成许多好氧、缺氧和厌氧状态,相当于许多串联或并联的 A^2/O 处理单元,使得硝化和反硝化在湿地中同时发生。

图5-4 为人工湿地中的各种状态的有机、无机氮的变化规律。有机氮和 NH_4^+-N 是原废水中氮的一般存在形式。在处理过程中,废水中的有机氮首先被异氧微生物转化为 NH_4^+-N,而后在硝化菌的作用下,NH_4^+-N 被转化为无机的亚硝态氮和硝态氮,最后通过反硝化及植物根系的吸收作用将其从系统中去除。

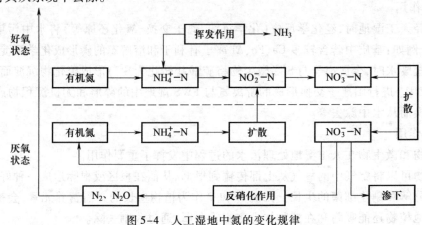

图 5-4 人工湿地中氮的变化规律

在部分情况下,人工湿地需要强化脱氮,可通过工艺组合优化、湿地植物的选择、湿地基质的选择、人工增氧等方式。多选择吸附脱氮能力强、地上生物量较大、根系发达的植物,如芦苇根系深度为 60 ~ 70 cm,适合种植于多数潜流人工湿地中,而菖蒲和水葱属于深根散生型植物,适合配种于我国北方潜流人工湿地。基质的选择应该遵循材料的易得、高效、价廉及安全无毒等原则,比如首选选择对污染物去除能力较强的当地材料。

3. 除磷

污水中的磷包括无机磷和有机磷。但经微生物氧化后,大多数磷以无机磷的形式存在。多数情况下,基质的沉淀和吸附作用是磷的主要去除途径,其吸附作用与基质中 Fe、Al 和 Ca 等金属离子有关。植物也必须得到无机磷作为营养元素,废水中植物吸收无机磷组成卵磷脂、核酸及 ATP 等,最终通过植物收割从系统中去除。

废水中磷的去除有三条平行途径(图 5-5):基质的固定、植物的吸收和微生物的作用,三者对磷的去除速度以湿地植物最慢,基质的固定最快。在磷的吸收上,湿地植物虽然很慢,但却是一个不可逆的过程,所以当基质吸附达到了饱和时,湿地植物对磷的吸收就发挥着重要作用。三条途径对磷去除的贡献大小不同,经过对垂直流人工湿地的研究得出以下关系式:

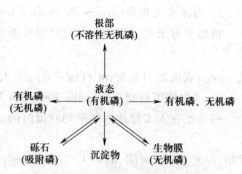

图 5-5 人工湿地中磷的去除途径

基质>水生植物>微生物(短期结果);水生植物>基质>微生物(长期结果)。

4. 金属的去除

人工湿地去除金属离子的机理包括植物吸收和富集作用、土壤胶体颗粒的吸附、悬浮颗粒的过滤和沉淀,其中植物吸收和生物富集作用、填料的吸附作用和金属离子与 S^{2-} 形成硫化物沉淀是人工湿地去除高硫酸盐废水中重金属的主要方式。研究表明,人工湿地对污水中重金属去除是通过植物、微生物、土壤基质等组成成分共同起作用的,其去除效果受 pH、氧化还原电位、总有机碳影响较大,其内在机制是各因子相互作用、相互影响的复杂过程。

5.2.3 人工湿地设计

一、人工湿地选型

在人工湿地系统选型时应充分考虑三种人工湿地系统的工艺特点和当地条件,选择最佳的系统类型。其中确定水流位置是设计人工湿地结构的第一步,其设计原则概括为:

(1)污水的类型。若目标污染物是易去除的污染物,或污染浓度低,可以考虑选择单一的湿地类型。

(2)基质的类型。对于孔隙变化率较高的基质,不适合选择垂直流,容易造成堵塞,如页岩等。

(3)区域状况。对于用地紧张的发达地区,水平潜流和垂直流是不错的选择。

(4)技术可行性。设计的水流方式要符合现实的技术条件。

(5)经济可行性。表面流相对水平潜流和垂直流的建设成本较低。

(6)生态环境健康。表面流的人工湿地易滋生蚊子、产生臭味,靠近居民区的需要有防臭措施。

二、基本设计参数

人工湿地的设计参数会影响到其运行效果,主要的设计参数包括湿地尺寸参数、水力参数和构造参数三类。其中,湿地尺寸参数主要包括湿地长宽比、面积、深度等;水力参数主要包括水力停留时间、表面水力负荷、水力坡度等;构造参数主要包括填料种类、渗透性、植物选种等。

1. 表面有机负荷(Organic Surface Loading)

指每平方米人工湿地在单位时间去除的五日生化需氧量。按公式(5-1)计算

$$L_{os} = \left[Q \times (C_0 - C_1) \times 10^{-3} \right] / A \tag{5-1}$$

式中,L_{os}:表面有机负荷,$kg/(m^2 \cdot d)$;Q:人工湿地设计水量,m^3/d;C_0:人工湿地进水 BOD_5 浓度,mg/L;C_1:人工湿地出水 BOD_5 浓度,mg/L;A:人工湿地面积,m^2。

2. 表面水力负荷(Hydraulic Surface Loading)

指每平方米人工湿地在单位时间所能接纳的污水量。按公式(5-2)计算

$$q_{hs} = Q/A \tag{5-2}$$

式中,q_{hs}:表面水力负荷,$m^3/(m^2 \cdot d)$;Q:人工湿地设计水量,m^3/d;A:人工湿地面积,m^2。

3. 水力停留时间(Hydraulic Retention Time, HRT)

指污水在人工湿地内的平均驻留时间。理论上的 HRT 按公式(5-3)计算:

$$t = \left[V \times \varepsilon \right] / Q \tag{5-3}$$

式中,t:水力停留时间,d;V:人工湿地基质在自然状态下的体积,包括基质实体及其开口、闭口空隙,m^3;ε:孔隙率,%;Q:人工湿地设计水量,m^3/d。

HRT 影响系统的脱氮除磷效果,水力停留时间越长,对氮磷的去除效果越好,但停留时间增长到一定的天数后,去除率的增长将会下降,故从总处理效果出发,针对不同的污染物和具体条件,有相应较佳的停留时间。湿地的长度和宽度、植物、基底的材料空隙率、水深及床体坡度等因素影响着水力停留时间。我国环保部的人工湿地处理工程技术规范指出表面流人工湿地的停留时间 4~8 天为宜,潜流人工湿地 1~3 天为佳。停留时间太短,会使得污染物得不到充分的降解,同时会形成大于 0.7 m/s 的流速,植物的生长会被水流破坏;而当停留的时间过长时,会造成水流的停滞和大面积的厌氧区,处理效果和湿地出水会受到影响。

4. 水力坡度(Hydraulic Slope, HS)

指污水在人工湿地内沿水流方向单位渗流路程长度上的水位下降值。按公式(5-4)计算:

$$i = \left[\Delta H / L \right] \times 100\% \tag{5-4}$$

式中,i:水力坡度,%;ΔH:污水在人工湿地内渗流路程长度上的水位下降值,m;L:污水在人工湿地内渗流路程的水平距离,m。

HS 也是人工湿地重要的参数之一,可以防止湿地内部发生回水,进水产生滞留阻塞等问题。有研究者建议,表面流人工湿地的 HS 取 0.5% 以内,潜流人工湿地取 1%。根据经验表明,HS 往往还需要根据基质性质及湿地尺寸设计进行调整,例如,砾石为基质的人工湿地的 HS 一般取 2% 为宜。

三、工艺流程

按工程接纳的污水类型,基本工艺流程如下:

1. 当工程接纳城镇生活污水及与生活污水性质相近的其他污水时,基本工艺流程为

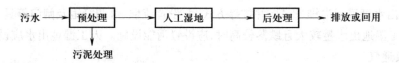

2. 当工程接纳城镇污水处理出水时,基本工艺流程为

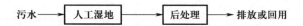

（1）预处理

预处理的程度和方式应综合考虑污水水质、人工湿地类型及出水水质要求等因素,可选择格栅、沉砂、初沉、均质等一级处理工艺,物化强化法、AB法前段、水解酸化、浮动生物床等一级强化处理工艺,以及 SBR、氧化沟、A/O、生物接触氧化等二级处理工艺。

（2）人工湿地

① 设计参数

人工湿地面积应按五日生化需氧量表面有机负荷确定,同时应满足水力负荷的要求。人工湿地的主要设计参数,宜根据试验资料确定;无试验资料时,可采用经验数据或按表 5.2 的数据取值。

表 5.2　人工湿地的主要设计参数

人工湿地类型	BOD_5 负荷（$kg/hm^2 \cdot d$）	水力负荷（$m^3/m^2 \cdot d$）	水力停留时间（d）
表面流人工湿地	15 ~ 50	<0.1	4 ~ 8
水平潜流人工湿地	80 ~ 120	<0.5	1 ~ 3
垂直潜流人工湿地	80 ~ 120	<1.0（建议值：北方 0.2 ~ 0.5；南方 0.4 ~ 0.8）	1 ~ 3

② 几何尺寸

（a）潜流人工湿地几何尺寸设计,应符合下列要求:水平潜流人工湿地单元的面积宜小于800 m²,垂直潜流人工湿地单元的面积宜小于 1 500 m²。潜流人工湿地水深宜为 0.4 ~ 1.6 m,水力坡度宜为 0.5% ~ 1%,长宽比宜控制在 3∶1 以下。规则的潜流人工湿地单元的长度宜为20 ~ 50 m。对于不规则潜流人工湿地单元,应考虑均匀布水和集水的问题。

（b）表面流人工湿地几何尺寸设计,应符合下列要求:表面流人工湿地的水深宜为 0.3 ~0.5 m,水力坡度宜小于 0.5%,长宽比宜控制在 3∶1 ~ 5∶1,当区域受限,长宽比>10∶1 时,需要计算死水曲线。

③ 集、配水及出水

人工湿地单元宜采用穿孔管、配（集）水管、配（集）水堰等装置来实现集配水的均匀。穿孔管的长度应与人工湿地单元的宽度大致相等。管孔密度应均匀,管孔的尺寸和间距取决于污水流量和进出水的水力条件,管孔间距不宜大于人工湿地单元宽度的 10%。穿孔管周围宜采用粒径较大的基质,其粒径应大于管穿孔孔径。

在寒冷地区,集、配水及进、出水管的设置应考虑防冻措施。

人工湿地出水可采用沟排、管排、井排等方式,并设置流堰、可调管道及闸门等具有水位调节功能的设施。人工湿地出水量较大且跌落较高时,应设置消能设施。人工湿地出水应设置排空设施。

④ 清淤及通气

潜流人工湿地底部应设置清淤装置。垂直潜流人工湿地内可设置通气管,同人工湿地底部的排水管相连接,并且与排水管道管径相同。

⑤ 基质(填料)

在湿地系统中,填料是植物的载体,是微生物的生长介质,它将湿地中发生的所有处理过程连成一个整体。基质还能够通过沉淀、过滤和吸附等作用直接去除污染物。

对于填料的配置,主要考虑其种类、粒径、深度等,特别需要关注对磷的去除能力。填料安装后湿地孔隙率不宜低于0.3,一般为0.3~0.5之间。常用填料有石灰石、蛭石、沸石、砂石、高炉渣、火山岩、页岩、陶粒等。填料深度一般为0.6~1.2 m。

基质粒径的大小是影响湿地系统水力传导性的主要因素,直接关系到湿地床体的孔隙度,进而影响污染物在湿地中的停留时间。粒径大的基质,孔隙度大,所能容纳的污水量大,吸附作用的时间长,再利于污水的净化。

在水平潜流湿地中根据湿地床体的不同区域,对基质粒径的需求不同。进水配水区和出水集水区的基质,一般采用粒径在60~100 mm的砾石,分布于整个床宽,保证湿地宽向和各深度上的布水均匀;处理区最常选用的粒径范围是10~20 mm的基质,水力传导性好,适宜植物生长,处理效果较好,垂直潜流湿地每层的粒径宜相同。

⑥ 湿地植物选择与种植

人工湿地可选择一种或多种植物作为优势种搭配栽种,增加植物的多样性并具有景观效果。湿地植物按其生长形态可分为挺水植物、浮水植物和沉水植物。

潜流人工湿地可选择芦苇、蒲草、荸荠、莲、水芹、水葱、茭白、香蒲、千屈菜、菖蒲、水麦冬、风车草、灯芯草等挺水植物。表面流人工湿地可选菖蒲、灯芯草等挺水植物;凤眼莲、浮萍、睡莲等浮水植物;伊乐藻、茨藻、金鱼藻、黑藻等沉水植物。人工湿地常用植物及性质见表5.3。

人工湿地的选择宜符合以下要求:根系发达,输氧能力强;适合当地气候环境,优先选择本土植物;耐污能力强、去污效果好;具有抗冻、抗病害能力;具有一定经济价值;容易管理;有一定的景观效应。人工湿地出水直接排入河流、湖泊时,应谨慎选择"凤眼莲"等外来入侵物种。

人工湿地植物种植的时间宜为春季。种植密度可根据植物种类与工程的要求调整,挺水植物的种植密度宜为9~25株/m²,浮水植物和沉水植物的种植密度均宜为3~9株/m²。

垂直潜流人工湿地的植物宜种植在渗透系数较高的基质上。水平潜流人工湿地的植物应种植在土壤上。种植土壤的质地宜为松软黏土,土壤厚度宜为20~40 cm,渗透系数宜为0.025~0.35 cm/h。

表5.3 常用人工湿地植物的性质

人工湿地常用植物	性质
芦苇	根系发达,去污力强,繁殖力强,对土壤无特别要求
美人蕉	由于具有一定观赏效果,广泛用于我国各地
水葱	具有观赏效果且能提供一定的去污效果

续表

人工湿地常用植物	性质
香蒲	对土壤、气候的适应性很强,可分株繁殖,氮磷吸收好
再力花	大型直立性水生植物,株高 1～2 m,地下根茎发达,根出叶
千屈菜	多年生草本植物,株高 100 cm 左右,喜光,浅水中生长适宜
水烛	对磷有较强的需求,且根系发达,寒冷地区冬季管理简单
菱草	高效的去污能力
水葵	对氮、磷有很高的去除率,目前只在我国南方地区进行试验
菖蒲	有观赏功能,但根系不是特别发达,长于其他植物混合种植
灯芯草	冬季能够继续生长,且对磷的去除特别高

⑦ 防渗层

防渗设施的作用是防止湿地系统因渗漏而污染地下水,人工湿地污水处理系统建设时,应在底部和侧面进行防渗处理。当原有土层渗透系数大于 8～10 m/s 时,应构建防渗层。防渗层可采用黏土层、聚乙烯薄膜及其他建筑工程防水材料。

黏土防渗:用黏土防渗时,黏土厚度应不小于 60 cm,并进行分层压实。亦可采取将黏土与膨润土相混合制成混合材料,敷设不小于 60 cm 的防渗层,以改善原有土层的防渗能力。

塑料薄膜防渗:薄膜厚度宜 0.5～1.0 mm,两边衬垫土工布,以降低植物根系和紫外线对薄膜的影响。宜优选 PE 膜,敷设要求应满足《聚乙烯(PE)土工膜防渗工程技术规范》等专业规范要求。为防止床体填料尖角对薄膜的损坏,施工时宜先在塑料薄膜上铺一层 100 mm 厚细砂。

水泥砂浆或混凝土防渗(刚性防渗):砖砌或毛石砌后底面和侧壁用防水水泥砂浆作防渗处理,或采用混凝土底面和侧壁,按相应的建筑工程施工要求进行建造。

对于渗透系数小于 8～10 m/s,且有厚度大于 60 cm 的土壤或致密岩层肘,可不需采取其他防渗措施。

综上所述,刚性防水的整体性较好,但造价较高,如工程无特殊要求一般不采用。黏土防渗施工较方便,工艺相对刚性防渗及防渗膜防渗较为生态,施工技术要求不高,但适用范围有限。塑料防渗膜防渗工艺造价较低,施工速度较快,适用范围很广,是较为理想的防渗措施。

(3)后处理

为保证湿地出水稳定达标,在系统末端增加后处理设施,以保证净化水质达标。主要措施有:强化处理池、加药池、稳定塘等。根据污水排放标准的要求,选择是否设置消毒设施。

例 5-1 某人工湿地工程总占地面积约 30 公顷,设计日处理水量 4 万立方米,湿地进水水质和设计出水水质的各水质指标分别符合《地表水环境质量标准》(GB 3838—2002)Ⅳ类标准和Ⅲ类标准。本工程采用表面流人工湿地+生态滞留塘的工艺,通过建设五级溢流堰将湿地分为五级表流。请写出工艺流程并计算湿地面积。

解 (1)工艺流程:进水→一级表流湿地→生物滞留塘→溢流堰→二级表流湿地→生物滞留塘→溢流堰→三级表流湿地→生物滞留塘→溢流堰→四级表流湿地→生物滞留塘→溢流堰→一级表流湿地→生物滞留塘→溢流堰→五级表流湿地→生物滞留塘→溢流堰

(2)面积计算。按表面有机负荷计算:

$$A = [Q \times (C_0 - C_1) \times 10^{-3}]/L_{os}$$

$$Q(\text{人工湿地设计水量}) = 40\ 000\ \text{m}^3/\text{d}$$

其中,C_0(人工湿地进水 BOD_5 浓度)和 C_1(人工湿地出水 BOD_5 浓度)按照地表水环境质量标准中Ⅳ、Ⅲ类标准的 BOD_5 浓度:6 mg/L、4 mg/L;L_{os} 按照表面流人工湿地的 BOD_5 负荷取值,取 BOD_5 负荷为 0.80 $\text{g/m}^2 \cdot \text{d}$,则

$$A = 40\ 000 \times (6-4)/0.80 = 100\ 000\ \text{m}^2$$

表面流人工湿地的面积设计应考虑最大污染负荷和水力负荷,可按 BOD_5 表面负荷、水力负荷设计计算结果中的最大值,并校核水力停留时间是否满足设计要求。

所以,湿地面积要求最小 10 万 m^2。工程实际有效面积为 23 万 m^2。

5.3 稳定塘

稳定塘(Stabilization Pond,Stabilization Lagoon),又称氧化塘(Oxidaion Pond),水在塘内流动缓慢,贮存时间较长,以太阳能为初始能源,通过污水中存活的微生物的代谢活动和包括水生植物在内的多种生物的综合作用,使有机污染物得以降解。

5.3.1 稳定塘类型

稳定塘有多种分类方式,通常按工作原理,即根据塘内微生物类型及供氧方式,可分为 4 种(参见表 5.4)。

表 5.4 氧化塘的类型及主要特征参数表

指标	好氧塘	兼性塘	厌氧塘	曝气塘
水深(m)	1.0 ~ 1.5	2.5 ~ 5	2.5 ~ 5	2.5 ~ 5
停留时间(h)	3 ~ 20	5 ~ 20	1 ~ 5	1 ~ 3
BOD 负荷($\text{g/m}^2 \cdot \text{d}$)	1.5 ~ 3	5 ~ 10	30 ~ 40	20 ~ 40
BOD 去除率(%)	80 ~ 95	60 ~ 80	30 ~ 70	80 ~ 90
BOD 降解形式	好氧	好氧、厌氧	厌氧	好氧
污泥分解形式	无	厌氧	厌氧	好氧或厌氧
光合成反应	有	有	—	—
藻类浓度(mg/L)	>100	10 ~ 50	0	0

(1)好氧塘(Aerobic Pond)深度较浅,阳光能透过池底,主要由藻类供氧,全部塘水是好氧状态,由好氧微生物起有机污染物的降解作用。

根据有机物负荷率的高低,好氧塘还可以分为高负荷好氧塘、普通好氧塘和深度处理好氧塘三种。高负荷好氧塘的有机物负荷率较高,污水停留时间短,塘水中藻类浓度很高,这种塘仅适于气候温暖、阳光充足的地区,常用于可生化性好的工业废水处理。普通好氧塘,即一般所指的好氧塘,有机负荷率较前者为低,常应用于城市污水的处理。深度处理好氧塘,是以处理二级处理工艺出水为对象的好氧塘,有机负荷率很低,水力停留时间也较长,处理水质良好。

好氧塘的优点是处理效率高,污水在塔内停留时间短,但进水应进行比较彻底的预处理以去

除可沉悬浮物,防止形成污泥沉积层。好氧塘的缺点是占地面积大,出水中含有大量的藻类,需进行除藻处理,对细菌的去除效果也较差。除藻装置如微孔过滤、絮凝沉淀池、碎石或砂滤池过滤装置,使塘系统变得复杂并且需要较高的基建和运行费用。

通过在好氧塘系统种植水生植物和养殖水产,利用高等水生动物捕食水中的食物残屑和浮游动物,控制藻类繁殖,在塘中形成污水处理和利用的人工生态系统,充分利用塘系统中生长的各种水生植物和水生动物之间相互依存的关系,形成多条食物链,发挥分解者、生产者和消费者三类生物的联合作用,既净化了污水又回收了资源。

(2)兼性塘(Facultative Pond)塘水较深,从塘面到一定深度(0.5 m左右)阳光能够透入,藻类光合作用旺盛,溶解氧比较充足,呈好氧状态。塘底存在沉淀污泥层,底部处于厌氧状态,进行厌氧发酵。在好氧与厌氧区之间,是随昼夜变化存在溶解氧有、无更替的兼性区。兼性塘的污水净化是由好氧和厌氧微生物协同作用完成的。

兼性塘的主要优点是:由于污水的停留时间长,对水量、水质的冲击负荷有一定的适应能力;在达到同等的处理效果条件下,其建设投资与维护管理费用较低。因此,兼性塘常被用于处理小城镇污水或污水处理厂的一级沉淀出水,但出水质量有一定限度,通常 BOD_5 20 ~ 60 mg/L,SS 30 ~ 150 mg/L。

兼性塘的净化功能是多方面的,除适用于城市污水、生活污水的处理外,还能够有效地去除某些较难降解的有机化合物,如木质素、合成洗涤剂、农药磷等植物性营养物质。因此,兼性塘适用于处理木材化工、制浆造纸、石油化工等工业废水,对于高浓度有机工业废水,常设在厌氧塘之后作二级处理塘使用。

(3)厌氧塘(Anaerobic Pond)塘水深,有机负荷率高,整个塘水呈厌氧状态,在其中进行水解、产酸和产甲烷等厌氧反应全过程。

厌氧塘多用于处理高浓度有机废水,如肉类加工、食品工业、牲畜饲养场等废水。厌氧塘应设格栅预处理设施,如污水含砂量大或含油量高应增设沉砂池或除油池。此外,厌氧塘的出水有机物含量仍很高,需要进一步通过兼性塘和好氧塘处理。以厌氧塘为首塘作为稳定塘系统的预处理构筑物,有下列几项效益:(1)污染物降解20% ~ 30%,减少后续的兼性塘和好氧塘的容积;(2)使一部分分解有机物转化为可降解物质,有利于后续塘处理;(3)通过厌氧发酵降低污泥量,减轻污泥处理与处置工作,消除了后续塘的漂浮和淤积污泥层问题(图5-6)。

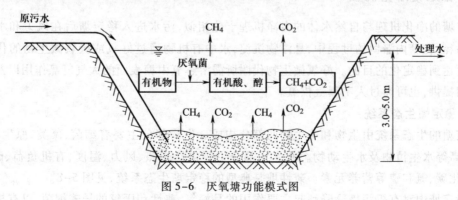

图5-6 厌氧塘功能模式图

厌氧塘对周围环境有某些不利的影响,应予注意,主要是:厌氧塘内污水的污染物浓度高,深度大,易于污染地下水,因此,必须作好防渗措施;厌氧塘一般多散发臭气,应使其远离住宅区,一般应在 500 m 以上;厌氧塘水面上可能形成浮渣层,浮渣层对保持塘水的温度有利,但有碍观瞻,而且在浮渣上滋生小虫,环境卫生条件差,应设于偏僻处或采用适当措施。

(4) 曝气塘(Aerated Pond)由表面曝气器供氧,塘水呈好氧状态,污水停留时间短。由于塘水被搅动,藻类的生长与光合作用受到抑制。

曝气塘是经过人工强化的稳定塘,采用机械曝气装置向塘内污水充氧,并使塘水搅动。曝气塘虽属于稳定塘的范畴,但又不同于其他以自然净化过程为主的稳定塘,是介于活性污泥法中的延时曝气法与稳定塘之间的处理工艺,实际上相当于没有污泥回流的活性污泥工艺系统。由于经过人工强化,曝气塘的净化功能、净化效果及工作效率都明显地高于一般类型的稳定塘。曝气塘适用于土地面积有限,不足以建成完全以自然净化为特征的塘系统的场合,或由超负荷的兼性塘改建而成,设计目标在于使出水达到常规二级处理水平。由于曝气增加了水体紊动,藻类的生长一般会停止或大大减少。

曝气塘可分为好氧曝气塘和兼性曝气塘两类,主要取决于曝气装置的数量、设置密度和爆气强度。曝气装置多采用表面机械曝气器,但也可以采用鼓风曝气系统。当曝气装置的功率较大,足以使塘水中全部污泥都处于悬浮状态,并提供足够的溶解氧时,即为好氧曝气塘。如果曝气装置的功率仅能使部分固体物质处于悬浮状态,而有一部分固体物质沉积于塘底进行厌氧分解,曝气装置提供的溶解氧也不敷全部需要,则为兼性曝气塘,参见图 5-7。

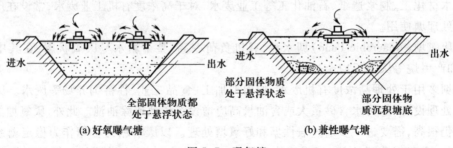

图 5-7   曝气塘

5.3.2   稳定塘净化机理

稳定塘的净化机理与自然水体的自净机理十分相似,污水进入稳定塘后在风力和水流的作用下被稀释,在塘内滞留的过程中,悬浮物沉淀,水中有机物通过好氧或厌氧微生物的代谢活动被氧化而达到稳定化的目的。好氧微生物代谢所需溶解氧由塘表面的大气复氧作用以及藻类的光合作用提供,也可通过人工曝气供氧。

一、稳定塘生态系统

稳定塘的生态系统由生物和非生物两部分构成。生物部分主要有细菌、藻类、原生动物、后生动物、高等水生植物及水生动物。非生物部分主要包括光照、风力、温度、有机负荷、pH、溶解氧、二氧化碳、氮和磷等营养元素。兼性塘是典型的稳定塘生态系统,见图 5-8。

在稳定塘中对有机污染物降解起主要作用的是好氧、兼性和厌氧的异养细菌,以有机化合物为碳源,并以这些物质分解过程产生的能量为能源。好氧菌在好氧塘和兼性塘中的好氧区活动;

厌氧菌常见于厌氧塘和兼性塘污泥区。当稳定塘内生态系统处于良好的平衡状态时,细菌的数目能够得到自然的平衡和控制。

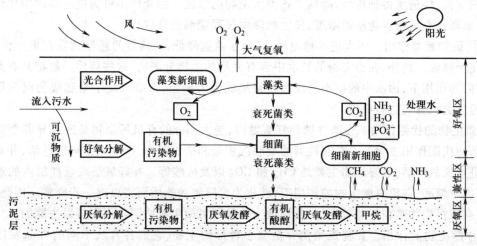

图 5-8 典型的稳定塘生态系统——兼性稳定塘净化功能模式

当采用多级稳定塘系统时,细菌数目将随着级数的增加而逐渐减少。藻类在稳定塘内起着较重要的作用,与细菌形成菌藻互生体系。藻类是一种自养型微生物,可通过光合作用放出氧气,并利用无机碳、氮和磷合成藻类的细胞物质,使自身繁殖。在稳定塘内存活的藻类种属主要是绿藻、蓝绿藻、裸藻和衣藻。异养菌利用溶解在水中的氧降解有机物,生成 CO_2、NH_4^+、NO_3^- 和水等,又成为藻类合成的原料。在这些生化反应活动中,细菌和藻类间相互促进、共同生存,形成菌藻互生体系。其结果是污水溶解性有机物逐渐减少,藻类细胞和惰性生物残渣逐渐增加并随水排出。

细菌对有机物(以葡萄糖为代表)的降解反应式为:

$$C_6H_{12}O_6+6O_2 \longrightarrow 6CO_2+6H_2O+能量 \tag{5-5}$$

藻类光合作用可表示为:

$$NH_3+5CO_2+2.5H_2O \longrightarrow C_5H_8O_{2.5}N+5O_2 \tag{5-6}$$

稳定塘中存在着以细菌和藻类为食料的浮游动物,如枝角类的水蚤、甲壳类后生动物等,浮游生物能够吞食藻类、细菌及呈悬浮颗粒状的有机物,并分泌黏性物质,促进细小悬浮物凝聚,使水澄清。浮游生物在稳定塘生态系统中是藻类和细菌的最终消费者,而在水生动物生态塘中又是鱼类的饵料。水生植物生态塘内种植水生维管束植物,能够提高对有机污染物和氮、磷等无机营养物的去除效果,特别是根系等对重金属离子有一定的吸收和吸附作用,水生植物收获后还能取得一定的经济效益。常见的水生维管束植物有下列 3 类水生植物:浮水植物,如凤眼莲,即水葫芦;沉水植物,如马来眼子菜、叶状眼子菜;挺水植物,如水葱、芦苇等。为了使稳定塘具有一定的经济效益,塘内还可以放养杂食性鱼类和鸭、鹅等水禽。这些高等动物捕食水中的食物残屑和浮游动物,控制藻类繁殖,建立了稳定塘良好的生态系统。

菌藻互生体系是稳定塘内最基本的生态系统,其他水生植物和水生动物的作用则是辅助性的,他们的活动从不同的途径强化了污水的净化过程。

二、稳定塘对污水的净化作用

1. 稀释作用。污水进入稳定塘后,在风力、水流以及污染物的扩散作用下,与原塘水进行一定程度的混合,使进水得到稀释,降低了各种污染物的浓度。稀释作用可为进一步的净化作用创造条件,如降低有毒有害物质的浓度,使生物降解过程能够正常进行。

2. 沉淀和絮凝作用。污水进入稳定塘后,由于流速降低,所挟带的悬浮物质在重力作用下,自然沉淀于塘底。此外,在稳定塘的塘水中含有大量的生物分泌物,这些物质一般都具有絮凝作用,在它们的作用下,污水中的细小悬浮颗粒聚集成为大颗粒,絮凝沉淀于塘底成为沉积层。沉积层则通过厌氧分解进行稳定。

3. 微生物的代谢作用。在兼性塘和好氧塘内,绝大部分的有机污染物是通过异养型好氧菌和兼性菌的代谢作用去除的。在兼性塘的塘底沉积层和厌氧塘内,厌氧细菌得以存活,并对有机污染物进行厌氧降解,最终产物主要是 CH_4 和 CO_2 以及硫酸等。在好氧层或兼性层内的难降解物质,可沉于塘底,在厌氧微生物的作用下,转化为可降解的物质而得以进一步降解。因此,在稳定塘内,有机污染物是在好氧微生物、兼性微生物及厌氧微生物协同作用下得以去除的。

4. 浮游生物的作用。在稳定塘内存活着多种浮游生物,它们各自从不同的方面发挥着净化功能。原生动物、后生动物及枝角类浮游动物在稳定塘内的主要功能是吞食游离细菌、藻类、胶体有机污染物和细小的污泥颗粒,分泌能够产生生物絮凝作用的新液,可使塘水进一步澄清。放养的鱼类的活动也有助于水质净化,它们捕食微型水生动物或残留于水中的有机大颗粒。各种生物处于同一的生物链中,互相制约,它们的动态平衡有利于水质净化。

5. 水生维管束植物的作用。水生维管束植物主要在以下几方面对水质净化起作用。水生植物吸收氮、磷等营养,提高稳定塘去除氮。磷的功能;根部具有富集重金属的功能,可提高重金属的去除率;水生植物的根和茎,为细菌和微生物提供了生长介质,并可以向塘水供氧。

三、稳定塘净化过程的影响因素

稳定塘的非生物组成部分亦即环境因子的作用是不可忽视的。光照影响藻类的生长及水中溶解氧的变化,温度影响微生物的生物代谢作用,有机负荷对塘内细菌的繁殖及氧、二氧化碳含量产生影响,pH、营养元素等其他因子也可能构成制约因素,各项环境因子相互联系,多重作用,构成稳定塘的生态循环。除自然因素外,水质和维护管理等可控因素也影响稳定塘的净化功能。

1. 温度。温度对稳定塘净化功能的影响十分重要,因为温度直接影响细菌和藻类的生命活动。好氧菌能在 10 ~ 40 ℃ 的范围内存活和代谢,最佳温度范围是 25 ~ 35 ℃。藻类正常的存活温度范围是 5 ~ 40 ℃,最佳生长温度则是 30 ~ 35 ℃。厌氧菌的存活温度范围是 15 ~ 60 ℃。35 ℃ 和 55 ℃ 左右最适宜。稳定塘的主要热源之一是太阳辐射。非曝气塘在一年的某些季节,沿塘的深度常会产生温度梯度,水温呈垂直分布。由于水的密度随水温下降而增大,所以沿水深发生分层现象,夏季上层水比较暖和,沿水深温度下降。秋季温度下降时,水面温度低于塘底部温度,上部和下部水相互交换,形成所谓的秋季翻塘。当温度下降到 4 ℃ 以下时,水密度下降,冬季分层现象发生。当冰封融化和水温上升时,也会出现春季翻塘。春秋两季翻塘时,塘底的厌氧物质被带到表面而散发出相当大的臭味。稳定塘的另一热源可能是进水,当进水与塘水温差较大,可能在塘内形成异重流。对于寒冷地区的厌氧塘,宜采用较深的塘,尽管较深的塘底部温度低,但相对于冬季塘的表面发生冰封,较深的塘底部温度仍较高并发生一定的降解作用。

2. 光照。透过塘表面的光强度和光谱构成对塘内微生物的活性有较大的影响,对好氧塘尤为重要,因为好氧塘的关键是应使光线能穿透至塘底。光是藻类进行光合作用的能源,藻类必须获得足够的光,才能提供必要的氧气和合成新的藻类细胞物质。

3. 混合。进水与塘内原有塘水的混合,对充分发挥稳定塘的净化功能至关重要。混合能使有机物与细菌充分接触,并避免由于短流而降低塘的有效容积,特别是当进水和塘水温差较大时,避免发生异重流十分必要。为此,应为稳定塘创造良好水力条件,以有助于塘水的混合,如塘型的规划、进出口的形式与位置以及在适当位置设导流板等。

4. 营养物质。如使稳定塘内微生物保持正常的生理活动,必须充分满足其所需要的营养物质。微生物所需要的营养元素主要是碳、氮、磷、硫及其他微量元素,如铁、锰、钾、钼、钴、锌、铜等。最适合的养料配比为 $BOD_5 : N : P : K = 100 : 5 : 1 : 1$。城市污水基本上能够满足微生物对各种营养元素的需要。用稳定塘处理工业废水时,应注意营养物质平衡。

5. 有毒物质。有毒物质能抑制藻类和细菌的代谢和生长,为了使稳定塘正常运行,应对进水中的有毒物质的浓度加以限制或进行预处理。

6. 蒸发量和降雨量。应当综合考虑蒸发和降雨两方面的因素。降雨能够使稳定塘中污染物质浓度得到稀释,促进塘水混合,但也缩短了污水在塘中的水力停留时间。蒸发的作用则相反,塘的出水量将小于进水量,水力停留时间将大于设计值,但塘水中的污染物质,如无机盐类的浓度,由于浓缩而有所提高。

5.3.3 典型处理流程

稳定塘工艺属生物处理技术范畴,相当于二级处理工艺。为了使稳定塘的净化功能充分发挥作用,进入稳定塘的污水,应进行适当的预处理,其目的在于尽量减少塘中污泥的淤积,减少有机负荷。通过对我国稳定塘污泥蓄积的调查和实测,发现稳定塘系统污泥沉积量相当可观,有的已经严重影响塘的正常运行,甚至导致报废。针对我国城市污水悬浮固体量高、无机物比例大的特点,稳定塘进水的预处理十分必要。国内外稳定塘处理所采用的预处理工艺包括格栅、沉砂池、沉淀池、除油池,也可采用沉淀塘或厌氧沉淀塘,但对于后者一般应考虑到运行几年后可能需要进行清塘。

与常规的污水处理系统相比,稳定塘系统的主要问题是停留时间长,占地面积大,因而要优化塘系统,尽可能提高技术经济指标。为此,可以采取以下方法:增加分级数,促使微生物群落分级,流态接近推流,提高处理效果;充分利用厌氧塘的净化能力,采用厌氧塘—兼性塘—好氧塘串联的塘系统。一般,稳定塘系统的典型处理流程如下:

预处理(格栅,沉砂池等)——一级处理(厌氧塘)——二级处理(兼性塘,养鸭、鹅塘,土地处理系统,农田灌溉等)——补充地下水。

中国常采用的稳定塘组合系统如下:

一、在北部干旱地区的稳定塘

预处理——兼性塘——冬季储存塘或储留塘(在温暖季节养鱼或水禽养殖)——农田灌溉。

有毒有害工业废水应增加去除有毒物质的预处理,高浓度有机废水应在兼性塘前增设厌氧塘。

二、在南部地区应用的稳定塘

预处理——水生植物生态塘（水禽养殖塘）——稻田养鱼（或水生动物生态塘）——出水。

5.3.4　稳定塘处理技术要求

1. 有可利用的荒地和闲地等条件,技术经济比较合理时,可采用稳定塘处理污水。用作二级处理的稳定塘系统,处理规模不宜大于 5 000 m³/d。

在进行污水处理规划设计时,对地理环境合适的城市,以及中、小城镇和干旱、半干旱地区,可考虑采用荒地、废地、劣质地,以及坑塘、洼地,建设稳定塘污水处理系统。

2. 处理城市污水时,稳定塘的设计数据应根据试验资料确定。无试验资料时,根据污水水质、处理程度、当地气候和日照等条件,稳定塘的五日生化需氧量总平均表面有机负荷可采用 $1.5 \sim 10$ gBOD$_5$/(m² · d),总停留时间可采用 $20 \sim 120$ d。

冰封期长的地区,其总停留时间应适当延长;曝气塘的有机负荷和停留时间不受本条规定的限制。

温度、光照等气候因素对稳定塘处理效果的影响十分重要,将决定稳定塘的负荷能力、处理效果以及塘内优势细菌、藻类及其他水生生物的种群。

稳定塘的五日生化需氧量总平均表面负荷与冬季平均气温有关,气温高时,五日生化需氧量负荷较高;气温低时,五日生化需氧量负荷较低。为保证出水水质,冬季平均气温在 0℃ 以下时,总水力停留时间以不少于塘面封冻期为宜。表5.5 是稳定塘的典型设计参数。

表 5.5　稳 定 塘 典 型 设 计 参 数

塘类型	表面有机负荷 ［gBOD$_5$/(m² · d)］	水力停留时间(d)	水深(m)	BOD$_5$ 去除率(%)
好氧稳定塘	4 ~ 12	10 ~ 40	1.0 ~ 1.5	80 ~ 95
兼性稳定塘	1 ~ 10	25 ~ 80	1.5 ~ 2.5	60 ~ 85
厌氧稳定塘	15 ~ 100	5 ~ 30	2.5 ~ 5	20 ~ 70
曝气稳定塘	3 ~ 30	3 ~ 20	2.5 ~ 5	80 ~ 95
深度处理稳定塘	2 ~ 10	4 ~ 12	0.6 ~ 1.0	30 ~ 50

3. 稳定塘的设计,应符合下列要求:
(1) 稳定塘前宜设置格栅,污水含砂量高时宜设置沉砂池;
(2) 稳定塘串联的级数一般不少于 3 级,第一级塘有效深度不宜小于 3 m;
(3) 推流式稳定塘的进水宜采用多点进水;
(4) 稳定塘必须有防渗措施,塘址与居民区之间应设置卫生防护带;
(5) 稳定塘污泥的蓄积量为 40 ~ 100 L/(年·人),一级塘应分格并联运行,轮换清除污泥。

4. 在多级稳定塘系统的后面可设置养鱼塘,进入养鱼塘的水质必须符合国家现行的有关渔业水质的规定。

5.4 土地处理

5.4.1 概述

污水土地处理系统是将污水有节制地投配到土地上,通过土壤-植物系统的物理的、化学的、生物的吸附、过滤与净化作用和自我调控功能,使污水可生物降解的污染物得以降解、净化,氮、磷等营养物质和水分得以再利用,促进绿色植物生长并获得增产。污水土地处理系统是人工规划、设计与自然净化相结合,水处理与利用相结合的环境系统工程技术。

广义的污水土地处理可分为慢速渗滤、快速渗滤、地表漫流、地下渗滤系统和湿地处理系统5种工艺。其中湿地处理系统主要是依据生态单元加以定名,其他系统则是依据水流路径而定名。不同的土地处理类型具有不同的工艺条件、工艺参数和场地信息要求,如表5.6所示。

(1)污水的收集与预处理设备。防止泥沙在布水系统中沉淀和机械磨损,以及过量悬浮固体引起的土壤堵塞。

(2)污水的调节、贮存设备。调节土地处理系统受气候影响时的水力负荷,可采用贮存塘或土地处理联合系统。

(3)配水与布水系统配水系统。包括污水泵站、输水管道等。布水系统的功能是将污水按工艺要求均匀地投配到土壤-植物系统。

(4)土地净化田(土壤-植物系统)。土地净化田是土地处理系统的核心环节,污染物的净化和去除主要在此完成。在一定范围内,选择到满足土地处理要求的土地是这一技术成功的关键。选择土地要考虑地形、地表坡度和土壤性质。

(5)净化水的收集、利用系统。作用是保证污水土地处理系统的处理效果和水流通畅,保护地下水和利用再生水。

(6)监测系统。作用是检查处理效果。

表5.6 土地处理系统的工艺条件与工程参数

处理类型	水力负荷 [$m^3/(m^2 \cdot 年)$]	土壤渗透 系数(m/d)	土层厚度(m)	地下水位(m)	地面坡度(%)
慢速渗滤	0.6~6	0.036~0.36	>0.6	0.6	≤30
快速渗滤	6~150	0.36~0.6	>1.5	1.0	<15
地表渗滤	3~21	≤0.12	>0.3	不限	<15
地下渗滤	0.4~3	0.036~1.2	>0.6	>1.0	<15

污水土地处理系统在某种意义上源于传统的污水灌溉,但决不等于污水灌溉。土地处理技术已经发展为较完整的水处理工程技术体系,必须从基本认识到具体做法,从理论与实践的结合上将两者加以区别,其主要区别有以下四个方面:

(1)设计目标与利用方向。传统污水灌溉是一项农田水利工程,其主要目的是利用污水提高作物产量,很少考虑系统的连续运行,用水则灌,不用则放。依作物不同物候期对水的需要而确定灌水时间与灌溉定额。而土地处理则强调处理与利用相结合,是一项污水处理工程,实行污水处理的终年连续运行。

(2)污染负荷控制。传统的污水灌溉是把污水作为水肥资源加以利用,只注意水质和水量。而土地处理则重视单位面积污染负荷与同化容量,从各项限制条件中求出最低限制因子作为确定水力负荷的设计参数。

(3)生态结构。传统污水灌溉通常是单一种植,而土地处理则应设计有多样化种植的生态结构,以便针对不同污染负荷设计,在不同种植单元上进行水力负荷的有效分配,保证系统在最佳状态下的连续运行。

(4)保护受纳水体。经土地处理后的出水,作为中水资源,可以重复利用,可注入地下,可放流河系,可浇灌绿地、农田,也可以冲洗车辆、街道和厕所。

通常快速渗滤系统再生水的回收率可达 80%,慢速渗滤系统可达 30%,地下渗滤系统达 70%。其技术关键是保证土地处理系统的稳定、正常运行,保证有良好的净化水质,以保护受纳水体或实现污水的再用。

5.4.2　净化机理

土壤-植物系统对污水的净化作用是一个十分复杂的综合过程,其中包括:物理过程中的过滤、吸附,化学反应与化学沉淀以及微生物的代谢作用下的有机物分解和植物吸收等。现分别阐述于下。

一、物理过滤

土壤颗粒间的空隙具有截流、滤除水中悬浮颗粒的性能。污水流经土壤;悬浮物被截流,污水得到净化。影响土壤物理过滤净化的因素有:土壤颗粒的大小,颗粒间空隙的形状和大小、孔隙的分布以及污水中悬浮颗粒的性质、多少与大小等。如悬浮颗粒过粗、过多以及微生物代谢产物过多等都能导致土壤颗粒的堵塞。

二、物理吸附与物理化学吸附

在非极性分子之间范德华力的作用下,土壤中部土矿物颗粒能够吸附土壤中的中性分子。污水中的金属离子与土壤中的无机胶体和有机胶体颗粒,由于螯合作用而形成螯合化合物;有机物和无机物的复合而生成复合物;重金属离子与土壤颗粒之间进行阳离子交换而被置换,吸附并生成难溶性的物质被固定在矿物的晶格中;某些有机物与土壤中重金属生成可吸性螯合物而固定在土壤矿物的晶格中。

三、化学反应与化学沉淀

重金属离子与土壤的某些组分进行化学反应生成难溶性化合物而沉淀。如果调整、改变土壤的氧化还原电位,能够生成难溶性硫化物;改变 pH,能够生成金属氢氧化物;某些化学反应还能够生成金属磷酸盐等物质,而沉积在土壤中。

四、微生物代谢作用下的有机物分解

在土壤中生存着种类繁多、数量巨大的土壤微生物,他们对土壤颗粒中的有机团体和溶解性有机物具有较强的降解能力,这也是土壤具有强大的自净能力的原因。

五、植物吸附和吸收作用

在慢速渗滤土地处理系统中,污水中的营养物质主要靠作物吸附和吸收而去除,再通过作物

收获将其转移出土壤系统。废水排入土地处理系统之后,污染物通过多种途径和机理而除去或减少。下面将分别介绍一些主要污染物的去除机理和效能。

1. BOD 的去除

BOD 的去除机理包括过滤、吸附和生物氧化作用,在运行良好的土地处理系统中,好氧生物膜通常占优势,也存在去除较难降解有机物和反硝化的厌氧区。

2. SS 的去除

渗滤系统中,SS 的主要去除机制是污水通过土壤孔隙时的过滤和吸附作用,而地表漫流和湿地则主要靠沉淀作用和植物、生物的截留。

3. 病原体的去除

污水中病原体的去除与灭活是通过吸附作用、干燥作用、过滤作用、生物性吞噬及其他不利于病原体生存的条件作用。

4. 氮的去除

反硝化作用、挥发和作物吸收是土壤—植物系统中氮的去除途径。

5. 磷的去除

土地处理系统中磷的去除主要为作物的吸收和土壤的吸附固定。

6. 金属的去除

污水中金属成分在土壤中的去除包括吸附、沉淀、离子交换等作用。研究结果表明,金属进入土壤–植物系统后绝大部分存在于土壤中,而被植物吸收的量只占极少部分。因此,土壤对重金属的环境同化容量及土地处理系统的金属污染负荷是必须考虑的两个问题。

7. 痕量有机物

近年来,人们开始注意痕量有机物在环境中的归宿及其对人体健康的影响。美国环保局提出的 129 种污染物中有机物占了 88%,我国也十分重视有机物对土壤–植物系统的影响。痕量有机物在土地处理中的去除机制主要是挥发、吸附、光降解和生物降解等作用。但由于痕量有机物的生物难降解性,同时,绝大部分痕量有机物尚无环境标准,对于它们在土壤中的累积和向地下水的迁移应予以高度重视。

5.4.3　土地处理系统工艺

一、慢速渗滤处理系统

慢速渗滤处理系统(SR)是将污水投配到种有作物的土地表面,污水缓慢地在土地表面流动并向土壤中渗滤,一部分污水直接为作物所吸收,一部分则渗入土壤中,从而使污水达到净化目的的一种土地处理工艺,参见图 5-9。

慢速渗滤系统被认为是土地处理中最适宜的工艺,水和营养成分利用最佳,经济效益最大,处理效率高,已发展为替代三级深度处理的重要水处理技术之一,有广泛的应用前景。本工艺适用于渗水性能良好的土壤(土壤渗透系数大于 $0.036 \sim 0.36$ m/d,如砂质土壤),土层厚度大于 0.6 m,地表坡度小于 30% 的场地条件,蒸发量小、气候湿润的地区。慢速渗滤系统的污水投配负荷低,向土地布水可采用表面布水和喷灌布水。污水在土壤层的渗滤速度慢,在含有大量微生物的表层土壤中停留时间长,水质净化效果非常良好,处理水可补充地下水,一般不考虑处理水排出和收集系统。

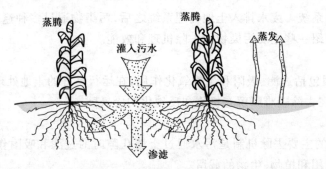

图 5-9　慢速渗滤土地处理系统

慢速渗滤系统可划分为水处理型与水利用型,前者适用于土地资源较缺乏之地区,后者适于水资源缺乏地区。当以处理污水为主要目的时,可以多年生牧草和森林作物作为种植的作物,牧草的生长期长,对氮的利用率高,可耐受较高的水力负荷。当以水利用为主要目的时,可选种对土壤盐分耐受力强的作物,由于作物生长与季节及气候条件的限制,对污水的水质及调蓄管理应加强。

根据美国及我国沈阳、昆明等地的运行资料,本工艺对 BOD$_5$ 的去除率,一般可达 95% 以上,COD 去除率达 85% ~ 90%,氮的去除率则在 80% ~ 90% 之间。

二、快速渗滤处理系统

快速渗滤处理系统(RI)是将污水有控制地投配到具有良好渗滤性能的土地表面,在污水向下渗滤的过程中,在过滤、沉淀、氧化、还原以及生物氧化、硝化、反硝化等一系列物理、化学及生物的作用下,使污水得到净化处理的一种污水土地处理工艺。快速渗滤处理系统的水流路径及水量平衡如图 5-10 所示。

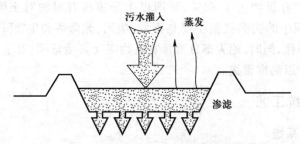

图 5-10　快速渗滤土地处理系统

该系统将渗滤田分为多个单元,污水周期性地向各单元灌水和休灌,使表层土壤处于淹水/干燥,即厌氧、好氧交替运行状态。在休灌期,表层土壤恢复好氧状态,在这里产生较强的好氧降解反应,被土壤层截流的有机物为微生物所分解,休灌期土壤层脱水干化有利于下一个灌水周期水的下渗和排除。在土壤层形成的厌氧、好氧交替的运行状态有利于氮、磷的去除。本工艺的负荷率(有机负荷率及水力负荷率)高于其他类型的土地处理系统,但如严格控制灌水-休灌周期,该工艺的净化效果仍然很高。

该工艺适用于渗水性能良好的土壤(土壤渗透系数大于 0.036 ~ 0.6 m/d),土层厚度大于1.5 m,地表坡度小于 15% 的农业区或开阔地带。进入快速渗滤系统的污水应当经过适当的预处理,一般经过一级处理即可。向土地布水可采用表面布水。回收处理水是本工艺的特征,用地下排水管或井群回收经过净化的处理水再利用,排入地表水体或用于农业灌溉,或将净化水补给地下水。

北京一些快速渗滤处理系统近年来运行数据表明,本系统的处理效果很好:

(1) BOD_5 去除率可达 95%,处理水 BOD_5 <10 m/L;COD 去除率 91%,处理水 COD<40 mg/L;

(2) 有较好的脱氮除磷功能,TN 去除率 80%,除磷率可达 65%;

(3) 去除大肠菌群的能力强,去除率可达 99.9%,出水含大肠菌群为≤40 个/L。

三、地表漫流处理系统

地表漫流处理系统(OF)是将污水有控制地投配到坡度缓和、土壤渗透性差的多年生牧草土地上,污水以薄层方式沿土地缓慢流动,在流动的过程中达到净化目的。净化出水大部分以地面径流汇集、排放或利用,地表漫流处理系统场地和水流途径参见图 5-11。其净化污水的机理类似于固定膜生物处理工艺。

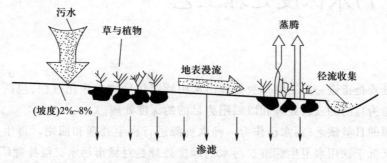

图 5-11　地表漫流处理系统

地表漫流处理系统是以处理污水为目的,兼有污水土地利用功能。这种工艺对预处理程度要求低,污水在地表漫流的过程中,只有少部分水量蒸发和渗入地下,大部分汇入低处的集水沟,对地下水的污染较轻。其出水水质则相当于传统的生物处理的出水水质,地表径流处理后的收集水可利用。本系统适用于渗透性较低的新土、亚新土,最佳坡度为 2%~8%,土层厚度足以覆盖地面和种植植物即可。布水系统可采用表面布水、低压布水和高压喷洒三种方式。在漫流坡面种植稠密的草类覆盖作物,有吸收氮磷等营养物质、降低污水流速、防止地面侵蚀和作为微生物生存条件等作用,是地表漫流处理系统有效运行的最基本条件。

国内外的实际运行资料表明,地表漫流处理系统对 BOD_5 的去除率可达 90% 左右,总氮的去除率为 70%~80%,悬浮物的去除率高达 90%~95%,细菌总数去除率在 90% 以上,大肠菌群的去除率高达 99.99%,重金属的去除率在 80% 左右。

思考题

1. 简述活性污泥法和人工湿地对污水氮、磷的不同去除途径。
2. 归纳总结和解释说明各种污水生态处理方法的主要设计参数及其意义。
3. 举例说明污水生态处理的优缺点。

第6章

污水深度处理工艺

污水深度处理是指进一步去除二级处理出水中特定污染物的净化过程,包括以排放水体作为补充地面水源为目的的三级处理和以回用为目的的深度处理。

由于水资源的日益缺乏,污水已作为一种水资源进行再生处理和回用。再生水水质指标高于排放标准但又低于饮用水卫生标准。污水的深度处理是对城市污水二级处理厂的出水进一步进行处理,以去除其中的悬浮物和溶解性无机物与有机物等,使之达到相应的水质标准。污水深度处理后利用途径不同,处理的水质目标也不同(表6.1)。

表 6.1　主要目的/用途而重点关注的水质指标

主要目的/用途		重点关注的水质指标
排放水体		COD、SS、TN、NH^{3+}、TP 等指标
工业	冷却和洗涤用水	氨氮、氯离子、溶解性总固体(TDS)、总硬度、悬浮物(SS)、色度等指标
	锅炉补给水	TDS、化学需氧量(COD)、总硬度、SS 等指标
	工艺与产品用水	COD、SS、色度、嗅味等指标
景观环境	观赏性景观环境用水	营养盐及色度、嗅味等指标
	娱乐性景观环境用水	营养盐、病原微生物、有毒有害有机物、色度、嗅味等指标
绿地灌溉	非限制性绿地	病原微生物、浊度、有毒有害有机物及色度、嗅味等指标
	限制性绿地	浊度、嗅味等感官指标
农田灌溉	直接食用作物	重金属、病原微生物、有毒有害有机物、色度、嗅味、TDS 等指标
	间接食用作物	重金属、病原微生物、有毒有害有机物、TDS 等指标
	非食用作物	病原微生物、TDS 等指标
城市杂用		病原微生物、有毒有害有机物、浊度、色度、嗅味等指标
地下水回灌	地表回灌	重金属、TDS、病原微生物、SS 等指标
	井灌	重金属、TDS、病原微生物、有毒有害有机物、SS 等指标

6.1　深度处理工艺分类

按照处理的工艺机理,可将深度处理工艺分为物理法、化学法、物化法、生物法四大类。其中物理法是利用物理作用来分离水中的悬浮物和胶体,常见的有离心、澄清、过滤等方法。化学法是利用化学反应的作用来去除水中的溶解物质或胶体物质,常见的有中和、沉淀、氧化还原、催化氧化、微电解、电解絮凝等。物化法是利用物理化学作用来去除水中的溶解物质或胶体物质,主要有混凝、吸附、离子交换、膜分离等方法。生物处理法是利用微生物的代谢作用,使水中的有机污染物和无机微生物营养物转化为稳定、无害的物质,主要包括有生物膜法,其中又包括曝气生物滤池、反硝化生物滤池、人工湿地处理等方法。

目前污水深度处理主要技术如表 6.2 所列。为了达到不同用途的水质要求,实际工程中需将各种深度处理单元技术进行有机组合。

表 6.2　污水深度处理主要技术

单元技术		主要功能及特点
强化生物处理		强化营养盐(氮、磷)的去除,如厌氧/缺氧/好氧(A^2/O)工艺
混凝沉淀		强化 SS、胶体颗粒、有机物、色度和总磷(TP)的去除,保障后续过滤单元处理效果
过滤	砂滤	进一步过滤去除 SS、TP,稳定、可靠,占地和水头损失较大
	滤布滤池	进一步过滤去除 SS、TP,占地和水头损失较小
生物滤池		进一步去除氨氮或总氮及部分有机污染物
膜处理	膜生物反应器	传统生物处理工艺与膜分离相结合以提高出水水质,占地小,成本较高
	微滤/超滤膜过滤	高效去除 SS 和胶体物质,占地小,成本较高
	纳滤/反渗透	高效去除各种溶解性无机盐类和有机物,水质好,但对进水水质要求高,能耗较高
生态处理		基质—微生物—植物复合生态系统的物理、化学和生物的协调作用,通过过滤、吸附、植物吸收和微生物分解来实现对污染物的进一步去除
氧化	臭氧氧化	氧化去除色度、嗅味和部分有毒有害有机物
	臭氧-过氧化氢	比臭氧具有更强的氧化能力,对水中色度、嗅味及有毒有害有机物进行氧化去除
	紫外-过氧化氢	对水中色度、嗅味及有毒有害有机物进行氧化去除。比臭氧-过氧化氢反应时间长

6.2　强化生物处理技术

以强化氮、磷或同时强化氮磷去除为主要目的生物处理工艺,主要包括活性污泥法中的缺氧/好氧(A_NO)生物脱氮法、厌氧/好氧(A_PO)生物除磷法、厌氧/缺氧/好氧(AAO,又称 A^2/O)生物脱氮除磷法、氧化沟、序批式活性污泥法(SBR)等,目前主流工艺是兼具脱氮除磷功能的 A^2/O、氧化沟和 SBR 等(表 6.3)。

表 6.3　二级强化处理技术运行参数参考值

运行参数 技术	BOD$_5$ 污泥负荷 L_s(kgBOD$_5$/(kgMLSS·d))	污泥浓度 $MLSS$(g/L)	污泥龄 θ_C(d)	污泥回流比 R(%)	混合液回流比 R_i(%)
A$_N$O	0.05~0.15	2.5~4.5	11~23	50~100	100~400
A$_P$O	0.4~0.7	2.0~4.0	3.5~7	40~100	—
A^2/O	0.1~0.2	2.5~4.5	10~20	20~100	≥200

6.3　混凝沉淀工艺

6.3.1　传统混凝沉淀工艺

混凝沉淀工艺是给水处理的核心工艺,主要包含混合、絮凝、沉淀三个工艺流程。其利用混凝剂使水中的悬浮颗粒物和胶体物质凝聚形成絮体,然后通过沉淀的方式去除絮体。可用于污水二级处理/二级强化处理出水的深度处理,同时也可作为预处理技术,保障后续处理工艺过程稳定运行。

混凝剂混合反应方式可采用管道混合或机械搅拌等方式。宜选择铝盐和铁盐为主的混凝剂,必要时可投加有机高分子助凝剂。沉淀设施主要有斜板(管)沉淀池、澄清池等。混凝剂投量与进出水水质、混凝剂种类有关,一般运行情况下宜为 2~10 mg/L(以铁或铝计);混合反应时间宜为 10~15 min,沉淀时间宜为 60~120 min。以二级处理出水为进水,混凝沉淀出水浊度可达到 1~5 NTU;CODC$_r$ 去除率约为 10%~30%;根据来水总磷浓度,总磷去除率通常为40%~80%。

6.3.2　磁混凝澄清工艺

磁混凝澄清工艺由美国麻省理工学院发明于 20 世纪 90 年代,由美国坎布里奇水务公司(Cambridge Water Technology)实现工程化。磁混凝澄清工艺是在传统的混凝沉淀基础上,投加磁粉(约 100 μm)作为沉淀析出晶核,使得水中胶体颗粒与磁粉颗粒很容易碰撞脱稳而形成絮体,悬浮物去除效率也大大提高;同时由于磁粉密度约 5.0 g/cm^3,使得絮体密度远大于常规混凝絮体,从而大幅提高沉淀速率。磁混凝澄清工艺设有污泥回流,回流的混凝剂还能再次发挥混凝作用,有助于减少混凝剂的投加量(图6-1)。

与传统混凝沉淀工艺相比,该技术优点如下:①添加磁种强化混凝、加速沉淀,从而降低了磁混凝池和沉淀池的容积,混凝与沉淀时间短,总计 HRT<20 min,进而节省了占地面积;②沉淀池出水经磁过滤器而不是传统的滤池进一步处理,磁过滤对水中弱磁性甚至非磁性微细颗粒的去除效果比较好,沉淀出水 SS<5 mg/L,浊度<1.0 NTU;③工艺简捷,易于操作管理,受原水水质影响小,抗冲击负荷能力强,不受气候和地理位置的限制,应用范围广;④磁鼓分离器将磁种从污泥中高效分离出来,使磁种得以循环利用。

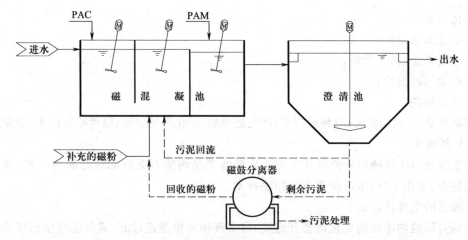

图 6-1 磁混凝澄清工艺流程示意图

6.4 介质过滤工艺

过滤是深度处理的重要环节,是确保出水达到回用标准的有效处理单元。过滤可以去除大部分悬浮物和胶体,在降低出水 SS 的同时,还可以有效地降低出水的 COD、BOD、NH_3-N 和 TP。污水深度处理中常用的过滤设施按过滤介质不同可分为成床过滤(也称为深层过滤)和表面过滤。

成床过滤采用散状材料(石英砂、无烟煤、树脂球、陶粒、纤维球、纤维束等)形成一定厚度的滤床,可以是单层滤料(石英砂或无烟煤),也可以是由上述材料组成的双层或多层滤料,过滤时大部分悬浮物或胶体截留在滤床内部。其过滤机理除了简单的机械筛滤,还包括多种物理化学作用的复杂过程,主要是悬浮颗粒与滤料之间黏附作用的结果。成床过滤具有滤床截污容量大,反冲洗周期长等优点。从发展历史来看,滤池发展经历了由慢滤池向快滤池的演变。典型的成床过滤有普通快滤池、虹吸滤池、V 形滤池、纤维滤料滤池、活性砂滤池等。

表面过滤通常采用滤布、滤网、滤膜等材料作为过滤介质,是在过滤介质表面截留悬浮物和胶体的过滤方式。表面过滤可以在较小体积内集成较大面积的介质,因此占地面积小是其突出的特点。表面过滤也存在以下缺点:过滤介质容易堵塞,需频繁反冲洗;过滤介质寿命短,更换介质导致成本增加。表面过滤精度受过滤介质控制,当采用膜过滤时,过滤精度大大高于成床过滤,但水头损失也大幅度增加。典型的表面过滤滤池有转盘滤池和滤布滤池。

6.4.1 成床过滤工艺

成床过滤工艺中普通快滤池、V 形滤池、翻板型滤池在本书上册有详细介绍,本节主要对活性砂过滤进行详细介绍。

一、普通快滤池

普通快滤池是传统的快滤池布置形式,滤料一般为单层细砂级配滤料或煤、砂双层滤料,冲洗采用单水冲洗,冲洗水由水塔(箱)或水泵供给。普通快滤池的工作原理分过滤和反洗两个过程。

主要优点是：

（1）处理效果良好；

（2）运行稳定、易于管理；

（3）剩余污泥量少；

（4）节省能耗。

主要缺点是：占地面积大；滤料易堵塞；产生滤池蝇,恶化环境卫生；喷嘴喷洒污水,散发臭味。

二、V形滤池

V形滤池是由法国德利满公司开发的。V形滤池是均质石英砂滤料滤池的一种,具有深床过滤器的特点,采用了气、水冲洗兼表面扫洗技术。

V形滤池的主要特点如下：

出水阀可随池内水位的变化调整开启度,可实现恒水位等速过滤,避免滤料层出现负压。

采用均质粗砂滤料且厚度较大,截污量大,过滤周期长,出水水质好。

滤床长宽比较大（2.5∶1）~（4∶1）,进水槽和排水渠沿长边布置,较大滤床面积时布水配水均匀。

单格滤床面积较大,适用于大型工程。

采用小阻力配水系统,承托层较薄。

采用小阻力配水系统,气水联合反冲洗加表面扫洗,冲洗效果好。

冲洗时滤料层膨胀率低,不会出现跑砂。水冲洗强度低,冲洗水耗低。

三、翻板型滤池

翻板型滤池是瑞士苏尔寿公司下属技术工程部的研究成果。所谓"翻板"是因为该型滤池反冲洗排水舌阀（板）工作过程中是从0°~90°范围内来回翻转而得名。苏尔寿公司经过长期对滤池技术研究与推广应用,使翻板滤池不断改进完善。它在反冲洗系统、排水系统与滤料选择方面有新的技术性突破,从而使该型滤池具有出水水质明显提高、反冲洗水量少、反冲洗时间短、反冲洗周期长、基建投资省、运行费用低及施工简单、工期短等特点,主要体现在以下几个方面：

（1）滤料、滤层可多样化选择；

（2）滤料流失率低；

（3）过滤周期长、纳污能力较强；

（4）翻板形滤池出水水质较好；

（5）反冲洗水耗低、水头损失小；

（6）双层气垫层,保证布水、布气均匀；

（7）气水反冲洗系统结构简单,施工进度快。

四、活性砂滤池

活性砂过滤技术集絮凝、沉淀、过滤处理于一体,简化了传统工艺处理的流程。该工艺作为市政污水处理厂深度处理工艺已有30多年的历史。

1. 工艺介绍

活性砂滤池是基于逆流原理,待处理的水通过位于设备底部的布水器进入系统内部,水流自下而上流经活性砂滤床,滤砂在滤床中自上而下地进行循环清洗,水与砂在过滤器中呈逆向流状态,增强了滤砂的截留效果,污水中的污染物杂质被滤床截留后,水质得以净化,净化后的滤后水从过滤器顶部的出流口流出。截留有污染物杂质的滤砂通过位于过滤器底部的空气提升泵提升至顶部的洗砂器,通过紊流作用和机械碰撞作用使污染物杂质与滤砂得以分离,从而使滤砂得以清洗干净,洗净后的滤砂通过自身重力返回砂床重新参与过滤,含污染物的清洗水通过冲洗水出口排出,至此,系统完成了过滤和反洗的整个工艺过程。

由于石英砂滤料在过滤器中呈自上而下的运动状态,对原水起搅拌作用,因此搅拌絮凝作用可在过滤器内完成。过滤器内滤料清洁及时,可承受较高的进水污染物浓度。活性砂滤池特殊的内部结构及其自身特点,使得混凝、澄清、过滤在同一个池体内全部完成。

活性砂过滤系统由相应结构的混凝土池子、锥形滤砂导向装置、内部过滤单元、进水管道、滤液出水管道、冲洗水出水管、内部过滤单元与相应管道间的弹性连接、空压机和控制系统等组成。内部过滤单元包括进出水管、水流分配器、洗砂装置、冲洗水出水管和空气提升泵套管等,进出水管和冲洗水出水管都位于过滤单元的上部,过滤器底部被污染的滤料通过空气提升泵被提升到过滤器顶部的洗砂器,通过紊流作用使污染物从活性砂中分离出来,杂质通过冲洗水出口排出,净砂利用自重返回砂床从而实现连续过滤(图6-2)。

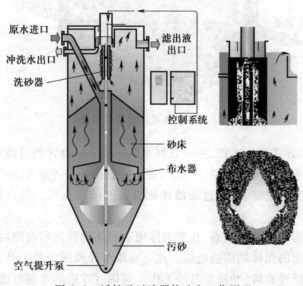

原水进口

冲洗水出口

洗砂器

滤出液出口

控制系统

砂床

布水器

污砂

空气提升泵

图6-2 活性砂过滤器构造和工作原理

2. 工艺运行控制参数

(1)在进水中一般不能含有大于5 mm的颗粒物,因为这些物质对沙滤器的良好工作性能带来危害。

(2)砂滤器是可用于去除悬浮物和通过生物转化除去废水中的某些成分。很多情况下,对于悬浮物去除需要达到一定的去除效率。在有些情况下,还需要投加混凝剂,以保证出水水质。

(3)活性砂滤器水力负荷:5~18 m/h。

(4)砂循环速率在6~12 mm/min。

(5)当进水流量为满负荷时,一般洗砂水控制在进水流量的5%~7%,具体情况根据进水固体负荷率确定。

(6)水头损失或压力降是由于水流通过(被悬浮物附着的)砂床而引起的。床层阻力通过砂滤系统进水管测压管显示,通过观察测压管液位反应砂滤系统的床层阻力大小,以便及时调整气提量,提高或降低砂循环速率。

6.4.2 表面过滤工艺

一、转盘式微过滤器

1. 工艺介绍

转盘式微过滤器是以聚酯或不锈钢网丝织物为介质的过滤器。一般箱体和转盘框架为304或316不锈钢材料标准化装配(图6-3)。

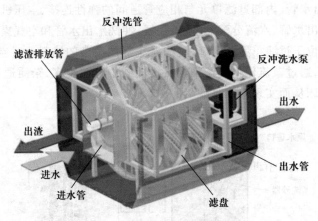

图6-3 转盘式微过滤器构造

设备均按转盘过滤方式进行工作,由一系列水平安装并可旋转的过滤盘构成,转盘安装在中央管轴之上,最大水浸泡体积可达65%~70%,每一转盘由单一不锈钢组件组成,组件表面为网状结构,污水从内向外穿流过滤,然后过滤液体从机械的端部流出。每台设备带一台PLC控制柜和一台立式冲洗泵。

过滤期间,转盘开始处于静止状态,在重力作用下固体物质沉积在筛网之上。随着过滤时间延长,网状织物会被截留的固体物质所覆盖。这一现象会导致压力差上升,在到达预先设置的最大压力差时,转盘开始慢慢旋转,冲洗泵开始工作。利用过滤后的水对过滤面上的沉积固体物质进行冲洗,冲洗水通过组件之下安装的滤渣收集槽将反冲洗水排出箱体,在清洗过程时,污水过滤过程不会中断。

转盘式微过滤器具有以下优点:

(1) 转盘式微过滤器设备水头损失小,不需用水泵单独提升,可直接利用水位差进行过滤,运行费用低。

(2) 采用网丝作为机械过滤介质,可以有效降低悬浮固体SS浓度,同时在转盘前投加铁盐(或铝盐)后也可降低SS、COD_{Cr}、BOD_5和总磷的浓度。

(3) 转盘过滤面积大、通过流量大、占地小、可以设置全封闭结构。

(4) 过滤后的水直接用于冲洗滤网的悬浮物,可以连续运行,反洗过程通过液位进行自动控制。

(5) 可以最优方式安装在混凝土池中或不锈钢箱体内,构造简单。

2. 工艺参数

每一组转盘式微过滤器,一般为 20 片,最多为 24 片,过滤总流量为 400~480 L/s。

网格精度一般为 10~20 um,应根据 SS 进出水浓度决定。如作为污水的预处理,网格精度可放宽到 20~100 um。

在正常的运行条件下通过过滤介质的水头损失为 50~200 mm,操作允许的水头损失为 300 mm。

进水悬浮物 SS 浓度<25 mg/L,最大不超过 30 mg/L,出水悬浮物 SS 浓度为 5~10 mg/L。

污水中总氮和磷利用活性污泥法进行脱氮除磷过程后,剩余的磷通过投加铁盐(或铝盐),经絮凝反应池或沉淀池再经转盘式微过滤器过滤,出水总磷可<0.5 mg/L。

冲洗水为过滤后的清水,耗水量为总出水量的 1%~2%。

例 6-1 转盘滤池选型计算:某污水处理厂规模 $Q=5\times10^4$ m³/d,总变化系数 K_z 为 1.3,深度处理设计采用混凝沉淀池+转盘过滤处理工艺。转盘滤池滤池设计进水的水质为 SS≤20 mg/L,出水 SS≤10 mg/L。

解 (1)设计流量

$$Q_{\max}=K_z\frac{Q}{24}=1.3\times\frac{50\,000}{24}=2\,708.3\,(\text{m}^3/\text{h})$$

(2)滤盘数量

设计选用的某品牌转盘滤池设备主要性能参数如下:滤盘直径 2.2 m;有效过滤面积(f)5.6 m²;滤盘滤速(q)7~9 m/h。

转盘滤池设 4 格,每格滤池滤盘数量为

$$n=\frac{Q_{\max}}{4qf}=\frac{2\,708.3}{4\times9\times5.6}\text{片}=13.4\text{片}\approx14\text{片}$$

(3)滤池尺寸

① 池体。根据厂商提供的标准规格,14 片滤盘的过滤设备机架长 4.15 m,宽 2.235 m,高 2.335 m。据此确定混凝土滤池本体尺寸:长 5.0 m,宽 3.0 m,高 1.8 m。

② 出水堰高度。根据厂商提供数据,滤盘内最高水位 1.5 m,最大过滤水头损失 0.3 m。据此,出水堰高度取 1.2 m。

③ 进出水渠。考虑到闸门安装和检修需要,进水支渠宽度取 0.6 m。

进水总渠起端流速 v_j 取 0.5 m/s,进水总渠过水断面面积为

$$F_j=\frac{Q_{\max}}{3\,600v_j}=\frac{2\,708.3}{3\,600\times0.5}=1.50\text{ m}^2$$

进水总渠宽度 B_j 取 0.8 m,则

$$\text{水深 }H_j=1.50/0.8=1.88\text{ m}$$

出水总渠控制在 0.8 m/s,出水总渠过水断面面积为

$$F_c=\frac{Q_{\max}}{3\,600v_c}=\frac{2\,708.3}{3\,600\times0.8}=0.94\text{ m}^2$$

出水总渠宽度 B_c 取 0.8 m,则

$$\text{水深 }H_c=0.94/0.8=1.18\text{ m}$$

二、滤布滤池

1. 工艺介绍

滤布滤池中的滤布(图 6-4)是尼龙针状结构,采用聚酯材料作支撑,设计过滤等级为 10 um

（平均）。单套滤布滤池（图 6-5）设备最少可以只安装 1 个碟滤盘，最多则可安装 12 个碟片，每个碟片由六块独立的滤布片组成。滤布滤池可以安装在混凝土池里也可以安装在不锈钢或碳钢池里。有多种形式的滤布可供选择，以适应不同性质的污水。

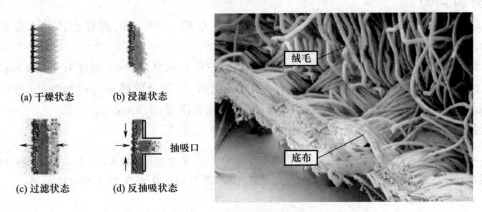

（a）干燥状态　　（b）浸湿状态

绒毛

抽吸口

底布

（c）过滤状态　　（d）反抽吸状态

图 6-4　滤布纤维放大图

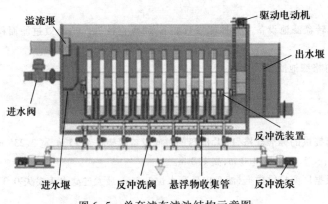

图 6-5　单套滤布滤池结构示意图

　　污水通过重力或通过水泵进入滤池，池中设有进水堰用来布水。污水经过滤布过滤后，通过中心管收集，重力流通过排水槽排放出去（图 6-6）。悬浮物截留在滤布外侧形成一层污泥层。随着滤布表面悬浮物不断累积，滤布的过滤水阻力不断增加，导致滤池中的水位不断地上升。滤池中的液位是由液位计来监视的。当液位达到预设值时 PLC 向驱动电动机和反冲洗/排泥泵同时发出启动信号，反冲洗周期启动。

　　过滤期间，滤盘处于静止状态，且一直浸没在水中。在反冲洗时，浸没在水中的滤盘以约 1 r/min 的速度旋转（图 6-7）。滤盘的两侧都装有与反冲洗、排泥泵吸水管相连的反冲洗吸头。在反冲洗的过程中，由于进行反冲洗的滤盘表面积仅占整个滤布滤池滤盘总表面积的 2% 不到，滤池的处理能力几乎不会受到影响。

　　反冲洗、排泥泵通过吸头将收集在中心管内的滤后水吸出来，清除截留在滤布上的固体颗粒，以达到对滤布表面进行清洗的目的。每个滤池（成套封装或是混凝土池）的底部都有斜坡，用来收集水池中沉淀下来的相对密度较大的颗粒。由于部分相对密度较大的固体颗粒沉降到池底,实际吸附在滤布上的固体数量减少,过滤周期相对延长,从而减少反冲洗的时间,并减少反冲洗水量的消耗。当到达预设的排泥时间后,PLC 会发出信号启动反冲洗/排泥泵和排泥阀门,此时的反冲洗泵行使排泥泵的功能,通过与池底的污泥收集管相连,将沉淀的污泥排至污泥处理装置或是回送至澄清池。

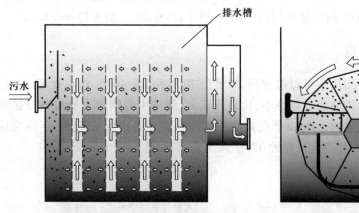

排水槽

污水

图 6-6　过滤示意图　　　　　　图 6-7　反冲洗示意图

2. 工艺参数

过滤孔径一般为 10 um,滤速<16.0 m/h,水头损失一般为 0.2 ~ 0.3 m,冲洗耗水量约为总出水量的 1%。出水悬浮物 SS 浓度为 5 ~ 10 mg/L。

6.5　生物滤池工艺

本节主要对曝气生物滤池和当前污水深度处理中去除 TN 常用的反硝化生物滤池进行介绍。

6.5.1　曝气生物滤池

曝气生物滤池具有去除 SS、COD_{Cr}、BOD_5、硝化、脱氮除磷的作用,具有容积负荷大、水力负荷大、水力停留时间短、所需基建投资少、出水水质好、运行能耗低等特点。其工艺过程为,在滤池中装填一定量粒径较小的粒状滤料,滤料表面生长着高活性的生物膜,滤池内部曝气。污水流经时,利用高比表面积滤料带来的高浓度生物膜的氧化降解能力,对污水进行快速净化,此为生物氧化降解过程;同时,流水经过,滤料成压实状态,利用滤料粒径较小的特点及生物膜的生物絮凝作用,截留污水中的悬浮物,确保脱落的生物膜不会随水漂出,此为截留作用;运行一段时间后,因水头损失的增加,需对滤池进行反冲洗,以释放截留的悬浮物及更新生物膜,此为反冲洗过程。

从曝气生物滤池的特点可以看出,将其用于城市污水深度处理方面具有的优势为:(1) 由于城市污水在经过二级处理后悬浮物已经降到了一个较低的水平(20 ~ 30 mg/L),因此不必担心悬浮物对滤池产生严重堵塞的问题,可以充分发挥曝气生物滤池处理出水水质高、抗冲击负荷能力强等优点。(2)二级出水的有机物浓度较低,可生化性较差,采用生物膜法深度处理是适宜的。在生物膜法中微生物固着生长在填料上,生物流失量小,有利于微生物的培养。该法不但能将有机物去除,还能同时去除氨氮。

曝气生物滤池以氨氮为去除目标时,容积负荷一般为 $0.2 \sim 0.6$ kg 氨氮/(m^3 滤料·d),滤速宜为 $3 \sim 6$ m/h,供气量宜为 70 m^3/kg 氨氮左右;以二级处理出水为进水时,曝气生物滤池氨氮去除率可达 90% 以上,COD_{Cr} 的去除率可达 10% $\sim$ 30%,出水 SS 一般 $\leqslant 15$ mg/L。

6.5.2　反硝化生物滤池

反硝化生物滤池的应用历史可以追溯到 20 世纪 70 年代,既可用于污水处理,也可用于污水深度脱氮及再生回用。由于其滤料粒径小,比表面积大,使池中容纳着大量异氧反硝化菌,提高了整个生物滤池的反硝化能力。Denite® 反硝化深床滤池在国外已经有近 40 年的应用,大量的工程实例证明,该工艺是一种稳定可靠的 TN 去除工艺,其构造如图 6-8 所示。

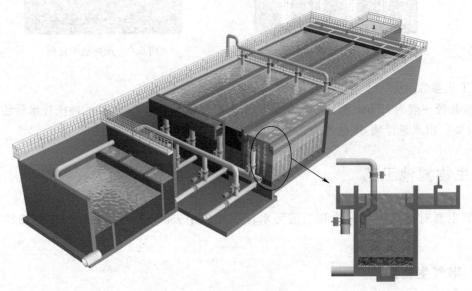

图 6-8　反硝化生物滤池构造

一、工作原理

根据污水或城市污水二级生物处理出水的水质特点和再生水水质的要求,在生物滤池处理系统中通常有前置反硝化生物滤池和后置反硝化生物滤池两种方式。

当污水或二级生物处理出水中有大量的可利用碳源,且出水水质对总氮去除要求较高时,宜采用前置反硝化工艺(图 6-9)。

当进水中总氮,尤其是硝酸盐氮较高,而缺乏或几乎没有可利用有机碳源,且出水对总氮要求较为严格时,多可采用后置反硝化工艺(图 6-10),同时外加碳源。采用后置反硝化工艺需严格控制碳源投加量,通常为防止碳源投加过量等问题,在反硝化生物滤池后设置快速曝气区,去除溢出的有机物。

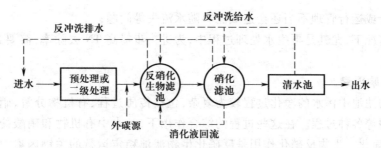

图 6-9　前置反硝化生物滤池工艺流程图

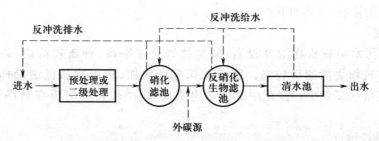

图 6-10　后置反硝化生物滤池工艺流程图

　　一般进入反硝化滤池的污水要求进行充分的预处理。进水的悬浮物浓度过高,易造成滤池堵塞,且需要频繁地更新滤床和增加反冲洗次数,一般要求进水悬浮物(SS)浓度在 50 ~ 60 mg/L 以下。

二、反硝化生物滤池的优缺点

1. 反硝化生物滤池的优点

（1）占地面积小,基建投资少。与曝气生物滤池的特点相同,在反硝化生物滤池之后不需设二次沉淀池,可省去二次沉淀池的占地和投资。此外,所采用的滤料粒径较小,比表面积较大,滤层内部的生物量较高,通过反冲洗可保持生物膜的高活性,因此,反硝化生物滤池的处理效率较高,所需停留时间较短。反硝化生物滤池水力负荷、容积负荷大大高于传统污水处理工艺和曝气生物滤池工艺,其最短停留时间可达 10 min。

（2）出水水质较好。由于填料本身截留及表面生物膜的生物絮凝作用,使得出水 SS 和浊度均较低,一般不超过 10 mg/L 和 5 NTU。

（3）抗冲击负荷能力强,耐低温。国内外运行经验表明,反硝化生物滤池可在正常负荷 2 ~ 3 倍的短期冲击负荷下运行,而其出水水质变化很小;同时,反硝化生物滤池可间歇运行,停止运行 10 ~ 20 d 后,仍可在 3 ~ 5 d 内恢复运行,有利于滤池的维护,与传统活性污泥法相比具有明显的优势。

（4）易挂膜,启动快。反硝化生物滤池在水温 20 ~ 25 ℃时,5 d 即可完成挂膜过程。

2. 反硝化生物滤池的缺点

（1）水头损失较大,水的总提升高度较大;

（2）反硝化生物滤池的运行在反冲洗操作中,短时间内水力负荷较大,反冲洗出水直接回流入初沉池会对初沉池造成较大的冲击负荷;

（3）因设计或运行管理不当还会造成滤料随水流失等问题；

（4）部分情况下，尤其是再生水处理过程中，为进一步提高 TN 去除率，需要投加外碳源，增加了处理费用。

三、运行影响因素

反硝化生物滤池中污水的净化过程较为复杂，包括传质过程、有机物分解、硝酸盐还原和微生物的新陈代谢等各种过程。在这些过程的综合作用下，污水中有机物和硝酸盐的含量大大减少，水质得到了净化。生物反硝化作用是反硝化生物滤池稳定运行的关键因素。反硝化过程除溶解氧、碱度和 pH、温度、碳源种类、$COD/NO_x^-–N$ 和有毒物质影响因素外，还受滤池构造及运行控制等多种因素的影响，具体如下：

1. 滤池高度

滤床上层，污水中有机物浓度较高，微生物繁殖速率高，种属较低级，以细菌为主，生物膜量较多，有机物去除速率较高。随着滤床深度增加，微生物从低级趋向高级，种类逐渐增多，生物膜量从多到少。滤床中的这一递变现象，类似污染河流在自净过程中的生物递变。

2. 滤池反冲洗运行

滤池反冲洗主要是去除滤池内过量生长的微生物。滤池反冲洗周期过长，可能导致滤池堵塞，局部水流速度过大，停留时间缩短，导致处理效果降低，出水 $NO_3^-–N$ 浓度升高；同时，由于滤料表面过量生长的生物膜和水流的冲刷作用，导致出水中 SS 和浊度均升高。

滤池的反冲洗过程通常分为三个阶段：气冲—气水联合冲—水冲。各阶段反冲洗强度和时间对反冲洗效果具有重要影响，反冲洗强度过大，时间过长，可能导致滤料表面生物膜的过量脱落，影响处理效果；反之，反冲洗强度过小，时间过短，则导致反冲洗周期缩短，同时，由于反冲洗得不够充分彻底，而导致出水中时常夹杂着大量的悬浮物。

3. 负荷

生物滤池的负荷是一个集中反映生物滤池工作性能的参数，同滤床的高度一样，负荷直接影响生物滤池的工作，主要有水力负荷和有机负荷两种。水力负荷太大则流量大，接触时间短，净化效果差；水力负荷太小则滤料不能得到完全利用，冲刷作用小。反硝化生物滤池容积负荷一般为 $1 \sim 1.5$ kg 硝态氮/（m^3 滤料·d），滤速宜为 $5 \sim 8$ m/h。

4. 回流

一般认为下述情况时考虑出水回流：回流多用于前置反硝化生物滤池的运行系统，且进水中氨氮浓度较高；水量很小，无法维持水力负荷在最小经验值以上时；废水中某种有机污染物在高浓度时有可能抑制微生物生长。

四、反硝化生物滤池的设计

1. 滤池所用滤料的选择原则

反硝化生物滤池多采用无机滤料，如火山岩、陶粒和膨胀黏土等。反硝化生物滤池所选滤料应具备的基本要求：有较好的生物膜附着能力，较大的比表面积，孔隙率大，截污能力强；形状规则，尺寸均一，以球形为佳；阻力小，强度大，磨损率低，具有较好的生物和化学稳定性。反硝化生物滤池滤料的特性要求参见表 6.4。

表6.4 反硝化生物滤池所用滤料的特性要求

特性	范围	特性	范围
外观	球形颗粒,表面光滑	比表面积(m^2/m^3)	$(1 \sim 4) \times 10^4$
粒径范围(mm)	2.5 ~ 8	孔隙率(%)	0.3 ~ 0.4
均匀系数	<1.5	磨损率(%)	<3
干堆积密度(kg/m^3)	700 ~ 2 000	算可容率(%)	<1.5

采用式(6-1)计算反硝化生物滤池所用滤料:

$$V_{DN} = \frac{Q \times (N_0 - N_e)}{1\ 000 \times q_{DN}} \tag{6-1}$$

式中,V_{DN}:反硝化生物滤池所用滤料体积,m^3;Q:进入滤池的日平均污水量,m^3/d;N_0:进水中 $NO_x^- - N$ 浓度,mg/L;N_e:出水中 $NO_x^- - N$ 浓度,mg/L;q_{DN}:滤料的反硝化负荷,$kgNO_x^- - N/(m^3 \cdot$ 滤料 $\cdot d)$,一般为 $0.8 \sim 4.0\ kgNO_x^- - N/(m^3$ 滤料 $\cdot d)$。

2. 碳源投加量计算方法

碳源投加量与碳源种类、进水 $NO_x^- - N$ 浓度、DO 浓度及出水 $NO_x^- - N$ 浓度的要求有关。碳源投加量可按照式6-2计算。

$$c_m = 2.80([NO_3^- - N]_0 - [NO_3^- - N]_e) + 1.71([NO_2^- - N]_0 - [NO_2^- - N]_e) + [DO] \tag{6-2}$$

式中,c_m:反硝化所需的有机物量,mg/L;$[NO_3^- - N]_0$、$[NO_3^- - N]_e$:进、出水 $NO_3^- - N$ 浓度,mg/L;$[NO_2^- - N]_0$、$[NO_2^- - N]_e$:进、出水 $NO_2^- - N$ 浓度,mg/L;$[DO]$:污水中的 DO 浓度,mg/L。

3. 反硝化生物滤池各部分尺寸的确定

反硝化生物滤池总有效面积采用式(6-3)计算:

$$A_{DN} = \frac{V_{DN}}{H} \tag{6-3}$$

式中,A_{DN}:反硝化滤池总有效面积,m^2;H:滤层高度,m。

反硝化滤池单池有效面积采用式(6-4)计算:

$$\alpha_{DN} = \frac{A_{DN}}{n} \tag{6-4}$$

式中,α_{DN}:单池有效面积,m^2,建议 $\leqslant 100m^2$;n:滤池数量,个。

滤池总高度计算:

$$H_0 = H + h_1 + h_2 + h_3 + h_4 \tag{6-5}$$

式中,H_0:滤池总高度,m;H:滤层高度,m,一般为 2.5 ~ 4.5 m;h_1:配水室高度,m;h_2:承托层高度,m,一般为 0.3 m;h_3:清水区高度,m,一般为 1.0 ~ 1.5 m;h_4:超高,m,一般为 0.5 m。

五、运行与控制

反硝化生物滤池运行主要包括过滤过程的优化控制、反冲洗运行和故障维修,在线仪表主要有硝酸盐测定仪、浊度测定仪、流量计和滤池压差检测仪表等。反硝化生物滤池控制系统为集散型的控制系统,整个系统由多台工控机和现场终端机连接组成。

1. 过滤

为保障对出水 TN 的要求,反硝化生物滤池正常运行时,需开启进水调节阀,并投加外碳源。

滤池的核心控制参数为水力负荷、出水硝酸盐水平及运行周期控制。为确保滤池在工艺设计工况下运行,滤池进水水量应控制在适当的范围。

碳源投加控制在运行中尤为重要,为防止碳源投加过量造成出水中有机物的溢出,需要根据处理水水量、进水硝酸盐浓度、出水硝酸盐浓度等指标及时地进行调整,在保证反硝化效果和出水 TN 要求的同时,防止因碳源过量投加而导致出水 COD 超标。

2. 反冲洗

由于滤料表面附着生物膜的不断生长和滤料对悬浮物的截留作用,导致滤床逐渐堵塞,为确保生物活性,需要进行定时反冲洗,正常情况下滤池反冲洗周期在 24~36 h 比较合适,运行人员也可以根据实际情况及时调整 PLC 中设定的反冲洗周期。

例 6-2 **分建式 DN 型曝气生物滤池计算**某污水处理厂规模为 3 000 m³/d,原设计出水执行二级标准。拟在二级生化工艺后增加 DN 型曝气生物滤池加化学除磷,将水标准提高至 GB 18918—2002 一级 A 标准。其中,DN 型曝气生物滤池的好氧阶段与缺氧阶段分建式,缺氧段后置。该滤池进出水水质要求为:进水 $BOD_5(S_0)$ = 30 mg/L;出水 $BOD_5(S_e) \leqslant 10$ mg/L;进水 $SS(SS_0)$ = 30 mg/L;出水 $SS(SS_e) \leqslant 10$ mg/L;进水 $NH_3-N(N_a)$ = 25 mg/L;出水 $NH_3-N(N_{ae}) \leqslant 5$ mg/L;进水 $TN(N_t)$ = 30 mg/L,出水 $TN(N_{te}) \leqslant 15$ mg/L。

解 (1) 好氧段滤料体积计算(DC 段和 N 段)

选用陶粒作为滤料,选取滤池 NH_3-N 容积负荷 L_V = 0.48 $kgNH_3-N/(m^3 \cdot d)$,好氧段滤料总体积

$$V_1 = \frac{Q(N_a - N_{ae})}{L_V} = \frac{3\ 000 \times (25-5)}{1\ 000 \times 0.48} = 125\ m^3$$

(2) 好氧段滤池尺寸 好氧段滤池为 2 格,每格好氧滤料高 h_3 = 3 m,则单格面积

$$A_1 = \frac{V_1}{2h_3} = \frac{125}{2 \times 3} = 20.8\ m^2$$

每格为正方形,则每边长

$$a_1 = \sqrt{A_1} = \sqrt{20.8} \approx 4.6\ m$$

滤速

$$v = \frac{Q}{2A_1} = \frac{3\ 000}{2 \times 20.8} = 72.1\ m/d = 3.0\ m/h$$

过滤速度满足一般规定要求。

滤池超高 h_1 为 0.5 m,稳水层 h_2 = 0.8 m,滤料高 h_3 = 3 m,承托层高 h_4 = 0.3 m,配水室高 h_5 = 1.5 m,则滤池总高

$$H_1 = h_1 + h_2 + h_3 + h_4 + h_5 = 0.5 + 0.8 + 3 + 0.3 + 1.5 = 6.1\ m$$

(3) 校核滤料 NH_3-N 水力负荷

$$L_q = \frac{Q}{2 \times A_1} = \frac{3\ 000}{24 \times 2 \times 20.8} = 3\ [m^3/(m^2 \cdot h)]$$

在 2~10 $[m^3/(m^2 \cdot h)]$ 之间,符合要求。

(4) 校核滤料 BOD_5 容积去除负荷 L_V

$$L_V = \frac{Q(S_0 - S_e)}{V_1} = \frac{3\ 000 \times (0.03 - 0.01)}{125} = 0.48\ [kgBOD_5/(m^3 \cdot d)]$$

小于 2 $[kgBOD_5/(m^3 \cdot d)]$,符合要求。

(5) 缺氧段滤料体积(DN 段)

进水缺氧段 NO_3-N 浓度 N_0 = (25-5) + (30-25) = 25(mg/L)

出水中允许 NO_3-N 浓度 N_{oe} = 15-5 = 10(mg/L)

需反硝化 NO_3-N 浓度 $N_0 - N_{oe}$ = 25-10 = 15(mg/L)

取反硝化容积负荷 N_{V_2} = 1.0 $kgNO_3^--N/(m^3 \cdot d)$

则滤料体积

$$V_2 = \frac{Q(N_0 - N_{oe})}{N_{V2}} = \frac{3\,000 \times (0.025 - 0.01)}{1.0} = 45 \text{ m}^3$$

由于是二级出水且后置式反硝化,进水中碳源不足,需在缺氧段投加碳源。

(6) 缺氧段滤池尺寸　缺氧段滤池为 2 格,每格缺氧段滤料高 $h_3' = 2.5$ m,则单格面积为

$$A_2 = \frac{V_2}{2h_3'} = \frac{45}{2 \times 2.5} = 9 \text{ m}^2$$

每格为正方形,则每边长为

$$a_2 = \sqrt{A_2} = \sqrt{9} = 3 \text{ m}$$

滤速 $v = \dfrac{Q}{2A_2} = \dfrac{3\,000}{2 \times 9} = 166.7\,(\text{m/d}) = 6.9\,(\text{m/h})$,过滤速率满足一般规定要求。

滤池超高 $h_1' = 0.5$ m,稳水层高 $h_2' = 0.8$ m,滤料层高 $h_3' = 2.5$ m,承托层高 $h_4' = 0.3$ m,配水室高 $h_5' = 1.2$,则滤池总高

$$H_2 = h_1' + h_2' + h_3' + h_4' + h_5' = 0.5 + 0.8 + 2.5 + 0.3 + 1.2 = 5.3 \text{ m}$$

(7) 水力停留时间　滤料空隙率设为 $\varepsilon = 0.5$,好氧段空床水力停留时间为

$$t_1 = \frac{V_1}{Q} \times 24 = \frac{125}{3\,000} \times 24 = 1 \text{ h}$$

实际水力停留时间 $t_1' = \varepsilon t_1 = 0.5 \times 1 = 0.5$ h。

缺氧段空床水力停留时间为

$$t_2 = \frac{V_2}{Q} \times 24 = \frac{45}{3\,000} \times 24 = 0.36 \text{ h}$$

实际水力停留时间 $t_2' = \varepsilon t_2 = 0.5 \times 0.36 = 0.18$ h。

其他计算从略。分建式 DN 型曝气生物滤池布置见图 6-11。

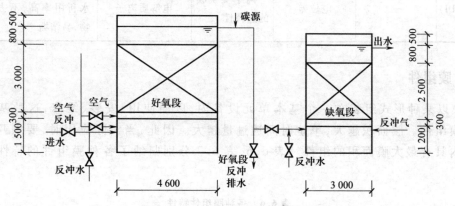

图 6-11　分建式 DN 型曝气生物滤池布置(单位:mm)

6.6　膜处理技术

膜处理技术是在 20 世纪初出现、20 世纪 60 年代后迅速崛起的一门水处理新技术,与传统的水处理方法相比具有处理效果好、可实现废水的循环利用和能对有用物质进行回收等优点。

6.6.1　膜种类

膜分离方法是以天然或人工合成的高分子薄膜,以外界的能量或化学位差为推动力,对双组分或多组分的溶质和溶剂进行分离、分级、提纯和富集的方法。目前常见的膜分离过程主要包括微滤(MF)、超滤(UF)、纳滤(NF)、反渗透(RO)等。不同的膜分离有着不同的分离机理和适用范围。表6.5列举了膜过程及其性质、特点。

表6.5　膜过程及其性质、特点

膜过程	膜孔径	推动力	分离机理	分离物质	特点
微滤(MF)	$0.1 \sim 0.2~\mu m$	压力差约 100 kPa	机械筛分	微粒、亚微粒和细粒物质	膜孔径均匀,孔隙率高,过滤速度快,驱动压力低
超滤(UF)	$0.05 \sim 1~\mu m$	压力差 $0.1 \sim 1.0$ MPa	分子的大小和形态	大分子物质和胶体	驱动压力低,但不能截留无机离子,对水中氮、磷的去除率不高
纳滤(NF)	$0.5 \sim 10$ nm	压力差 $0.5 \sim 1.0$ MPa	筛分和一定性选择	粒径 1 nm 左右的溶解组分	对阴离子具有一定选择性,能透过部分无机离子
反渗透(RO)	<1 nm	静压差 $1 \sim 10$ MPa	反渗透膜的选择透过性	悬浮物、大分子、小分子、离子	透水性好,脱盐率高,对入流水质要求高,推动压差大
电渗析(EDI)	—	电位差	离子交换膜的选择性	电解质离子	能耗和药耗低,污染少,水利用率高,不去除有机物,易结垢

6.6.2　膜组件

把膜以某种形式组装在一个基本单元设备内,以便使用、安装、维修,这种基本单元设备叫膜组件。膜面积越大,单位时间透过量越大。因此,当实际应用时,要求开发在单位体积内具有最大膜面积的组件。表6.6、表6.7分别归纳了各种膜组件的特性及优缺点比较。

表6.6　各种膜组件特性

名称/项目	平板式	管式	卷式	中空纤维式
冲填密度	低	低	中	高
清洗	易	易	中	难
压力降	中	低	中	高
可否高压操作	较难	较难	可	可
膜形式限制	无	无	无	有

表 6.7　各种膜组件的优缺点比较

类型	优点	缺点	使用状况
平板式	结合简单、紧凑、牢固、能承受高压;可使用强度较高的平板膜;性能稳定,工艺简便	装置成本高;膜的堆积密度小	适宜小规模;已商业化
管式	膜容易清洗和更换,原水流动状态好,压力损失较小,耐高压;能处理含有悬浮物的易堵塞流水通道的溶液	装置成本高;管口密封较困难;膜的装填密度小	适合于中、小规模;已商业化
卷式	膜的堆积密度大,结构紧凑;可使用强度好的平板膜	制作工艺和技术较为复杂,密封较困难;易堵塞,不易清洗	适合于大、中、小规模;已商业化
中空纤维式	膜的堆积密度大;需支撑材料	制作工艺和技术复杂,易堵塞,不易清洗	适合于大规模;已商业化

6.6.3　微滤和超滤过滤工艺

　　超滤和微滤过滤工艺可替代常规的沉淀−过滤工艺,具有高效去除悬浮物和胶体物质的能力,出水水质优于常规介质过滤。用微滤和超滤技术处理后的城市污水,可进一步降低水的浊度、色度及有机物,其出水可作为城市杂用水、工业循环冷却用水、环境景观用水的水源。微滤和超滤亦可作为反渗透、纳滤的前处理手段。

　　一、微滤膜的工艺原理

　　微滤主要用来从气相和液相物质中截留微米及亚微米级的细小悬浮物、微生物、微粒、细菌、酵母等污染物,以达到净化、分离和浓缩的目的。其操作压差为 0.01 ~ 0.2 MPa,被分离粒子直径的范围为 0.8 ~ 10 μm。微滤过滤时,介质不会脱落,没有杂质溶出,使用和更换方便,使用寿命较长。同时,滤孔分布均匀,可将大于孔径的微粒、细菌、污染物截留在滤膜表面,滤液质量较高。

　　一般认为微滤膜的分离机理为筛分机理,膜的物理结构起决定性作用,膜表面层截留(机械截留、吸附截留、架桥作用等),膜内部截流。微滤是以静压差为推动力,利用膜的"筛分"作用进行分离的压力驱动型膜过程。微滤膜具有比较整齐、均匀的多孔结构,在静压差的作用下,小于膜孔的粒子通过滤膜,大于膜孔的粒子被阻拦在膜面上,使大小不同的组分得以分离,其作用相当于"过滤"。由于每平方厘米滤膜中约包含 1 000 万至 1 亿个小孔,孔隙率占总体积的 70% ~ 80%,故阻力很小,过滤速度较快。

　　二、超滤膜的工艺原理

　　超滤主要用于从液相物质中分离大分子化合物(蛋白质、核酸聚合物、淀粉、天然胶、酶等)、胶体分散液(黏土、颜料、矿物料、乳液粒子、微生物)、乳液(润滑脂−洗涤剂及油−水乳液)。超滤对去除水中的微粒、胶体、细菌、热源和各种有机物有较好的效果,但不能截留无机离子。

　　超滤属于压力驱动型膜分离技术,其操作静压差一般为 0.1 ~ 0.5 MPa,被分离组分的直径大约 0.01 ~ 0.1 um,这种液体的渗透压很小,可以忽略。常用非对称膜,膜孔径为 10^{-3} ~

10^{-1} um,膜表面的有效截留层厚度较小(0.1~10 um)。

一般认为超滤的分离机理为筛孔分离过程,但膜表面的化学性质也是影响超滤分离的重要因素。超滤过程中溶质的截留有在膜表面的机械截留(筛分)、在孔中滞留而被除去(阻塞)、在膜表面及微孔内的吸附(一次吸附)三种方式。

三、工艺设计

微滤/超滤运行参数与膜的过滤方式有关。外置式:操作压力宜≤0.2 MPa,膜通量宜为40~70 L/(m²·h),反冲洗周期宜为30~60 min;浸没式:操作压力宜≤0.05 MPa,膜通量宜为30~50 L/(m²·h),反冲洗周期宜为30~60 min。

微滤/超滤装置基本操作模式有两种,死端过滤和错流过滤。通常情况下,含固量小于0.1%的进料液通常采用死端过滤;含固量为0.1%~0.5%的进料液要进行预处理;固含量高于0.5%的进料液只能采用错流过滤。

微滤、超滤过程大多采用错流操作,在小水量生产中通常也采用死端过滤操作。错流过滤的优点是可以减少膜污染,缺点是回收率较低。死端过滤的优点是回收率高,缺点是膜污染严重。

四、典型工艺流程

微滤和超滤工艺主要由预处理工段和膜过滤工段两大部分组成。

在微滤和超滤工艺过程中,预处理工段非常重要。因为水中的悬浮物、胶体、微生物和其他杂质会附在膜表面而使其受到污染。另外,微滤和超滤膜的水通量比较大,被截留杂质在膜表面上的浓度迅速增大而产生浓差极化现象,更为严重的是,有一些很细腻的微粒会渗入膜孔而堵塞透水通道。另外,水中的微生物及其新陈代谢生成的黏性液体也会紧紧地附在膜表面。上述这些因素都会导致微滤和超滤膜透水量下降或者分离性能衰退。同时,膜对供水温度、pH 和浓度等也都有一定的限度要求。因此,对微滤和超滤供水必须进行适当的预处理和水质调整,满足它的供水要求条件,以延长微滤和超滤设备的使用寿命,降低制水成本。

预处理通常采用混凝沉淀或高效过滤。当采用高效过滤为预处理工艺时,可取消盘式过滤器。

以城镇污水处理厂深度处理为例,描述微滤或超滤处理典型工艺流程,如图6-12所示。

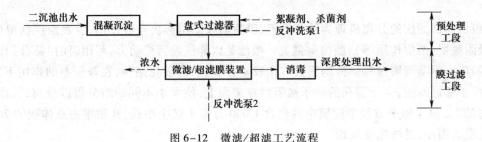

图6-12 微滤/超滤工艺流程

6.6.4 反渗透工艺

反渗透法的问世最早是在1953年,由美国 Reid 研究发明。1961年,美国 Hevens 公司首先研制出管式反渗透膜组件。20世纪70年代,反渗透技术开始大规模应用海水淡化处理,使其在脱盐领域占有领先地位。目前,反渗透技术在纯水及超纯水制造、中水回用、污水处理、化工分离、食品浓缩等领域都有着广泛的应用。

一、工艺原理及特点

反渗透是利用反渗透膜选择性地只能透过溶剂(通常是水)而截留离子物质的性质,以膜两侧静压差为推动力,克服溶剂的渗透压,使溶剂通过反渗透膜而实现对液体混合物进行分离的膜过程。它的操作压差一般为 1.5 ~ 10.5 MPa,截留组分的大小为 1 ~ 10 Å 的小分子溶质。除此之外,还可以从液体混合物中去除其他全部的悬浮物和胶体。其技术特点如下:

(1) 在常温不发生相变化的条件下,可以对溶质和水进行分离,适用于对热敏感物质的分离、浓缩,并且与有相变化的分离方法相比,能耗较低。

(2) 杂质去除范围广,不仅可以去除溶解的无机盐类,还可以去除各类有机物杂质。

(3) 较高的除盐率和水的回用率,可截留粒径几纳米以上的溶质。

(4) 由于只是利用压力作为膜分离的推动力,因此分离装置简单,容易操作、自控和维修。

(5) 反渗透装置要求进水达到一定的指标才能正常运行,因此原水在进入反渗透装置之前要采用一定的预处理措施。为了延长膜的使用寿命,还要定期对膜进行清洗,以清除污垢。

二、工艺设计

反渗透系统一般包括三大主要部分:预处理、反渗透装置、后处理。

与微滤和超滤过程类似,良好的预处理对反渗透装置长期稳定运行十分必要。其目的主要为:(1) 去除悬浮固体和胶体,降低浊度;(2) 控制微生物的生长;(3) 抑制与控制微溶盐的沉积;(4) 进水温度和 pH 的调整;(5) 有机物的去除;(6) 金属氧化物和硅的沉淀控制等。

反渗透的预处理技术主要有:多介质过滤、活性炭过滤、保安过滤、微滤或超滤等。采用微滤或超滤作为预处理系统与其他方法相比更为高效。

反渗透装置本身根据原水的水质确定使用膜元件的类型,并根据对产水量和产水水质的要求,确定膜元件的数量、膜组件的排列方式和反渗透装置的回收率、脱盐率等参数。一般情况下,反渗透系统有分段式,包括一级一段式、一级多段式;有多级式,通常为二级多段式。

反渗透装置要求进水污染指数(SDI)<3,运行压力 ≤2.0 MPa。一级两段反渗透产水率可 >70%,一级 RO 系统的脱盐率可 >95%,二级 RO 的脱盐率可 >97%。

以污水处理厂二沉池出水作为原水的反渗透工艺为例描述反渗透工艺流程,如图 6-13 所示。

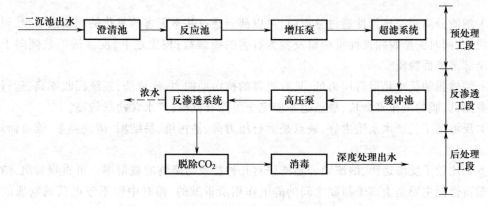

图 6-13 污水处理厂反渗透深度处理工艺流程图

6.6.5　纳滤工艺

纳滤膜是 20 世纪 80 年代初期继典型的反渗透膜之后开发出来的,最初用于水的软化。纳滤膜的截留分子的相对分子质量介于反渗透膜和超滤膜之间,为 200 ~ 2 000。由于纳滤膜达到同样的渗透通量所施加的压差比用 RO 膜低 0.5 ~ 3 MPa,故纳滤膜又称疏松 RO 膜(loose RO)、低压 RO 膜(low-pressure RO)。

一、工艺机理

纳滤膜的分离作用主要是由于粒径筛分和静电排斥。传统软化纳滤膜对水中无机物和有机物都具有很高的截留率,这类纳滤膜主要是通过较小的孔径来截留和筛分杂质。一些新型的纳滤膜以去除水中的有机物为主要目标,它们由荷电荷、亲水性较高的原材料制成,具有一定的电荷,此类纳滤膜对有机物的截留机理除了孔径筛分外,还加入了膜与有机物的电性作用,甚至以电性作用为主要的有机物截留机理。这种新型纳滤膜对无机离子的截留率较低,因此特别适用于处理硬度、碱度低而 TOC 浓度高的微污染水源水,产水不需要再矿化或稳定,就能满足优质饮用水的要求。

二、技术特点

大多数纳滤膜是聚合物的多层薄膜复合体,且常为不对称结构,含有一个较厚的支撑层(100 ~ 300 um),以提供孔状支撑;支撑层上有一层薄的表皮层(0.05 ~ 0.3 um)。这层薄表皮层主要起分离作用,也是水流通过的主要阻力层。该表皮层为活性膜层,通常含有荷负电荷的化学基团。

纳滤膜在制造过程中常常让其带上电荷。根据纳滤膜的荷电情况,又可将其分成 3 类:荷负电荷膜、荷正电荷膜、双极膜。其中,荷负电荷膜应用较为广泛,通常由含有磺酸基($-SO_3H$)或羧基($-COOH$)的聚合物材料或在聚合物膜上引入荷负电荷基团制成,可选择性地分离多价阴离子,对阴离子具有较为理想的截留率。

综上所述,典型的纳滤工艺具有以下两个显著特征:一是对硫酸根和磷酸根等多价阴离子的截留率几乎达到 100%,对氯化钠的截留率大约在 0 ~ 70% 变化;二是对可溶有机物的截留率可能受到这些物质分子大小、形状、极性、电性等情况的综合影响。

纳滤工艺与反渗透工艺同为压力驱动的膜分离过程,但两者在操作条件和处理效果上有所不同:

(1)纳滤分离膜是选择性透过分离膜,可以部分透过基本无害的氯化钠和碳酸氢根,脱除大部分有机物,同时完全脱除毒性重金属及较为有害的硫酸盐;相比之下,反渗透工艺倾向于脱除水中的全部溶解性物质。

(2)纳滤膜的优点是运行压力低,具有更强的抗污染能力,耐清洗,系统回收率高,运行维护简单且费用低,膜的工作寿命长;缺点是不能完全脱除有机物,产水含盐量较高。

(3)反渗透工艺产水水质更好,缺点是运行压力高、易污染、易结垢、清洗频繁、膜寿命短、回收率低。

表 6.8 比较了反渗透膜、纳滤膜和超滤膜对几种盐及污染物的截留率。可直观看出,纳滤膜对盐的截留性能主要是由离子与膜之间的静电作用所贡献的,而对中性不带电荷的物质的截留则是根据膜的筛分效应。

表 6.8　反渗透膜、纳滤膜和超滤膜对几种盐及污染物的截留率

种类	RO	NF	UF	种类	RO	NF	UF
氯化钠	99%	0~70%	0	盐酸	90%	0~5%	0
硫酸钠	99%	99%	0	腐殖酸	>99%	>99%	30%
氯化钙	99%	0~90%	0	蛋白质	99.99%	99.99%	99%
硫酸镁	>99%	>99%	0	病毒	99.99%	99.99%	99%
硫酸	98%	0~5%	0	细菌	99.99%	99.99%	99%

6.7　高级氧化技术

利用臭氧等强氧化剂对水中色度、嗅味及有毒有害有机物等进行氧化去除的技术,根据来水水质状况和出水水质要求还可以采用臭氧—过氧化氢、紫外—过氧化氢等高级氧化技术。

一、臭氧氧化

臭氧在化学性质上主要呈现强氧化性,氧化能力仅次于氟、—OH 和 O(原子氧),其氧化能力是单质氯的 1.52 倍。利用臭氧作为氧化剂对水中色度、嗅味及有毒有害有机物进行氧化去除。

臭氧投量宜为 3~8 mg/L,接触时间宜为 5~10 min。对色度、嗅味及含不饱和键的有毒有害有机物去除效果显著,出水色度一般小于 10 度,可有效地去除嗅味,并具有降低生物毒性的效果。

臭氧具有强氧化性,与臭氧接触的相关设施应采用耐氧化材料;臭氧有毒,气味难闻,必须设置尾气破坏装置,并采取防止臭氧泄漏的措施;宜采用后置生物过滤技术去除臭氧氧化中间产物(醛类物质等)。

二、臭氧—过氧化氢

臭氧—过氧化氢氧化技术是利用氧化能力比臭氧更强的羟基自由基进行氧化;运行方式灵活,根据实际情况可选择单独臭氧氧化、臭氧—过氧化氢联用等方式,采用联用方式时,可在多级臭氧接触池的后段投加过氧化氢。色度、嗅味去除效果与单独臭氧氧化相当,比单独臭氧氧化具有更强的氧化能力。

臭氧投量宜为 3~8 mg/L,过氧化氢与臭氧的投加比一般为 0.3~0.5(质量比),接触时间宜大于 5 min。

过氧化氢在高温下容易分解,储运要注意安全;出水中可能有过氧化氢残留,对过氧化氢含量有要求时,需采用活性炭床进行过氧化氢分解处理。

三、紫外—过氧化氢

紫外—过氧化氢联用技术可对水中色度、嗅味及有毒有害有机物进行氧化去除,其比臭氧具有更强的氧化能力,具有一定的除色除嗅效果。

紫外线有效剂量≥20 mJ/cm^2,过氧化氢投量宜为 3—8 mg/L,接触时间宜大于 30 min。

思考题

1. 污水深度处理的对象和特点是什么？剩余污染物质的处理有何难度？

2. 生物膜工艺、膜过滤工艺、成床过滤和表面过滤工艺有什么异同点？

3. 用生物滤池进行污水后续深度处理的优越性是什么？

第 7 章

污泥处理处置及资源利用

7.1 污泥分类、特性及其输送

污泥处理处置目的是减量化、稳定化、无害化及资源化。污泥处理处置应符合"安全环保、循环利用、节能降耗、因地制宜、稳妥可靠"的原则。

污泥处理指对污泥进行稳定化、减量化和无害化处理的过程,如泥浓缩(调理)、脱水、厌氧消化、好氧消化、堆肥和干化等过程。污泥处置指对污泥的最终消纳,如污泥的土地利用、填埋、焚烧和建筑材料利用等。

城镇污水厂污水处理过程会产生大量污泥,污泥量与处理水量的体积比约为 0.3% ~ 0.5%(以含水率为 97% 计)。城镇污水厂污泥的减量化处理包括减小污泥体积和减少污泥质量两个方面。污泥浓缩、脱水、干化等技术通过降低污泥含水率以减小污泥体积;污泥消化、污泥堆肥和污泥焚烧等技术通过分解污泥中的有机质以减少污泥质量。城镇污水厂污泥的无害化处理包括污泥稳定(不易腐败)和致病菌及寄生虫卵的杀灭,以利于污泥的进一步处理和利用。城镇污水厂污泥的资源化处理包括回收生物能源、污泥土地利用、建材利用等。

城镇污水厂污泥的处理处置应根据地区经济和环境条件,优先进行减量化和无害化,有条件时应考虑污泥的资源化利用。

7.1.1 污泥分类

一、按成分分类

1. 有机污泥:污泥以有机物为主要成分的污泥。有机质易于腐化发臭,污泥颗粒较细,相对密度较小(为 1.002 ~ 1.006),含水率高且不易脱水,属于胶状结构的亲水性物质。

2. 无机沉淀物:以无机物为主要成分的污泥,常称为沉渣。沉渣的主要性质是颗粒较粗,相对密度较大(约为 2),含水率较低且易于脱水,流动性差。

二、按来源分类

1. 初次沉淀污泥。来自初次沉淀池。

2. 剩余活性污泥。来自活性污泥法后的二次沉淀池。

3. 腐殖污泥。来自生物膜法后的二次沉淀池。

以上 3 种污泥可统称为生污泥或新鲜污泥。

4. 消化污泥。生污泥经厌氧或好氧消化处理后,称为消化污泥或熟污泥。

5. 化学污泥。用化学沉淀法处理污水后产生的沉淀物称为化学污泥或化学沉渣。例如,用混凝沉淀法去除污水中的磷;投加硫化物去除污水中的重金属离子;投加石灰中和酸性污水产生的沉渣以及酸、碱污水中和处理产生的沉渣均称为化学污泥或化学沉渣。

7.1.2　污泥危害

污泥有机物含量高、易腐烂发臭,含有寄生虫卵、病原微生物,可能还有重金属和难降解的有毒有害物质,如不加以妥善处理,任意排放,将会造成二次污染。

一、有机物污染

污泥中有机污染物主要有苯、氯酚、多氯联苯(PCBs)、多氯二苯并呋喃和多氯二苯并二噁英(PCDDS)等。污泥中含有的有机污染物不易降解、毒性残留长,这些有毒有害物质进入水体与土壤中将造成环境污染。

二、病原微生物污染

污水中的病原微生物和寄生虫卵经过处理会进入污泥,污泥中的病原体对人类或动物将造成危害。

三、重金属污染

在污水处理过程中,70% ~ 90% 的重金属元素会通过吸附或沉淀而转移到污泥中形成二次污染。

四、其他危害

污泥对环境的二次污染还包括污泥盐分的污染和氮、磷等养分的污染。污泥盐分含盐量较高,会明显提高土壤电导率,破坏植物养分平衡,抑制植物对养分的吸收,甚至对植物根系造成直接的伤害;在降雨量较大且土质疏松地区的土地上大量施用富含氮、磷等的污泥之后,当有机物的分解速率大于植物对氮、磷的吸收速率时,氮、磷等养分就有可能随水流失而进入地表水体造成水体的富营养化,进入地下造成地下水的污染。

7.1.3　污泥性质指标

一、污泥物理性质

1. 污泥含水率

污泥中所含水分的质量与污泥总质量之比的百分数称为污泥含水率。含水率是污泥最重要的物理性质,它决定了污泥体积。污泥含水率与其相态有一定的关系,随着含水率的降低,污泥由液态逐渐转变成固态,如表 7.1 所示。污泥的含水率一般都很高,相对密度接近于 1。污泥的体积、重量及所含固体物浓度之间的关系,可用式(7-1)表示:

$$\frac{V_1}{V_2} = \frac{m_1}{m_2} = \frac{100 - p_2}{100 - p_1} = \frac{C_2}{C_1} \tag{7-1}$$

式中，p_1，V_1，m_1，C_1：污泥含水率为 p_1 时的污泥体积、质量与固体浓度；p_2，V_2，m_2，C_2：污泥含水率为 p_2 时的污泥体积、质量与固体浓度。

式(7-1)适用于含水率大于 65% 的污泥。因含水率低于 65% 时，污泥内出现很多气泡，体积与质量不再符合式(7-1)所示关系。

表 7.1　污泥含水率及其相态

含水率(%)	污泥状态	含水率(%)	污泥状态
90 以上	几乎为液体	60~70	几乎为固体
80~90	粥状物	50	黏土状
70~80	柔软弹性状		

由式(7-1)可知，污泥含水率与污泥体积之间关系密切。当污泥含水率由 99% 降到 98%，或由 98% 降到 96%，或由 96% 降到 92% 时，污泥体积均能减少一半，即污泥含水率越高，降低污泥的含水率对减容的作用越大(表 7.2)。

表 7.2　污泥含水率与体积变化

含水率(%)	98	96	92	84	68
体积(m³)	100	50	25	12.5	6.25

2. 湿污泥相对密度与绝干污泥相对密度

湿污泥重量等于污泥所含水分质量与绝干固体质量之和。湿污泥相对密度等于湿污泥重量与同体积的水重量之比值。由于水相对密度为 1，所以湿污泥相对密度 γ 可用下式计算：

$$\gamma = \frac{p + (100 - p)}{p + \frac{100 - p}{\gamma_s}} = \frac{100 \gamma_s}{p \gamma_s + (100 - p)} \tag{7-2}$$

式中，γ：湿污泥相对密度；p：湿污泥含水率，% ；γ_s：污泥中绝干固体物质的平均相对密度，即干污泥相对密度。

绝干污泥固体包括挥发性有机物(简称挥发分)和无机物(简称灰分)。挥发分的百分比及相对密度用 P_v、γ_v 表示，灰分相对密度用 γ_i 表示，则绝干污泥平均相对密度 γ_s 可用式(7-3)计算：

$$\gamma_s = \frac{100 \gamma_i \gamma_v}{100 \gamma_v + p_v (\gamma_i - \gamma_v)} \tag{7-3}$$

因为有机物相对密度一般等于 1，无机物相对密度为 2.5~2.65，以 2.5 计，则式(7-3)可简化为

$$\gamma_s = \frac{250}{100 + 1.5 p_v} \tag{7-4}$$

所以，湿污泥的相对密度为

$$\gamma = \frac{25\,000}{250 p + (100 - p)(100 + 1.5 p_v)} \tag{7-5}$$

例 7-1 污泥含水率从 99% 降低至 97% 时,求污泥体积减小多少?

解 由式(7-1),有

$$V_2 = V_1 \times \frac{100-p_1}{100-p_2} = V_1 \times \frac{100-99}{100-97} = \frac{1}{3}V_1$$

通过计算得出,当污泥含水率从 99% 降低至 97% 时,体积减小了 2/3。

例 7-2 已知初次沉淀池污泥的含水率为 97%,有机物含量为 60,求绝干污泥相对密度和湿污泥相对密度。

解 绝干污泥相对密度用式(7-4)计算

$$\gamma_s = \frac{250}{100+1.5p_v} = \frac{250}{100+1.5\times60} = 1.32$$

湿污泥的相对密度用式(7-2)计算

$$\gamma = \frac{p+(100-p)}{p+\frac{100-p}{\gamma_s}} = \frac{100\gamma_s}{p\gamma_s+(100-p)} = \frac{100\times1.32}{97\times1.32+(100-97)} = 1.007$$

3. 比阻

污泥比阻为单位过滤面积上,滤饼单位干固体质量所受到的阻力,其单位为 m/kg,可用来衡量污泥脱水的难易程度,污泥比阻通过试验确定。不同种类的污泥,其比阻差别较大,一般地说,比阻小于 1×10^{11} m/kg 的污泥易于脱水,大于 1×10^{13} m/kg 的污泥难于脱水。机械脱水前应先进行污泥的调理以降低比阻。

二、污泥化学性质

1. 挥发性固体和灰分

城市污水厂污泥的基本理化成分如表 7.3 所示。城市污水厂污泥的有机物含量较高,不稳定,易腐化发臭,因此,城市污水厂污泥应进行稳定处理。有机物含量也决定了污泥的热值与可消化性。有机物含量越高,污泥热值也越高,可消化性越好。污泥中有机物含量通常用挥发性固体(VSS)表示,常用单位 mg/L。

表 7.3 城市污水厂污泥的基本理化成分

项目	初次污泥	剩余活性污泥	厌氧活性污泥
pH	5.0~6.5	6.5~7.5	6.5~7.5
干固体总含量(%)	3~8	0.5~1.0	5.0~10.0
挥发性固体总量(以干重计)(%)	50~90	40~80	30~60
污泥干固体密度(g/cm³)	1.3~1.5	1.2~1.4	1.3~1.6
污泥密度(g/cm³)	1.02~1.03	1.0~1.005	1.03~1.04
BOD$_5$/VSS	0.5~1.1	—	—
COD/VSS	1.2~1.6	1.2~1.6	—
碱度(以 CaCO$_3$ 计)(mg/L)	500~1 500	200~500	2 500~3 500

2. 污泥营养成分

污泥中含有大量植物生长所必需的营养成分(氮、磷、钾)、微量元素及土壤改良剂(有机腐殖质),其中主要成分的含量为:N(2% ~ 5%),P(1% ~ 3%),K(0.1% ~ 0.5%),有机物(30% ~ 60%)。城市污水污泥的最终处置途径首先应考虑农业土地利用。我国城市污水处理厂各种污泥所含营养成分见表7.4。

表 7.4 我国城市污水处理厂各种污泥营养成分表

污泥类别	总氮含量(%)	磷(以 P_2O_5 计)含量(%)	钾(以 K_2O 计)含量(%)	有机物含量(%)
初沉污泥	2 ~ 5	1 ~ 3	0.1 ~ 0.5	40 ~ 60
活性污泥	3 ~ 6	0.78 ~ 4.3	0.22 ~ 0.44	40 ~ 80
消化污泥	1.6 ~ 3.4	0.6 ~ 0.8		30 ~ 50

3. 污泥热值

污泥的燃烧热值表示了污泥所含能量,污水厂污泥的热值与污水水质、排水体制、污水及污泥处理工艺有关。城市污水厂产生的各类污泥的热值如表7.5所示。显然,就干固体而言,污泥具有较高的能量利用价值,可通过将污泥直接干化焚烧,或利用水泥窑焚烧、污泥和生活垃圾混合焚烧等途径对污泥中的热值进行资源化利用。

表 7.5 各类污泥的燃烧热值

污泥种类		燃烧热值(以干污泥计)(kJ/kg)
初次沉淀污泥	生污泥	15 000 ~ 18 000
	消化污泥	7 200
初次沉淀污泥与腐殖污泥混合	生污泥	14 000
	消化污泥	6 700 ~ 8 100
初次沉淀污泥与活性污泥混合	生污泥	17 000
	消化污泥	7 400
	生污泥	14 900 ~ 15 200

4. 污泥中重金属离子含量

污泥中的重金属是主要有害物质。工业废水在城市污水中的所占比例及工业性质决定了污泥中含有较多的重金属离子。污水经二级处理后,污水中重金属离子约有50%以上转移到污泥中。因此污泥中的重金属离子含量一般都较高,在将污泥用作农肥时,需注意控制其中的重金属离子含量。

7.1.4 污泥的输送

在污水厂内部,以及处理、处置和利用污泥的过程中,污泥的输送是一项必须解决的问题。污泥的输送方式主要决定于污泥含水率的大小,并应考虑污泥的去向和利用途径。一般有管道输送、汽车和驳船运送等。当将污泥运输距离较远时,应考虑通过脱水及干化等过程进行污泥减量化后再运送。

管道输送适用于流动性能较好，含水率高、污泥的腐蚀性低的污泥。管道输送卫生条件好，没有气味与污泥外溢，操作方便并利于实现自动化控制，运行管理费用低。管道输送的污泥的固体含量在10%以内为宜。对于脱水污泥，随着固体浓度增高，污泥的流动性变差，固体含量达到20%以上时，污泥逐渐失去流动性。失去流动性的污泥宜采用螺旋输送器、皮带输送器、卡车和驳船运输。

对于固体含量在10%以内的污泥，污泥流动的下临界速度约为1.1 m/s，上临界速度约为1.4 m/s。污泥压力管道的最小设计流速宜为1.0~2.0 m/s，使污泥在管中处于紊流状态，压力输泥管以不小于150 mm的直径为宜。流动性污泥管道输送的水头损失计算可以依据哈森-威廉姆斯(Hazen-Williams)紊流公式计算。输送污泥用的污泥泵在构造上必须满足不易被堵塞与磨损，不易受腐蚀等基本条件。常见的有隔膜泵、旋转螺栓泵、螺旋泵、混流泵、多级柱塞泵和离心泵等。

脱水污泥的输送系统按照压力形式分为无压、有压输送系统。无压输送主要有无轴螺旋输送机、皮带输送机或汽车槽车输送。输送机适合于短距离直线输送，临界距离为20 m；由于输送量、距离和高度有限，所以能耗较小。无压输送缺点有：① 水平方向转角处必须增设传送设施，分两级或多级传送；② 输送机倾斜角度一般不宜大于25°，将污泥输送至高处时需要较长的水平距离；③ 系统密闭性不好，会对周边环境造成二次污染；④ 输送量固定，不可随意调整。这种输送方式常用于脱水机房内将脱水机排出的污泥输送到料斗进口处。

汽车槽车适用于远距离输送，其运输成本较高。

有压输送是泵加管道输送系统，通常采用螺杆泵或柱塞泵进行管道输送。在一定距离内，传统的输送机和汽车运输方式已不能提供安全、环保、快捷的污泥输送。设计应优先选用安全、高效、封闭式的污泥管道输送系统，减少敞开式运输方式，防止因暴露、洒落、漏滴、臭气外逸而造成的二次污染。有压输送系统适应性强，主要优点有：① 输送距离长；② 采用弯头实现多转角多曲度输送功能；③ 系统密闭性好，不会对周边环境造成二次污染；④ 输送量可调，但是由于脱水污泥流动性差，沿程水头损失较大，所以输送系统能耗高。

污泥含固率大于18%时，变成一种高浓度黏稠物料，流动需要依靠外界压力。有关脱水污泥管道设计流速的资料有限。根据相关设计手册和工程实例分析，如美国WEF(水环境联合会)和ASCE(土木工程师协会)《Design of Municipal Wastewater Treatment Plants》：输送污水处理厂脱水污泥管道平均流速不得超过0.15 m/s，特别是污泥含固率30%以上时，最大流速不宜超过0.08 m/s。国内污泥输送工程中采用的管道最大设计流速均未超过0.3 m/s，多数在0.17 m/s以下。采用高压无缝钢管，污泥含水率80%~75%，水头损失/长度值为2.5 m/m。

污泥输送泵在构造上必须满足不易堵塞、不易腐蚀和耐磨损等基本条件。输送泵的形式有偏心螺杆泵和液压柱塞泵。

偏心螺杆泵适用于短距离、小流量、输送压力低、连续输送污泥物料的场合。输送污泥的含水率不宜小于76%，否则需要投加适当润滑剂。输送无湍流脉动，对介质基本无剪切力，设备结构简单，体积小。螺杆泵水平临界输送距离500 m；垂直临界高度为50 m，压力可达到4.8 MPa。

液压柱塞泵适用于长距离、大流量、输送压力高、连续精确输送污泥物料的场合，对介质的挤压剪切力小，设备占地面积较大，价格和维护成本较高。目前，液压柱塞泵最大流量可达120 m³/h，输送距离1 200 m，压力为24 MPa。

7.2 污泥量计算

城市污水厂污泥的产生主要受污水水质和污水处理工艺运行情况的影响,如表 7.6 和表 7.7 所示。

表 7.6 污水处理过程中污泥的产生及其影响因素

污泥	污泥产生及其影响因素
初次污泥	由初次沉淀池排出的污泥成分取决于原污水的成分,产量取决于污水水质与初沉池的运行情况,干污泥量与进水中的 SS 和沉淀效率有关,湿污泥量除与 SS 和沉淀效率有关外,还与排泥浓度有关
化学沉淀污泥	化学处理沉淀工艺中形成的污泥,其性质取决于被处理污染物和采用的化学药剂种类,产量则与原污水中污染物含量和投加的药剂种类及投加量有关
生化污泥	生物处理系统中排放的生物污泥,产生量取决于污水处理所采用的生化处理工艺和排泥浓度

表 7.7 不同处理工艺的污泥产生量 单位:g 干泥量/m³ 污水

处理工艺	污泥产生量范围	典型值
初次污泥	110 ~ 170	150
活性污泥法	70 ~ 100	85
深度曝气	80 ~ 120	100
氧化塘	80 ~ 120	100
过滤	10 ~ 25	20
化学除磷:低剂量石灰(350 ~ 500 mg/L)	240 ~ 400	300
高剂量石灰(800 ~ 1 600 mg/L)	600 ~ 1 350	800
反硝化	10 ~ 30	20

化学沉淀污泥量与给水厂污泥量的计算方法相同。城市污水厂初沉污泥量和剩余污泥量的计算方法如下:

1. 初沉污泥量 $Q_p(\text{m}^3/\text{d})$:

$$Q_p = \frac{C_0 \eta Q}{10^3 (1-p_1) \rho} \tag{7-6}$$

式中,Q:污水流量,取污水厂的平均日流量,m^3/d;C_0:进入初沉池污水中的悬浮物浓度,mg/L;η:初沉池沉淀效率,%,城市污水厂一般取 50%;p_1:污泥含水率,%,一般取 95% ~ 97%;ρ:初沉池污泥密度,kg/m^3,一般以 1 000 kg/m^3 计。

或者按下式计算 $Q_p(\text{m}^3/\text{d})$:

$$Q_p = S_L N / 1\ 000 \tag{7-7}$$

式中,S_L:每人每日污泥量,L/(人·d),按每人每日产生的初沉污泥量为 16 ~ 36 g 计,初沉污泥含水率以 95% ~ 97% 计,则每人每日产生初沉污泥量一般为 0.36 ~ 0.83 L/(人·d);N:设计人口数,人;η:初沉池沉淀效率,%,城市污水厂一般取 50%;P_1:污泥含水率,%,一般取 95%~97%;ρ:初沉池污泥密度,kg/m³,一般以 1 000 kg/m³ 计。

2. 剩余污泥量

剩余污泥量:

$$\Delta X = VX/\theta_c \tag{7-8}$$

或

$$\Delta X = YQ(S_0 - S_e) - K_d VX_v + fQ\left[(SS)_0 - (SS)_e\right] \tag{7-9}$$

3. 消化污泥量

消化污泥量是指污水处理厂就地采用消化工艺对污泥进行减量稳定化处理后的污泥量,其计算公式如下:

$$W_2 = W_1 \cdot (1-\eta)\left(\frac{f_1}{f_2}\right) \tag{7-10}$$

式中,W_2:消化后污泥量,kg/d;W_1:消化前原污泥量,kg/d;f_1:消化前原污泥中挥发性有机物含量,%;f_2:消化后污泥中挥发性有机物含量,%;η:污泥挥发性有机物降解率,%,

$$\eta = \frac{q \times k}{0.35(W \times f_1)} \times 100\% \tag{7-11}$$

q:实际沼气产生量,m³/h;k:沼气中甲烷含量,%;W:氧消化池进泥量,kg 干污泥/h。

7.3 污泥浓缩

污泥中含有大量的水分。初次沉淀污泥含水率介于 95%~97%,剩余活性污泥的含水率达 99% 以上。因此污泥的体积大,对污泥的后续处理造成困难。通过浓缩能够减少污泥的体积,节省污泥处理处置费用。污泥浓缩的目的在于减容。

污泥中所含水分大致分为四类:颗粒间的空隙水、毛细水、污泥颗粒吸附水和颗粒内部水,如图 7-1 所示。空隙水一般占污泥中总水分的 65%~85%,这部分水是污泥浓缩的主要对象,因空隙水所占比例最大,故浓缩是减容的主要方法。毛细水,即颗粒间的毛细管内的水,约占污泥中总水分的 10%~25%,脱除这部分水必须要有较高的机械作用力和能量,可采用自然干化和机械脱水法去除。污泥颗粒吸附水是指由于污泥颗粒的表面张力作用而吸附的水,而内部水是指污泥中微生物细胞体内的水分,这两部分水约占污泥中水分的

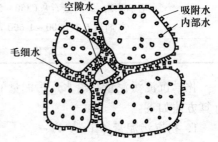

图 7-1　污泥水分示意

10%,可通过干燥和焚烧法脱除。

污泥浓缩的方法通常有重力浓缩、气浮浓缩、机械浓缩三种。机械浓缩有离心浓缩、带式浓缩、转鼓浓缩和螺压浓缩。目前,国内以重力浓缩为主,占 70%。污泥重力浓缩一般不需要添加调理剂。

重力浓缩是利用污泥中固体颗粒与水之间的相对密度差来实现污泥浓缩的,是目前最常用的方法之一。初沉池污泥可直接进入浓缩池进行浓缩,含水率一般可从 95%~97% 浓缩至 90%~

92%。剩余污泥一般不宜单独进行重力浓缩。如果采用重力浓缩,含水率可从 99.2% ~99.6% 降到 97% ~98%。对于设有初沉池和二沉池的污水处理厂,可将这两种污泥混合后进行重力浓缩,含水率可由 96% ~98.5% 降至 93% ~96%。重力浓缩储存污泥能力强,操作要求一般,运行费用低,动力消耗小;但占地面积大,污泥易发酵产生臭气;对某些污泥(如剩余活性污泥)浓缩效果不理想;剩余污泥在厌氧环境中停留时间太长,会产生磷的释放,有时需要对上清液进行化学除磷处理。

一、重力浓缩池分类

重力浓缩是利用沉降原理浓缩污泥。重力浓缩构筑物称重力浓缩池,根据运行方式不同,可分为间歇式和连续式两种。

1. 间歇式重力浓缩池

间歇式重力浓缩池多用于小型污水处理厂,池型可建成矩形或圆形,如图 7-2 所示。

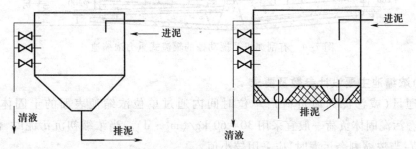

图 7-2 间歇式重力浓缩池

间歇式重力浓缩池主要设计参数是停留时间。设计停留时间最好由试验确定,在不具备试验条件时,浓缩时间不宜小于 12 h。间歇式重力浓缩池应设置可排出深度不同的污泥水的设施,浓缩池上清液应返回污水处理构筑物进行处理。

2. 连续式重力浓缩池

连续运行的重力浓缩池一般采用竖流式和辐流式沉淀池的形式,竖流式如图 7-3 所示,多用于大中型污水厂。

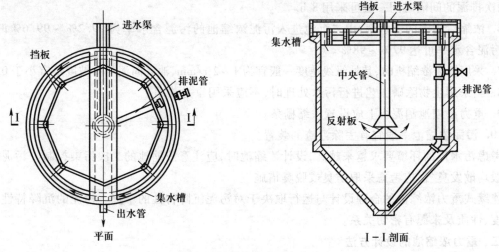

图 7-3 圆形竖流式重力浓缩池

图 7-4 为辐流式重力浓缩池,污泥由中心管 1 连续进泥,上清液由溢流堰 2 出水,浓缩污泥用刮泥机 4 缓缓刮至池中心的污泥斗并从排泥管 3 排除。刮泥机 4 上装有随刮泥机转动的垂直搅拌栅 5,周边线速度为 1~2 m/min。每条栅条后面,可形成微小涡流,有助于颗粒之间的絮凝,使颗粒逐渐变大,并可造成空穴,促使污泥颗粒的空隙水与气泡逸出,浓缩效果约可提高 20% 以上。搅拌栅可促进浓缩作用,提高浓缩效果。浓缩池的底坡一般采用 0.05。

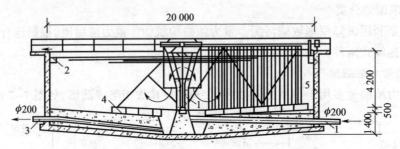

图 7-4 有刮泥机及搅动栅的辐流式重力浓缩池

二、重力浓缩池主要设计参数及要求

1. 固体通量(或污泥固体负荷):单位时间内通过单位浓缩池表面的干固体量,单位为 kg/(m² · d)。污泥固体负荷一般宜采用 30~60 kg/(m² · d)。当浓缩初沉污泥时,污泥固体负荷可取较大值;当浓缩剩余污泥时,应采用较小值。

2. 水力负荷:单位时间内通过单位浓缩池表面积的上清液溢流量,单位为 m³/(m² · h)或 m³/(m² · d)。初沉污泥最大水力负荷可取 1.2~1.6 m³/(m² · h);剩余污泥取 0.2~0.4 m³/(m² · h)。按固体负荷计算出重力浓缩池的面积后,应与按水力负荷核算出的面积进行比较,取较大值。

3. 浓缩时间:一般不宜小于 12 h。

4. 浓缩池有效水深:一般宜为 4 m。

5. 污泥室容积和排泥时间:应根据排泥方法和两次排泥的时间间隔而定,当采用定期排泥时,两次排泥的间隔时间一般可采用 8 h。

6. 浓缩后污泥的含水率:由二沉池进入污泥浓缩池的污泥含水率为 99.2%~99.6% 时,浓缩后污泥含水率可达 97%~98%。

7. 采用栅条浓缩机时,其外缘线速度一般宜为 1~2 r/min,池底向泥斗的坡度不宜小于 0.05。

8. 当采用生物除磷工艺进行污水处理时,不应采用重力浓缩。

9. 重力浓缩池刮泥机上应设置浓缩栅条。

10. 污泥浓缩池一般宜有去除浮渣的装置。

考虑污水厂的环境要求越来越高,设计浓缩池时,应注意浓缩池的二次污染控制。污泥浓缩池一般均散发臭气,应考虑采取防臭或脱臭措施。

连续式重力浓缩池的合理设计与运行取决于对污泥沉降特性的掌握。污泥的沉降特性与固体浓度、性质及来源有密切关系。

三、重力浓缩池的设计方法

重力浓缩池总面积计算:

$$A = QC/M \qquad\qquad (7-12)$$

式中,A:浓缩池总面积,m^2;Q:污泥量,m^3/d;C:污泥固体浓度,g/L;M:浓缩池污泥固体通量,$kg/(m^2 \cdot d)$。

单池容积:

$$A_1 = A/n \qquad\qquad (7-13)$$

式中,A_1:单池面积,m^2;n:浓缩池个数,个。

浓缩池直径:

$$D = \sqrt{\frac{4A_1}{\pi}} \qquad\qquad (7-14)$$

浓缩池工作部分高度:

$$h_1 = TQ/24A \qquad\qquad (7-15)$$

式中,h_1:浓缩池工作部分高度;T:设计浓缩时间,h。

浓缩池总高度:

$$H = h_1 + h_2 + h_3 \qquad\qquad (7-16)$$

式中,H:浓缩池总高度,m;h_2:超高,m;h_3:缓冲层高度,m。

浓缩后污泥量:

$$V_2 = \frac{Q(1-p_1)}{1-p_2} \qquad\qquad (7-17)$$

式中,V_2:浓缩后污泥量,m^3/d;p_1:进泥含水率,%;p_2:出泥含水率,%。

7.4　污泥机械脱水

污泥经浓缩后,尚有95% ~97%的含水率,体积仍很大。污泥脱水可进一步去除污泥中的空隙水和毛细水,减少其体积。经过脱水处理,污泥含水率能降低到60% ~80%,其体积为原体积的1/10 ~1/4,有利于后续运输和处理。

污泥机械脱水方法有过滤脱水、离心脱水和压榨脱水等。过滤脱水分真空过滤与压力过滤;离心脱水是用离心机进行脱水;压榨脱水是用螺旋压榨机或滚压机进行脱水。常用的是压力过滤和离心脱水方法。真空过滤因附属设备较多,工序复杂,运行费用高,目前已较少使用。工程上应按污泥的脱水性质和脱水要求,经技术经济比较选用污泥机械脱水的类型。

7.4.1　污泥预处理

一、预处理目的

污水厂污泥中的固体物质主要是胶质微粒,与水的亲和力很强,若不作适当的预处理,脱水将非常困难。在污泥脱水前进行预处理,在此称为污泥调理,使污泥粒子改变物化性质,破坏污泥的胶体结构,减少其与水的亲和力,从而改善其脱水性能。

二、预处理方法

现在常用的方法有物理调理和化学调理两大类。物理调理有淘洗法、冷冻法及热调理等方法,而化学调理则主要向污泥中投加化学药剂,改善其脱水性能。

物理调理法目前比较前沿的技术为热水解技术(THP)。污泥经高压蒸汽预处理,溶解污泥中的胶体物质,破碎细胞物质,水解大分子物质,使污泥性质发生相应的变化,其原理如图 7-5 所示。

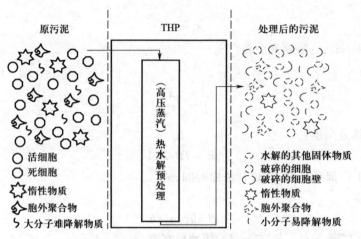

图 7-5 热水解技术原理示意图

热水解技术的工艺流程主要包括混匀预热,水解反应和泄压闪蒸三个步骤,流程如图 7-6。污泥首先经过离心脱水机或压滤机进行脱水直到含固率为 14% ~ 18%,用泵输送到搅拌罐中进行混匀预热,预热后的污泥约为 100 ℃。然后污泥输送到主反应罐中,用热蒸汽对反应罐中的污泥进行加热加压,达到温度为 180 ℃左右,压力为约 10 bar 时反应约 30 min,经热水解反应能够溶解污泥中的胶体物质,降低黏度,并且将复杂的有机物水解为易于生物降解的简单有机物。最后一步为泄压闪蒸,利用反应罐中的压力和闪蒸罐中的压力差,将污泥输送到闪蒸罐中闪蒸,将闪蒸罐中产生的蒸汽回送到搅拌罐中与新污泥混匀加热,实现热回收,降低能耗。

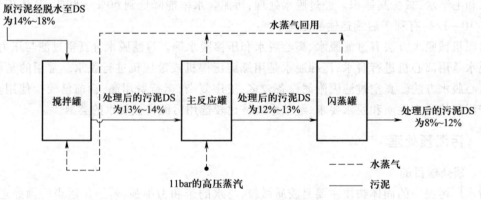

图 7-6 热水解技术工艺流程图

化学调理法是在污泥中加入混凝剂、助凝剂等化学药剂,使污泥颗粒絮凝,改善脱水性能。化学调理法效果可靠,设备简单,操作方便,被广泛采用。污泥进入脱水机前的含水率一般不应大于 98%,污泥加药后,应立即混合反应,并进入脱水机。药剂种类应根据污泥的性质和出路等选用,投加量应通过试验或参照类似污泥的数据确定。常用的化学调理剂分无机混凝剂和有机絮凝剂两大类,见表7.8。无机调理剂用量较大,一般均为污泥干固体量的5% ~20%,所以滤饼体积大。若用三氯化铁作为调理剂,当污泥滤饼焚烧时还会腐蚀设备。与无机调理剂相比,有机调理剂用量较少,一般为0.1% ~0.5%(污泥干重),无腐蚀性。

为降低污泥调理的综合费用,提高调理效果,很多处理厂采用了各种各样的复合药剂,即采用两种或两种以上的药剂进行污泥调理,主要有以下几种组合方式。

1. 三氯化铁与阴离子PAM组合,先加三氯化铁,再加后者。其原理是三氯化铁的电中和作用可使污泥胶体颗粒脱稳,再通过阴离子PAM的吸附桥架作用,形成较大的污泥絮体。两种药剂的共同作用,使总的药剂费用降低。

2. 三氯化铁与弱阳离子PAM组合,先加三氯化铁,再加后者。原理与1相同。

3. 聚合氯化铝与弱阳离子PAM组合。

4. 石灰与阴离子PAM组合使用。

5. 聚合氯化铝与三氯化铁或硫酸铝组合。

6. 阳离子PAM与一些助凝剂,如细炉渣、木屑等合用;国外一些处理厂尝试在阳离子PAM加入污泥之前,先加入少量高锰酸钾,可使耗药量降低25% ~30%,同时还具有降低恶臭的作用。

表7.8 常用化学调理剂的种类及用量

分类		化合物	用量 t/t(TDS)
无机混凝剂	铁盐	氯化铁($FeCl_3 \cdot 6H_2O$)、 硫酸铁[$Fe_2(SO_4)_3 \cdot 4H_2O$]、 硫酸亚铁($FeSO_4 \cdot 7H_2O$)、 聚合硫酸铁(PFS)	5% ~20%
	铝盐	硫酸铝[$Al_2(SO_4)_3 \cdot 18H_2O$]、 三氯化铝($AlCl_3$)、 碱式氯化铝[$Al(OH)_2Cl$]、 聚合氯化铝(PAC)	5% ~20%
有机絮凝剂	聚丙烯酰胺 (PAM)	阳离子聚丙烯酰胺(PAM)	0.1% ~0.5%
		阴离子聚丙烯酰胺(PAM)	0.1% ~0.5%

为进一步降低污泥含水率,满足污泥后续处理需要,国内外一些环保企业相继开发了一些特殊调理剂,目的是使调理剂投加量少,出泥含水率更低。

三、污泥调理系统

来自污泥浓缩池中的污泥进入污泥调理池后,依次加入调理药剂并搅拌,经过一系列物理和化学反应,改善污泥的脱水性能,使污泥容易脱水。

污泥调理池结构形式宜采用圆形,数量宜为2座,污泥调理池的容量按照每台压滤机的固体处理负荷量进行计算,并留有20% ~30%的处理余量。污泥调理池内配套搅拌机,其功率宜根据投加药剂的种类和数量,经试验后得出。在无试验条件下,投加粉剂调理剂,功率宜大于

$0.2\ kW/m^3$，投加水剂调理剂，功率宜大于 $0.1\ kW/m^3$，且设置变频调速。

例 7-3 某污水厂污泥脱水机房配置 2 台厢式板框压滤机，每台压滤机每批次处理绝干泥量为 1.5 TDS/d，每批次工作周期为 3.5 h，脱水机房工作时间为 7 h，请设计污泥调理系统（污泥脱水系统前置构筑物为污泥浓缩池，调理剂考虑三氯化铁及石灰）。

解 由于污泥脱水系统前置构筑物为污泥浓缩池，故污泥含水率取 97%。每批次进入压滤机的污泥量为

$$Q = 1.5/(1-0.97) = 50\ m^3$$

取 20% 的处理余量，因此污泥调理池有效容积为 $V = 50/0.80 = 62.5\ m^3$，取 65 m^3。

污泥调理池数量宜为 2 座，调理池有效水深取 2.5 m，直径为 2.8 m，取 3.0 m。搅拌机功率为 65 m^3 × $0.2\ kW/m^3 = 13\ kW$，取 15 kW，变频调速。

7.4.2 污泥过滤脱水

一、带式压滤机

1. 带式压滤机的构造

带式压滤机的种类很多，其主要构造基本相同，如图 7-7 所示。主机的组成主要有导向辊轴、压榨辊轴和上下滤带，以及滤带的张紧、调速、冲洗、纠偏和驱动装置。

压榨辊轴的布置方式一般有两大类：P 形布置和 S 形布置。P 形布置有两对辊轴，辊径相同，滤带平直，污泥与滤带的接触面较小，压榨时间短，污泥所受到的压力则大而强烈，如图 7-7(a) 所示。这种布置的带式压滤机一般适用于疏水的无机污泥。S 形布置的一组辊轴相互错开，辊径有大有小，滤带呈 S 形，辊轴与滤带接触面大，压榨时间长，污泥所受到的压力较小而缓和，如图 7-7(b) 所示。城镇污水处理厂污泥和亲水的有机污泥脱水，一般适宜采用这种结构的带式压滤机。

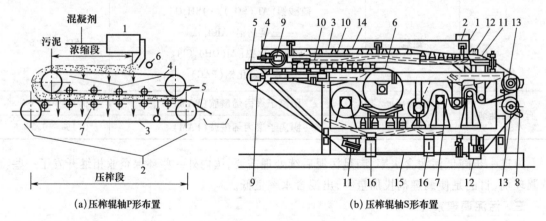

图 7-7　带式压滤机构造

(a) 1—混合槽；2—滤液与冲洗水排出；3—涤纶滤布；4—金属丝网；5—刮刀；6—洗涤水管；7—滚压辊

(b) 1—污泥进料管；2—污泥投料装置；3—重力脱水区；4—污泥翻转；5—楔形区；6—低压区；7—高压区；8—卸泥饼装置；9—滤带张紧辊轴；10—滤带张紧装置；11—滤带导向装置；12—滤带冲洗装置；13—机器驱动装置；14—顶带；15—底带；16—滤液排出装置

在压榨辊轴 S 形布置的压滤机上,污泥在每个辊轴上所受到的压力与滤带张力和辊轴直径有关。当滤带张力一定时,污泥在大辊轴上受到的压力小,在小辊轴上受到的压强大。一般污泥在脱水时,为了防止从滤带两侧跑料,希望施加在它上面的压力从小到大逐步增加,污泥中的水分则逐步脱去,含固率逐步提高。因此辊轴直径应该大的在前、小的在后并逐步减小。经处理后的污泥,其含水率可以从 96% 降低到 75% 左右。

带式压滤机的滤带是以高黏度聚酯切片生产的高强度低弹性单丝原料,经编织、热定型、接头加工而成。它具有抗拉强度大、耐折性好、耐酸碱、耐高温、滤水性好和质量轻等优点。其型号规格的选用应根据试验确定。

2. 带式压滤机的设计要求

(1)泥饼宜采用皮带输送机输送。

(2)应按带式压滤机的要求配置空气压缩机,并至少应有 1 台备用机。

(3)应配置冲洗泵,其压力宜为 0.4 ~ 0.6 MPa,其流量可按 5.5 ~ 11.0 $m^3/(m$ 带宽·h)计算。至少应有 1 台备用泵。

(4)对于采用除氮、除磷工艺的小型污水处理厂,必须考虑滤液对进水负荷的影响。

3. 带式压滤机的主要设计参数

带式压滤机的主要设计参数是:进泥量 q 和进泥固体负荷 q_s。通常 q 可达 4 ~ 7 $m^3/(m·h)$,q_s 可达 150 ~ 250 kg/(m·h)。进泥固体负荷宜根据试验确定,当无试验资料时,可参考规范建议的污泥脱水负荷和产品公司提供的经验参数。

4. 带式压滤机的选型

压滤机有效滤带宽度按污泥脱水负荷计算:

$$\omega = 1\,000 \times (1 - P_0) \times \frac{Q}{L_V} \times \frac{1}{T} \tag{7-18}$$

式中,ω:有效滤带宽度,m;p_0:湿污泥含水率,%;Q:脱水污泥量,m^3/d;1 000:脱水污泥密度,kg/m^3;L_V:过滤能力,kg/(m·h);T:压滤机工作时数,h/d。

可根据脱水污泥量和计算所得的有效滤带宽度 ω 进行带式压滤机选型。

5. 带式压滤机的工艺控制

带式压滤机的工艺控制主要是考虑带速调节、滤带张力调节及调质效果调节。对于混合污泥,带速一般控制在 2 ~ 5 m/min,不宜超过 5 m/min,张力宜控制在 0.3 ~ 0.7 MPa。单纯活性污泥带速需控制在 1.0 m/min 以下。污泥调质剂最佳投加量应根据试验确定,或在运行中反复调整。

例 7-4 已知初沉池污泥和剩余活性污泥经混合消化后的含水率为 96%,需脱水的污泥量为 335 m^3/d。采用高分子有机絮凝剂调理,投加量为干固体的 4%。脱水后的泥饼含水率要求为 75%,试计算压滤机的有效带宽。

解 采用带式压滤机,污泥脱水负荷采用 200 kg/(m·h),则设计带宽为

$$\tilde{\omega} = 1\,000 \times (1 - 0.96) \times \frac{335}{200} \times \frac{1}{21} = 3.19 \text{ m}$$

选用 3 台 1.6 m 宽的带式压滤机,其中一台备用。

二、板框压滤机

板框压滤机最先应用于化工脱水。板框压滤机一般为间歇操作,基建设备投资较大。由于板框压滤机推动力大、滤饼的含固率高、滤液清澈、固体回收率高、调理药品消耗量少等优点,在一些污水厂得到广泛应用。

1. 板框压滤机的构造

板框压滤机的滤板、滤框和滤布的构造示意见图7-8,板框压滤机构造见图7-9,板框压滤机及附属设备的布置方式见图7-10,除板框压滤机主机外,还有进泥系统、投药系统和压缩空气系统。

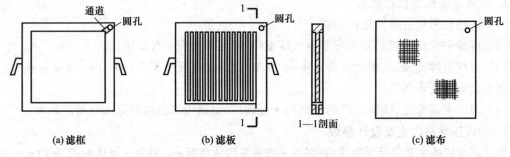

图 7-8 板框压滤机的滤板、滤框和滤布

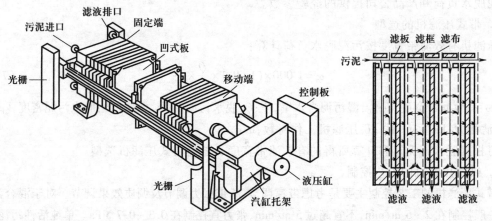

图 7-9 板框压滤机结构及板框结构示意图

2. 板框压滤机的脱水过程

滤板与滤框相间排列而成,在滤板的两侧覆有滤布,用压紧装置把滤板与滤框压紧,即在滤板与滤框之间构成压滤室。在滤板与滤框的上端中间相同部位开有小孔,压紧后成为一条通道,加压到 0.2 ~ 0.4 MPa 的污泥,由该通道进入压滤室,滤板的表面刻有沟槽,下端钻有供滤液排出的孔道,滤液在压力下,通过滤布、沿沟槽与孔道排出压滤机,使污泥脱水。

近年来,国内外已开发出自动化的板框压滤机,国外最大的自动化板框压滤机的板边长度为 1.8 ~ 2.0 m,滤板多达130块,总过滤面积高达800 m^2。板框压滤机比真空过滤机能承受较高的污泥比阻,这样就可降低调理剂的消耗量,可使用较便宜的药剂(如 $FeSO_4 \cdot 7H_2O$)。当污泥比

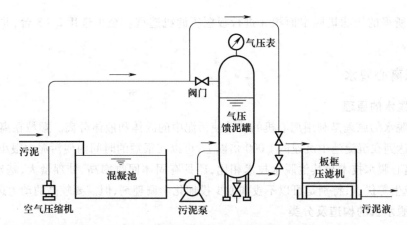

图 7-10 板框压滤机的结构及附属设备的布置方式

阻为 $5 \times 10^{11} \sim 8 \times 10^{12}$ m/kg 时,可以不经过预先调理而直接进行过滤。板框压滤机其泥饼产率和泥饼含水率,应根据试验资料或类似运行经验确定。泥饼含水率一般可为 75% ~ 80%。

3. 板框压滤机的设计要求

(1) 过滤压力为 0.4 ~ 0.6 MPa;

(2) 过滤周期不大于 4 h;

(3) 每台过滤机可设污泥压入泵一台,泵宜选用柱塞式;

(4) 压缩空气量为每立方米滤室不小于 2 m^3/min(按标准工况计);

(5) 板框脱水应注意良好的通风、高压冲洗系统,调理前污泥磨碎机设置、压滤后泥饼破碎机设置等。

板框压滤机的设计内容,主要是根据污泥处理量、脱水污泥浓度、压滤机工作程序、压滤压力等计算泥饼产率、所需压滤机面积及台数。

4. 板框压滤机的主要设计参数

板框压滤机的主要设计参数是脱水负荷。污泥经调理后推荐的脱水负荷可参考表 7.9 选用。

表 7.9 板框压滤机脱水负荷一览表

污泥调理方式	脱水负荷(m^3/($m^2 \cdot h$))	泥饼含固率(%)
物理调理(投加粉煤灰、污泥灰)	0.025 ~ 0.035	45 ~ 60
化学调理(投加 $FeCl_3$ 和石灰)	0.040 ~ 0.060	40 ~ 70
化学调理(投加有机高分子)	0.030 ~ 0.055	30 ~ 38

5. 板框压滤机的计算选型

板框压滤机的脱水面积按下式计算:

$$A = \frac{Q_s}{q \cdot t} \tag{7-19}$$

式中,A:压滤机脱水面积,m^2;Q_s:每次脱水的污泥量(进泥量),m^3;q:脱水负荷,m^3/($m^2 \cdot h$);t:每次脱水时间,h。

根据计算所得的压滤机脱水面积 A 进行板框压滤机选型。至少选用 2 ~ 3 台,并在脱水车间布置全套设备。

7.4.3 污泥离心脱水

一、离心脱水的原理

污泥离心脱水的原理是利用离心机的转动使污泥中的固体和液体分离。颗粒在离心机内的离心分离速度可达到在沉淀池中沉速的 1 000 倍以上,可以在很短的时间内使污泥中很小的颗粒与水分离。此外,离心脱水技术与其他脱水技术相比,还具有固体回收率高、处理量大、基建费少、占地少、工作环境卫生等优点,特别是可以不投加或少投加化学调理剂,但需要较高的动力运行费用。

二、离心脱水机的构造及分类

离心机的分类:按分离因数 α(固体颗粒离心加速度与重力加速度之比)的大小,可分为高速离心机($\alpha > 3\,000$)、中速离心机($\alpha = 1\,500 \sim 3\,000$)、低速离心机($\alpha = 1\,000 \sim 1\,500$);按几何形状可分为转筒式离心机、盘式离心机、板式离心机等。此外,还有高速(逆向流)转筒式离心机。转筒式离心机适用于相对密度有一定差别的固液相分离,尤其适用于含油污泥、剩余活性污泥等难脱水污泥,脱水泥饼的含水率可达 70% ~ 80%。

三、离心脱水机的设计要求

1. 卧式离心脱水机分离因数宜小于 3 000。

2. 离心脱水机前应设置污泥切割机,切割后的污泥粒径不宜大于 8 mm。

3. 离心脱水设计需重点考虑化学调理剂种类选择及投加量、噪声控制、破碎机的设置等。工艺控制重点考虑分离因数控制、转速差控制、液环层厚度控制、调质效果控制和进泥量控制,以及综合调控等。城市污水混合污泥的分离因数一般在 800 ~ 1 200,液环层宜控制在 5 ~ 15 cm,转速差一般在 2 ~ 35 r/min。

7.4.4 机械脱水设计

污泥机械脱水的设计,主要需要考虑技术因素有:

(1)污泥脱水机械的类型,应按污泥的脱水性质和脱水要求,经技术经济比较后选用;

(2)污泥进入脱水机前的含水率一般不应大于 98%;

(3)经消化后的污泥,可根据污水性质和经济效益,考虑在脱水前调理;

(4)机械脱水间的布置应按泵房中的有关规定执行,并应考虑泥饼运输设施和通道;

(5)脱水后的污泥应设置污泥堆场或污泥料仓储存,污泥堆场或污泥料仓的容量应根据污泥出路和运输条件等确定;

(6)污泥机械脱水间应设置通风设施。每小时换气次数不应小于 6 次。

7.5 污泥稳定

从污水处理厂排出的生污泥,含有大量水分(95% ~ 99%)、挥发性物质、病原体、寄生虫卵、重金属、盐类及某些有机污染物,易腐化发臭,不利于运输和处置,而浓缩、脱水不能去除污染物,所以污泥在处置之前必须进行稳定化处理。

7.5.1 污泥厌氧消化

厌氧消化是利用兼性菌和厌氧菌将污泥进行厌氧生化处理的工艺。污泥经厌氧消化,降解污泥中易腐化发臭的有机物、减少固体量、提高脱水性能、减少或杀灭病原菌、消除大部分臭味物质。厌氧消化可以实现污泥的大幅度减量化、高效稳定化和基本无害化。

我国大多数污水处理厂目前都只进行污泥的浓缩脱水,采用稳定化处理的污水处理厂不到20%。国内常用的污泥稳定方法是厌氧消化,占38.04%,好氧消化只占2.81%。中温厌氧消化是国内常用的污泥稳定工艺,可以回收沼气发电,实现污水处理厂的部分能源生产,也是国际上大型污水处理厂最常用和最经济的污泥稳定处理方法。据欧盟统计,在污水厂排出的所有污泥中,约有76%的污泥在最终处置前经过了稳定处理,其中厌氧消化处理占50%以上,经好氧消化处理的约18%。美国68%的污水处理厂采用厌氧消化稳定污泥。

污泥消化的近期发展包括以热水解为主要预处理的高固体浓度的高级消化,高固体浓度的脱水和土地利用等技术。

一、污泥厌氧消化的影响因素

污泥厌氧消化是一个极其复杂的过程,其机理已在本书污水厌氧生物处理章节论述过,这里不再重复。厌氧消化污泥的影响因素主要有:

1. 温度

按产甲烷菌对温度的适应性,可将其分为两类,即中温产甲烷菌(适应温度为30~36 ℃)和高温产甲烷菌(适应温度为50~53 ℃)。温度在两区之间时,随着温度的上升,反应速率反而降低。利用中温产甲烷菌进行厌氧消化处理的系统称为中温消化,利用高温产甲烷菌进行消化处理的系统称为高温消化。以热水解预处理为特点的高级消化的温度需升级到38~42 ℃。

中温或高温厌氧消化允许的温度变动范围较小。当有±3 ℃以上的变动时,就会抑制消化速率,有超过±5 ℃的急剧变化时,就会突然停止产气,使有机酸大量积累而破坏厌氧消化。由于中温消化的温度与人的体温接近,故对寄生虫卵及大肠杆菌的杀灭率较低;高温消化对寄生虫卵的杀灭率可达90%以上,能基本满足卫生无害化要求。

2. 生物固体平均停留时间(污泥龄)与负荷

厌氧消化效果的好坏与污泥龄有直接关系,污泥龄的表达式是

$$\theta_c = \frac{M_t}{\phi_e} \tag{7-20}$$

式中,θ_c:为污泥龄,d;M_t:为消化池内的总污泥量,kg;ϕ_e:为消化池每日排出的污泥量,$\Phi_e = M_e / \Delta t$,其中 M_e 为排出消化池的总污泥量(包括上清液带出的),kg;Δt 为排泥时间,d。

有机物降解程度是污泥龄的函数,而不是进水有机物浓度的函数。消化池的容积设计应按有机负荷、污泥龄或消化时间设计,所以只要提高进泥的有机物浓度,就可以更充分地利用消化池的容积。由于产甲烷菌的增殖较慢,对环境条件的变化十分敏感,因此,要获得稳定的处理效果就需要保持较长的污泥龄。

污泥中有机物的降解率与消化时间相关,消化时间越长,降解率越高。对于初沉污泥,约60%~70%的有机物可被降解;对于剩余污泥一般为35%~45%。图7-11反映了SRT和不同挥发性固体含量对初沉污泥厌氧消化效果的影响。

当初沉污泥和剩余污泥合并一起进行厌氧消化时,各自的有机物降解率和消化污泥脱水性能都比各自单独消化时有所下降。图7-12反映了含有不同比例剩余污泥的混合污泥有机物降解率的变化。

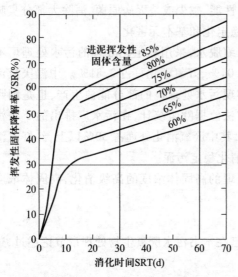

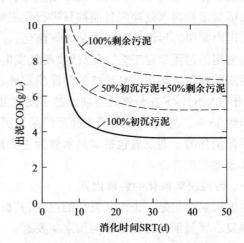

图7-11　SRT和污泥中挥发性固体含量　　　　图7-12　不同污泥组成的厌氧消化效果
对初沉污泥厌氧消化效果的影响　　　　　　　（进泥 COD=10 g/L）

消化池的有效容积一般按挥发性有机物负荷计算:

$$V = \frac{S_V}{S}\qquad\qquad(7-21)$$

式中,V:消化池有效容积,m^3;S_v:新鲜污泥挥发性有机物量,kg/d;S:消化池挥发性有机物负荷,$kg/(m^3 \cdot d)$。

3. 投配率

消化池的投配率是每日投加新鲜污泥体积占消化池有效容积的百分率。显然,消化池投配率的倒数就是污泥在消化池中的停留时间。投配率是消化池设计的重要参数,投配率过高,消化池内脂肪酸可能积累,pH下降,污泥消化不完全,产气率降低;投配率过低,污泥消化较完全,产气率较高,但消化池容积大,基建费用高。

4. 营养与 C/N

厌氧消化池中,细菌生长所需营养由污泥提供。有关研究表明,污泥的 C/N 以(10~20)/1为宜。如 C/N 太高,合成细胞的氮源不足,消化液的缓冲能力低,pH 容易降低;C/N 太低,氮量过多,pH 可能上升,铵盐容易积累,会抑制消化。根据研究,初沉污泥具有适宜的消化条件,混合污泥次之,而剩余活性污泥单独进行厌氧消化处理时,C/N 偏低。

5. 消化池中氮的平衡

在厌氧消化池中,氮的平衡是非常重要的因素,尽管消化系统中的硝酸盐可被还原成氮气存在于消化气中,但大部分仍然存在于系统中,由于细胞的增殖很少,故只有很少的氮转化成细胞,大部分可生物降解的氮都转化为消化液中的 NH_3,氮量过多,铵盐容易积累,pH 可能上升而抑制消化,因此,消化池运行时应注意消化液中氮的平衡。

6. 有毒物质

所谓"有毒"是相对的,事实上任何一种物质对甲烷消化都有两个方面的作用,即有促进与抑制甲烷菌生长的作用。关键在于它们的浓度界限,即毒阈浓度。低于毒阈浓度下限,对甲烷菌生长有促进作用;在毒阈浓度范围内,有中等抑制作用,如果浓度是逐渐增加的,则甲烷菌可被驯化;超过毒阈浓度上限,将对甲烷菌有较强的抑制作用。

7. 酸碱度和消化液的缓冲作用

消化池中的碱度(ALK)很大程度上与进料的固体浓度成比例,良好的消化池总碱度应为2 000 ~ 5 000 mg/L(以 $CaCO_3$ 计)。在消化池中主要消耗碱度的是 CO_2,消化池气体中的 CO_2 的浓度反映了碱度的需要量。挥发酸(VFA)是消化反应的中间副产物,消化系统中典型的挥发酸浓度为 50 ~ 300 mg/L,当系统中存在足够的碱度缓冲时,也可允许更高浓度的挥发酸存在。挥发酸与碱度之比(VFA/ALK)反映了产酸菌和产甲烷菌的平衡状态。该比例是衡量消化系统运行是否正常的指标,VFA/ALK 应保持在 0.1 ~ 0.2。对 VFA/ALK 的监测和变化趋势的分析能够在 pH 发生变化之前发现系统存在的问题。

厌氧消化首先产生有机酸,使污泥的 pH 下降,随着甲烷菌分解有机酸时产生的重碳酸盐不断增加,使消化液的 pH 得以保持在一个较为稳定的范围内。由于产酸菌对 pH 的适应范围较宽,而甲烷菌对 pH 非常敏感,pH 微小的变化都会使其受抑制,甚至停止生长。消化系统应在 pH6.0 ~ 8.0 之间运行,最佳 pH 范围为 6.8 ~ 7.2。当 pH 低于 6.0 时,非离子化的挥发酸会对产甲烷菌产生毒性;当 pH 高于 8.0 时,非离子化的氨也会对产甲烷菌产生毒性。消化系统的 pH 决定于挥发酸和碱度的浓度,为了保证厌氧消化的稳定运行,提高系统的缓冲能力和 pH 的稳定性,要求消化液的碱度保持在 2 000 mg/L 以上。

二、污泥厌氧消化技术的选择

日处理能力在 $10×10^4$ m^3 以上的污水二级处理厂产生的污泥,宜采取厌氧消化工艺进行处理,产生的沼气应综合利用。如果污水处理规模过小,建设厌氧消化系统可能不经济。对中小型规模的污水处理厂,沼气综合利用方式有限,难以获得合理收益。

污泥处理工艺选择应与污水处理工艺相结合考虑,如果污水处理工艺为延时曝气氧化沟,则不宜选择污泥厌氧消化处理工艺。因为延时曝气使污泥进行了部分自身氧化,从而使剩余污泥已较稳定,没有必要再进行厌氧消化处理。

高温消化比中温消化分解速率快,产气速率高,所需的消化时间短,对寄生虫卵的杀灭率高。但高温消化消耗热量大,耗能高。因此,只有在卫生要求严格,或对污泥气产生量要求较高时才选用。与高温消化相比,中温消化分解速率稍慢一些,产气率要低一些,但维持中温消化的能耗较少,整体上能维持在一个较高的消化水平,可保证常年稳定运行。因此,多选用中温消化。消化温度一般控制在 33 ~ 35 ℃。污泥消化池的最大能耗是为维持反应池温度的能耗。在我国华北地区,冬季污泥的温度约 10 ~ 16 ℃,如果采用中温消化,设定消化温度 35 ℃,则加热 1 m^3 污泥的耗热量约为 11 ~ 29 kW,而高温消化所需要的加热量是中温厌氧消化的 2 倍。单级消化对可分解有机物的分解率可达 90%,二级消化产气率一般比单级消化只高约 10%,为减少污泥处理总投资,采用单级消化工艺比较好。

消化池搅拌方式较多采用的是沼气搅拌和机械搅拌,泵循环搅拌因耗电量较高且搅拌效果不好已很少使用。

三、污泥厌氧消化池池型

消化池池型的选择,从众多污水处理厂的运行和经验看,值得推荐的是圆柱形消化池,但对于大容量(10 000 m³以上)消化池,采用蛋形消化池有一定的优点。实际工程应用中,应根据污水处理厂污泥处理量的大小及经济的可行性,合理确定消化池池型。图7-13所示为消化池的三种典型池型。

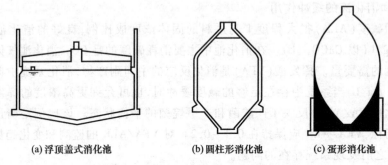

(a) 浮顶盖式消化池   (b) 圆柱形消化池   (c) 蛋形消化池

图7-13　厌氧消化池的三种典型池型

圆柱形消化池的池径一般为6~35 m,池总高与池径之比为0.8~1.0,池底、池盖倾角一般取15°~20°,池顶集气罩直径取2~5 m,高1~3 m。其特点是:反应器外形简单,可设置贮气柜式的顶盖,允许池内有较大的贮气量,投资较低;但反应器的构造导致搅拌不充分,搅拌效果较差,大的池易形成浮渣和泡沫积聚,需要定期清理,清理浮渣时需停用消化池。

蛋形消化池由于构造上的特点,搅拌较均匀,不易形成死角;池内污泥表面不易生成浮渣;在池容相等的条件下,池子总表面积比圆柱形小,散热面积小,易于保温;蛋形结构受力条件好,节省建筑材料;防渗水性能好,聚集沼气效果好。但贮存气体的容积很小,需要设置单独的贮气设施;池顶安装设备困难,需要设置较高的阶梯塔或升降机;需要较复杂的基础设计和抗震设计;气体搅拌消化池的泡沫在收集气体时可能会产生问题;建设费用高,施工难度大。

随着制造业的发达,现今消化池多采用利浦罐,如图7-14所示。利浦(Lipp)制罐技术利用金属塑性加工中的加工硬化原理和薄壳结构原理,通过专用技术和设备,将一定规格的钢板,应用"螺旋、双折边、咬合"工艺来建造圆形的池、罐。由于是机械化、自动化制作和采用薄钢板作为建筑材料,利浦技术具有施工周期短、造价低、质量好等优点,在同等建筑规模的情况下,其施工周期比采用传统制作方式缩短60%以上,罐体自重仅为钢筋混凝土罐体的10%左右,为传统碳钢板焊接罐体的40%左右。

图7-14　利浦罐

四、湿式厌氧消化技术

目前国内外较为成熟的湿式厌氧消化工艺如下:上流式厌氧污泥床(UASB)、全混式厌氧工艺(CSTR)、上流式污泥床(USR)等工艺,其中全混式厌氧工艺(CSTR)应用较广泛。

全混式厌氧工艺(CSTR)原理:在一个密闭罐体内完成料液的发酵、沼气产生的过程。消化器内安装有搅拌装置,使发酵原料和微生物处于完全混合状态。投料方式采用恒温连续投料或半连续投料运行。新进入的原料由于搅拌作用很快与发酵器内的全部发酵液菌种混合,使发酵底物浓度始终保持相对较低状态。

CSTR 工艺可以处理高悬浮固体含量的原料。消化器内物料均匀分布,避免了分层状态,增加了物料和微生物接触的机会。利用产生沼气发电余热对反应器外部的保温加热系统进行保温,大大提高了产气率和投资利用率,同时使得反应器一年四季均可正常工作。该工艺占地少、成本低,是目前世界上最先进的厌氧反应器之一(图 7-15)。

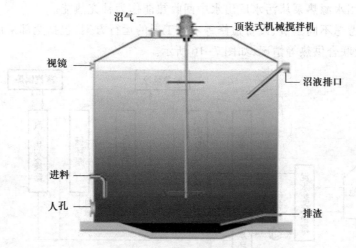

图 7-15 全混式厌氧工艺原理图

五、污泥厌氧消化系统

污泥厌氧消化系统的主要组成包括:污泥投配、排泥及溢流系统,搅拌设备,加热设备和沼气排出、收集与贮气设备等。

1. 污泥投配、排泥与溢流系统

(1)投配。生污泥一般先排入污泥投配池,再由污泥泵提升,经池顶进泥管送入消化池内。污泥投配泵可选用离心泵或螺杆泵。

(2)排泥。排泥管一般设在消化池池底或池中部。进泥和排泥可以连续或间歇进行,进泥和排泥管的直径不应小于 200 mm。

(3)溢流。消化池必须设置溢流装置,及时溢流,以保持沼气室压力恒定。溢流装置必须绝对避免集气罩与大气相通。溢流管出口不得放在室内,并必须有水封。

2. 搅拌设备

搅拌的目的是使厌氧微生物与污泥充分混合接触,这一方面可提高污泥分解速率;另一方面可有效降低有机负荷或有毒物质的冲击,保持消化池内污泥浓度、pH、微生物种群均匀一致,均衡消化池内的温度,减少池底沉砂量及液面浮渣量。当消化池内各处污泥浓度相差不超过 10% 时,被认为混合均匀。

消化池搅拌有沼气搅拌、机械搅拌、机械提升等方式。沼气循环搅拌的优点是搅拌比较充分,可促进厌氧分解,缩短消化时间,一般宜优先采用。可连续搅拌或间歇搅拌,间歇搅拌设备的能力应在 5 ~ 10 h 内至少将全池污泥搅拌一遍。

3. 加热设备

消化池污泥的加热分为池内加热和池外加热两种方式。池内加热采用直接蒸汽加热或池内盘管加热。池外加热是将池内污泥抽出,加热到所需温度后再送回消化池,通常用泥水热交换器对污泥进行加热。热交换器的型式有螺旋板式、套管式、管壳式等。

厌氧消化系统主要耗热包括将进料污泥加热到所需的反应温度的热量、消化池及配套设施及管路系统向周围空气及土壤散发损失的热量。系统热平衡设计时,应回收消化池出料污泥热源。热源主要来自沼气锅炉产热、沼气发电和沼气驱动的余热。污水水源热泵是一种具有很高热效率的设备,可采用水源热泵从污水厂出水中回收热能作为补充热能。

系统设计时,需考虑不同季节、设备检修等不同工况的运行方案,包括全部采用发电机余热、全部采用锅炉供热及联合供热等情况,如图 7-16 所示。

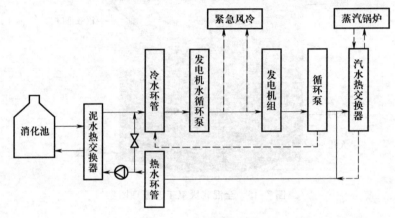

图 7-16　加热系统配置

4. 沼气排出、收集与贮气设备

(1) 沼气的产生及性质

污泥厌氧消化会产生大量的沼气,理论上每降解 1 kgCOD 将产生 0.35 Nm^3 的甲烷。初沉污泥 1 kgVS(挥发性悬浮固体)约折合 2 kgCOD,剩余污泥 1 kgVS 约折合 1.42 kgCOD。根据设计的挥发性固体降解率计算出降解的挥发性固体量,再折合成相应的 COD,从而可以计算出甲烷的产量。每千克挥发性固体全部消化后估算可产生 0.75 ~ 1.1 m^3 沼气(含甲烷 50% ~ 60%)。挥发性固体的消化率一般为 40% ~ 60%。

沼气的组成与污泥的性质相关。设计中需要重点考虑的成分有 CH_4、CO_2、H_2S、N_2 和 H_2,其典型浓度分别为 55% ~ 75%、25% ~ 45%、0.01% ~ 1%、2% ~ 6% 和 0.1% ~ 2%。甲烷和氢的含量决定了沼气的热值。CO_2 反映了工艺运行的情况,异常的 CO_2 含量表明工艺运行存在问题,H_2S 会产生腐蚀和臭味。

沼气的热值一般为 21 000 ~ 25 000 kJ/m^3(5 000 ~ 6 000 kcal/m^3),是一种可利用的生物能源。

(2) 沼气收集与净化

① 沼气的收集。消化池中产生的沼气从污泥的表面散逸出来,聚集在消化池的顶部,因此

应保持气室的气密性,以免泄漏。同时沼气中含有饱和蒸汽和 H_2S,具有一定的腐蚀性,因此气室应进行防腐处理,防腐层应延伸至最低泥位下不小于 500 mm。顶部的集气罩应有足够尺寸和高度,气体的出气口应高于最高泥面 1.5 m 以上。集气罩顶部应设有排气管、进气管、取样管、测压管、测温管,必要时设冲洗管。

沼气管的管径按日平均产气量计算,管内流速按 7~15 m/s 计。当消化池采用沼气循环搅拌时,则应加入循环搅拌所需沼气量计算管径。但应不小于 DN100。沼气管道应按顺气流方向设置不小于 0.5% 的坡度,在低点应设置凝结水罐。为减少因气体降温而形成凝结水,室外沼气管道必要时应进行保温处理,并在适当位置设置水封罐,以便调节和稳定压力,并起隔气作用。

② 沼气的贮存。沼气发电、焚烧等沼气利用设备一般都需要稳定的沼气流量,所以需设置沼气贮柜来调节产气量与用气量之间的平衡,调节容积一般为日平均产气量的 25%~40%,即 6~10 h 的产气量。

气柜按贮存压力分为低压和高压两种。低压气柜的工作压力一般为 3~4 kPa。设置在消化池上的浮顶式沼气柜是一种低压气柜,消化池的直径和浮顶的上下行程决定了沼气柜的贮存容积。膜式气柜和单独设置的湿式贮气柜也是一种常用的低压贮气柜。高压气柜的工作压力一般为 0.4~0.6 MPa,一般采用球形结构。高压气柜可以比低压气柜储存更多的沼气,但是必须配置沼气压缩装置。

③ 沼气净化与脱硫。厌氧消化气中一般含有泡沫、沉淀物、H_2S、硅氧烷及饱和水蒸气。为延长后续设备和管道的使用寿命,消化气作为能源利用前,需对其进行脱硫、去湿和除浊处理。

沼气中的 H_2S 对于管道和设备具有很强的腐蚀作用,燃烧时将产生 SO_2 等有害气体污染环境。用于沼气脱硫的方法主要有两类,即生物法和化学法。所谓生物脱硫,就是在适宜的温度、湿度和微氧条件下,通过脱硫细菌的代谢作用将 H_2S 转化为单质硫。生物脱硫既经济又无污染,是较理想的脱硫技术。物化法脱硫主要有干法和湿法两种,根据 H_2S 含量可以设计成单级和多级脱硫。沼气中 H_2S 含量高,且气体量较大时,适用湿法脱硫;如果用地面积小,则可用干法脱硫。干法脱硫的脱硫剂一般为氧化铁,来源于经过活化处理的炼钢赤泥或硫化铁矿灰。湿法脱硫是使沼气通过喷嘴或扩散板进入脱硫塔底部,沼气从下向上流经脱硫塔,与从上向下流经脱硫塔的吸收剂逆流接触,吸收剂一般为 NaOH 或 Na_2CO_3 溶液,沼气中的 H_2S 与 NaOH 或 Na_2CO_3 反应而被去除,经湿法脱硫的沼气还需再次冷凝去除水分。

④ 沼气利用。消化产生的沼气一般可以用于沼气锅炉、沼气发电和沼气拖动。

沼气发电系统主要有燃气发动机、发电机和热回收装置。沼气经过脱硫、脱水、稳压后供给燃气发动机,驱动与燃气内燃机相连接的发电机而产生电力。通常 1 m^3 的沼气可发电 1.5~2 kWh,污水处理厂沼气发电可补充污水处理厂 20%~70% 的电耗,燃气内燃机发电效率通常达 25%~32%。沼气发电机在发电的同时产生大量废热,一般从内燃机热回收系统中可回收 40%~50% 的能量,可通过热交换来给厌氧消化池加温。

5. 污泥厌氧消化池的设计

消化池的设计内容包括:工艺确定、池体设计、加热保温系统设计和搅拌设备设计。这里主要介绍污泥消化池池体的设计,加热保温和搅拌设备设计可参考相关设计手册。消化池的设计参数及要求如下:

(1) 消化温度 中温消化温度 33~35 ℃,高温消化温度 50~55 ℃,允许的温度变动范围 ±(1.5~2.0)℃。

(2) 消化时间 中温消化 20~30 d(即投配率 3.33%~5%),高温消化 10~15 d(即投配率 6.67%~10%),当采用两级消化时,一、二级停留时间可按 1:1、2:1 或 3:2 确定。

(3) 有机负荷 对于重力浓缩后的污泥,当消化时间在 20~30 d 时,相应的厌氧消化池挥发性固体容积负荷宜采用 0.6~1.5 kgVSS/(m³·d),对于机械浓缩后的原污泥,当消化时间在 20~30 d 时,相应的厌氧消化池挥发性固体容积负荷宜采用 0.9~2.3 kgVSS/(m³·d),且不应大于 2.3 kgVSS/(m³·d)。

(4) 两级消化中一、二级消化池的容积比 可采用 1:1、2:1 或 3:2,常用的是 2:1。

(5) 污泥浓度 进入消化池的新鲜污泥含水率应尽量减少,即应尽可能地浓缩降低污泥体积,可以减少消化池容积,降低耗热量,并可提高污泥中的产甲烷菌浓度,加速消化反应。目前最大可行的污泥固体浓度为 8%~12%。

(6) 污泥消化的挥发性固体去除率不宜小于 40%。

(7) 为了防止检修时全部污泥停止厌氧处理,消化池的数量应至少设计为两座。

(8) 消化池采用固定盖池顶时,池顶至少应装有两个直径为 0.7 m 的人孔。工作液位与池圆柱部分的墙顶之间的超高应不小于 0.3 m,以防止固定盖因超高不足受内压而使池顶遭到破坏。同时,池顶下沿应装有溢流管,最小管径为 200 mm。

(9) 用于污泥投配、循环、加热、切换控制的设备和阀门设施宜集中布置,室内应设置通风设施。污泥气压缩机房、阀门控制间和管道层等宜集中布置,室内应设置通风设施和污泥气泄漏报警装置。厌氧消化系统的电气集中控制室不宜与存在污泥气泄漏可能的设施合建,场地条件许可时,宜建在防爆区外。防爆区内的电机、电器和照明设施等均应符合防爆要求。

(10) 污泥处理构筑物的放空管管径应尽可能加大。同时处理构筑物的放空井不宜很深,否则应考虑下井操作时的安全措施。

(11) 整个污泥消化系统的污泥管路、沼气管路应考虑跨越管,以便为实现灵活多种运行方式提供条件。

(12) 考虑污泥管的清洗,应在污泥管的适当位置设置便于安装冲洗管的快速安装接头。

(13) 为便于对消化池运行工况进行监测,了解消化池内的污泥分布状况,应在池内的高、中、低等位置设置污泥取样管。

(14) 消化池应考虑设置定期清砂的设备。

6. 消化池安全管理

沼气中含有大量的 CH₄ 和 CO₂ 气体,二者均无色无味,但能使人窒息。因此,厌消化系统应配置气体检测分析仪器,并配自力式呼吸装置,以便气体泄漏时使用。甲烷属易燃气体,在空气中的浓度达到 5%~20% 时,可能会引起爆炸。因此,气体处理系统的设计工作压力应为正压,以免引入空气。

未经脱硫处理的沼气中 H₂S 含量一般为 100~200 mg/L,有时会达到 800 mg/L,甚至更高。

为防止沼气爆炸和 H₂S 中毒,需注意以下事项:

(1) 应在消化池及沼气系统中安装消焰器、真空压力安全阀、负压防止阀及回流阀等。

(2) 沼气系统应设置易燃气体和 H₂S 气体探测仪。H₂S 气体的相对密度大于空气,应在消化设施的不同高度设置足够的探头。

（3）消化设施区域应按照受限空间对待。参照《化学品生产单位受限空间作业安全规范》（AQ 3028）标准执行。

（4）定期检查沼气管路系统及设备的严密性，如发现泄漏，应迅速停气检修。沼气主管路上部不应设建筑物或堆放障碍物，严禁通行重型卡车。

（5）沼气贮存设备因故需要放空时，应间断释放，严禁将贮存的沼气一次性排入大气。放空时应认真选择天气，在可能产生雷雨或闪电的天气严禁放空。此外，放空时应注意下风向不能有明火或热源。

（6）沼气系统内的所有可能的泄漏点，均应设置在线报警装置，并定期检查其可靠性，防止误报。

（7）沼气系统区域内一律禁止明火，严禁烟火，严禁铁器工具撞击或电焊作业。操作间内地面敷设橡胶地板，入内必须穿胶鞋。

（8）电气装置设计及防爆设计应符合《爆炸和火灾危险环境电力装置设计规范》（GB 50058）相关规定。

（9）沼气系统区域周围一般应设防护栏，并应建立出入检查制度。

（10）沼气系统区域的所有厂房场地应按国家规定的甲级防爆要求设计，并符合《建筑设计防火规范》（GB 50016）和《石油化工企业设计防火规范》（GB 50160）相关条款的要求。

7. 污泥的高级厌氧消化

从20世纪90年代以来，以强化现有厌氧消化为主要目标的预处理强化，包括热水解技术、超声波技术、电磁脉冲技术、机械研磨技术等在污泥高级消化技术领域得到研究和应用，其中以热水解预处理技术得到大规模的应用。下面主要介绍该技术领域的主要进展。

康碧®热水解（Cambi Thermal Hydrolysis Pre−Treatment Process，CambiTHP®）将污泥和有机垃圾通过高级厌氧消化转变为可再生能源及有价值的生物肥料（有机生物营养土），可有效用于市政污泥、有机工业污泥及有机生活垃圾的处理（MSW的有机成分）。1995年首次将热水解工艺应用于挪威HIAS污水处理厂污泥项目。

（1）工作原理

热水解技术采用高温（155—170 ℃）高压蒸汽对污泥和有机餐厨垃圾进行蒸煮和瞬间泄压汽爆闪蒸的工艺，使污泥及有机餐厨垃圾中的有机物质溶解，胞外聚合物水解，降低黏度提高基质的流动性、提高颗粒的分散度、提高可生化降解程度，从而提高厌氧消化的效率和产气量，改善消化污泥的脱水性能，并杀灭所有病原菌。工作原理见图7−17。

热水解是一个连续的工艺过程，基于反应罐并列排列的批次处理的热水解反应。该系统由1个浆化罐、4到6个反应罐和1个卸压闪蒸罐三部分组成。第一部分是浆化罐，市政脱水污泥和经过预分选的餐厨垃圾经螺杆泵从储罐连续不断地送入浆化罐与后续罐中收回重复利用的蒸汽余热混合，达到约97 ℃。再经过螺杆泵以批次方式送入第二部分热水解反应罐，批次加入蒸汽进行高压蒸煮后，形成多个反应罐并联运行达到连续运行的效果，由蒸汽锅炉提供有压蒸汽，加热到155～170 ℃，并保持20～30 min，在反应罐自身压力推动下瞬时泄压排放到第三部分卸压闪蒸罐，泄压后温度降低到102 ℃左右，基质的粒径进一步降低，增加后续消化效率。闪蒸后释放的蒸汽回收利用回到浆化罐，对污泥或餐厨垃圾进行预热浆化。

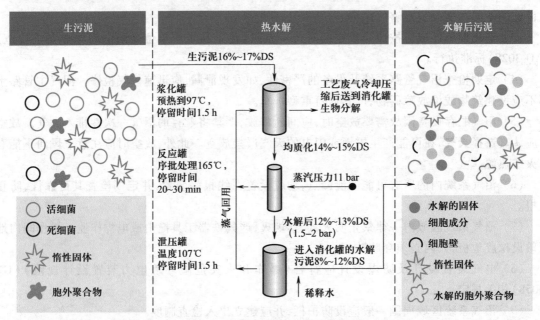

图 7-17　热水解预处理的基本原理

闪蒸后的热水解污泥或餐厨垃圾在闪蒸罐停留一定时间,并通过螺杆泵连续不断地送出到下一步热交换冷却工艺中。热水解预处理后的温度较高,需要通过热交换降温到中温消化(37 ~ 42 ℃)或高温消化(55 ℃)。由于流动性能得到大大提高,消化池的进料固体浓度变为 8% ~ 12%。热水解预处理系统按照预定程序周而复始地运行。污泥处理流程见图 7-18。

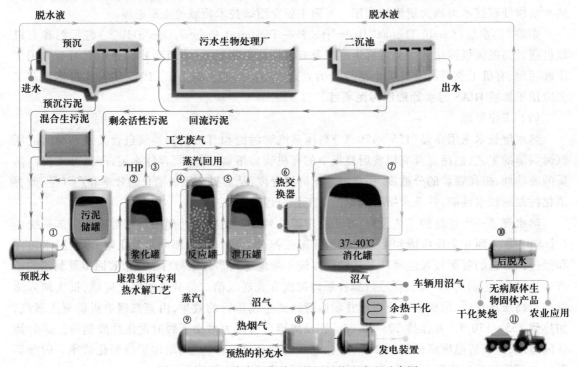

图 7-18　基于热水解预处理的污泥处理流程示意图

（2）技术参数

THP 工艺结合厌氧消化与传统厌氧消化相比,投资和运行费用显著降低。THP 工艺高级消化与传统消化的设计和运行参数对比见表7.10。

表 7.10　THP 工艺高级消化与传统消化的设计和运行参数对比

参数	CAMBI 高级消化	传统消化
消化罐设计停留时间	12～18 天	25～35 天
消化罐体积	<传统消化的 50%	100%
固体投配率	9%～12%	4%～6%
有机负荷	>5(kg/(m³·d))	2-3(kg/(m³·d))
消化罐 pH	7.5～8.0	6.8～7.5
消化温度	38～42 ℃中温或 50～55 ℃高温	35～37 ℃中温或 50～55 ℃高温
挥发酸碱度比	0.1～0.5	0.1-0.5
消化的氨氮浓度	2 500～3 200 mg/L	600～1 000 mg/L
沼气质量	65%～70% CH_4, H_2S 浓度低	60%～65% CH_4, H_2S 浓度高
产生消化泡沫的细菌	较少	较多
VS 转化率	污泥 45%～60% 有机垃圾 65%～75%	污泥 30%～45% 有机垃圾 50%～55%

（3）技术优势

减量最大化和沼气产量最大化。THP 工艺的采用与传统工艺相比达到提高沼气产量。由于系统能效高,产生的能量(以沼气的形式)比传统工艺系统消耗的能量多。

采用 THP 工艺后的厌氧消化污泥的脱水性能大幅度提高。活性污泥的消化后脱水含固率超过 30%,混合污泥消化后的脱水污泥含固率超过 35%,可以达到 40%。这样,污泥消化后减量显著,通常不需要进一步干化,就能够运输、土地利用或焚烧。如果仍然需要干化,干化的规模和能耗比传统消化和干化的能耗少得多。

厌氧消化池的有机负荷和水力负荷高,消化工艺很稳定。THP 工艺使污泥的黏稠度降低,消化池的固体投配率高达 9%～12%,是传统消化工艺的两倍。消化速度也大为提高,水力停留时间缩短到 12—18 天。所以,消化池的消化能力提高 2～3 倍。通常增加的 THP 工艺部分的投资比增加的消化池容的投资要少或者相当,并且还可以减少占地和提高消化性能。传统消化的丝状菌产生的泡沫问题不复存在。

采用 THP 后的消化稳定的产物(消化剩余污泥)是无菌的固体,因为污泥在 155—165 ℃下处理了30分钟,所有的病菌都被杀灭。无须进一步的干化来杀灭病原菌。可以用作肥料和土壤改良。

(4)典型应用案例

美国华盛顿特区水务蓝原污水处理厂处理约220万人口的污水,处理区域包括哥伦比亚特区,采用合流制污水处理,该厂的污泥处理经历了从19世纪的厌氧消化技术,到20世纪的堆肥和石灰稳定处理技术,再到21世纪的高级厌氧消化。该厂泥区改造项目已于2014年竣工,顺利投入使用,同年10月进入试运行;2015年3月达到日处理量300 t干固体的规模,同年6月全面达到设计预期规模。现有4×17 000 m³消化罐体,24个Cambi的THP反应罐,有效提高消化罐处理能力(图7-19)。该项目电能产出达13 MW,每天有1 200 t处理后的泥饼(最终生物固体)输送给附近的农民进行农业耕地、林业种植等土地利用。

图7-19 美国华盛顿特区蓝原污水处理厂污泥高级消化案例

华盛顿特区认为该项目实现了迄今为止华盛顿地区最大一次温室气体减排,康碧热水解工艺投资大大低于常规消化,还能每年节省运营成本。

7.5.2 污泥好氧发酵

污泥好氧发酵是一种无害化、减容化、稳定化的污泥综合处理技术,亦称好氧堆肥技术。它是利用好氧嗜温菌、嗜热菌的作用,将污泥中有机物分解,形成一种类似腐殖质土壤的物质。代谢过程中产生热量,可使堆料层温度升高至55 ℃以上,能有效杀灭病原体、寄生虫卵和病毒,提高污泥肥分。污泥发酵成品利用途径主要有:农田利用、林地利用、园林绿化利用、废弃矿场的土地修复、垃圾填埋场的覆盖土等,由于污泥农用与人类食物链发生关系,所以污泥发酵后的产品应限制农用。好氧发酵技术以其低投资、低运行费用的特点受到人们的关注,适用范围广阔。困扰污泥发酵技术推广应用的技术瓶颈是污泥成分复杂,且易造成重金属污染等。

一、污泥好氧发酵稳定化的技术指标

我国《城镇污水处理厂污染物排放标准》(GB 18918—2002)规定,城镇污水处理厂的污泥应进行稳定化处理,处理后应达到表 7.11 所规定的标准。

表 7.11 污泥发酵稳定控制指标

稳定化方法	控制项目	控制指标
好氧发酵	含水率(%)	<65
	有机物降解率(%)	>50
	蛔虫卵死亡率(%)	>95
	粪大肠菌群菌值*	>0.01

* 其含义为:含有一个粪大肠菌的被检样品克数或毫升数,该值越大,含菌量越少。

二、污泥好氧发酵的分类

根据工艺类型、物料运行方式、发酵反应器形式、供氧方式,污泥的好氧发酵分类如下:按工艺类型可分为一步发酵工艺和两步发酵工艺。按反应器形式可分为条垛式、仓槽式、塔式。按供氧方式可分为强制通风(鼓风或抽风)和自然通风。按物料运行方式可分为静态发酵、动态发酵和间歇动态发酵等。常用的是条垛式发酵、通气静态槽式发酵、容器发酵等三种方法。

条垛式发酵是用人工或堆垛机将物料堆成长条形堆垛,高度一般 1~2 m,宽度一般 3~5 m。靠翻堆供氧,设备简单、操作方便、建设及运行费用低,但占地面积较大;由于供氧受到一定的限制,发酵时间较长,堆层表面温度较低,表层容易达不到无害化要求的温度,卫生条件较差。它适用于用地限制小、环境要求较低的地区。

通气静态槽式发酵是反应器为仓槽式,采用强制通风(鼓风或抽风)供氧。发酵仓为长槽形,发酵槽是上小下大,侧壁有 5°倾角,堆高一般 2~3 m。其特征是:设施价格便宜,制作简单,堆料在发酵槽中,卫生条件好,无害化程度高,二次污染易控制,但占地面积稍大。

容器发酵是采用塔式筒形发酵仓,强制供氧,污泥不断由上部投入,下部排出,仓内堆高可达5~6 m。占地面积小,卫生条件好,无害化程度高,但设施较复杂,建设及运行费用较高,供氧能耗较大。

三、污泥好氧发酵影响因素

1. 含水率

大量研究表明,污泥含水率低于 30% 时,微生物在水中提取营养物质的能力降低,有机物分解缓慢;当含水率低于 12%~15% 时,微生物的活动几乎停止。反之,含水率超过 65% 时,水就会充满物料颗粒间的间隙,堵塞空气的通道,使空气含量大量减少,发酵由好氧状态向厌氧转化,温度急剧下降,其结果是形成发臭的中间产物。一般而言,污泥脱水泥饼含水率一般为 80% 左右,必须调节到 55%~60% 方可进入好氧发酵工序。含水率调节的方法有添加干物料(调理剂)、成品回流、热干化、晾晒等。

2. C/N 比

在发酵过程中,污泥有机物碳氮比对分解速率有重要影响。好氧发酵最适宜的 C/N 为 25/1 ~ 35/1。如果 C/N 高达 40/1,可供消耗的碳元素多,氮素养料相对缺乏,细菌和其他微生物的生长受到限制,有机物的分解速率慢,发酵过程长。如果碳氮比更高,容易导致成品发酵的碳氮比高,这种发酵污泥施入土壤后,将夺取土壤中的氮素,使土壤陷入氮饥饿状态,影响作物生长。若碳氮比低于 20/1,可供消耗的碳素少,氮素养料相对过剩,则氮将变成氨态氮而挥发,导致氮元素大量损失而降低肥效。如污泥 C/N 比不在适宜范围内,应通过向脱水污泥中加入含碳较高的物料,如木屑、秸秆粉、落叶等对其进行调节。

3. pH

pH 在污泥的发酵过程中是十分重要的。由于在中性或微碱性条件下,细菌和放线菌生长最适宜,所以污泥发酵的 pH 应控制在 6 ~ 8,且最佳 pH 在 8.0 左右,当 pH≤5 时,发酵就会停止进行。污泥一般情况下呈中性,发酵时一般不必特别调节。即使发酵过程中 pH 发生了变化,到发酵结束后,污泥的 pH 几乎都在 7 ~ 8。因此可以用 pH 作为发酵熟化与否的控制指标。常用调理剂有 $CaCO_3$、石灰和石膏等。

4. 温度

温度是反映发酵效果的综合指标。不同温度条件下优势微生物的种属和数量不同,它们对各种有机物的分解能力不同。每一种微生物都有自己适宜的温度范围,因此温度直接影响微生物降解有机物的速率,是影响微生物活动和发酵工艺过程的重要因素。一般嗜温菌最适宜温度为 30 ~ 40 ℃,嗜热菌为 50 ~ 60 ℃。根据卫生学要求,发酵温度至少要达到 55 ℃,才能杀灭病原菌和寄生虫卵。温度过高(≥70 ℃)会抑制微生物分解有机物的速率,降低发酵产品的质量;温度过低也不利于发酵过程,微生物在 40 ℃ 左右的活性只有最适温度时的 2/3 左右。有关研究表明,发酵温度范围在 55 ~ 65 ℃ 时,发酵综合效果最佳。

近年来,日本研究人员在火山灰中发现一种超高温高热好氧菌(YM 菌)。此种细菌颠覆了之前好氧发酵温度不宜过高的观念,YM 菌是在 90 ℃ 以上的超高温好氧条件下依然活跃工作,能发酵分解所有有机废弃物的好氧性微生物。YM 菌是一种新的超嗜热性微生物,更具体地说是属于超嗜热性微生物,它从有机废物在 85 ℃ 或以上发酵而得的堆肥中获得,并能在 80 ℃ 以上生长。该超嗜热性微生物在 50 ℃ 以下不会生长,但是在 80 ~ 100 ℃ 生长和增殖活跃。它是革兰氏阴性菌,是绝对的好氧菌,且不形成孢子。它在高温时使有机废物发酵,可用作发酵微生物来产生堆肥。另外,它还可用于生产耐热性酶。

5. 发酵时间

发酵时间受污泥种类、脱水时加药方式及堆料前处理方法的影响,这是因为其中易分解有机物的种类和含量有所不同。采用发酵槽系统,一般发酵期为 10 ~ 15 d。

四、污泥好氧发酵工艺流程

污泥好氧发酵工艺过程主要由进料、预处理、一次发酵、二次发酵、发酵产物加工等工序组成,污泥发酵反应系统是整个工艺的核心。污泥高温好氧发酵的一般工艺流程如图 7-20 所示。

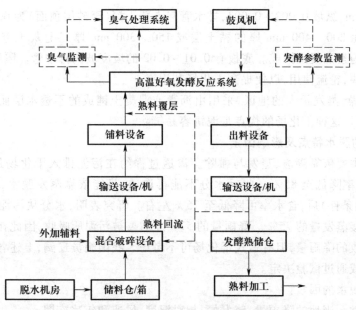

图 7-20 污泥高温好氧发酵工艺流程图

7.6 污泥干化

7.6.1 自然干化

一、污泥自然干化场的分类与构造

污泥自然干化的主要构筑物是干化场，干化场可分为自然滤层干化场和人工滤层干化场两种。前者适用于自然土质渗透性能好，地下水位低的地区。人工滤层干化场的滤层是人工铺设的，又可分为敞开式干化场和有盖式干化场两种。

人工滤层干化场的构造如图7-21所示，它由不透水底板、排水系统、滤水层、输泥管、隔墙及围堤等部分组成。有盖式的，设有可移开（晴天）或盖上（雨天）的顶盖，顶盖一般呈弓形，覆有塑料薄膜，开启方便。

滤水层由上层的细矿渣或砂层铺设，厚度为 200～300 mm，下层用粗矿渣或砾石层 200～300 mm 组成，滤水容易。

排水管道系统用 100～150 mm 陶土管或盲沟铺成，管道接头不密封，以便排水。管道

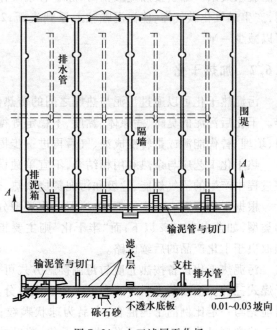

图 7-21 人工滤层干化场

之间中心距 4~8 m,纵坡 0.002~0.003,排水管起点覆土深(至砂层顶面)为 0.6 m。

不透水底板由 200~400 mm 厚的黏土层或 150~300 mm 厚三七灰土夯实而成。也可用 100~150 mm 厚的素混凝土铺成。底板有 0.01~0.02 的坡度坡向排水管。隔墙与围堤,把干化场分隔成若干分块,轮流使用,以便提高干化场利用率。

近年来在干燥、蒸发量大的地区,采用由沥青或混凝土铺成的不透水层而无滤水层的干化场,依靠蒸发脱水。这种干化场的优点是泥饼容易铲除。

二、干化场的脱水特点及影响因素

干化场脱水主要依靠渗透、蒸发与撇除。渗透过程约在污泥排入干化场最初的 2~3 d 完成,可使污泥含水率降低至 85%。此后水分不能再渗透,只能依靠蒸发脱水,约经 1 周或数周(决定于当地气候条件)后,含水率可降低至 75% 左右。研究表明,水分从污泥中蒸发的数量约等于从清水中直接蒸发量的 75%。降雨量的 57% 左右要被污泥所吸收,因此在干化场的蒸发量中必须考虑所吸收的降雨量,但有盖式干化场可不考虑。我国幅员辽阔,上述各数值应视各地天气条件加以调整或通过试验决定。

影响干化场脱水的因素:

(1)气候条件。当地的降雨量、蒸发量、相对湿度、风速和年冰冻期。

(2)污泥性质。如消化污泥在消化池中承受着高于大气压的压力,污泥中含有很多沼气泡,一旦排到干化场后,压力降低,气体迅速释出,可把污泥颗粒挟带到污泥层的表面,使水的渗透阻力减小,提高了渗透脱水性能;而初次沉淀污泥或经浓缩后的活性污泥,由于比阻较大,水分不易从稠密的污泥层中渗透过去,往往会形成沉淀,分离出上清液,故这类污泥主要依靠蒸发脱水,可在干化场围堤或围墙的一定高度上开设撇水窗,撇除上清液,加速脱水过程。

(3)污泥调理。采用化学调理可以提高污泥干化场的脱水效率,投加混凝剂可以显著提高渗滤脱水效果。如当投加硫酸铝时,除了有絮凝作用外,硫酸铝还能与溶解在污泥中的碳酸盐作用,产生二氧化碳气体,使污泥颗粒上浮到表面,24 h 内就能见到混凝脱水效果,干化时间大致可以减少一半。

7.6.2 加热干化

污泥热干化可以通过污泥与热媒之间的传热作用,进一步去除脱水污泥中的水分,使污泥减容。干化后污泥的臭味、病原体、黏度、不稳定等得到显著改善,可用作肥料、土壤改良剂、制造建材、填埋、替代能源或是转变成油、气后再进一步提炼化工产品等。

热干化工艺应与余热利用相结合,不宜单独设置热干化工艺。可充分利用污泥厌氧消化处理过程中产生的沼气热能、垃圾和污泥焚烧余热、热电厂余热或其他余热干化污泥。

根据干化污泥含水率的不同,污泥干化类型分为全干化和半干化。"全干化"指较低含水率的类型,如含水率 10% 以下;而"半干化"则主要指含水率在 40% 左右的类型。采用何种干化类型取决于干化产品的后续出路。

污泥热干化设备按热介质与污泥接触方式可分为直接加热式、间接加热式和直接/间接联合干燥式三种。按设备进料方式和产品形态大致分为两类:一类是采用干料返混系统,湿污泥在进料前先与一定比例的干泥混合,产品为球状颗粒;另一类是湿污泥直接进料,产品多为粉末状。按工艺类型可分为流化床干化、带式干化、桨叶式干化、卧式转盘式干化和立式圆盘式干化等五种。

国外有一些先进的污泥干燥和造粒一体机,见图7-22。采用立式布置、多级分布和间接干燥方式,通过热对流的方式将水分蒸发出来。同时能够生产出无尘球状硬颗粒,将干燥和造粒过程集于一体。污泥颗粒逐级长大,并迅速干燥成含固率大于90%的粒径分布在1~4 mm坚实的颗粒,这些颗粒易于处置、运输和长时间储存。这种工艺是通过高效热交换和重力辅助的污泥运动实现的,从而降低电耗并减少运行和维护费用,该工艺适用于成分不同的各种污泥。

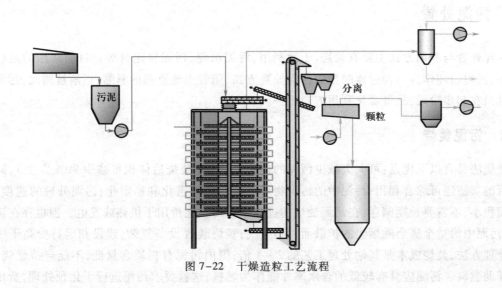

图7-22 干燥造粒工艺流程

污泥干化系统的设计要求如下:

1. 污泥干化设备选型,应根据干化的实际需要确定。规模较小、污泥含水率较低、连续运行时间较长的干燥设备宜采用间接加热系统,否则宜采用带有污泥混合器和气体循环装置的直接加热系统。

2. 由于脱水污泥的含水率可能会有变动,污泥干化设备处理规模设计时应考虑所需蒸发的水量,而不能简单依据脱水污泥量。污泥热干化处理的污泥固体负荷和蒸发量应根据污泥性质、设备性能等因素,参照相似设备运行经验确定。污泥热干化设备宜设置2套。若设1套,应考虑采取设备故障检修和常规检修期间的应急措施,包括污泥储存设施或其他备用的污泥处理处置途径。

3. 污泥干化设备的能源:间接加热方式可以使用所有的能源,包括污泥气、烟气、燃煤、蒸汽、燃油、沼气、天然气等,其利用的差别仅在温度、压力和效率;直接加热方式则因能源种类不同,受到一定限制,其中燃煤炉和焚烧炉因烟气大,并存在腐蚀而较少使用。

4. 与干化设备爆炸有关的三个主要因素是氧气、粉尘和颗粒的温度。不同的工艺会有些差异,但必须控制的安全要素是:氧气含量<12%;粉尘浓度<60 g/m³;颗粒温度<110 ℃。

5. 湿污泥仓中甲烷浓度应控制在1%以下;干泥仓中干颗粒温度应控制在40 ℃以下。

6. 为避免湿污泥敞开式输送对环境造成影响,应采用污泥泵和管道将湿污泥密封输送入干化机。干化机出料口须设置事故储仓或紧急排放口,供污泥干化机停运或非正常运行时暂存或外排。

7. 砂石混入污泥对干化设备的安全性存在负面影响。对于含砂量较大的污泥,可通过增加耐磨量、降低转动部件转速等方法以减少换热面的磨损,特别是采用导热油作为热媒介质时,必须十分注意。

8. 污泥热干化产品应妥善保存、利用或妥善处置,避免二次污染。污泥热干化的尾气烟气,应处理达标后排放。污泥干燥场附近,应设置长期监测地下水质量和空气质量的设施。

7.7　污泥处置

污泥处置与利用方式主要有焚烧、土地利用、污泥填埋、污泥制建材等。目前常用的是前两种方法,污泥填埋作为一种过渡时期的污泥处置方式,随着土地资源的紧缩,逐渐被淘汰,污泥生产建材尚在起步阶段,是资源化利用方向之一。

7.7.1　污泥焚烧

焚烧法具有以下优点:可大大减少污泥的体积和质量(焚烧后体积可减少90%以上),同时焚烧后的灰渣还可综合利用;污泥中的污染物可以被彻底无害化和稳定化;污泥处理的速度快,占地面积小,不需要长期储存;在污泥焚烧的过程中可回收能量用于供热或发电。但也存在诸多问题:污泥中的重金属会随烟尘的扩散而污染空气;焚烧装置设备复杂,建设和运行费高于一般污泥处理方法,焚烧成本是其他处理工艺的 $2\sim4$ 倍;国内污泥有机质含量低,不能自持燃烧,需添加辅助燃料。污泥应具有较低的含水率才能作为燃料,这就要求污泥进行干化预处理,费用较高等。当污泥重金属及有毒物质含量高,不能作为农业利用时;大城市卫生要求高,用地紧缺时;污泥自身的燃烧热值高时;有条件与城市垃圾混合焚烧,或与城市热电厂燃煤混合焚烧时,可考虑采用污泥焚烧处理。

一、污泥焚烧的影响因素

污泥焚烧的主要影响因素是污泥的含水率、温度、焚烧时间、污泥与空气之间的混合程度等。

1. 污泥的含水率

污泥含水率是污泥焚烧的一个关键因素,它直接影响污泥焚烧设备和处理费用。浓缩污泥的含水率一般在95%以上,采用机械脱水装置脱水处理后,一般仍达80%左右。如此高的含水率一方面不能维持燃烧过程的自动进行,必须加入辅助燃料;另一方面是污泥体积庞大,增加了焚烧过程的运输困难。因此,降低污泥含水率对于降低污泥焚烧设备及处理费用是至关重要的。一般应将污泥含水率降至与挥发物含量之比小于3.5时,可形成自燃,节约燃料。

2. 温度

温度高则燃烧速率快,污泥在炉内停留的时间短,此时燃烧速度受扩散控制,温度的影响较小,即使温度上升40 ℃,燃烧时间只减少1%,但炉壁、管道等容易损坏。当温度较低时,燃烧速率受化学反应控制,温度影响大,温度上升40 ℃,燃烧时间减少50%,所以,控制合适的温度十分重要。

3. 焚烧时间

燃烧反应所需要的时间就是烧掉污泥中有机污染物的时间。这就要求污泥在燃烧层内有适当的停留时间。燃料在高温区的停留时间应超过燃料燃烧所需的时间。一般来说,燃烧时间与污泥粒度的 1~2 次方成正比,加热时间近似与粒度的平方成正比。粒度越细,与空气的接触面积越大,燃烧速率越快,污泥在燃烧室内停留的时间就越短。因此,在确定污泥在燃烧室内的停留时间时,必须考虑污泥的粒度大小。

4. 污泥、燃料与空气之间的混合程度

为了使污泥燃烧完全,必须向燃烧室内鼓入过量的空气,这是燃烧的最基本条件。但除了空气供应充足,还要注意空气在燃烧室内的分布,污泥、燃料和空气的混合(湍流)程度。如混合不充分,将导致不完全燃烧产物的生成。对于废液的燃烧,混合可以加速液体的蒸发;对于固体废物的燃烧,湍流有助于破坏燃烧产物在颗粒表面形成的边界层,从而提高氧的利用率和传质速率,特别是扩散速率为控制因素时,燃烧时间随传质速率的增大而减少。

二、污泥焚烧工艺

污泥焚烧工艺经过几十年的发展,根据不同地区的经济、技术、环境情况,形成了许多工艺过程,主要有两大类:即直接焚烧和混合焚烧。直接焚烧是利用污泥本身有机物所含有的热值,将污泥经过脱水和干化等处理后添加少量的助燃剂送入焚烧炉进行焚烧。混合焚烧是将污泥与煤、固体废弃物等混合焚烧。

1. 污泥直接焚烧

如果污泥的含水率较低,热值较高,污泥添加少量的辅助燃料后可直接入炉进行焚烧。而如果污泥含水率较高,热值较低,直接入炉焚烧需要消耗大量的辅助燃料,运行成本太高,因此需要将污泥机械脱水后再进行加热干燥,以降低其水分,提高入炉污泥的热值,使焚烧在运行过程中不需要辅助燃料,这种方法又称干化焚烧。干化焚烧是一种节能型处理工艺,也是目前污泥焚烧应用较多的一种工艺。

干化焚烧处理主要包括干化预处理、焚烧和后处理三个阶段,其处理流程如图 7-23 所示。污泥在焚烧前加以必要的干化预处理,能使焚烧更有效地进行。干化预处理主要包括脱水、粉碎、预热等。污泥脱水可降低含水率,使污泥能够达到自燃;污泥粉碎可使投入炉内污泥易燃,保障燃烧充分;污泥预热,可进一步降低污泥含水率,同时降低污泥焚烧时所耗能源。

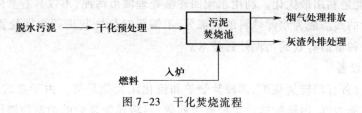

图 7-23　干化焚烧流程

2. 污泥混合焚烧

污泥混合焚烧是指将污泥与其他可燃物混合进行燃烧,既充分利用了污泥的热值,又达到了节省能源的目的。污泥的混合焚烧主要有污泥与发电厂用煤的混合焚烧、污泥与固体废弃物的混合焚烧等。

(1) 污泥与发电厂用煤的混合焚烧

将污泥送发电厂与煤混合进行燃烧用以发电,既可以利用热电厂余热作为干化热源,又可利用热电厂已有的焚烧和尾气处理设备,节省投资和运行成本。在进行混烧时,污泥的量相对于煤来说较少,因此混烧对电站的影响不明显。值得注意的是,燃煤电站锅炉对燃料的发热量、粒径分布和含水率等指标都有严格的要求,污泥排放和处理也有专门的装置和流程。

(2) 污泥与固体废物的混合焚烧

污泥与固体废物混合燃烧的主要目的是降低成本,因为分别燃烧污泥和固体废物的成本较高。污泥与固体废物混合焚燃烧有三种方法,如图 7-24 所示。前两种方法是典型的炉内燃烧,释放的热量用来制取水蒸气或进行供暖或干燥污泥。第三种方法采用多段式和流化床焚烧炉,要求将固体废物和污泥颗粒化后送入炉内。

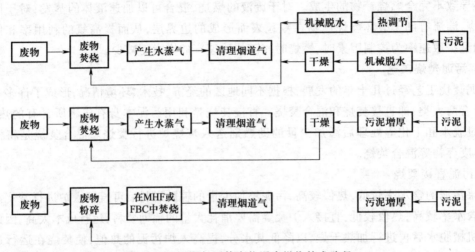

图 7-24　污泥与固体废物混合燃烧技术路径

(3) 污泥与水泥生产窑的混合焚烧

水泥生产窑协同处理城镇污水处理厂污泥,主要利用水泥高温煅烧窑炉焚烧处理污泥。在焚烧过程中,有机物彻底分解,灰渣作为水泥组分直接进入水泥熟料产品中,实现彻底减量化。水泥生产过程中的余热可用于干化湿污泥,干污泥中有机组分焚烧产生热量被水泥生产回收,实现整个工艺过程能量利用最优化。利用水泥回转窑处理城市污泥,不仅具有焚烧法的减容、减量化特征,且燃烧后的残渣成为水泥熟料的一部分,不需要对焚烧灰进行填埋处置,污染物形成总量显著降低,是一种清洁有效的污泥处置技术。

3. 污泥焚烧设备

污泥焚烧的设备有回转焚烧炉、多段焚烧炉和流化床焚烧炉等。由于立式多段炉存在搅拌臂难耐高温、焚烧能力低、污染物排放难控制等问题;回转式焚烧炉的炉温控制困难,同时对污泥发热量要求较高,一般需加燃料稳燃。由于流化床具有气、固相的传递条件良好,气相湍流充分,固相颗粒小,受热均匀的特点,所以流化床焚烧炉已成为主要的污泥焚烧设备,一般推荐采用。

4. 污泥焚烧处理设计应考虑的因素

(1) 在已有或拟建垃圾焚烧设施、水泥窑炉、火力发电锅炉等设施的地区,污泥焚烧宜首先考虑与垃圾同时焚烧,或掺在水泥窑炉、火力发电锅炉的燃料煤中同时焚烧。

(2) 焚烧的工艺,应根据污泥热值确定,优先考虑循环流化床工艺。

(3) 焚烧炉的设计应保证其使用寿命不低于 10 年;焚烧炉的处理能力应有适当的余量,进料量应可调节。

（4）焚烧炉应设置防爆门或其他防爆设施；燃烧室后应设置紧急排放烟囱，并设置联动装置，使其只能在事故或紧急状态时方可开启；应确保焚烧炉出口烟气中氧气含量达到 6% ~ 10% 。

（5）必须配备自动控制和监测系统，在线显示运行工况和尾气排放参数，并能够自动反馈，以便对有关主要工艺参数进行自动调节。

（6）污泥焚烧厂及其附近应设置长期监测空气质量的设施。焚烧设备宜设置 2 套。若设 1 套，应考虑设备故障检修和常规检修期间的应急措施，包括污泥储存设施或其他备用的污泥处理处置途径。

7.7.2 污泥土地利用

污泥的土地利用是一种积极、有效而安全的污泥处置方式。污泥的土地利用包括农田利用、林地利用、园林绿化利用等。

尽管污泥的土地利用能耗低，可回收利用污泥中 N、P、K 等营养物质，但污泥中也含有大量病原菌、寄生虫（卵）、重金属，以及一些难降解的有毒有害物。污泥必须经过厌氧消化、生物堆肥或化学稳定等处理后才能进行土地利用。污泥通过处理后，污泥中有机物将得到不同程度的降解，大肠杆菌数量及含水率明显降低，从而实现了污泥的稳定化、无害化和减量化。经厌氧消化、高温堆肥后的污泥，不仅消除了污泥的恶臭，同时杀灭了虫卵、致病菌，也可部分降解有毒物质。但污泥土地利用时应注意：凡用于园林绿化的污泥，其含水率、盐分、卫生学指标等必须符合国家及地方有关标准规定的要求，并进行监测。污泥用于沙化地、盐碱地和废弃矿场土壤改良时，应根据当地实际，经科学研究制订标准，并由有关主管部门批准后方可实施。污泥农用时，应严格执行国家及地方的有关标准规定，并密切注意污泥中的重金属含量，要根据农用土壤本底值，严格控制污泥的施用量和施用期限，以免重金属在土壤中积累。污泥土地利用首先要根据其来源判断是否适用，其次要通过对污染物、养分含量的监测和污泥腐熟度来确定污泥的用量和利用方式，并定期进行风险监测与环境评估。

将城镇污水处理厂污泥作为有机肥料用于城市园林绿地的建设，或以污泥为主要原料作为植物生长的载体，可用于城市育苗、容器栽培和草坪建植等，不仅是有效的污泥处置途径，而且是城市绿化的要求，可实现城市废物的循环利用。污泥用于城市园林绿地建设时，可选用养分含量高和腐熟度好的污泥。

利用污泥有机质含量高的特性，可单独或与其他材料混合用于废弃矿山和退化土地生态修复。泥质要求低，用量大，使用范围小，但二次污染风险高。

7.7.3 污泥填埋

污泥填埋可采用建设污泥专用卫生填埋场的方式。在不具备建设污泥专用填埋场条件时，也可在原有城市生活垃圾填埋场将污泥与垃圾混合后填埋处理。此外，污泥经处理后还可作为垃圾填埋场覆盖土。

一、污泥与垃圾混合填埋

城市生活垃圾卫生填埋场库容应满足混合填埋要求，而污泥又不具备土地利用和建筑材料综合利用条件,且污水处理厂与垃圾填埋场距离不远时,污泥可采用与垃圾混合填埋。进入城市生活垃圾卫生填埋场的污泥必须经过工程措施处理,达到相关技术标准。

　　污泥与生活垃圾混合填埋,原则上污泥必须进行稳定化、卫生化处理,并满足垃圾填埋场填埋土力学要求。污泥与生活垃圾的重量混合比例应为8%。污泥与生活垃圾混合填埋时,必须首先降低污泥的含水率,同时进行改性处理,可通过掺入矿化垃圾、黏土等调理剂,以提高其承载力,消除其膨润持水性,避免雨季时污泥含水率急剧增加,无法进行填埋作业。混合填埋污泥泥质应满足《城镇污水处理厂污泥处置混合填埋用泥质》(GB/T 23485)要求,如表7.12和表7.13所示。

表 7.12　混合填埋用泥质基本指标

序号	控制项目	限值
1	污泥含水率	≤60%
2	pH	5～10
3	混合比例	≤8%

表 7.13　混合填埋用泥质的污染物浓度限值

控制项目	限值
总镉	<20
总汞	<25
总铅	<1 000
总铬	<1 000
总砷	<75
总镍	<200
总锌	<4 000
总铜	<1 500
矿物油	<3 000
挥发酚	<40
总氰化物	<10

二、污泥作为生活垃圾填埋场覆盖土

　　污泥用于垃圾填埋场覆盖土时,首先必须对污泥进行改性处理,可通过在污泥中掺入一定比例的泥土或矿化垃圾混合均匀并堆置4 d以上,用以提高污泥的承载能力并消除其膨润持水性。用作覆盖土的污泥泥质标准应满足《城镇污水处理厂污泥处置混合填埋用泥质》(GB/T 23485)和《生活垃圾填埋场污染控制标准》(GB 16889)要求,如表7.14所示。

表 7.14　作为垃圾填埋场覆盖土的污泥基本指标

序号	控制项目	限值
1	含水率	<45%
2	臭度	<2 级(六级臭度)
3	横向剪切强度	>25 kN/m^2

污泥作为垃圾填埋场终场覆盖土时,其泥质基本指标除满足表 7-14 要求外,还需满足《城镇污水处理厂污染物排放标准》(GB 18918)中卫生学指标要求,同时不得检测出传染性病原菌,如表 7.15 所示。

表 7.15　传染性病原菌

序号	控制项目	限值
1	粪大肠菌群值	>0.01
2	蛔虫卵死亡率	>95%

三、污泥填埋方法

1. 混合填埋

污泥与生活垃圾混合填埋场必须为卫生填埋场,污泥与生活垃圾应充分混合、单元作业、定点倾卸、均匀摊铺、反复压实和及时覆盖。每层污泥压实后,应采用黏土或人工衬层材料进行日覆盖,黏土覆盖层厚度应为 20 ~ 30 cm。

2. 污泥作为生活垃圾填埋场覆盖土

日覆盖应实行单元作业,其面积应与垃圾填埋场当日填埋面积相当。改性污泥应进行定点倾卸、摊铺、压实,覆盖层在经过压实后厚度应不小于 20 cm,压实密度应大于 1 000 kg/m^3。在污泥中掺入泥土或矿化垃圾时应保证混合充分,混合材料的承载能力应大于 50 kPa。污泥入场用作覆盖材料前必须对其进行监测。含有毒工业制品及其残留物的污泥、含生物危险品和医疗垃圾的污泥、含有毒药品的制药厂污泥以及其他严重污染环境的污泥,不能进入填埋场作为覆盖土,未经监测的污泥严禁入场。其他技术要求及处理措施详见《生活垃圾卫生填埋处理技术规范》(GB 50869)。

思考题

1. 污泥的性质指标有哪些,各有什么意义?
2. 从污泥资源化角度分析,如何降低污泥中有害物质的浓度,提高有用物质的浓度?
3. 污泥资源化利用的价值在哪儿? 难点又是什么?
4. 如何降低污泥含水率? 常用污泥脱水设备有哪些? 如何选型设计?
5. 污泥热水解的技术优势是什么? 主要设计和运行参数有哪些?
6. 某城镇污水处理厂规模为 $4×10^4$ m^3/d,出水排放标准为"一级 A",试估算其含水率为 80% 的污泥产量。

第8章

污水消毒处理

8.1 概述

城镇污水经二级处理后,水质已经改善,细菌含量也大幅度减少,但细菌的绝对值仍很可观,并存在着有病原菌的可能。我国《城镇污水处理厂污染物排放标准》将粪大肠菌群列为基本控制项目。该标准规定执行二级标准和一级 B 类标准的污水处理厂,粪大肠菌群最高允许排放浓度不超过 10 000 个/L,执行一级 A 类标准的不超过 1 000 个/L。《室外排水设计规范》规定,深度处理的再生水必须进行消毒。

污水消毒的主要方法是向污水中投加消毒剂。目前用于污水消毒的消毒剂常用的有液氯、二氧化氯、次氯酸钠、臭氧、紫外线等。这些消毒剂的优缺点与适用条件见表 8.1。

表 8.1 消毒方式的优缺点及应用领域

名称	优点	缺点	应用领域
液氯	传统技术,比较成熟;纯设备投资成本相对低;具有余氯持续消毒作用	对贾第虫、隐孢子虫无效;会产生消毒副产物(THMs);具致癌,致畸毒害作用;氯气危险,不宜储运	适用于大、中型污水处理厂
二氧化氯	投放简单、副产物较少,不受 pH 影响;接触时间短,余氯保持时间长	一般需要现场随时制取使用,易引起爆炸;制取设备较复杂,运行成本高	适用于大、中、小型污水处理厂
次氯酸钠	用海水或浓盐水作为原料,产生次氯酸钠,可以在污水厂现场产生并直接投配,使用方便,投量容易控制	需要有次氯酸钠发生器与投配设备	适用于大、中、小型污水处理厂

续表

名称	优点	缺点	应用领域
臭氧	消毒效率高并能有效地降解污水中残留有机物、色、味等,不产生难处理的或生物积累性残余物	消毒投资较大,运行成本高;产生臭化副产物	适用于一些自来水厂深度处理和一些工业用水和污水的处理
紫外线	不产生任何消毒副产物;对贾第虫、隐孢子虫效果好,具广谱性杀菌能力;操作安全简易/运行成本低	对水体的悬浮物、色度等影响UVT的因素比较敏感;无后续杀菌作用;电耗能量较多	大型市政给排水项目和工业用水(如半导体、食品行业等)

8.2 投氯消毒

一、液氯消毒

1. 消毒原理

液氯消毒的原理是氯投入水中后有下列反应:

$$Cl_2+H_2O \longrightarrow HClO+HCl$$

$$HClO \longrightarrow H^++ClO^-$$

其中所产生的次氯酸根 ClO^-,是极强消毒剂,可以杀灭细菌和病原体。消毒的效果与水温,pH值、接触时间、混合程度、污水浊度、所含的干扰物质及有效氯浓度有关。液氯消毒的工艺流程如图 8-1 所示。

2. 设计参数

污水处理后出水的加氯量应根据试验资料或类似运行经验确定。无试验资料时,二级处理出水可采用 6～15 mg/L,再生水的加氯量按卫生学指标和余氯量确定。

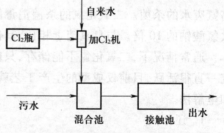

图 8-1 液氯消毒工艺流程

混合池设计历时为 5～15 s,当用鼓风混合时,鼓风强度为 $0.2 \ m^3/(m^2 \cdot min)$。当采用隔板式混合时,池内平均流速不应小于 0.6 m/s。

接触消毒池的接触时间不应小于 30 min,余氯量不少于 0.05 mg/L。

例 8-1 已知设计污水流量 $Q_1=150\ 000 \ m^3/d=6\ 250 \ m^3/h$(包括水厂用水量),拟采用投液氯消毒,最大投氯量为 $a=5$ mg/L,接触消毒池水力停留时间 $T=0.5$ h,仓库储氯量按 30 d 计。试设计该接触消毒池。

解 (1)加氯量

$$Q=0.001aQ_1=0.001\times5\times150\ 000=750(kg/d)=31.25(kg/h)$$

储氯量

$$G=30Q=30\times750=22\ 500 \ kg$$

(2)氯瓶及加氯机:

① 氯瓶数量采用容量为 1 000 kg 的氯瓶,共 23 只。

② 氯机选型采用 5~45 kg/h 加氯机 2 台,1 用 1 备。

（3）按接触时间要求计算消毒池有效容积

$$V = QT = 6\,250 \times 0.5 = 3\,125 \text{ m}^3$$

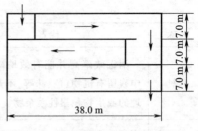

图 8-2　接触消毒池池体平面尺寸

消毒池池体具体尺寸设计示意见图 8-2。

消毒池分格数 $n=3$;消毒池有效水深设计为 $H=4.0$ m;消毒池池长 $L=38$ m,每格池宽 $b=7.0$ m,长宽比 $L/b=5:4$;消毒池总净宽 $B = nb = 3 \times 7.0 = 21.0$ m;接触池设计为纵向折流反应池。在第一格,每隔 7.6 m 沿纵向设垂直折流板,第二格,每隔 12.67 m 沿纵向设垂直折流板,第三格不设。

（4）校核接触消毒池实际有效容积:

$$V' = BLH = 21.0 \times 38.0 \times 4.0 = 3\,192.0 \text{ m}^3 > 3\,125 \text{ m}^3$$

满足有效停留时间要求。

二、二氧化氯消毒

二氧化氯 ClO_2 在自然界中是以单体游离基形式存在,常温下是一种黄绿色气体,具有类似氯气的刺激性气味。沸点 11 ℃,凝固点 −59 ℃,密度为 3.09 g/L。二氧化氯分子量是 67.45,常温常压下二氧化氯在水中的溶解度约为氯气的 5 倍,易溶于水,为 2.9 g/L,溶解形成黄绿色的溶液。液态或气态的二氧化氯都不稳定,易挥发,易爆炸,不便储存和运输。

二氧化氯消毒也是氯消毒法的一种,它一般只起氧化作用,不起氯化作用,因此它与水中有机物形成的消毒副产物比液氯消毒少得多。二氧化氯在碱性条件下仍具有很好的杀菌能力,在 pH 6~10 范围内,二氧化氯的杀菌效率几乎不受 pH 影响。二氧化氯与氨不起作用,因此可用于高氨废水的杀菌。二氧化氯的杀菌消毒能力虽次于臭氧但高于液氯,其杀菌能力是氯气的 5 倍,次氯酸钠的 10 倍。与臭氧消毒相比,其优点在于它有剩余消毒效果且无氯臭味。

通常情况下,二氧化氯不能储存,只能用二氧化氯发生器现制现用。有关二氧化氯制备的研究一直很活跃,目前仅成型的生产工艺就有 10 多种,概括起来可分为 3 大类,即还原法、氧化法和电解法。

1. 还原法

目前常用的还原法以氯酸钠、盐酸为原料制备二氧化氯,反应式如下:

$$NaClO_3 + 2HCl = ClO_2 + \frac{1}{2}Cl_2 + H_2O + NaCl$$

2. 氧化法

以亚氯酸钠为原料制备二氧化氯,反应式为

$$5NaClO_2 + 4HCl = 4ClO_2 + 5NaCl + 2H_2O$$

在城市污水深度处理工艺中,二氧化氯投加量与原水水质有关,实际投加量应通过试验确定,并应保证管网末端有 0.05 mg/L 的剩余氯。无试验资料时,二级处理出水可采用 6~15 mg/L 的加氯量。二氧化氯消毒应使污水与二氧化氯进行混合和接触,接触时间不应小于 30 min。

例 8-2 某小型污水处理厂最大处理水量为 $Q_h=400\ m^3/h$，经过生化处理后，采用二氧化氯消毒，试设计消毒系统。

解 （1）按有效氯计算，加氯量取 7 mg/L，投药量

$$G=\frac{7}{1\ 000}\times400=2.80(kg/h)$$

（2）设备选型。拟采用氯酸钠和盐酸反应生成二氧化氯和氯气混合气体的方式进行消毒。选用两台 MD-3 000 型二氧化氯发生器，每台产氯量为 3 000 g/h，一用一备，日常运行时交替使用。

（3）药剂投配。MD-3 000 型二氧化氯发生器原料为固体粉末态 $NaClO_3$ 和 31% 纯度的 HCl 稀溶液。

根据反应式，理论上计算得出产生 1 g 有效氯需要 1.5 g$NaClO_3$ 和 1.03 g HCl。在实际运行中，$NaClO_3$ 和 HCl 的反应转化率约为 70% 和 80%。则

$$G_{氯酸钠}=\frac{1.5\times3\ 000}{70\%}=6\ 428.6(g/h)$$

$$G_{盐酸}=\frac{1.03\times3\ 000}{80\%}=3\ 862.5(g/h)$$

两种原料均配置成 31% 浓度的溶液（假设溶液的密度与水一样），连续制备二氧化氯时，两种原料的体积流量为

$$q_{氯酸钠}=\frac{6\ 428.6}{31\%\times10^3}=20.74(L/h)$$

$$q_{盐酸}=\frac{3\ 862.5}{31\%\times10^3}=12.46(L/h)$$

若每日投配原料 1 次，氯酸钠和盐酸的药液体积分别为 498 L 和 300 L。

三、次氯酸钠消毒

次氯酸钠消毒具有广普杀菌效果，其杀菌能力较强，有持续灭菌作用，和氯气的消毒效果相当。但它不存在液氯、二氧化氯等药剂的安全隐患，且操作安全、使用方便、易于储存，对环境无毒害。次氯酸钠消毒剂的来源有两种：一种是采用次氯酸钠发生器电解食盐水产生；另一种是采用成品次氯酸钠溶液。

$$2NaOH+Cl_2\longrightarrow NaOCl+NaCl+H_2O$$

次氯酸钠的消毒也是依靠 ClO^- 的作用，即

$$NaOCl+H_2O\longrightarrow HOCl+NaOH$$

从次氯酸钠发生器产生的次氯酸可直接注入污水，进行接触消毒。

8.3 臭氧消毒

臭氧由 3 个氧原子组成，极不稳定，分解时产生初生态氧[O]，具有极强的氧化能力，是除氟以外最活泼的氧化剂，对具有极强抵抗力的微生物如病毒、芽孢等具有很强的杀伤力。[O]还有很强的渗入细胞壁的能力，从而破坏细菌有机链状结构导致细菌的死亡。臭氧消毒的一般工艺流程如图 8-3 所示。

臭氧在水中的溶解度仅为 10 mg/L 左右，因此通入污水中的臭氧往往不可能全部被利用，为了提高臭氧的利用率，接触反应池最好建成水深为 4~6 m 的深水池，或建成封闭的几格串联的接触池，用管式或板式微孔扩散器扩散臭氧。扩散器用陶瓷、聚氯乙烯微孔塑料或不锈钢制成。

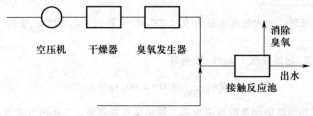

图 8-3　臭氧消毒流程

臭氧消毒迅速,接触时间可采用 15 min,能够维持的剩余臭氧量为 0.4 mg/L。接触池排出的剩余臭氧,具有腐蚀性,因此需作尾气破坏处理。臭氧不能贮存,需现场边制备边使用。臭氧消毒具有如下特点:

(1) 反应快,投量少,在水中不产生持久性残余,无二次污染;

(2) 适应能力强,在 pH 为 5.6~9.8,水温 0~35 ℃范围内,消毒性能稳定;

(3) 臭氧没有氯那样的持续消毒作用。

臭氧消毒接触池设计为如图 8-4 所示的类型时,其容积可采用式(8-1)计算:

$$V = \frac{QT}{60} \tag{8-1}$$

式中 V:接触池容积,m³;Q:所需消毒的污水流量,m³/h;T:水力停留时间,min,一般取 5~15 min。

图 8-4 中,接触池的 2、4 室的容积和布气量可按 6∶4 分配,1、3、5 室的水流速度可取 5~10 cm/s。池顶应密封,以防尾气漏出。当臭氧发生器低于接触池顶时,进气管应先上弯到池顶以上再下弯到接触池内,以防池中的水倒流入臭氧发生器。

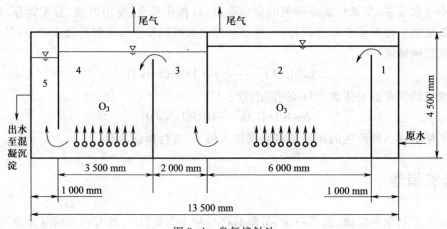

图 8-4　臭氧接触池

通常,接触池的深度取 4~6 m,可保证臭氧和水的接触时间大于 15 min。

臭氧需要量可按式(8-2)计算:

$$D = 1.06aQ \tag{8-2}$$

式中 D:臭氧需要量,g/h;a:臭氧投加量,g/m³;1.06:安全系数;Q:所需消毒的污水流量,m³/h。

例 8-3 已知设计污水流量 $Q=2\ 000\text{m}^3/\text{h}$（包括水厂用水量），拟采用臭氧消毒，经试验确定其最大投加臭氧量 $a=2\ \text{mg/L}$。试设计采用如图 8-4 所示的臭氧消毒接触池。

解 （1）臭氧消毒接触池设计计算：

① 容积取水力停留时间 $T=9\ \text{min}$，则臭氧消毒接触池容积为

$$V=\frac{QT}{60}=\frac{2\ 000\times 9}{60}=300\ \text{m}^3$$

② 尺寸设计设池宽为 5.2 m，其余尺寸如图 8-4 所示，则其容积为

$$V=5.2\times 4.5\times 13.5=316\ \text{m}^3>300\ \text{m}^3$$

满足有效停留时间要求。

③ 1、3、5 室的水流速度 V_1、V_3、V_5 计算：

$$V_1=V_5=\frac{2\ 000\times 10^2}{3\ 600\times 5.2\times 1.0}=10.7\ \text{cm/s}$$

$$V_3=\frac{1}{2}V_1=5.4\ \text{cm/s}$$

（2）臭氧发生器所需空气量计算：

① 臭氧需要量

$$D=1.06aQ=1.06\times 2\times 2\ 000=4\ 240\ \text{g/h}$$

② 臭氧化所需空气量取臭氧化空气的臭氧含量 $c=10\ \text{g/m}^3$，则臭氧化所需空气量为

$$V_{\mp}=\frac{D}{c}=\frac{4\ 240}{10}=424\ \text{m}^3/\text{h}$$

8.4 紫外线消毒

一、工作原理

病原微生物吸收波长在 200 nm ～ 280 nm 间的紫外线能量后，其遗传物质（核酸）发生突变导致细胞不再分裂繁殖，达到消毒杀菌的目的，即为紫外线消毒。

紫外线光源是高压石英水银灯，杀菌设备主要有两种：浸水式和水面式。浸水式是把石英灯管置于水中，此法的特点是紫外线利用效率较高，杀菌效能好，但设备的构造较复杂。水面式的构造简单，但由于反光罩吸收紫外线及光线散射，杀菌效果不如前者。

紫外线消毒和液氯消毒比较，具有如下优点：① 消毒速度快，效率高，占地面积小。据试验证实，经紫外线照射几十秒钟即能杀菌，一般大肠杆菌的平均去除率可达 98%，细菌总数的平均去除率为 96.6%。此外还能去除液氯法难以杀死的芽孢和病毒。② 不影响水的物理性质和化学成分，不增加水的臭和味。③ 操作简单，使用安全，便于管理，无须储存、运输及使用任何有毒、腐蚀性化学物品，运行成本低廉。

紫外线消毒的缺点是：不能解决消毒后管网中的再污染问题，电耗较大，受水中悬浮杂质影响较大等。

二、影响因素

1. 紫外透光率

指波长为 253.7 nm 的紫外线在通过 1 cm 比色皿水样后，未被吸收的紫外线与输出总紫外

线之比,是废水透过紫外光能力的量度,它是设计紫外消毒系统的重要依据。一般随消毒器深度增加紫外透光率降低。此外,当溶液中存在能吸收或散射紫外光的化合物或粒子时,紫外透光率也会降低,这就使得用于消毒的紫外光能量降低,此时只能通过延长接触时间,或增加紫外灯数量来补偿。

2. 悬浮固体

悬浮固体会通过吸收和散射降低废水中的紫外光强度。由于悬浮固体浓度的增加同时伴随着悬浮粒子数的增加,某些细菌可以吸附在粒子上,这种细菌最难被杀灭。所以,用紫外消毒的废水悬浮固体浓度要严格控制,一般不宜超过 20 mg/L。

3. 悬浮固体颗粒分布

溶液中所含悬浮固体颗粒分布不同,杀菌所需的紫外光的剂量也不同,因为颗粒尺寸影响紫外光的穿透能力。小于 10 μm 的粒子容易被紫外光穿透,10~40 μm 之间的粒子可以被紫外光穿透,但紫外光量需要增加,而大于 40 μm 的粒子则很难被紫外光穿透。为提高紫外光的利用率,宜对二级处理出水进行过滤去除大颗粒悬浮固体后再进行紫外消毒处理。

4. 无机化合物

在废水处理过程中,为提高处理效果,有时会向水中投加金属盐,比较常用的是铝盐或铁盐絮凝剂。溶解性铝盐一般不影响紫外透光率,且含有铝盐的悬浮固体对于紫外光杀菌也没有阻碍作用。但水中的铁盐可直接吸收紫外光使消毒套管发生壅塞现象,且铁盐还会被吸附在悬浮固体或细菌凝块上形成保护膜,这都不利于紫外光对细菌的杀灭。

三、紫外线消毒系统的组成、分类和适用范围

紫外线消毒系统可以是成套的紫外线消毒器或装设在明渠内的紫外灯模块组。紫外线消毒器由紫外灯、石英套管、镇流器、紫外线强度传感器、清洗系统等密闭在容器中的部件组成。

紫外灯模块组以明渠作为紫外线照射的腔体,其余组成与紫外线消毒器一样。消毒水渠中的水流保持推流状态,水位可由固定溢流堰或自动水位控制器控制。

1. 低压灯系统

单根紫外灯的紫外能输出为 30~40 W,紫外灯运行温度在 40 ℃ 左右。对常规二级污水消毒一般每根灯管处理流量达 150 m³/d。低压灯系统适用于小型水处理厂或低流量水处理系统的应用。

2. 低压高强灯系统

单根紫外灯的紫外能输出为 100 W 左右,紫外灯运行温度在 100 ℃ 左右。低压高强灯系统的紫外能输出可根据水流和水质的变化进行调节,从而优化电耗和延长紫外灯寿命,低压高强灯系统适用于中型污水处理厂的应用。对常规二级污水消毒,一般每根灯管处理流量达 600 m³/d。

3. 中压灯系统

单根紫外灯的紫外能输出在 420 W 以上,紫外灯运行温度在 700 ℃ 左右。中压灯系统的紫外能输出是所有紫外灯中最强的,对水体的穿透力强,消毒能力高。中压灯系统适用于大型污水处理厂和高悬浮物,紫外线穿透率(UVT)低的水处理系统。对常规二级污水消毒,一般每根灯管处理流量达 1 500 m³/d。

四、设计参数

紫外线消毒系统的消毒能力一般用辐照光强来表示,辐照光强可以定义为单位面积上接收

的辐照功率。微生物在紫外消毒过程中接收到的紫外线剂量是紫外消毒系统的重要指标,直接关系到紫外消毒系统的灭火率。紫外线对微生物的作用强度,受水质状况、发射波长、曝光时间(滞留时间)、紫外线灯到水体任何位置的距离和灯的辐照光强等因素影响。辐照光强和紫外线剂量的关系如式8-3。

$$Dose = \int_0^T I dt \tag{8-3}$$

式中,Dose:紫外线剂量,mJ/cm^2;I:辐照光强,mW/cm^2;t:曝光时间(滞留时间),s。

实际应用中,用紫外线灯辐照光强和照射曝光的滞留时间这两个参数来决定剂量。用化学药剂消毒时,采用 CT 值(化学剂浓度和接触时间的乘积)来表示化学剂剂量,紫外线消毒时则采用 IT 值(紫外线强度和接触时间的乘积)来表示紫外线剂量。

1. 紫外线消毒光照时间为 $10 \sim 100$ s,水流速度不小于 0.3 m/s,可采用串联运行,以保证曝光时间。

2. 污水的紫外线剂量宜根据试验资料或类似运行经验确定;无试验资料时,也可采用下列设计值:二级处理的出水为 $15 \sim 22$ mJ/cm^2;再生水为 $24 \sim 30$ mJ/cm^2。

3. 紫外线照射渠水流应均布,灯管前后的渠长度不宜小于 1 m;水深应满足灯管的淹没要求,一般为 $0.65 \sim 1.0$ m。

4. 紫外线照射渠不宜少于 2 条。当采用 1 条时,宜设置超越渠。

例 8-4 某城镇污水处理厂设计规模为 100 000 m^3/d,$K_z = 1.44$,处理标准为"一级 B",试设计紫外线消毒系统(图 8-5)。

解 (1)峰值流量

$$Q_h = \frac{100\ 000}{24} \times 1.44 = 6\ 000\ m^3/h$$

(2)灯管数。采用低压高强灯,根据产品性能,某低压高强灯的消毒处理水量负荷为 600 $m^3/(d \cdot 根灯管)$,则峰值流量所需灯管数

$$n = \frac{6\ 000 \times 24}{600} = 240\ 根$$

(3)模块总数。根据产品性能,采用 8 根灯管为一个模块,则

$$模块总数 = 灯管总数 \div 8 = 240 \div 8 = 30$$

每条渠道模块数不宜太多,可将模块组并联或串联。此处,采用两组并联,每组 15 个模块。单个模块长度为 2.46 米。

(4)消毒渠设计。按产品要求,水渠深度为 1 475 mm;模块间距采用中等间距 88.9 mm,则渠道宽 $W = 88.9 \times 15 = 1\ 333.5$ mm = 1 335 mm(只能取大,否则模块放不进去);并联时,每条渠道只有一个模块组,保证水流平稳流过,消毒渠长度取 6 000 mm(串联时,长度一般大于 10 000 mm)。则消毒渠水流速度

$$v_{平均} = \frac{100\ 000}{24 \times 3\ 600 \times (1.475 \times 1.335)} = 0.59\ m/s$$

图 8-5 紫外线消毒池实景图

$$v_h = \frac{1.44 \times 100\,000}{24 \times 3\,600 \times (1.475 \times 1.335)} = 0.85 \text{ m/s}$$

式中,$v_{平均}$:平均日平均时流速,m/s;v_h:最大日最大时流速,m/s。

思考题

1. 污水消毒常用方法有哪些?各有什么优缺点?
2. 简述紫外线消毒设备的设计选型方法。

第9章

城镇污水处理厂工程工艺设计

城镇污水处理厂工程工艺设计主要内容包括进水水质和水量论证、出水水质标准确定、厂址选择、处理工艺流程设计、处理构筑物选型及设计、辅助构(建)筑物设计、设备选型和设计、厂区总体布置(平面和竖向)及管线等设计。

9.1 设计水质和设计水量

一、设计进水水质

进入城镇污水处理厂的污水主要是由居民区的生活污水、公用排水、医院污水和工业企业排放的废水及部分的降水组成。

城镇污水处理厂的设计进水水质,在有实际监测数据的情况下,采用实际监测数据;在无资料的情况下,可根据《室外排水设计规范》的规定计算。

1. 生活污水

生活污水的 BOD_5 和 SS 的设计人口当量值可取为:

$$BOD_5 = 20 \sim 35 \ g/(人 \cdot d)$$

$$SS = 35 \sim 50 \ g/(人 \cdot d)$$

2. 工业废水

工业废水的设计水质可参照同类型工业已有数据采用,其 BOD_5 和 SS 值可折合成人口当量计算。

例如,某市工业废水每天排出 2 500 kg BOD_5,若选定每人每日排 BOD_5 为 25 g,则该市工业废水以 BOD_5 计的当量人口数 $N = 2\ 500/0.025 = 100\ 000$ 人。

3. 水质浓度的计算

水质浓度按下式计算:

$$S = \frac{1\ 000 a_s}{Q_s} \tag{9-1}$$

式中,S:某污染物质在污水中的浓度,mg/L;a_s:每人每日对该污染物排出的克数,g;Q_s:每人每日(平均日)的排水量,L。

城市污水混合水质按各种污水的水质、水量加权平均计算。

二、设计出水水质

城镇污水处理厂设计出水水质应根据《城镇污水处理厂污染物排放标准》(GB 18918)有关出水标准要求或根据出水用途要求,结合城镇污水处理厂建设项目环境影响评价报告确定。

三、设计水量

1. 平均日流量(m^3/d)

这种流量一般用于表示污水处理厂的设计规模。用以计算污水厂年电耗、耗药量、处理总水量、产生并处理的总泥量。

2. 最大日最大时流量(m^3/h)或(L/s)

污水厂进水管设计用此流量。污水处理厂的各处理构筑物(除另有规定外)及厂内连接各处理构筑物的管渠,都应满足此流量。当污水为提升进入时,按每期工作水泵的最大组合流量校核管渠配水能力。但这种组合流量应尽量与设计流量相吻合。

3. 降雨时的设计流量(m^3/d)或(L/s)

这种流量包括旱天流量和截流 n 倍的初期雨水流量。用这一流量校核初沉池前的处理构筑物和设备。

4. 最大日平均时流量(m^3/h)

考虑到最大流量的持续时间较短,当曝气池的设计反应时间在 6h 以上时,可采用最大日平均时流量作为曝气池的设计流量。

当污水处理厂为分期建设时,设计流量用相应的各期流量。

9.2　设计步骤及设计原则

9.2.1　设计步骤

城市污水处理厂的设计步骤可以分为三个阶段:设计前期工作;初步设计(扩大初步设计);施工图设计。

一、设计的前期工作

设计前期工作包括:预可行性研究(项目建议书)和可行性研究(设计任务书)。

可行性研究报告的主要内容包括:(1)项目背景;(2)工程规模;(3)城市排水系统;(4)厂址选择;(5)多技术方案比较及推荐方案;(6)管理机构及人员配备;(7)项目实施时间安排;(8)工程费用估算;(9)项目的经济及环境评价。

二、初步设计

一般来说,初步设计应当在设计任务书(可行性研究报告)批准后才能进行。初步设计主要由以下五方面组成:设计说明书;主要工程数量;主要材料和设备量;工程概算书;图纸。

1. 设计说明书

设计说明书应包括下列内容:

(1)工程概况:包括设计依据及其有关文件;城市概况及自然条件;现有排水工程概况;现有

的环境问题等。

（2）工程设计：包括厂址选择的论述；污水的水质、水量计算；工艺流程的选择与布置；对工艺流程中各处理构筑物和设备的描述；污水与污泥出路；厂内辅助建筑物及道路简要说明；污水厂总体布置；分期建设说明；存在问题说明等。

2. 主要工程数量

需列出工程所需的混凝土量、挖土方量、回填土方量等。

3. 主要材料和设备量

需列出本工程所需的钢材、水泥、木材的数量和所需的设备清单。

4. 工程概算书

5. 图纸

扩大初步设计的图纸主要包括：污水处理工艺系统图、构筑物图、处理构筑物布置图、污水处理厂总平面布置图等。

三、施工图设计

施工图设计是以扩大初步设计的图纸和说明书为依据，并在扩大初步设计被批准后进行。

施工图设计的任务是将污水处理厂各处理构筑物的平面位置和高程，精确地表示在图纸上；将各处理构筑物的各个节点的构造、尺寸都用图纸表示出来，每张图纸都应按一定的比例，用标准图例精确绘制，使施工人员能够按照图纸准确施工。

9.2.2 设计原则

一、污水处理厂总体设计原则

（1）首先必须确保处理后污水符合水质要求；

（2）采用的各项设计参数必须可靠；

（3）应做到经济合理；

（4）应当力求技术先进；

（5）必须注意近远期结合；

（6）必须考虑安全运行的条件；

（7）应当注意环境保护、绿化和美观。

二、污水厂的总体布置要考虑如下要点

1. 污水厂的总体布置应根据厂内各建筑物和构筑物的功能和流程要求，结合厂址地形、气候和地质条件，优化运行成本，便于施工、维护和管理等因素，经技术经济比较确定。

2. 污水厂厂区内各建筑物造型应简洁美观，节省材料，选材适当，并应使建筑物和构筑物群体的效果与周围环境协调。

3. 生产管理建筑物和生活设施宜集中布置，其位置和朝向应力求合理，并应与处理构筑物保持一定距离。

4. 污水和污泥的处理构筑物宜根据情况尽可能分别集中布置。处理构筑物的间距应紧凑、合理，符合国家现行的防火规范的要求，并应满足各构筑物的施工、设备安装和埋设各种管道以及养护、维修和管理的要求。

5. 污水厂的工艺流程、竖向设计宜充分利用地形，符合排水通畅、降低能耗、平衡土方的要求。

6. 厂区消防的设计和消化池、贮气罐、沼气压缩机房、沼气发电机房、沼气燃烧装置、沼气管道、污泥干化装置、污泥焚烧装置及其他危险品仓库等的位置和设计,应符合国家现行有关防火规范的要求。

7. 污水厂内可根据需要,在适当地点设置堆放材料、备件、燃料和废渣等物料及停车的场地。

8. 污水厂应设置通向各构筑物和附属建筑物的必要通道,通道的设计应符合下列要求:

(1) 主要车行道的宽度:单车道为 3.5~4.0 m,双车道为 6.0~7.0 m,并应有回车道;

(2) 车行道的转弯半径宜为 6.0~10.0 m;

(3) 人行道的宽度宜为 1.5~2.0 m;

(4) 通向高架构筑物的扶梯倾角一般宜采用 30°,不宜大于 45°;

(5) 天桥宽度不宜小于 1.0 m;

(6) 车道、通道的布置应符合国家现行有关防火规范要求,并应符合当地有关部门的规定。

污水厂厂区的通道应根据通向构筑物和建筑物的功能要求,如运输、检查、维护和管理的需要设置。通道包括双车道、单车道、人行道、扶梯和人行天桥等。根据管理部门意见,扶梯不宜太陡,尤其是通行频繁的扶梯,宜利于搬重物上下扶梯。

9. 污水厂周围根据现场条件应设置围墙,其高度不宜小于 2.0 m。

10. 污水厂的大门尺寸应能容运输最大设备或部件的车辆出入,并应另设运输废渣的侧门。

11. 污水厂并联运行的处理构筑物间应设均匀配水装置,各处理构筑物系统间宜设可切换的连通管渠。

12. 污水厂内各种管渠应全面安排,避免相互干扰。管道复杂时宜设置管廊。处理构筑物间输水、输泥和输气管线的布置应使管渠长度短、损失小、流行通畅、不易堵塞和便于清通。各污水处理构筑物间的管渠连通,在条件适宜时,应采用明渠。

13. 污水厂应合理布置处理构筑物的超越管渠。

14. 处理构筑物应设排空设施,排出水应回流处理。

15. 污水厂宜设置再生水处理系统。

16. 厂区的给水系统、再生水系统严禁与处理装置直接连接。

17. 污水厂附属建筑物的组成及其面积,应根据污水厂的规模、工艺流程、计算机监控系统的水平和管理体制等,结合当地实际情况,本着节约的原则确定,并应符合现行的有关规定。

18. 位于寒冷地区的污水处理构筑物,应有保温防冻措施。

19. 处理构筑物应设置适用的栏杆,防滑梯等安全措施,高架处理构筑物还应设置避雷设施。

三、平面布置的设计原则

1. 总图布置。总图布置应考虑远近期结合,有条件时,可按远期规划水量布置,分期建设。污水厂应安排充分的绿化地带。

2. 处理单元构筑物的平面布置。处理构筑物是污水处理厂的主体构筑物,其布置应紧凑。构筑物之间的连接管、渠要便捷、直通,避免迂回曲折,尽量减少水头损失;处理构筑物之间应保持一定距离,以便敷设连接管渠;土方量做到基本平衡,并尽量避开劣质土壤地段。

3. 管、渠的平面布置。污水厂内管线种类很多,应考虑综合布置、避免发生矛盾。主要生产管线(污水、污泥管线)要便捷直通,尽可能考虑重力自流;辅助管线应便于施工和维护管理,有条件时设置综合管廊或管沟;污水厂应设置超越管道,以便在发生事故时,使污水能超越部分或全部构筑物,进入下一级构筑物或事故溢流。

4. 污泥处理构筑物的布置。污泥处理构筑物应尽可能布置成单独的区域,以保安全和卫生,并方便管理。

5. 辅助建筑物的布置。污水厂内的辅助建筑物有:泵房、鼓风机房、脱水机房、办公室、控制室、化验室、仓库、机修车间、变电所等。辅助建筑物的布置原则为:方便生产、便于生活、安全环保。如鼓风机房位于曝气池附近,变电所接近耗电量大的构筑物,办公楼处于夏季主风向的上风一方并距处理构筑物有一定距离等。

6. 厂区道路的布置。污水厂内应合理地修筑道路,厂内道路既要考虑方便运输,又有分隔不同生产区域的功能。

总之,污水厂的总平面布置应以节约用地为原则,根据污水各建筑物、构筑物的功能和工艺要求,结合厂址地形、气象和地质条件等因素,使总平面布置合理、经济、节约能源,并应便于施工、维护和管理。

四、污水处理厂高程布置的设计原则

高程布置的主要任务是:确定各处理构筑物和泵房的标高,确定处理构筑物之间连接管渠的尺寸及其标高,通过计算确定各部位的水面标高,从而能够使污水沿处理流程在处理构筑物之间通畅地流动,保证污水处理厂的正常运行。一般应遵守如下原则:

(1) 处理水在常年绝大多数时间里能自流排入水体;

(2) 各处理构筑物和连接管渠的水头损失要仔细计算。考虑最大时流量、雨天流量和事故时流量的增加,并留有一定余地;

(3) 考虑规模发展水量增加的预留水头;

(4) 处理构筑物间避免跌水等浪费水头的现象;

(5) 在仔细计算并留有余地的前提下,全程水头损失及原污水提升泵站的全扬程都应力求缩小。

9.3 污水处理厂厂址选择

污水处理厂位置的选择,应符合城镇总体规划和排水工程总体规划的要求,应根据下列因素综合确定:

1. 在城镇水体的下游。

2. 便于处理后出水回用和安全排放。

3. 便于污泥集中处理和处置。

4. 在城镇夏季主导风向的下风侧。

5. 有良好的工程地质条件。

6. 少拆迁,少占地,根据环境评价要求,有一定的卫生防护距离。

7. 有扩建的可能。

8. 厂区地形不应受洪涝灾害影响,防洪标准不应低于城镇防洪标准,有良好的排水条件。

9. 有方便的交通、运输和水电条件。污水厂位址的选择必须在城镇总体规划和排水工程专业规划的指导下进行,以保证总体的社会效益、环境效益和经济效益。

污水厂在城镇水体的位置应选在城镇水体下游的某一区段,污水厂处理后出水排入该河段,对该水体上下游水源的影响最小。污水厂位址由于某些因素,不能设在城镇水体的下游时,出水口应设在城镇水体的下游。水厂在城镇的方位,应选在对周围居民点的环境质量影响最小的方位,一般位于夏季主导风向的下风侧。厂址的良好工程地质条件,包括土质、地基承载力和地下水位等因素,可为工程的设计、施工、管理和节省造价提供有利条件。根据我国耕田少、人口多的实际情况,选厂址时应尽量少拆迁、少占农田,使污水厂工程易于上马。同时新建污水厂应与附近居民点有一定的卫生防护距离,并予绿化。有扩建的可能是指,厂址的区域面积不仅应考虑规划期的需要,尚应考虑满足不可预见的将来扩建的可能。厂址的防洪和排水问题必须重视,一般不应在淹水区建污水厂,当必须在可能受洪水威胁的地区建厂时,应采取防洪措施。另外,有良好的排水条件,可节省建造费用。为缩短污水厂建造周期和有利于污水厂的日常管理,应有方便的交通、运输和水电条件。

　　污水厂的厂区面积,应按项目总规模控制,并作出分期建设的安排,合理确定近期规模,近期工程投入运行一年内水量宜达到近期设计规模的 60%。污水厂占地面积与处理水量和所采用的处理工艺有关。

9.4　污水处理厂工艺流程

一、污水处理厂工艺流程选定应考虑的因素

1. 污水处理程度应根据设计出水标准确定。
2. 工程造价、运行费用以及占地面积。
3. 当地的自然与工程条件;地形、气候等自然条件以及原料与电力供应等具体问题。
4. 原污水的水量与污水量日变化程度。
5. 工程施工的难易程度和运行管理需要的技术条件。

　　污水处理工艺流程的选定是一项复杂的系统工程,需要进行多方案比较,才可能选定技术先进、经济合理、安全可靠的污水处理工艺流程。

二、城市污水处理厂的典型工艺流程

　　城市污水处理工艺的典型流程如图 9-1 所示。

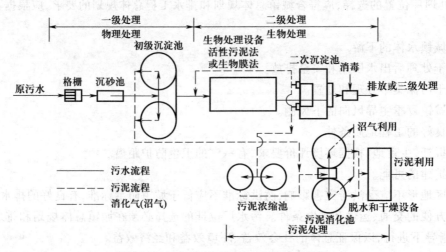

图 9-1　城市污水厂处理工艺的典型流程

9.5 城镇污水处理工艺设计计算

9.5.1 A^2/O 生物脱氮除磷工艺设计计算

南方某污水处理厂,分两组建设,建于 2006 年,主体污水处理工艺采用 A^2/O 生物脱氮除磷工艺。污水处理厂的总平面布置图及高程布置图如图 9-2、图 9-3 所示。

一、已知条件

1. 设计流量 $Q = 40\ 000\ m^3/d$(不考虑变化系数)。

2. 设计进水水质 COD $= 320$ mg/L,BOD_5 浓度 $S_0 = 160$ mg/L;进水悬浮物 $SS_0 = 150$ mg/L,$VSS_0 = 105$ mg/L;$TN_0 = 35$ mg/L;NH_3-N $= 26$ mg/L;$TP_0 = 4$ mg/L;碱度 $S_{ALK} = 280$ mg/L;pH $= 7.0 \sim 7.5$;最低水温 15℃;最高水温 25 ℃ 。

3. 设计出水水质 COD $= 60$ mg/L;BOD_5 浓度 $S_e = 20$ mg/L;TSS 浓度 $X_e = 20$ mg/L;TN $= 15$ mg/L;NH_3-N $= 8$ mg/L;TP $= 1$ mg/L。

试根据以上水质情况设计 A^2/O 处理工艺流程。

二、设计计算(用污泥负荷法)

1. 判断是否可采用 A^2/O 法

COD/TN $= 320/35 = 9.14 > 8$,$TP/BOD_5 = 4/160 = 0.025 < 0.06$,符合生物同步脱氮除磷要求。

2. 有关设计参数

BOD_5 污泥负荷 $L_S = 0.13$ kg $BOD_5/$(kgMLSS·d),回流污泥浓度 $X_R = 11\ 550$ mg/L,污泥回流比 $R = 40\%$,MLVSS/MLSS $= 0.7$。

混合液悬浮固体浓度

$$X = \frac{R}{1+R}X_R = \frac{0.4}{1.0+0.4} \times 11\ 550 = 3\ 300\ (\text{mg/L})$$

TN 去除率

$$\eta_{TN} = \frac{N_t - N_{te}}{N_t} \times 100\% = \frac{35-15}{35} \times 100\% = 57\%$$

据此,可估算混合液回流比

$$R_{内} = \frac{\eta_{TN}}{1-\eta_{TN}} \times 100\% = \frac{0.57}{1-0.57} \times 100\% = 133\%$$

反应池容积

$$V = \frac{QS_0}{L_S X} = \frac{40\ 000 \times 160}{0.13 \times 3\ 300} = 14\ 918.41\ m^3$$

反应池总水力停留时间:

$$t = V/Q = 14\ 918.41/40\ 000 = 0.37\ d = 8.88h$$

各段水力停留时间和容积计算如下:厌氧:缺氧:好氧 $= 1:1:3$,于是有

厌氧池水力停留时间 $t_{厌} = 0.2 \times 8.88 = 1.78$ h,池容 $V_{厌} = 0.2 \times 14\ 918.41 = 2\ 983.7\ m^3$

缺氧池水力停留时间 $t_{缺} = 0.2 \times 8.88 = 1.78$ h,池容 $V_{缺} = 0.2 \times 14\ 918.41 = 2\ 983.7\ m^3$

好氧池水力停留时间 $t_{好} = 0.6 \times 8.88 = 5.33$ h,池容 $V_{好} = 0.6 \times 14\ 918.41 = 8\ 951\ m^3$

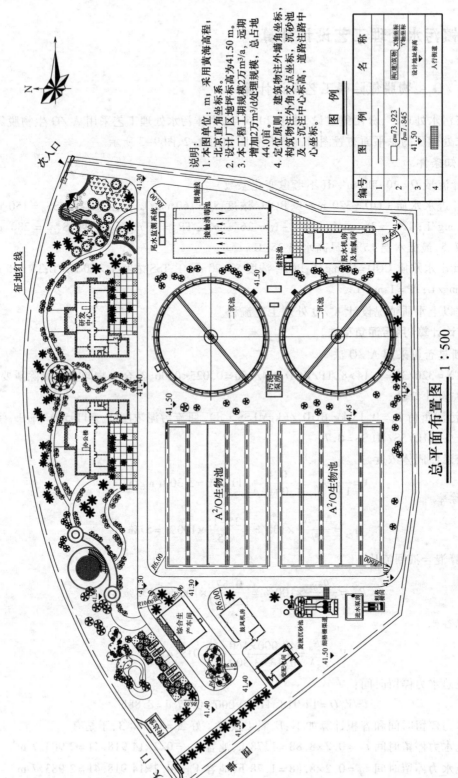

说明:
1. 本图单位: m, 采用黄海高程; 北京直角坐标系。
2. 设计厂区地坪标高为41.50 m。
3. 本工程工期规模2万m³/a, 远期增加2万m³/d处理规模, 总占地44.0亩。
4. 定位原则: 建筑物注外墙角坐标, 构筑物注外角交点坐标、沉砂池及二沉注中心标高, 道路注路中心坐标。

图 例

编号	图 例	名 称
1		构建筑物 X轴坐标 Y轴坐标
2	a=73.923 b=7.845	设计地址标高
3	41.50	
4		人行街道

总平面布置图 1:500

图9-2 南方某污水处理厂总平面布置图

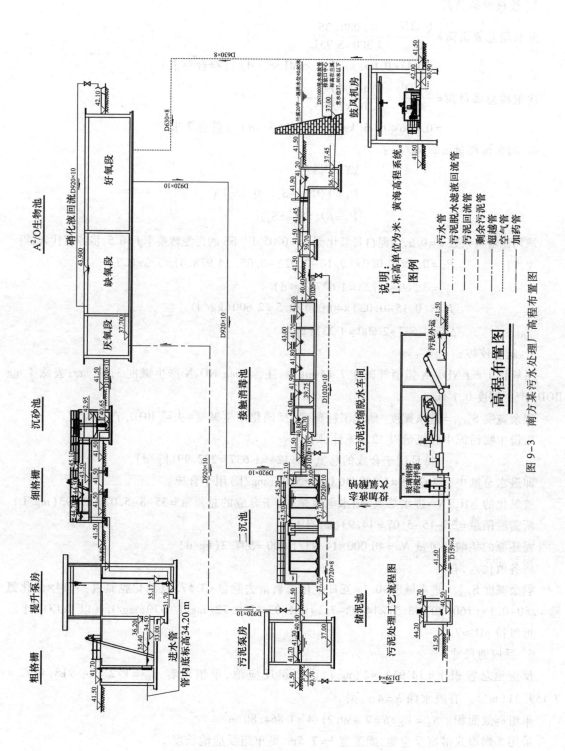

图 9-3　南方某污水处理厂高程布置图

3. 校核氮磷负荷

$$好氧段总氮负荷 = \frac{Q \times TN_0}{XV_好} = \frac{40\ 000 \times 35}{3\ 300 \times 8\ 951}$$

$$= 0.047 < 0.05 \left[kgTN/(kgMLSS \cdot d) \right] (符合要求)$$

$$厌氧段总磷负荷 = \frac{Q \times TP_0}{XV_厌} = \frac{40\ 000 \times 4}{3\ 300 \times 2\ 983.7}$$

$$= 0.016 < 0.06 \left[kgTP/(kgMLSS \cdot d) \right] (符合要求)$$

4. 剩余污泥量 $\Delta X (kg/d)$：

$$\Delta X = P_X + P_S$$

$$P_X = YQ(S_0 - S_e) - 0.7k_d VX$$

$$P_S = fQ(SS_0 - SS_e)$$

取污泥增殖系数 $Y = 0.6$，污泥自身氧化率 $k_d = 0.05\ d^{-1}$，SS 的污泥转换率 $f = 0.5$，将各值代入，得

$$P_X = 0.6 \times 40\ 000 \times (0.16 - 0.02) - 0.05 \times 14\ 918.41 \times 3.3 \times 0.7$$

$$= 3\ 360 - 1\ 723 = 1\ 637 (kg/d)$$

$$P_S = (0.15 - 0.02) \times 40\ 000 \times 0.5 = 2\ 600 (kg/d)$$

$$\Delta X = 1\ 637 + 2\ 600 = 4\ 237 (kg/d)$$

5. 碱度校核

每氧化 1 mg NH_3–N 需消耗碱度 7.14 mg；每还原 1mg NO_3^-N 产生碱度 3.57 mg；去除 1 mg BOD_5 产生碱度 0.1 mg。

剩余碱度 S_{ALK1} = 进水碱度 - 硝化消耗碱度 + 反硝化产生碱度 + 去除 BOD_5 产生碱度

假设生物污泥中含氮量以 12.4% 计，则

$$每日用于合成的总氮 = 0.124 \times 1\ 637 = 202.99 (kg/d)$$

即进水总氮中有 $202.99 \times 1\ 000/40\ 000 = 5.07 (mg/L)$ 用于合成。

被氧化的 NH_3–N = 进水总氮 - 出水氨氮量 - 用于合成的总氮量 = 35 - 8 - 5.07 = 21.93 (mg/L)

所需脱硝量 = 35 - 15 - 5.07 = 14.93 (mg/L)

需还原的硝酸盐氮量 $N_T = 40\ 000 \times 14.93/1\ 000 = 597.2 (kg/d)$

将各值代入，有

剩余碱度 S_{ALK1} = 进水碱度 + 0.1 × 五日生化需氧量去除量 + 3.57 × 反硝化脱氮量 - 7.14 × 硝化氮量 = 280 + 0.1 × (160 - 20) + 3.57 × 14.93 - 7.14 × 21.93 = 190.72 (mg/L) > 70 (mg/L) (以 $CaCO_3$ 计)

可维持 pH ≥ 7.2。

6. 反应池尺寸

反应池总容积 $V = 14\ 918.41 (m^3)$，设 2 组反应池，单组池容 $V_单 = V/2 = 14\ 918.41/2 = 7\ 459.21 (m^3)$。有效水深 $h = 4m$，则

单组有效面积 $S_单 = V_单/h = 7\ 459.21/4 = 1\ 864.80\ m^2$

采用 5 廊道式推流反应池，廊道宽 $b = 7.5m$，则单组反应池长度

$$L = \frac{S_单}{B} = \frac{1\ 864.80}{5 \times 7.5} = 50\ m$$

校核：$b/h = 7.5/4.0 = 1.9$（满足 $b/h = 1 \sim 2$），$L/b = 50/7.5 = 6.7$（满足 $L/b = 5 \sim 10$）。

取超高为 1.0 m，则反应池总高

$$H = 4.0 + 1.0 = 5.0 \text{ m}$$

7. 曝气系统设计计算

（1）设计需氧量 O_2（即 AOR）。需氧量包括碳化需氧量和硝化需氧量，同时还应考虑反硝化脱氮产生的氧量。

$$O_2 = 碳化需氧量 + 硝化需氧量 - 反硝化脱氮产氧量$$

① 碳化需氧量

$$D_1 = 0.001aQ(S_0 - S_e) - cP_X$$

式中，a：碳的氧当量，当含碳物质以 BOD_5 计时，取 1.47；Q：生物反应池的进水流量（m^3/d）；S_o：生化反应池进水五日生化需氧量（mg/L）；S_e：生化反应池出水五日生化需氧量（mg/L）；c：常数，细菌细胞的氧当量，取 1.42；P_X：排出生物反应池系统的微生物量（kg/d），则

$$D_1 = 0.001 \times 1.47 \times 40\,000 \times (160 - 20) - 1.42 \times 1\,637 = 5\,907.5 (\text{kgO}_2/\text{d})$$

② 硝化需氧量

$$D_2 = b[0.001Q(N_k - N_{ke}) - 0.12P_X]$$

式中，b：常数，氧化每公斤氨氮所需氧量（kgO_2/kgN），取 4.57；N_k：生化反应池进水总凯氏氮浓度（mg/L），此值约等于进水总氮浓度；N_{ke}：生化反应池出水总凯氏氮浓度（mg/L），此值约等于出水氨氮浓度，则

$$D_2 = 4.57 \times [0.001 \times 40\,000 \times (35 - 8) - 0.12 \times 1\,637] = 4\,037.9 (\text{kgO}_2/\text{d})$$

③ 反硝化脱氮产生的氧量

$$D_3 = 0.62b[0.001Q(N_t - N_{ke} - N_{oe}) - 0.12P_X]$$

式中，N_t：生化反应池进水总氮浓度（mg/L）；N_{oe}：生化反应池出水硝氮浓度（mg/L），则

$$D_3 = 0.62 \times 4.57 \times [0.001 \times 40\,000 \times (35 - 15) - 0.12 \times 1\,637] = 1\,710.1 (\text{kgO}_2/\text{d})$$

故总需氧量

$$O_2 = D_1 + D_2 - D_3 = 5\,907.5 + 4\,037.9 - 1\,710.1 = 8\,235.3 (\text{kgO}_2/\text{d}) = 343.1 (\text{kgO}_2/\text{h})$$

假设最大需氧量与平均需氧量之比为 1.4，则

$$O_{2\max} = 1.4O_2 = 1.4 \times 8\,235.3 = 11\,529.42 (\text{kgO}_2/\text{d}) = 480.4 (\text{kgO}_2/\text{h})$$

每去除 1kgBOD_5 的需氧量 $= \dfrac{O_2}{Q(S_0 - S_e)} = \dfrac{11\,529.42}{40\,000 \times (0.16 - 0.02)} = 2.06 (\text{kgO}_2/\text{kgBOD}_5)$

（2）标准需氧量

采用鼓风曝气，微孔曝气器敷设于池底，距池底 0.2 m，淹没深度 3.8 m，氧转移效率 $E_A = 20\%$，将设计需氧量 O_2（即 AOR）换算成标准状态下的需氧量 O_s（即 SOR）。

$$O_s = \frac{O_2 C_{s(20)}}{\alpha[\beta\rho C_{s(T)} - C_L] \times 1.024^{T-20}}$$

本例工程所在地区大气压为 $1.013 \times 10^5 \text{Pa}$，故压力修正系数 $p = 1$。空气扩散器出口处绝对压力

$$P_b = p + 9.8 \times 10^3 H = 1.013 \times 10^5 + 9.8 \times 10^3 \times 3.8 = 1.385 \times 10^5 (\text{Pa})$$

空气离开好氧反应池时氧的百分比 O_t 为

$$O_t = \frac{21(1-E_A)}{79+21(1-E_A)} \times 100\% = \frac{21(1-0.2)}{79+21(1-0.2)} \times 100\% = 17.54\%$$

好氧反应池中平均溶解氧饱和度为

$$C_{sm(25)} = C_{S(25)} \times \left(\frac{P_b}{2.026 \times 10^5} + \frac{Q_t}{42} \right) = 8.38 \times \left(\frac{1.385 \times 10^5}{2.026 \times 10^5} + \frac{17.54}{42} \right) = 9.23 (mg/L)$$

本例 $C_L = 2$ mg/l,$\alpha = 0.82$,$\beta = 0.95$,代入上述数据,得标准需氧量为

$$O_s = \frac{O_2 C_{s(20)}}{\alpha [\beta \rho C_{s(T)} - C_L] \times 1.024^{T-20}} = \frac{8\ 235.3 \times 9.17}{0.82 \times [0.95 \times 1 \times 9.23 - 2] \times 1.024^{(25-20)}}$$
$$= 12\ 084.9 (kg/d) = 503.5 (kg/h)$$

相应最大时标准需氧量为

$$O_{smax} = 1.4 O_s = 1.4 \times 12\ 084.9 = 16\ 918.86 (kg/d) = 704.95 (kg/h)$$

好氧反应池平均时供气量为

$$G_s = \frac{O_s}{0.28 E_A} \times 100 = \frac{503.5}{0.28 \times 20} = 8\ 991.1 (m^3/h)$$

最大时供气量

$$G_{smax} = 1.4 G_s = 1.4 \times 8\ 991.1 = 12\ 587.54 (m^3/h)$$

(3)所需空气压力(相对压力)

$$p = h_1 + h_2 + h_3 + h_4 + \Delta h$$

式中,h_1:供风管道沿程阻力,MPa;h_2:供风管道局部阻力,MPa;h_3:曝气器淹没水头,MPa;h_4:曝气器阻力,微孔曝气 $h_4 \leq 0.004 \sim 0.005$ MPa,h_4 取 0.004 MPa;Δh:富余水头,MPa,一般 $\Delta h =$ $0.003 \sim 0.005$ MPa,取 0.005 MPa。

取 $h_1 + h_2 = 0.002$ MPa(实际工程中应根据管路系统布置、供风管管径大小、风管流速大小等进行计算),代入数据,得

$$p = 0.002 + 0.038 + 0.004 + 0.005 = 0.049 (MPa) = 49 (kPa)$$

可根据总供气量、所需风压、污水量及负荷变化等因素选定风机台数,进行风机与机房设计。

(4)曝气器数量计算

① 按供氧能力计算曝气器数量

$$n_1 = \frac{O_{smax}}{q_c}$$

式中,n_1:按供氧能力所需曝气器个数,个;q_c:曝气器标准状态下,与好氧反应池工作条件接近时的供氧能力,$kgO_2/(h \cdot 个)$。

采用微孔曝气器,参照有关手册,工作水深 4.3 m,在供风量 $q = 1 \sim 3$ $m^3/(h \cdot 个)$时,曝气器氧利用率 $E_A = 20\%$,服务面积 $0.3 \sim 0.75$ m^2,充氧能力 $q_c = 0.14$ $kgO_2/(h \cdot 个)$,则

$$n_1 = \frac{704.95/2}{0.14} = 2\ 518 (个)$$

② 以微孔曝气器服务面积进行校核

$$f = \frac{F}{n_1} = \frac{50 \times 7.5 \times 3}{2\ 518} = 0.45 \ m^2$$

在 $0.3 \sim 0.75$ m^2 之间,满足要求。

（5）供风管道计算

① 干管，供风干管采用环状布置，流量

$$G_s = G_{smax}/2 = 12\ 587.54/2 = 6\ 293.8(\text{m}^3/\text{h})$$

流速 $v = 10\ \text{m/s}$，则管径

$$d = \sqrt{\frac{4Q}{\pi v}} = \sqrt{\frac{4 \times 6\ 293.8}{3.14 \times 10 \times 3\ 600}} = 0.472\ \text{m}$$

取干管管径 DN500。

② 支管，单侧供气（向单侧廊道供气），则支管（布气横管）流量为

$$Q_{s单} = \frac{1}{3} \times \frac{G_{smax}}{2} = \frac{1}{6} \times 12\ 587.54 = 2\ 098(\text{m}^3/\text{h})$$

流速 $v = 10\ \text{m/s}$，则管径

$$d = \sqrt{\frac{4Q}{\pi v}} = \sqrt{\frac{4 \times 2\ 089}{3.14 \times 10 \times 3\ 600}} = 0.272\ \text{m}$$

取支管管径 DN300（图 9-4）。

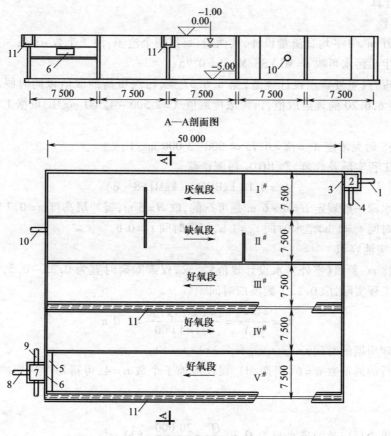

图 9-4　A^2/O 脱氮除磷工艺计算图（单位:mm）

1—进水管；2—进水井；3—进水孔；4—回流污泥管；5—集水槽；6—出水孔；7—出水井；8—出水管；
9—混合液回流管；10—混合液回流管；11—空气管廊

9.5.2　CASS 工艺设计计算

南方某城市污水处理厂,分三期建设,一、二期污水处理规模均为 20 000 m³/d,后期由于管网系统的完善,污水厂进水量增加,因此,进行污水处理厂三期扩建工程建设,三期污水处理规模为 40 000 m³/d。一、二、三期污水处理主体工艺均采用 CASS 工艺。本例题以该污水处理厂一期工程主体工艺计算为例。

该污水处理厂总平面布置图及高程布置图见图 9-5 和图 9-6。

一、已知条件

某城市污水处理厂,设计处理水量 $Q = 20\ 000$ m³/d,总变化系数为 $K_z = 1.47$。

1. 设计进水水质 COD = 300 mg/L,BOD₅ 浓度 $S_0 = 150$ mg/L;进水悬浮物浓度 $SS_0 = 150$ mg/L,VSS = 105 mg/L;TN = 40 mg/L;NH₃-N = 35 mg/L;TP = 3 mg/L;最低水温 15 ℃;最高水温 25 ℃。

2. 设计出水水质 $COD_{cr} = 60$ mg/L;BOD₅ 浓度 $S_e = 20$ mg/L;TSS 浓度 $X_e = 20$ mg/L;TN = 20 mg/L;NH₃-N = 8 mg/L;TP = 1 mg/L。

试根据以上水质情况设计 CASS 处理工艺流程。

二、设计计算

1. 基本参数

(1) 按 2 万 m³/d 平均日流量设计,共两组,每组两个池子,池子个数 $n = 4$;

(2) 对于生活污水可取 f = MLVSS/MLSS = 0.75;

(3) 根据现行《室外排水设计规范》第 6.6.37 条,污泥负荷的取值以同时脱氮除磷为目标时,宜按规范表 6.6.20 的规定取值,污泥浓度取值 $X = 2\ 500 \sim 4\ 500$ mg/L,依据工程实际,取 $X = 4\ 000$ mg/L。

(4) MLVSS 污泥浓度 $X_v = fX = 0.75 \times 4\ 000 = 3\ 000$ mg/L;

(5) 根据工程实际及规范,取 BOD₅ 污泥负荷

$$L_s = 0.10\ kgBOD_5/(kgMLSS \cdot d)$$

(6) 有效水深一般规定 $H = 4 \sim 6$ m 是可行的,取 $H = 5$ m,缓冲层高度 $\varepsilon = 0.7$ m;

(7) 沉淀时间 $t_S = 1$ h,滗水时间 $t_D = 1$ h,闲置时间 $t_b = 0$ h。

2. 每座反应池容积

对于充水比 m,参照《室外排水设计规范》要求,仅需除磷时宜为 0.25 ~ 0.5,需脱氮时宜为 0.15 ~ 0.3,按工程实际,取 0.23。则反应时间

$$t_R = \frac{24mS_0}{L_sX} = \frac{24 \times 0.23 \times 150}{0.1 \times 4\ 000} = 2.0\ h$$

可得每一个处理周期的时间 $t = t_R + t_S + t_D + t_b = 2 + 1 + 1 = 4$ h。

则每天运行的周期数 $N = 6$(周期/d),设反应池子个数 $n = 4$,可得每个周期的进水时间 $t_F = \frac{t}{n} = \frac{4}{4} = 1$ h。

每个周期单个反应池的进水量为 $Q_a = \frac{Q}{N \times n} = \frac{20\ 000}{6 \times 4} = 833$ m³

每座反应器反应池容积 $V = \frac{24Q_aS_0}{XL_st_R} = \frac{24 \times 833 \times 150}{4\ 000 \times 0.1 \times 2} = 3\ 750$ m³

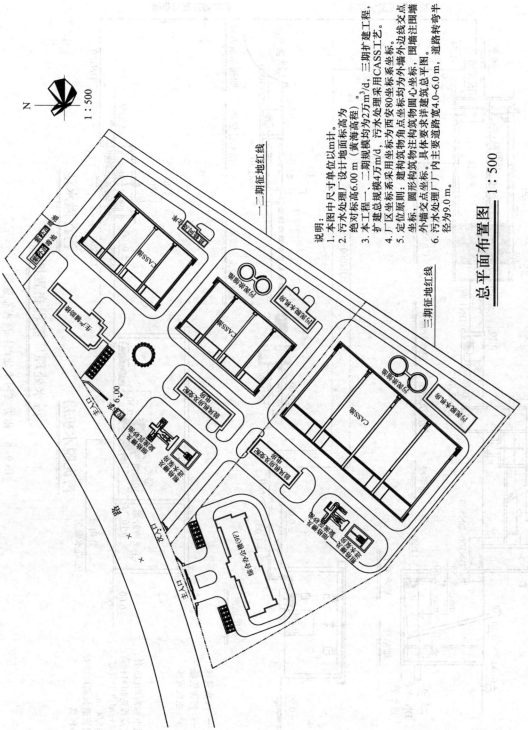

说明:

1. 本图中尺寸单位以 m 计。
2. 污水处理厂设计地面标高为绝对标高6.00 m（黄海高程）。
3. 本工程一、二期规模均为2万m³/d，三期规模4万m³/d，污水处理采用CASS工艺。
4. 厂区坐标系采用西安80坐标系坐标，扩建总坐标采用CASS工艺。
5. 定位原则：建构筑物注构角点坐标，圆形构筑物注构筑物圆心坐标，图墙注围墙外墙交点坐标。具体详建筑总平图。
6. 污水处理厂厂内主要道路宽度4.0~6.0 m，道路转弯半径为9.0 m。

总平面布置图 1:500

图 9-5 南方某污水处理厂总平面布置图

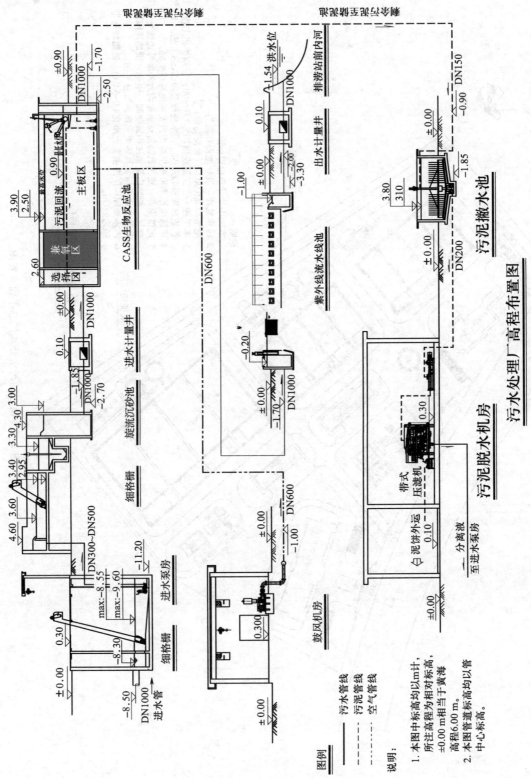

图 9-6 南方某污水处理厂高程布置图

图例

—— 污水管线

----- 污泥管线

—— 空气管线

说明：

1. 本图中标高均以 m 计，所注高程均为相对标高，±0.00 m 相当于黄海高程6.00 m。

2. 本图管道标高均以管中心标高。

每座反应池中选择区、预反应区、主反应区的体积比为 1 : 5 : 30。

3. 好氧区(主反应池)计算

(1)好氧区(主反应池)容积

$$V_1 = \frac{30}{36}V = \frac{30}{36} \times 3\ 750 = 3\ 125\ \text{m}^3$$

(2)好氧区长宽比 n_1

参照《室外排水设计规范》要求,矩形 SBR 反应池长宽比:间歇式进水(1~2):1。取好氧区长宽比 $n_1 = 2$。

(3)好氧区宽度

$$B_1 = \sqrt{\frac{V_1}{Hn_1}} = \sqrt{\frac{3\ 125}{5 \times 2}} = 17.7\ \text{m}$$

(4)好氧区长度

$$L_1 = n_1 B_1 = 2 \times 17.7 = 35.4\ \text{m}$$

(5)好氧区(主反应池)实际容积

$$V_1 = L_1 B_1 H = 35.4 \times 17.7 \times 5 = 3\ 132.9\ \text{m}^3$$

4. 厌氧区(生物选择池)计算

(1)厌氧区容积 V_2

$$V_2 = \frac{1}{36}V = \frac{1}{36} \times 3\ 750 = 104\ \text{m}^3$$

(2)厌氧区长宽比 n_2:根据规范,取厌氧区长宽比

$$n_2 = 2.5$$

(3)厌氧区宽度

$$B_2 = \sqrt{\frac{V_2}{Hn_2}} = \sqrt{\frac{104}{5 \times 2.5}} = 2.9\ \text{m}$$

(4)厌氧区长度

$$L_2 = n_2 B_2 = 2.5 \times 2.9 = 7.25\ \text{m}$$

(5)厌氧区实际容积

$$V_2 = L_2 B_2 H = 7.25 \times 2.9 \times 5 = 105.1\ \text{m}^3$$

(6)根据《室外排水设计规范》第 6.6.7 条,厌氧区应采用机械搅拌,搅拌器功率 $p_0 = 2 \sim 8\ \text{W/m}^3$,取潜水搅拌单位所需功率为 $p_0 = 6\ \text{W/m}^3$,则潜水搅拌器总功率 $P = p_0 V_2 = 6 \times 105.1 = 0.63\ \text{kW}$。单池中厌氧池分格数为 1 格,每格内设潜水搅拌器 1 台,则每台搅拌器功率为 0.63 kW。

5. 缺氧区(预反应池)计算

(1)缺氧区宽度

$$B_3 = L_2 = 7.25\ \text{m}$$

(2)缺氧区长度

$$L_3 = B_1 - B_2 - 0.35(\text{墙厚}) = 17.7 - 2.9 - 0.35 = 14.45\ \text{m}$$

(3)缺氧区容积

$$V_3 = L_3 B_3 H = 14.45 \times 7.25 \times 5 = 523.8\ \text{m}^3$$

（4）缺氧区平均水力停留时间

$$HRT_3 = \frac{V_3}{Q_a/t} = \frac{4 \times 523.8}{833} = 2.52 \text{ h}$$

（5）缺氧区应采用机械搅拌，搅拌器功率 $p_0 = 2 \sim 8 \text{ W/m}^3$，取潜水搅拌单位所需功率为 $p_0 = 6 \text{ W/m}^3$，则潜水搅拌器总功率 $P = p_0 V_2 = 6 \times 523.8 = 3.2 \text{ kW}$。单池中厌氧池分格数为 1 格，每格内设潜水搅拌器 2 台，则每台搅拌器功率为 1.6 kW。

6. 反应池单池有效容积

$$V = V_1 + V_2 + V_3 = 3\ 132.9 + 105.1 + 523.8 = 3\ 761.8 \text{ m}^3$$

7. 反应池有效容积

$$V_r = 4V = 4 \times 3\ 761.8 = 15\ 047.2 \text{ m}^3$$

8. 反应池平均水力停留时间

$$HRT = \frac{V_r}{Q_a} = \frac{15\ 047.2}{833} = 18.06 \text{ h}$$

9. 放空管管径 D

当 CASS 生化反应池需要进行检修时，需要将池中的水放空，因此要设置放空管。取放空时间：$T = 3$ h，放空管管径 $D = 300$ mm，校核放空管流速：

$$v = \frac{Q}{A} = \frac{4V}{\pi TD^2} = \frac{4 \times 3\ 761.8}{3.14 \times 3\ 600 \times 3 \times 0.3^2} = 4.93 \text{（m/s）}$$

金属排水管道的最大设流速为 10 m/s，排水管道在设计充满度下最小设计流速为 0.6 m/s。因此，放空管流速 $v = 4.93$ m/s 是合理的。

10. 需氧量、供气量

（1）需氧量 O_2（即 AOR）

$$O_2 = 0.001aQ(S_0 - S_e) - c\Delta X_v + b[0.001Q(N_k - N_{ke}) - 0.12\Delta X_V]$$
$$- 0.62b[0.001Q(N_t - N_{ke} - N_{oe}) - 0.12\Delta X_V]$$

包括碳化、硝化的耗氧量，扣除反硝化的产氧量与排出系统的微生物的耗氧量，其中 a 为碳的氧当量，当含碳物质以 BOD_5 计时，取 1.47；b 为氧化每公斤氨氮所需氧量，取 4.57；c 为细菌细胞的氧当量，取 1.42。

$$\Delta X_V = YQ\frac{(S_0 - S_e)}{1\ 000} - K_dV\frac{X_V}{1\ 000}\frac{t_R}{24}nN$$

Y 为污泥产率系数，取 0.6；K_d 为衰减系数，取 0.041，则

$$\Delta X_V = 0.6 \times 20\ 000 \times \frac{(150 - 20)}{1\ 000} - 0.041 \times 3\ 761.8 \times \frac{3\ 000}{1\ 000} \times \frac{2}{24} \times 4 \times 6$$

$$= 634.6 \text{ kg/d}$$

因此

$$O_2 = 0.001 \times 1.47 \times 20\ 000 \times (150 - 20) - 1.42 \times 634.6 + 4.57$$
$$\times [0.001 \times 20\ 000 \times (40 - 8) - 0.12 \times 634.6] - 0.62 \times 4.57$$
$$\times [0.001 \times 20\ 000 \times (40 - 20) - 0.12 \times 634.6] = 4\ 580.06 \text{（kgO}_2/\text{d）}$$

（2）标准需氧量 O_s（即 SOR）

实际需氧量 O_2 是在实际水温、气压和混合液溶解氧浓度的污水中的需氧量，而充氧设备的充氧能力是在水温 20℃、一个大气压、溶解氧为零的清水中测定的，为了选择充氧设备，必须把 O_2 换算成标准需氧量 O_s（即 SOR），有

$$O_s = K_0 \cdot O_2$$

式中，O_s：标准需氧量，即 SOR，kgO_2/d；K_0：需氧量修正系数。

① 氧利用率 E_A。氧利用率是指通过鼓风曝气转移到混合液中的氧量占总供氧量的百分比。采用微孔曝气器，气泡直径小，比表面积大，氧利用率高，一般 $E_A = 28\% \sim 32\%$；采用 JADS 型曝气软管，5 m 水深时 $E_A = 26\% \sim 28\%$；采用组合式旋切曝气器 $E_A = 14\% \sim 21\%$；综合各类曝气设备的氧利用率，取 $E_A = 22\%$。

② 曝气池溢出气体含氧量

$$O_t = \frac{21(1-E_A)}{79+21(1-E_A)} \times 100\% = \frac{21(1-0.22)}{79+21(1-0.22)} \times 100\% = 17.17\%$$

③ 曝气处绝对压力

本例工程所在地区大气压为 1.013×10^5 Pa，故压力修正系数 $\rho = 1$。

$$P_b = P + 9.8 \times 10^3 H = 1.013 \times 10^5 + 9.8 \times 10^3 \times 5$$
$$= 1.503 \times 10^5 \text{ Pa}$$

④ 夏季曝气池平均溶解氧

考虑最不利情况，按夏季时高水温计算设计需氧量。

$$C_{sm(25)} = C_{st(25)}\left(\frac{P_b}{2.026 \times 10^5} + \frac{O_t}{42}\right) = 8.39 \times \left(\frac{1.503 \times 10^5}{2.026 \times 10^5} + \frac{17.17}{42}\right)$$
$$= 9.65 \text{ mg/L}$$

⑤ 需氧量修正系数

$$K_0 = \frac{C_{s(20)}}{\alpha[\beta\rho C_{sm(T)} - C] \times 1.024^{T-20}}$$

式中，T：高温日反应器平均水温，℃，按本工程实际情况考虑 $T = 25$ ℃；α：混合液中 K_{La} 值与清水中 K_{La} 值之比，本例建议值为 $a = 0.85$；β：混合液饱和溶解氧值与清水饱和溶解氧值之比，本例建议值为 $\beta = 0.90$；ρ：海拔高度修正系数，$\rho = 1$；$C_{s(20)}$：标准条件下清水中的饱和溶解氧；$C_{s(20)} = 9.17$ mg/L；$C_{sm(T)}$：清水在 T ℃和实际计算压力时的饱和溶解氧；C：混合液剩余溶解氧值，一般 $C = 2$ mg/L。

夏季需氧量修正系数

$$K_0 = \frac{C_{s(20)}}{\alpha[\beta\rho C_{Sm(T)} - C] \times 1.024^{T-20}}$$
$$= \frac{9.17}{0.85 \times [0.90 \times 1 \times 9.65 - 2] \times 1.024^{25-20}} = 1.43$$

⑥ 标准需氧量 O_s

$$O_s = K_0 \cdot O_2 = 1.43 \times 4\,580.06 = 6\,549.49 \text{ (kgO}_2/d)$$

⑦ 总供气量

$$G_s = \frac{O_s}{0.28E_A} = \frac{6\ 549.49}{0.28 \times 0.22} = 106\ 323(\text{m}^3/\text{d})$$

⑧ 最大供气量

$$G_{smax} = 1.4G_s = 1.4 \times 106\ 323 = 148\ 852(\text{m}^3/\text{d})$$

11. 剩余污泥

（1）设计剩余污泥量

$$\Delta X = YQ(S_0 - S_e) - K_d V X_V \frac{t_R}{24} nN + fQ(SS_0 - SS_e)$$

式中，ΔX：剩余污泥量，kgSS/d；V：生物反应池容积，m^3；Y：污泥产率系数，$\text{kgVSS}/\text{kgBOD}_5$，20℃时为 $0.3 \sim 0.8$，$Y = 0.6$；Q：设计平均日污水量，m^3/d；S_0：生物反应器进水五日生化需氧量，kg/m^3；S_e：生物反应器处水五日生化需氧量，kg/m^3；K_d：衰减系数，d^{-1}，取 0.041；X_V：生物反应池内混合液挥发性悬浮固体平均浓度，gMLVSS/L；f：SS 的污泥转化率，取 0.75；SS_0：生物反应池进水悬浮物浓度，kg/m^3；SS_e：生物反应池出水悬浮物浓度，kg/m^3。

$$\begin{aligned}
\Delta X &= YQ(S_0 - S_e) - K_d V X_V \frac{t_R}{24} nN + fQ(SS_0 - SS_e) \\
&= 0.6 \times 20\ 000 \times \left(\frac{150-20}{1\ 000}\right) - 0.041 \times 3\ 761.8 \times \frac{3\ 000}{1\ 000} \times \frac{2}{24} \times 4 \times 6 \\
&\quad + 0.75 \times 20\ 000 \times \frac{(200-20)}{1\ 000} = 3\ 335(\text{kg}/\text{d})
\end{aligned}$$

（2）设 $SVI = 100$，估算剩余污泥（回流污泥）浓度

$$X_r = \frac{10^6}{100} = 10\ 000(\text{mg/L})$$

（3）剩余污泥密度 $\rho_s \approx 1\ 000\ \text{kg}/\text{m}^3$，则含固率 $p_s = 1\%$。

（4）剩余污泥含水率

$$p = 1 - p_s = 99\%$$

（5）剩余污泥体积

$$V_n = \frac{\Delta X}{(1-p)\rho_s} = \frac{3\ 335}{(1-0.99) \times 1\ 000} = 333.5(\text{m}^3/\text{d})$$

（6）设每周期排泥时间 t_p 为沉淀时间的 $1/4$，则

$$t_p = \frac{t_s}{4} = \frac{1}{4} = 0.25(\text{h}/\text{周期})$$

（7）每日总排泥时间

$$T = Nt = 6 \times 0.25 = 1.5(\text{h}/\text{d})$$

（8）剩余污泥泵台数每池各 1 用 1 备，共 8 台，运行 4 台。污泥回流设备宜 ≥2 台，并应另有备用，但空气提升器可不备用。

（9）剩余污泥泵流量

$$q = \frac{V_n}{n \times T} = \frac{333.5}{4 \times 1.5} = 55.6(\text{m}^3/\text{h})$$

（10）污泥泵选型,扬程 $H=8.0$ m,功率 $P=1.5$ kW。

（11）剩余污泥管管径 d。根据《室外排水设计规范》,取设计流速 $v=0.7$ m/s,计算污泥管径

$$d=\sqrt{\frac{4q}{\pi v}}=\sqrt{\frac{4\times 55.6}{3\ 600\times 3.14\times 0.7}}=0.168\ \text{m}$$

则取污泥管径 $d=150$ mm。

CASS 反应池每格池分为主反应区和预反应区,预反应区设选择区和兼氧区,进水与回流污泥在选择区混合,防止污泥膨胀。每格设潜水搅拌器 6 台,间歇搅拌,防止沉泥;设旋转式滗水器一台,用于排除污水;潜污泵两台,作用是污泥回流和排除污泥。反应区均采用微孔曝气头曝气,曝气头均布在池底。

CASS 生物池每日工作 24 h,分为 6 个工作周期,每个周期分为曝气、沉淀、滗水、闲置四个阶段,每周期工作时间为 4.0 h,其中进水—曝气 2.0 h,静止沉淀 1.0 h,排水排泥 1.0 h(图 9–7)。

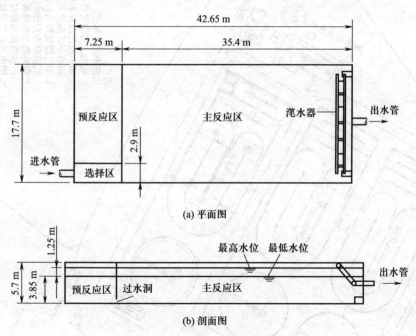

(a) 平面图

(b) 剖面图

图 9–7 单座 CASS 曝气池布置图示意

9.5.3 改良卡鲁塞尔(Carrousel®)氧化沟设计计算

南方某城市污水处理厂,分两期建设,一期规模为 10 000 m³/d,为一组 Carrousel® 氧化沟;二期规模为 20 000 m³/d,分为两组 Carrousel® 氧化沟,每组规模 10 000 m³/d。本例题以一期工程的主体反应器的计算为例,为便于理解,本例题将 Carrousel® 氧化沟改为单沟式进行计算。

该城市污水处理厂总平面布置图及高程布置图见图 9–8 及图 9–9。

一、已知条件

1. 设计流量 $Q=10\ 000$ m³/d($K_z=1.58$)。

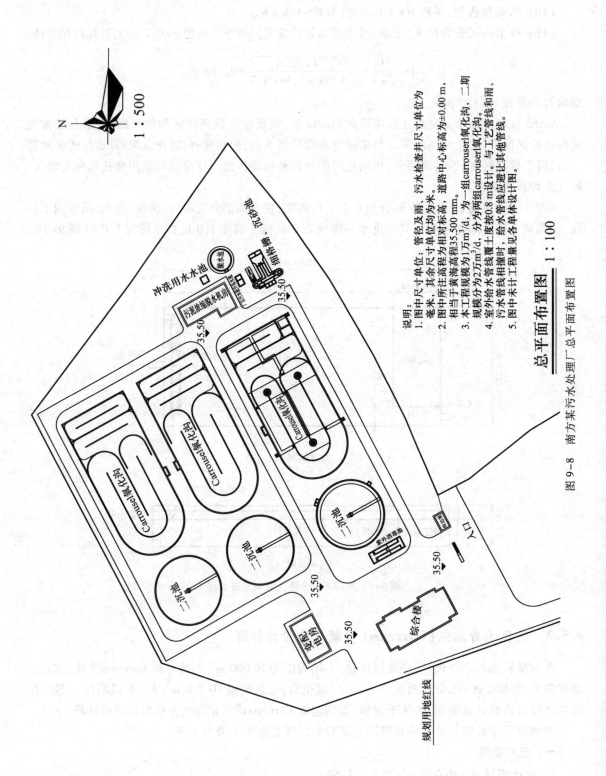

说明：
1. 图中尺寸单位：管径及雨、污水检查井中心尺寸单位为毫米，其余尺寸单位均为米。
2. 图中所注高程为相对标高，相当于黄海高程35.500。本工程±0.00 m，道路中心标高为±0.00 m，相当于黄海高程35.500 mm。
3. 本工程规模为1万m³/d，分为两组carrouser1氧化沟。规模分为2万m³/d，为一组carrouser氧化沟，二期规模分为两组carrouserI氧化沟。
4. 室外给水管线覆土按0.8 m设计。与工艺管线和雨、污水管线相撞时，给水管线应避让其他管线。
5. 图中未计工程量见各单体设计图。

总平面布置图　1∶100

图 9-8　南方某污水处理厂总平面布置图

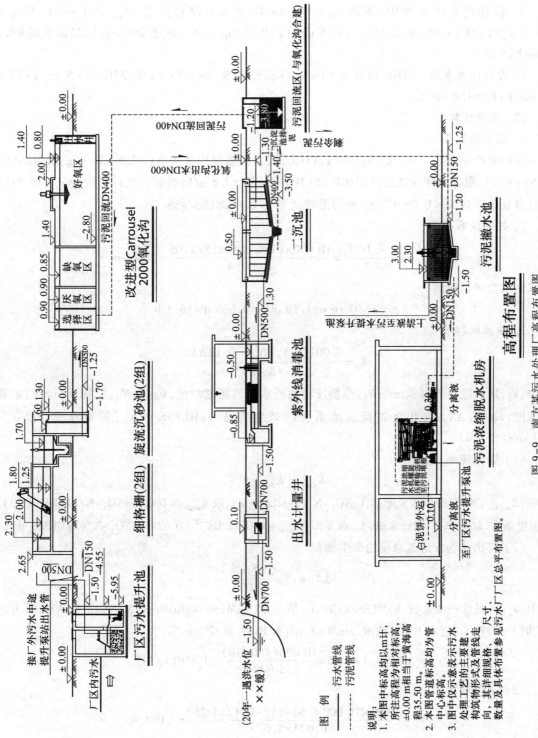

图 9-9 南方某污水处理厂高程布置图

说明：
1. 本图中标高均以m计，所注标高为相对标高，±0.00 m相当于黄海海高程35.50 m。
2. 本图管道标高均为管中心标高。
3. 图中仅示意表示污水处理工艺的主要流向，其详细物形式及管线走向、数量及具体布置参见污水厂厂区总平面布置图。

图 例
—— 污水管线
---- 污泥管线

2. 设计进水水质 BOD_5 浓度 $S_0 = 180$ mg/L；进水悬浮物浓度 $SS_0 = 225$ mg/L；$VSS_0 = 157.5$ mg/L；$TKN = 50$ mg/L；$NH_3-N = 35$ mg/L；$TP = 5$ mg/L；S_{ALK} 碱度 280 mg/L；最低水温 8℃；最高水温 25℃。

3. 设计出水水质。BOD_5 浓度 $S_e = 10$ mg/L；TSS 浓度 $SS_e = 10$ mg/L；$NH_3-N = 5$ mg/L；$TN = 15$ mg/L；$TP = 1.0$ mg/L。

二、设计计算

1. 基本参数

污泥总产率系数 $Y_t = 1.05$ kgVSS/kgBOD$_5$；混合液悬浮固体浓度（MLSS）$X = 4$ g/L（MLVSS/MLSS=0.7）；混合液挥发性悬浮固体浓度（MLVSS）$X_V = 2.8$ g/L；好氧区设计污泥龄 $\theta_c = 15$ d；污泥自身氧化系数 $K_d = 0.05$ d^{-1}；SS 的污泥转化率 $f = 0.6$ gMLSS/gSS。

2. 好氧区容积

$$V_1 = \frac{Q(S_0 - S_e)\theta_c Y_t}{1\,000X} = \frac{10\,000 \times (180-10) \times 15 \times 1.05}{1\,000 \times 4} = 6\,694 \text{ m}^3$$

好氧区水力停留时间

$$t_1 = V_1/Q = 6\,694/10\,000 = 0.669 \text{ d} = 16.1 \text{ h}$$

3. 缺氧区容积

$$V_2 = \frac{0.001Q(N_K - N_{te}) - 0.12\Delta X_V}{K_{de}X}$$

式中，V_2：缺氧区有效容积，m^3；N_K：生物反应池进水总凯氏氮浓度，mg/L；N_{te}：生物反应池出水总氮浓度，mg/L；ΔX_V：排出生物反应池系统的微生物量，kgMLVSS/d；K_{de}：脱氮速率，kgNO$_3^-$-N/(kgMLSS·d)。

（1）脱氮速率

$$K_{de(T)} = K_{de(20)}\theta^{T-20}$$

式中，$K_{de(20)}$：20 ℃时的脱氮速率，kgNO$_3^-$-N/(kgMLSS·d)，取 $K_{de(20)} = 0.06$ kgNO$_3^-$-N/(kgMLSS·d)；θ：温度系数，取 1.08；T：设计水温，℃，取 8 ℃；$K_{de(8)} = 0.06 \times 1.08^{8-20} = 0.024$ [kgNO$_3^-$-N/(kgMLSS·d)]

（2）排出生物反应池系统的微生物量

$$\Delta X_V = yY_t\frac{Q(S_0 - S_e)}{1\,000}$$

式中，Y_t：污泥总产率系数，kgMLSS/kgBOD$_5$，取 1.05 kgMLSS/kgBOD$_5$；y：MLSS 中 MLVSS 所占比例，取 $y = 0.7$；S_0：进水 BOD_5 浓度，mg/L；S_e：出水 BOD_5 浓度，mg/L。

$$\Delta X_V = 0.7 \times 1.05 \times \frac{10\,000(180-10)}{1\,000} = 1\,250 \text{ (kg/d)}$$

（3）缺氧区容积

$$V_2 = \frac{0.001 \times 10\,000 \times (50-15) - 0.12 \times 1\,250}{0.024 \times 4.0} = 2\,084 \text{ m}^3$$

缺氧区水力停留时间

$$t_2 = V_2/Q = \frac{2\,084}{10\,000} = 0.208 \text{ d} = 5 \text{ h}$$

4. 厌氧区容积 $V_3(\mathrm{m}^3)$

根据规范,厌氧区水力停留时间 $1\sim2\ \mathrm{h}$,设计取 $t_3=1.5\ \mathrm{h}$,则

$$V_3=Qt_3=\frac{10\ 000}{24}\times1.5=625\ \mathrm{m}^3$$

5. 氧化沟总容积 V 及停留时间 t

$$V=V_1+V_2+V_3=6\ 694+2\ 084+625=9\ 403\ \mathrm{m}^3$$

$$t=V/Q=\frac{9\ 403}{10\ 000}=0.94\ \mathrm{d}=22.61\ \mathrm{h}$$

校核污泥负荷

$$L_s=\frac{QS_0}{X_VV_1}=\frac{10\ 000\times0.18}{2.8\times6\ 694}=0.096\ [\mathrm{kgBOD_5/(kgMLVSS\cdot d)}]\ (符合要求)$$

6. 剩余污泥量 $\Delta X(\mathrm{kg/d})$

$$\Delta X=YQ(S_0-S_e)-K_dVX_V+fQ(SS_0-SS_e)$$
$$=0.7\times1.05\times10\ 000\times(0.18-0.01)-0.05\times6\ 694\times2.8$$
$$+0.6\times10\ 000(0.225-0.01)=1\ 602(\mathrm{kg/d})$$

去除 $1\ \mathrm{kgBOD_5}$ 产生的干污泥量为

$$\frac{\Delta X}{Q(S_0-S_e)}=\frac{1\ 602}{10\ 000\times(0.18-0.01)}=0.94(\mathrm{kgDS/kgBOD_5})$$

7. 需氧量

(1) 污水需氧量 O_2(即 AOR)

$$\mathrm{O}_2=0.001aQ(S_0-S_e)-c\Delta X_V+b[0.001Q(N_K-N_{ke})-0.12\Delta X_V]$$
$$-0.62b[0.001Q(N_t-N_{ke}-N_{oe})-0.12\Delta X_V]$$
$$=0.001\times1.47\times10\ 000\times(180-10)-1.42\times1\ 250$$
$$+4.57[0.001\times10\ 000\times(50-5)-0.12\times1\ 250]$$
$$-0.62\times4.57[0.001\times10\ 000\times(50-15)-0.12\times1\ 250]$$
$$=1\ 528.4(\mathrm{kgO_2/d})$$

式中,O_2:污水需氧量,$\mathrm{kgO_2/d}$;N_K:生物反应池进水总凯氏氮浓度,$\mathrm{mg/L}$;N_{ke}:生物反应池出水总凯氏氮浓度,$\mathrm{mg/L}$;N_t:生物反应池进水总氮浓度,$\mathrm{mg/L}$;N_{oe}:生物反应池出水总硝态氮浓度,$\mathrm{mg/L}$;$0.12\Delta X_V$:排出生物反应池系统的微生物中含氮量,$\mathrm{kg/d}$;a:碳的氧当量,当含碳物质以 $\mathrm{BOD_5}$ 计时,取 $a=1.47$;b:常数,氧化每千克氨氮所需氧量,取 $b=4.57$;c:常数,细菌细胞的氧当量,取 $c=1.42$。

最大需氧量与平均需氧量之比为 1.58,则

$$\mathrm{O}_{2\max}=1.58\mathrm{O}_2=1.58\times1\ 528.4=2\ 414.87(\mathrm{kgO_2/d})=100.62(\mathrm{kgO_2/h})$$

去除 $1\ \mathrm{kgBOD_5}$ 需氧量 $=\dfrac{2\ 414.87}{10\ 000\times(0.18-0.01)}=1.42(\mathrm{kgO_2/kg})$

(2) 标准状态下需氧量 O_s(即 SOR)

$$\mathrm{O}_s=\frac{\mathrm{O}_2\times C_{s(20)}}{\alpha[\beta\rho C_{sm(T)}-C]\times1.024^{T-20}}$$

其中,$\rho=\dfrac{所在地区实际气压(\mathrm{Pa})}{1.013\times10^5}=\dfrac{0.902\times10^5}{1.013\times10^5}=0.89$。

厂址处于平均海拔 1 153 m 处,对应大气压 0.902×10^5 Pa。

α 取 0.85, β 取 0.90, C 取 2 mg/L,得

$$O_s = \frac{1\,528.4 \times 9.17}{0.85[0.9 \times 0.89 \times 8.38 - 2] \times 1.024^{25-20}}$$
$$= 3\,107.76(\text{kg/d})$$
$$= 129.49(\text{kg/h})$$

相应最大时标准需氧量为

$$O_{s\max} = 1.580 O_s = 1.58 \times 3\,107.76 = 4\,910.26(\text{kgO}_2/\text{d}) = 204.59(\text{kgO}_2/\text{d})$$

8. 氧化沟尺寸

设氧化沟 2 组,则单组氧化沟有效容积

$$V_{\text{单}} = V/2 = 9\,403/2 = 4\,701.5 \text{ m}^3$$

取氧化沟有效水深 $h = 4$ m,超高为 1.0 m,则单组氧化沟面积

$$A_{\text{单}} = V_{\text{单}}/h = 4\,701.5/4 = 1\,175.38 \text{ m}^2$$

氧化沟高度

$$H = 4 + 1.0 = 5 \text{ m}$$

(1) 好氧区尺寸

单组氧化沟好氧区容积

$$V_{1\text{单}} = V_1/2 = 6\,694/2 = 3\,347 \text{ m}^3$$

好氧区面积

$$A_{1\text{单}} = V_{1\text{单}}/h = 3\,347/4 = 836.75 \text{ m}^2$$

好氧区采用 2 沟道,单沟道宽度 b 取 8 m,中间分隔墙厚度为 0.25 m。弯道部分面积

$$A_{1\text{弯}} = \frac{(8 \times 2)^2 \times 3.14}{4} = 200.96 \text{ m}^2$$

直线段部分面积

$$A_{1\text{直}} = A_{1\text{单}} - A_{1\text{弯}} = 836.75 - 200.96 = 635.79 \text{ m}^2$$

直线部分长度

$$L_{1\text{直}} = \frac{A_{1\text{直}}}{2b} = \frac{635.79}{2 \times 8} = 39.7 \text{ m}$$

(2) 缺氧区尺寸

单组氧化沟缺氧区容积

$$V_{2\text{单}} = V_2/2 = 2\,084/2 = 1\,042 \text{ m}^3$$

缺氧区面积

$$A_{2\text{单}} = V_{2\text{单}}/h = 1\,042/4 = 260.5 \text{ m}^2$$

缺氧区宽度 B_2 与好氧区沟道同宽,则

$$B_2 = 8 + 0.25 + 8 = 16.25 \text{ m}$$

缺氧区长度

$$L_2 = \frac{A_{2\text{单}}}{16.25} = 260.5/16.25 = 16 \text{ m}$$

(3) 厌氧区尺寸

单组氧化沟厌氧区容积

$$V_{3单} = V_3/2 = 625/2 = 312.5 \text{ m}^3$$

厌氧区面积

$$A_{3单} = V_{3单}/h = 312.5/4 = 78.125 \text{ m}^2$$

厌氧区长度 L_3 与好氧区沟道同宽,则

$$L_3 = 8 + 0.25 + 8 = 16.25 \text{ m}$$

厌氧区宽度

$$B_3 = \frac{A_{3单}}{16.25} = 78.125/16.25 = 4.8 \text{ m}$$

9. 进水管、回流污泥管及进水井进水与回流污泥进入进水井,经混合后经进水潜孔进入厌氧池。

(1) 进水管

单组氧化沟进水管设计流量

$$Q_1 = \frac{Q}{2}K_Z = \frac{10\,000}{2 \times 86\,400} \times 1.58 = 0.091 \, (\text{m}^3/\text{s})$$

管道流速 $v = 0.8$ m/s,则管径 $d = \sqrt{\dfrac{4Q_1}{\pi V}} = \sqrt{\dfrac{4 \times 0.091}{3.14 \times 0.8}} = 0.38$ m,取进水管 DN400 mm。校核管道流速

$$v = \frac{Q}{A} = \frac{0.091}{(0.4/2)^2 \times 3.14} = 0.72 \, (\text{m/s})$$

(2) 回流污泥管

污泥回流比 $R = 100\%$,则单组氧化沟回流污泥管设计流量

$$Q_R = RQ_单 = 1 \times \frac{5\,000}{86\,400} = 0.058 \, (\text{m}^3/\text{s})$$

管道流速 $v = 0.8$ m/s,则管径 $d = \sqrt{\dfrac{4Q_R}{\pi V}} = \sqrt{\dfrac{4 \times 0.058}{3.14 \times 0.8}} = 0.30$ m,取回流污泥管 DN300 mm。

(3) 进水井。进水潜孔设于厌氧池首端,进水孔过流量

$$Q_2 = Q_1 + Q_R = 0.091 + 0.058 = 0.149 \, (\text{m}^3/\text{s})$$

孔口流速 $v = 0.6$ m/s,则孔口过水断面积

$$A = Q_2/V = 0.149/0.6 = 0.248 \text{ m}^2$$

孔口尺寸取 $b \times h = 0.65$ m $\times 0.4$ m。校核流速

$$v = \frac{Q}{A} = \frac{0.149}{0.65 \times 0.4} = 0.57 \, (\text{m/s})$$

进水井平面尺寸 1.6 m×1.6 m。

10. 出水堰及出水竖井、出水管

氧化沟出水处设置出水竖井,竖井内安装电动可调节堰。初步估算 $\delta/H < 0.67$,因此按薄壁堰来计算。

$$Q_3 = 1.86b H^{\frac{3}{2}}$$

$Q_3 = Q_1 + Q_R = 0.091 + 0.058 = 0.149 \, (\text{m}^3/\text{s})$; H 取 0.12 m,则

$$b = \frac{Q_3}{1.86 \times H^{3/2}} = \frac{0.149}{1.86 \times 0.12^{3/2}} = 1.93 \text{ m}$$

为了便于设备的选型,堰宽 b 取 2.0 m。校核堰上水头

$$H = \left(\frac{Q}{1.86b}\right)^{2/3} = \left(\frac{0.149}{1.86 \times 2.0}\right)^{2/3} = 0.12 \text{ m}$$

选用电动可调节堰门,通径 2.0 m×0.5 m。

考虑可调节堰的安装要求,堰两边各留 0.4 m 的操作距离。出水竖井长

$$L = 0.4 \times 2 + 2.0 = 2.8 \text{ m}$$

出水竖井宽度取 $B = 1.6$ m(满足安装要求),则出水竖井平面尺寸为 $L×B = 2.8$ m×1.6 m,氧化沟出水孔尺寸为 $b×h = 2.0$ m×0.5 m。单组反应池出水管设计流量

$$Q_4 = Q_1 + Q_R = 0.091 + 0.058 = 0.149 \, (\text{m}^3/\text{s})$$

管道流速 $v = 0.8$ m/s,则管径 $d = \sqrt{\frac{4Q_4}{\pi V}} = \sqrt{\frac{4 \times 0.149}{3.14 \times 0.8}} = 0.49$ m,取出水管 DN500 mm。校核流速

$$v = \frac{Q_4}{A} = \frac{0.149}{(0.5/2)^2 \times 3.14} = 0.76 \, (\text{m/s})$$

11. 内回流计算

为使反硝化脱氮效果达到最佳,在好氧区与缺氧区间设置内回流渠,并设置内回流门,对混合液内回流流量进行控制。混合内回流比 $R_内 = 100\% \sim 400\%$,则

$$内回流流量 \ Q_内 = R_内 \, Q_内 = (1 \sim 4) \times \frac{5\,000}{86\,400} = (0.058 \sim 0.231) \, (\text{m}^3/\text{s})$$

内回流控制门通径 0.6 mm×0.6 m。

12. 曝气设备选择

单组氧化沟需氧量为

$$\text{SOR}_{1\max} = \text{SOR}_{\max}/2 = 4\,910.26/2 = 2\,455.13 \, (\text{kgO}_2/\text{d}) = 102.30 \, (\text{kgO}_2/\text{h})$$

每组氧化沟设 1 台卡鲁塞尔氧化沟专用曝气机,充氧能力为 2.5 $\text{kgO}_2/(\text{kW} \cdot \text{h})$,则所需电机功率 $N = 102.30/2.5 = 40.9$ (kW),取 $N = 45$ kW。表面曝气机叶轮直径 $D = 3\,000$ mm。

13. 厌氧区、缺氧区设备选择(以单组反应池计算)

厌氧区、缺氧区应采用机械搅拌,混合功率一般采用 2~8 W/m^3 池容计算。

(1) 厌氧区混合功率按 6 W/m^3 池容计算

$$厌氧区有效容积 \ V_{3单} = 16.25 \times 4.8 \times 4 = 312 \text{ m}^3$$

$$混合全池污水所需功率 = 6 \times 312 = 1\,872 \text{ W}$$

厌氧区内设潜水搅拌机 2 台,单机功率 1.1 kW。

$$反算混合全池污水所用功率 = \frac{2 \times 1.1 \times 1\,000}{312} = 7 \, (\text{W/m}^3 \text{池容}) \, (符合要求)。$$

(2) 缺氧区混合功率按 6 W/m^3 池容计算

$$缺氧区有效容积 \ V_{2单} = 16 \times 16.25 \times 4 = 1\,040 \text{ m}^3$$

$$混合全池污水所需功率 = 6 \times 1\,040 = 6\,240 \text{ W}$$

缺氧区内设潜水搅拌机 2 台,单机功率 3.0 kW。

反算混合全池污水所用功率 $=\dfrac{2\times3.0\times1\,000}{1\,040}=5.8$(W/m^3 池容)(符合要求)。

请参考图 9-10。

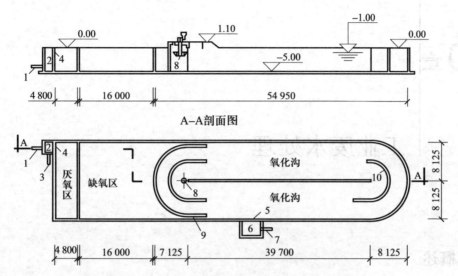

A-A剖面图

图 9-10　改良卡鲁塞尔(Carrousel$^{®}$)氧化沟计算图

1—进水管;2—进水井;3—回流污泥管;4—进水孔;5—出水堰;6—出水井;7—出水管;
8—表面曝气机;9—内回流门;10—导流墙

思考题

1. 仔细阅读、理解和应用现行《室外排水设计规范》,分别采用 A^2/O、氧化沟和 CASS 工艺设计 100 000 m^3/d 规模的城镇污水处理厂,实现生物去碳和脱氮除磷。
2. 在同样进出水水质条件下,比较三种工艺的占地面积、投资大小,电耗、药耗和人工费等运行费用。

第10章

工业废水处理

10.1 概述

10.1.1 工业废水的含义

工业废水是指各行业生产过程中所产生和排出的废水。它可分为生产污水(包括厂区生活污水)和生产废水两大类。

1. 生产污水是指在生产过程中所形成的,被有机或无机性生产废料所污染的废水(包括温度过高而能够造成热污染的工业废水)。

2. 生产废水是指在生产过程中形成的,但未直接参与生产工艺,只起辅助作用,未被污染物污染或污染很轻的水,有的只是温度稍有上升(如冷却水等)。

10.1.2 工业废水的特点

工业废水对环境造成的污染危害,以及应采取的防治对策,取决于工业废水的特性,即污染物的种类、性质和浓度。工业废水的水质特征,不单依废水的类别而异,往往因时因地而多变。

工业废水的特点主要表现为排放量大、组成复杂和污染严重。对废水水质常用两项最主要的污染指标来表示,也就是指悬浮物和化学需氧量。不同的工业废水,其水质差异很大。以化学需氧量为例,较低的也在 250 ~ 3 500 mg/L 之间,高的常达数万 mg/L,甚至几十万 mg/L。

10.1.3 工业废水的分类

工业废水通常有以下三种分类方法:

第一种是按行业的加工对象和产品分类:如造纸废水、纺织废水、制革废水、冶金废水等。

第二种是按工业废水中主要污染物的性质分类:含有机污染物为主的称有机废水,含无机污染物为主的称无机废水。如电镀和矿物加工过程中所产生的废水是无机废水；食品或石油加工过程所产生的废水是有机废水。

第三种按废水中所含污染物的主要成分分类：如酸性废水、碱性废水、含氟废水、含酸废水、含铬废水、含有机磷废水等。这种分类方法突出了废水中主要污染成分，针对性强，有利于制订适宜的处理方法。

除上述分类方法外，还可根据工业废水处理的难易程度和废水的危害性，将废水中的主要污染物归纳为三类。

第一类为易处理危害小的废水。生产工艺过程中的热排水或冷却水，对其稍加处理后可以回用或排放。

第二类为常规污染物，水中污染物无明显毒性，含有易于生物降解的物质，可作为生物营养物的化合物悬浮固体。

第三类为有毒污染物，水中污染物含有毒性又不易被生物降解的物质，包括重金属、有毒化合物和生物难以降解的有机化合物。

上述工业废水的分类方法只能作为了解污染源时的参考。实际上，一种工业可以排出几种不同性质的废水，而一种废水又可能含有多种不同的污染物。例如染料废水，即排出酸性废水，又排出碱性废水。纺织印染废水由于织物和染料的不同，其中污染物和浓度往往有很大的差别。

10.1.4 工业废水中的主要污染物及水质指标

了解工业废水中污染物的种类、性质和浓度，对于废水的收集、处理、处置设施的设计和操作，以及环境质量的技术管理都是十分重要的；对于该废水危害环境的评价，也是至关重要的。废水中污染物种类较多。根据废水对环境污染所造成危害的不同，大致可分为固体污染物、有机污染物、油类污染物、有毒污染物、生物污染物、酸碱污染物、需氧污染物、营养性污染物、感官污染物和热污染物等。

为了表征废水水质，规定了许多水质指标，主要有化学需氧量、有毒物质、有机物质、悬浮物、细菌总数、pH、色度、氨氮、磷、生物需氧量等。一种水质指标可能包括几种污染物的综合指标，而一种污染物也可以造成几种水质指标的表征。如悬浮物可能包括有机污染物、无机污染物、藻类等，而一种有机污染物需要 COD、BOD、pH 等几种水质指标表征。

10.1.5 工业废水对环境的污染和危害

水污染是我国面临的主要环境问题之一。随着我国工业的发展，工业废水的排放量日益增加，达不到排放标准的工业废水排入水体后，会污染地表水和地下水。几乎所有的物质，排入水体后都有产生污染的可能性。各种物质的污染程度虽有差别，但超过某一浓度后会产生危害。

1. 含无毒物质的有机废水和无机废水的污染。有些污染物质本身虽无毒，但由于量大或浓度高而对水体有害。例如排入水体的有机物，超过允许量时，水体会出现厌氧腐败现象；大量的无机物流入时，会使水体内盐分增加，造成渗透压变化，对生物（动植物和微生物）造成不良影响。

2. 含有毒物质的有机废水和无机废水的污染。例如含氰、酚等急性有毒物质、重金属等慢性有毒物质及致癌物质等造成的危害。

3. 含有大量不溶性悬浮物废水的污染。例如,纸浆、纤维工业等的纤维素,选煤、采矿等排放的微细粉尘。这些物质沉积水底有的形成"毒泥",如果是有机物,则会发生腐败,使水体呈厌氧状态。这类物质在水中还会阻塞鱼类的鳃,导致呼吸困难,还可能破坏鱼类产卵场所。

4. 含油废水产生的污染。油漂浮在水面既有损美观,又会散出令人厌恶的气味。燃点低的油类还有引起火灾的危险。动植物油脂具有腐败性,消耗水体中的溶解氧。

5. 含高浊度和高色度废水产生的污染。引起光通过量不足,严重影响生物的生长繁殖。

6. 酸性和碱性废水产生的污染。除对生物有危害作用外,还会损坏设备和器材。

7. 含有多种污染物质废水产生的污染。各种物质之间会产生化学反应,或在自然光和氧的作用下产生化学反应并生成有害物质。例如,硫化钠和硫酸产生硫化氢,亚铁氰盐经光分解产生氰等。

8. 含氮、磷工业废水产生的污染。对湖泊等封闭性水域,由于含氮、磷物质的废水流入,会使藻类及其他水生生物异常繁殖,使水体产生富营养化。

10.2 工业废水处理技术概述

10.2.1 工业废水污染源调查

一、现场调查

现场调查的内容如下:

1. 查明工厂在所有操作条件(正常及高负荷)下的水平衡状况。

2. 记下所有用水工序,并编制每个工序的水平衡明细表。

3. 从各排水工序和总排水口取水样进行分析。

4. 确定排放标准。

二、资料分析

资料分析应明确下列事项:

1. 哪些工段是主要污染源。

2. 有无可能将要处理的废水和不需处理就可以排放的废水进行清污分流。

3. 能否通过改进工艺和设备减少废水量和浓度。

4. 能否使某工段的废水不经处理就可回用于其他工段。

5. 有无回收有用物质的可能性。

6. 采取上述措施后,还需要怎么处理才能满足排放标准的要求等。

10.2.2 控制工业废水污染源的基本途径

控制工业废水污染源的基本途径是减少废水排出量和降低废水中污染物浓度,现分述如下:

一、减少废水排出量

减少废水排出量是减小处理装置的前提,必须充分注意,可采取以下措施:

1. 废水进行分流。将工厂所有废水混合后再进行处理往往不是好办法,一般都需进行分流。对已采用混合系统的老厂来说,无疑是困难的。但对新建工厂,必须考虑废水的清污分流问题。

2. 节约用水。每生产单位产品或取得单位产值排出的废水量称为单位废水量。即使在同一行业中,各工厂的单位废水量也相差很大,合理用水的水厂,其单位产品的废水排放量较小。

3. 改革生产工艺。改革生产工艺是减少废水排放量的重要手段,措施有更换和改善原材料、改进装置的结构和性能、提高工艺的控制水平、加强装置设备的维修管理等。

4. 避免间断排出工业废水。例如电镀工厂更换电镀废液时,常间断地排出大量高浓度废水,若改为少量均匀排出,或先放入贮液池内进行水量调节后再连续均匀排出,能减少处理设施的规模。

二、降低废水污染物的浓度

通常,生产某一产品产生的污染物量是一定的,若减少排水量,就会提高废水污染物的浓度,但采取多种措施也可以降低废水的浓度。废水中污染物来源有两种:一是本应成为产品的成分,由于某种原因而进入到废水中,如制糖厂的糖分等;二是从原料到产品的生产过程中产生的杂质,如纸浆废水中含有的木质素等。后者是应废弃的成分,即使减少废水量,污染物质的总量也不会减少,因此废水中污染物浓度会增加。对于前者,若能改革工艺和设备性能,减少产品的流失,废水的浓度便会降低。可采取以下措施降低废水污染物的浓度:

1. 改革生产工艺,尽量采用不产生或少产生污染物的工艺,实现清洁生产。清洁生产直接与生产企业的成本和效益相联系,需要生产企业的专业人员从物料和能源消耗两个方面来实现。

2. 改进装置的结构和性能。废水中的污染物质是由产品的成分组成时,可通过改进装置的结构和性能,来提高产品的得率,降低废水的浓度。以电镀厂为例,可在电镀槽和水洗槽之间设回收槽,减少镀液的排出量,使废水的浓度大大降低。又如炼油厂,可在各工段设集油槽,防止油类排出,以减少废水的浓度。

3. 废水进行分流。在通常情况下,避免少量高浓度废水与大量低浓度的废水互相混合,分流后处理往往是经济合理的。例如电镀厂含重金属废水,可先将重金属变为氢氧化物或硫化物等不溶性物质与水分离后再排出。电镀厂有含氰废水和含铬废水时,通常分别进行处理。适于生物处理的有机废水应避免有毒物质和 pH 过高或过低的废水混入。应该指出的是,不是在任何情况下高浓度废水或有害废水分开处理都是有利的。

4. 废水进行均和。废水的水量和水质都随时间而变动,可设调节池进行均质。虽然不能降低污染物总量,但可均和浓度。

5. 回收有用物质。这是降低废水污染物浓度的最好的方法。例如从电镀废水中回收铬酸,从纸浆蒸煮废液中回收化学品等。

6. 排出系统的控制。当废液的浓度超出规定值时,应立即停止污染物发生源工序的生产或预先发出警报。

10.2.3 工业废水处理的基本方法

工业废水的处理在原理上与水质工程其他处理对象一样,也可采用物理处理法、化学处理法、物理化学处理法和生物处理法。具体方法和工艺的选择需要根据水质水量和处理后的去向确定。

在选择废水处理方法前,必须了解工业废水中污染物的形态。污染物在废水中呈现悬浮、胶体和溶解三种形态。一般来说,悬浮物易处理,可通过沉淀、过滤等与水分离;胶体和溶解物较难处理,必须用特殊的物质使之凝聚或通过化学反应使其粒径增大到悬浮物的程度,或利用微生物或特殊的膜等将其降解转化或分离。

目前,对工业废水的处理程度和要求很高,工业废水处理方法的选择和确定是个复杂和困难的过程。若有可参考的相同或类似工业废水的资料或经验,可以借鉴采用;如无经验和既有资料可参考,一般需要通过小试甚至中试实验确定。实验目的在于验证所设计技术路线的可行性,提供工艺设计必需的参数,预估工程实施时的处理效果与技术难点,优化工业废水处理的初步方案。

工业废水中的污染物质多种多样,不能设想只用一种处理方法,就能把所有的污染物质去除殆尽。对于一种复杂的工业废水往往要采用多种方法进行优化组合,才能达到预期的处理效果。

1. 工业有机废水处理

(1) 含悬浮物时,用滤纸过滤,测定滤液的 BOD_5、COD。若滤液中的 BOD_5、COD 均在要求值以下,这种废水可以采用物理处理法,在悬浮物的去除同时,也能将部分 BOD_5、COD 一道去除。

(2) 若滤液中的 BOD_5、COD 高于要求值,则需考虑采用生物处理方法。进行生物处理试验时,确定能否将 BOD_5 和 COD 同时去除。

好氧生物处理法去除废水中的 BOD_5 和 COD,由于工艺成熟,效率高且稳定,所以获得十分广泛的应用。对于高浓度 BOD_5 和 COD 废水(COD>1 000 mg/L),需要采用厌氧、好氧联合工艺进行处理。例如,对焦化厂含酚废水,采用厌氧作为第一级,再串以第二级好氧法,可使出水 COD 下降到 100 ~ 150 mg/L。

(3) 若经生物处理后 COD 仍不能达到排放标准时,就要考虑采用深度处理。

2. 工业无机废水处理

(1) 含悬浮物时,需进行沉淀试验,若在常规的静置时间内达到排放标准时,这种废水可以采用沉淀法处理。

(2) 若在规定的静置时间内达不到要求值时,则需进行絮凝沉淀试验。

(3) 当悬浮物去除后,废水中仍含有有害物质时,可考虑采用调节 pH、化学沉淀、氧化还原等化学方法。

(4) 对上述方法仍不能去除的溶解性物质,为了进一步去除,可考虑采用吸附、离子交换等深度处理方法。

3. 含油废水处理

首先做静置上浮试验分离浮油,再进行分离乳化油的试验。

10.3　工业废水物化处理

10.3.1　调节池

为了使后续水处理管渠和构筑物正常工作,减小流量或浓度变化的影响,在废水处理设施之前设置的构筑物称为调节池。调节池可以对水量和水质进行调节:可以均衡污水 pH、水温和污染物浓度。在工厂停运时,仍能对生物处理系统继续供给废水。在调节池中可以加设曝气设施,起到有预曝气作用,空置的调节池也可用作事故排水池。调节池一般可与格栅、隔油设施合建。

根据调节池的功能,调节池可以分为水量调节池、水质调节池和贮水池(事故池)。

一、水量调节池

作用:缓冲废水的峰值流量。有效水深一般为 $2 \sim 6$ m,要考虑到地质状况。进水为重力流,出水为泵提升。

调节池的有效容积可以用图解法计算。假如某废水在生产周期(T)内的废水流量变化曲线如图 10-1 所示。则 T 小时内的废水排放总量 $W_T(\mathrm{m}^3)$ 为图 10-1 曲线下的面积。

$$W_T = \sum_{i=0}^{T} q_i t_i \tag{10-1}$$

式中,q_i:在 t_i 时段内废水的平均流量,m^3/h;t_i:时段,h。则周期 T 内的平均排放流量 Q 为

$$Q = \frac{W_T}{T} = \frac{\sum_{i=0}^{T} q_i t_i}{T} \tag{10-2}$$

根据废水排放变化曲线,可以绘制废水排放量累积曲线。流量累积曲线与时间 T 的交点为 A,读数即为 W_T。连接 OA 直线,斜率为平均排放流量 Q。平行 OA 作流量累积曲线的两条外切线,两切线的竖直长度即为有效容积(图 10-2)。

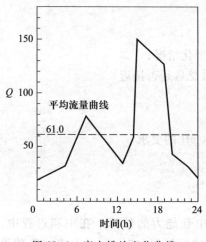

图 10-1　废水排放变化曲线

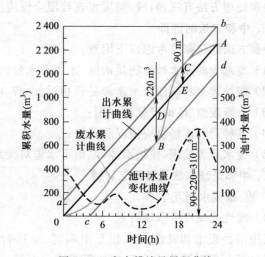

图 10-2　废水排放量累积曲线

二、水质调节池

对于水质调节池,可以得出污染物的物料平衡方程式为

$$C_1 Q \Delta T + C_0 V = C_2 Q \Delta T + C_2 V \tag{10-3}$$

式中,Q:取样间隔时间内的平均流量,m^3/h;C_1:取样间隔时间内进入调节池污染物的浓度,$\mathrm{mg/L}$;ΔT:取样间隔时间,h;C_0:取样间隔开始时调节池内污染物的浓度,$\mathrm{mg/L}$;V:调节池的容积,m^3;C_2:取样间隔时间终了时间内出水污染物的浓度,$\mathrm{mg/L}$。

各间隔时段(可假设 ΔT 为 1 h)内出水浓度的推求可以假定在一个取样间隔时间内出水浓度不变,则由上式可得每一个取样间隔后的出水浓度为

$$C_2 = \frac{C_1 \Delta T + C_0 V/Q}{\Delta T + V/Q} \tag{10-4}$$

调节池有效容积可以根据经验按设计的停留时间 T 乘以平均流量来进行估算。当废水排放的流量或浓度变化大时,T 一般取 5~7 小时,变化小一般取 2~4 小时。停留时间是一个经验数据,要注意积累。多路废水汇流的调节池,T 一般取 5~7 小时。

10.3.2 中和

化工、电镀、化纤、冶金、焦化等企业常有酸性废水排出。印染、炼油、造纸、金属加工等企业常有碱性废水排出。酸性废水含有无机酸或有机酸,或同时含有无机酸和有机酸;有时含有重金属离子、悬浮固体或其他杂质。废水含酸浓度变化大,碱性废水含有无机碱或有机碱,浓度有时可达 10%。

为了保护城镇排水管道免遭腐蚀,以及后续处理和生化处理能顺利进行,废水的 pH 宜为 6.5~8.5。对于某些化学处理如混凝、除磷等,也要将废水 pH 调节到适宜范围。用化学法去除废水中过量的酸、碱,调节 pH 在中性范围的方法称为中和。当废水含酸或碱浓度偏高,如浓度达 3% 甚至 5% 以上时,应考虑是否进行回收利用。如浓度低于 2%,回收利用不经济时,即应采用中和处理。

中和处理方法有三种:酸、碱废水直接混合反应中和,药剂中和,过滤中和等。

一、中和方法的选择

中和方法的选择要考虑以下因素:

(1) 废水含酸或含碱性物质浓度、水质及水量的变化情况;

(2) 酸性废水和碱性废水来源是否相近,含酸、碱总量是否接近;

(3) 有否废酸、废碱可就地利用;

(4) 各种药剂市场供应情况和价格;

(5) 废水后续处理、接纳水体、城镇下水道对废水 pH 的要求。

二、中和处理方法及其工艺计算

1. 酸、碱废水相互中和

(1) 酸性或碱性废水需要量

利用酸性废水和碱性废水相互中和时,应进行中和能力的计算。在中和过程中,酸和碱的当量恰好相等时称为中和反应的等当点。强酸强碱互相中和时,由于生成的强酸强碱盐不发生水解,因此等当点即中性点,溶液的 pH 等于 7.0。但若中和的一方为弱酸或弱碱时,由于中和过程中所生成的盐的水解,尽管达到等当点,但溶液并非中性,pH 大小取决于所生成盐的水解度。

(2) 中和设备及设计计算

中和设备可根据酸碱废水排放规律及水质变化来确定。

① 当水质水量变化较小或后续处理对 pH 要求不严时,可在集水井(或管道、混合槽)内进行连续混合反应。

② 当水质水量变化不大或后续处理对 pH 要求严时,可设连续流中和池。中和时间视水质水量变化情况确定,一般采用 1~2 h。有效容积按下式计算:

$$V=(Q_1+Q_2)t \tag{10-5}$$

式中,V:中和池有效容积,m^3;Q_1:酸性废水设计流量,m^3/h;Q_2:碱性废水设计流量,m^3/h;t:中和时间,h。

③ 当水质水量变化较大,且水量较小时,连续流无法保证出水 pH 要求,或出水中还含有其他杂质或重金属离子时,多采用间歇式中和池。池有效容积可按污水排放周期(如一班或一昼夜)中的废水量计算。中和池至少两座(格)交替使用。在间歇式中和池内完成混合、反应、沉淀、排泥等工序。

由于工业废水一般水质水量变化较大,为了降低后续处理的难度,一般需设置调节池,用于均化水质水量,所以酸碱废水的中和一般可以结合调节池的设计进行。

例 10-1　甲车间排出酸性废水,含盐酸浓度为 0.629%,流量 16.3 m^3/h;乙车间排出碱性废水,含氢氧化钠浓度为 1.4%,流量 8.0 m^3/h。试计算废水混合中和处理后废水的 pH。

解　(1)将百分比浓度换算成摩尔浓度:

含 HCl 废水的摩尔浓度 = (1 000×0.629%)/36.5 = 0.172 3 mol/L

含 NaOH 废水的摩尔浓度 = (1 000×1.4%)/40 = 0.35 mol/L

(2)每小时两种废水各流出的总酸、碱量

HCl 量 = 0.172 3×16.3×1 000 = 2 808.49 mol

NaOH 量 = 0.35×8.0×1 000 = 2 800 mol

HCl 的量略大于 NaOH 量,混合后的废水中尚有 HCl 的量:

2 808.49−2 800 = 8.49 mol

(3)混合后酸的摩尔浓度

混合后废水酸的摩尔浓度 = 8.49/[1 000×(8.0+16.3)] = 3.5×10⁻⁴ mol/L

(4)混合后废水的 pH

因为 HCl 在水中全部离解,所以混合后废水的 $[H^+]$ = 3.5×10⁻⁴ mol/L,故

$$pH=-lg[H^+]=-lg(3.5×10^{-4})=3.46$$

2. 投药中和法

(1)投药中和法的工艺要点

① 根据化学反应式计算酸、碱药剂的耗量;

② 药剂有干法投加和湿法投加,湿法投加比干法投加反应完全;

③ 药剂用量应大于理论用量;

④ 如废水量小于 20 m^3/h,宜采用间歇中和设备;

⑤ 为提高中和效果,常采用 pH 粗调、中调与终调装置,且投药过程自动控制。

(2)中和反应工艺计算包括中和反应计算、投药量计算及沉渣量计算

① 常见的中和反应如下:

$$H_2SO_4+Ca(OH)_2 \longrightarrow CaSO_4\downarrow +2H_2O$$

$$2HNO_3+Ca(OH)_2 \longrightarrow Ca(NO_3)_2+2H_2O$$

$$2HCl+Ca(OH)_2 \longrightarrow CaCl_2+2H_2O$$

$$H_2SO_4+CaCO_3 \longrightarrow CaSO_4\downarrow+H_2O+CO_2\uparrow$$

$$HCl+NaOH \longrightarrow NaCl+H_2O$$

$$H_2SO_4+2NaOH \longrightarrow Na_2SO_4+2H_2O$$

$$2HCl+CaCO_3 \longrightarrow CaCl_2+H_2O+CO_2\uparrow$$

根据化学反应计量式,可计算参与反应物质的理论耗量,如

$$\underset{98}{H_2SO_4}+\underset{74}{Ca(OH)_2} \longrightarrow CaSO_4+2H_2O$$

则按上式,当中和 1 kg 100% H_2SO_4 时,应消耗 $Ca(OH)_2$ 为:$1\times74/98=0.76$ kg。而采用 HCl 中和 NaOH 时,则

$$\underset{40}{NaOH}+\underset{36.5}{HCl} \longrightarrow NaCl+H_2O$$

按该式,当中和 1 kg 100% NaOH,应消耗 HCl 为:$1\times36.5/40=0.91$ kg。常用中和剂的理论耗量就是根据上述化学反应计量式的计算得出的。

② 投药量计算

由于实际采用的市售酸碱药剂有不同浓度或不同纯度的产品,因此在应用时,必须将理论消耗量除以酸的百分浓度,以得出市售产品的用量。碱性物质理论耗量也要除以纯度(%)以得出市售产品的用量。纯度以 α 表示,其值可按药剂分析确定,也可参照以下数据:生石灰含有效 CaO 60% ~80%;熟石灰含有效 $Ca(OH)_2$ 65% ~75%;电石渣含有效 CaO 60% ~70%;石灰石含有效 $CaCO_3$ 90% ~95%。工业硫酸浓度为 98%;工业盐酸浓度为 36%;工业硝酸浓度为 65%。

在中和酸性废水的实际应用中,废水常含有其他消耗碱的物质,如重金属等杂质,并考虑反应不完全等因素,所以实际消耗碱性药剂的数量,要比理论耗量大。在实际应用中常将理论耗量乘以反应不均匀系数 K,K 值宜用试验确定,也可参照如下数据:当用石灰干投法中和含硫酸废水时,K 为 1.5 ~2.0;当用石灰乳中和含硫酸废水时,K 为 1.1 ~1.2;当用石灰中和含盐酸或硝酸废水时,K 为 1.05 ~1.1;当用石灰中和硫酸亚铁或氯化亚铁时,K 为 1.1;当用氢氧化钠中和硫酸亚铁或氯化亚铁时,K 为 1.2。

总耗药量可按式(10-6)计算:

$$G=QCKa/\alpha(kg/h) \tag{10-6}$$

式中,Q:废水流量,m^3/h;C:废水中酸(碱)浓度,kg/m^3 或 g/L;a:药剂单位理论耗量,kg/kg;α:药剂纯度或浓度,%;K:反应不均匀系数。

③ 中和沉渣量计算

中和过程产生的沉渣量应根据试验确定;当无试验资料时,也可按式(10-7)估算:

$$G_2=G(B+e)+Q(S-C_1-d)(kg/h) \tag{10-7}$$

式中,G_2:沉渣量(干重),kg/h;G:总耗药量,kg/h;B:单位药耗产生的盐量,kg/kg,见表 10.1;e:单位药耗中杂质含量,kg/kg;Q:废水流量,m^3/h;S:中和处理前废水悬浮物浓度,kg/m^3;C_1:中和处理后废水增加的含盐浓度,kg/m^3,见表 10.2;d:中和处理后废水的悬浮物浓度,kg/m^3。

表 10.1　中和过程单位药耗产生的盐量(kg/kg)

酸	盐	NaOH	Ca(OH)$_2$	CaCO$_3$	HCO$_3^-$
盐酸	CaCl$_2$	—	1.53	1.53	—
	NaCl	1.61	—	—	—
	CO$_2$	—	—	0.61	1.22
硫酸	CaSO$_4$	—	1.39	1.39	—
	Na$_2$SO$_4$	1.45	—	—	—
	CO$_2$	—	—	0.45	0.90
硝酸	Ca(NO$_3$)$_2$	—	1.30	1.30	—
	NaNO$_3$	1.25	—	—	—
	CO$_2$	—	—	0.35	0.70

表 10.2　盐类溶解度表(kg/m^3)

盐类名称	0 ℃	10 ℃	20 ℃	30 ℃
CaSO$_4$ · 2H$_2$O	1.76	1.93	2.03	2.10
CaCl$_2$	595	650	745	1 020
NaCl	375	358	360	360
NaNO$_3$	730	800	880	960
Ca(NO$_3$)$_2$	1 021	1 153	1 293	1 526

(3) 药剂中和处理工艺流程

药剂中和处理工艺流程如图 10-3 所示。

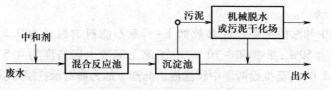

图 10-3　药剂中和处理工艺流程

(4) 设备和装置包括石灰乳制备、混合反应、沉淀及沉渣脱水等

① 石灰乳溶液槽。应设置 2 个,交替使用。采用机械搅拌时,搅拌机一般为 20~40 r/min;如用压缩空气搅拌,其强度为 8~10 L/(m^2·s);亦可采用水泵搅拌。

② 混合反应装置。当废水量较小、浓度不高、沉渣量少时,可将中和剂投于集水井中,经泵混合,在管道中反应,但应有足够的反应时间。

③ 沉淀池可选择竖流式或平流式。竖流式沉淀池适用于沉渣量少的情况;平流沉淀池适用于沉渣量大、重力排泥困难的情况。如以石灰中和含硫酸废水,沉淀时间可取 1~2 h。沉渣体积约为处理废水体积的 10%~15%,沉渣含水率约 95%。沉渣可用泥泵排出。

④ 沉渣脱水装置。中和过程产生的泥渣含水较多。可用泵抽出后,经进一步浓缩,例如采用设有刮泥装置的辐流式浓缩池,并投加凝聚剂处理,以进一步使其含水率下降,然后用真空过

滤或压滤机脱水。

例 10-2 如例 10-1 所述,酸、碱废水互相中和后,废水仍为含 HCl 的酸性废水,废水含 HCl 浓度为:

$$0.35 \times 36.5 \times 10^{-3} \approx 0.013 \text{ g/L}$$

或 0.013 kg/m³。现采用石灰乳中和。

石灰用量:每天废水中的 HCl 总量为:$(16.3 + 8.0) \times 24 \times 0.013 \approx 7.58$ kg/d。根据表 10-1 及式(10-6)计算石灰用量:

$$G = QCKa/\alpha$$

其中,$Q = (16.3 + 8.0) \times 24 = 583.2$ m³/d;$C = 0.013$ kg/m³;$a = 0.77$;K 取 1.1;α 取 60%,则

$$G = QCKa/\alpha = 583.2 \times 0.013 \times 1.1 \times 0.77/0.6 = 10.7 \text{ kg/d}$$

3. 固定床过滤中和

固定床过滤中和,是用固体碱性物质作为滤料构成滤层,当酸性废水流经滤层,废水中的酸与碱性滤料反应而被中和。在中和过程中碱性滤料逐渐消耗,还可能因中和反应产物或废水中的杂质而堵塞滤层,所以要不断补充滤料和定期倒床清理。

废水由水平方向通过滤层的,称为平流式固定床过滤中和池;竖向通过滤层的,称为竖流式固定床过滤中和池。竖流式又分升流式与降流式两种,目前多采用竖流式中和池。

碱性滤料为石灰石或白云石,粒径为 30 ~ 50 mm,滤层高为 1 ~ 1.5 m。

4. 升流式膨胀中和过滤

升流式膨胀中和过滤池系一圆筒形立式容器,过滤池内装填碱性固体颗粒滤料,酸性废水通过底部布水管进入滤池,并升流向上,使滤层处于膨胀状态,酸、碱中和反应后,由过滤池上部出水。这种膨胀中和过滤池的优点在于滤料膨胀,互相摩擦,反应产生的惰性物质自滤料颗粒表面脱落随水流出,加快了反应速率。一般经中和后出水 pH 可达 4.2 ~ 5;出水经脱气塔去除 CO_2 后,pH 可上升至 6 ~ 6.5。

升流膨胀过滤中和法的主要设计参数如下:石灰石滤料的粒径为 0.5 ~ 3 mm,滤层高 1 ~ 1.2 m;滤料膨胀率为 50%;滤速 60 ~ 70 m/h;滤池上部清水区高度为 0.5 m,滤池总高一般为 3.0 m;滤池直径 ≤2.0 m;至少设两座中和滤池。滤池下部为卵石承托层,其厚度为 0.15 ~ 0.2 m,卵石粒径 20 ~ 40 mm;底部布水管,孔径 9 ~ 12 mm。

如果将滤池下部横截面积减小,上部增大,下部滤速增至 130 ~ 150 m/h,上部滤速为 40 ~ 60 m/h,使上部出水物料流失少,即为变速膨胀中和滤池。

10.3.3 化学沉淀

一、化学沉淀法原理

向工业废水中投加某些化学物质,使其与水中溶解杂质反应生成难溶盐沉淀,因而使废水中溶解杂质浓度下降而部分或大部分被去除的废水处理方法称为化学沉淀法。

在一定温度下,含有难溶盐的饱和溶液中,各种离子浓度的乘积称为溶度积,它是一个常数。在溶液中有:

$$M_m N_n \rightleftharpoons mM^{n+} + nN^{m-}$$

$$L_{M_mN_n} = [M^{n+}]^m [N^{m-}]^n \qquad (10-8)$$

式中，M_mN_n 表示难溶盐；M^{n+} 表示金属离子；N^{m-} 表示阴离子；[ ] 表示摩尔浓度，mol/L；$L_{M_mN_n}$ 即为溶度积常数。

当 $[M^{n+}]^m[N^{m-}]^n > L_{M_mN_n}$，则溶液处于过饱和状态，这时，会有溶质析出沉淀，直到 $[M^{n+}]^m$ $[N^{m-}]^n = L_{M_mN_n}$ 时为止。如 $[M^{n+}]^m[N^{m-}]^n < L_{M_mN_n}$，则溶液处于不饱和状态，难溶盐继续溶解，也达到 $[M^{n+}]^m[N^{m-}]^n = L_{M_mN_n}$ 时为止。

为了除去废水中的金属离子 M^{n+}，向废水中投加 N^{m-} 离子的化合物，以使 $[M^{n+}]^m[N^{m-}]^n > L_{M_mN_n}$，生成 M_mN_n 沉淀，降低 M^{n+} 离子在废水中的浓度。具有使 M^{n+} 沉淀析出作用的化合物称为沉淀剂。

为了最大限度地使 M^{n+} 沉淀，常常加大沉淀剂的用量。但过多的沉淀剂，可导致相反作用，所以沉淀剂用量一般不宜超过理论用量的 20% ~ 50%。

同样，为了除去废水中的非金属离子 N^{m-}，可向废水中投加含 M^{n+} 离子的化合物，以使 $[M^{n+}]^m[N^{m-}]^n > L_{M_mN_n}$ 生成 M_mN_n 沉淀，降低 N^{m-} 离子在废水中的浓度。

化学沉淀法主要用于处理含金属离子或含磷的工业废水。对于去除金属离子的化学沉淀法有氢氧化物沉淀法、硫化物沉淀法、碳酸盐沉淀法、钡盐沉淀法等。含磷废水的化学沉淀处理主要采用投加含高价金属离子的盐来实现。

二、氢氧化物沉淀法

1. 原理

以氢氧化物如 NaOH、$Ca(OH)_2$ 等作为沉淀剂加入含有金属离子的废水中，生成金属氢氧化物沉淀，从而去除金属离子的方法，即氢氧化物沉淀法。

金属氢氧化物沉淀受废水 pH 的影响，如以 $M(OH)_n$ 表示金属氢氧化物，则有如下反应：

$$M(OH)_n \rightleftharpoons M^{n+} + nOH^-$$

$$L_{M(OH)_n} = [M^{n+}][OH^-]^n \qquad (10-9)$$

此时水亦离解

$$H_2O \Longrightarrow H^+ + OH^-$$

水的离子积

$$K_{H_2O} = [H^+][OH^-] = 1 \times 10^{-14} (25 \ ℃) \qquad (10-10)$$

将式（10-10）代入式（10-9），取对数，经整理得

$$\lg[M^{n+}] = 14n - npH + \lg L_{M(OH)_n} \qquad (10-11)$$

由式（10-11）可知，金属氢氧化物的生成和状态与溶液的 pH 有直接关系。

2. 氢氧化物沉淀法的应用

（1）沉淀剂的选择。氢氧化物沉淀法最经济常用的沉淀剂为石灰，一般适用于浓度较低不回收金属的废水。如废水浓度高，欲回收金属时，宜用氢氧化钠为沉淀剂。

（2）控制 pH 是废水处理成败的重要条件，由于实际废水水质比较复杂，影响因素较多，理论计算的氢氧化物溶解度与 pH 关系和实际情况有出入，所以宜通过试验取得控制条件。

有些金属如 Zn、Pb、Cr、Sn、Al 等的氢氧化物具有两性，当溶液 pH 过高，形成的沉淀又会溶解。以 Zn 为例：

$$Zn(OH)_2 \rightleftharpoons Zn^{2+} + 2OH^-$$

$$Zn(OH)_2 \downarrow + OH^- \rightleftharpoons Zn(OH)_3^-$$

$$Zn(OH)_2 \downarrow + 2OH^- \rightleftharpoons Zn(OH)_4^{2-}$$

Zn 沉淀的 pH 宜为 9,当 pH 再高,就会因络合阴离子的增多,使锌溶解度上升。所以处理过程的 pH 过低或过高都会使处理失败。

表 10.3 为某些金属氢氧化物沉淀析出的最佳 pH

表 10.3 某些金属氢氧化物沉淀析出的最佳 pH

金属离子	Fe^{2+}	Fe^{3+}	Sn^{2+}	Al^{3+}	Cr^{3+}	Cu^{2+}	Zn^{2+}	Ni^{2+}	Pb^{2+}	Cd^{2+}	Mn^{2+}
沉淀最佳 pH	5~12	6~12	5~8	5.5~8	8~9	>8	9~10	>9.5	9~9.5	>10.5	10~14
加碱溶解的 pH				>8.5	>9		>10.5		>9.5		

应用实例:某厂排出酸性废水,其 pH 为 2~2.5,含总铁 1 000~1 500 mg/L,含铜 80~100 mg/L,采用石灰作中和沉淀剂。如采用一步法中和沉淀处理,调废水 pH 至 7.5,出水中含铜为 0.08 mg/L,总铁为 2.5 mg/L。但沉渣中含铜只有 0.8%,对回收铜造成困难。为了回收铜采用分级中和处理,即第一级将废水 pH 调到 5~6,使铁沉淀析出,所得沉渣含铁 33%,含铜 0.15%;然后将一级出水再调 pH 至 8.5~9,进行二级沉淀,使铜沉淀析出,所得沉渣含铜达 3% 左右,而含铁只有 1% 左右。分级处理既可使出水排放达标,又利于回收资源。

三、硫化物沉淀法

由于金属硫化物的溶度积远小于金属氢氧化物的溶度积,所以此法去除重金属的效果更佳。经常使用的沉淀剂为硫化钠、硫化钾及硫化氢等。

1. 原理

将可溶性硫化物投加于含重金属的废水中,重金属离子与硫离子反应,生成难溶的金属硫化物沉淀而去除重金属的方法,称为硫化物沉淀法。

根据金属硫化物溶度积的大小,将金属硫化物析出先后排序为:$Hg^{2+} \rightarrow Ag^+ \rightarrow As^{3+} \rightarrow Bi^{3+} \rightarrow Cu^{2+} \rightarrow Pb^{2+} \rightarrow Cd^{2+} \rightarrow Sn^{2+} \rightarrow Zn^{2+} \rightarrow Co^{2+} \rightarrow Ni^{2+} \rightarrow Fe^{2+} \rightarrow Mn^{2+}$。排在前面的金属,其硫化物的溶度积比排在后面的溶度积更小,如 HgS 溶度积为 4.0×10^{-53},而 FeS 的溶度积为 3.2×10^{-18}。

以硫化氢作沉淀剂时,硫化氢在水中离解:

$$H_2S \rightleftharpoons H^+ + HS^-$$

$$HS^- \rightleftharpoons H^+ + S^{2-}$$

离解常数分别为

$$K_1 = \frac{[H^+][HS^-]}{H_2S} = 9.1 \times 10^{-8}$$

$$K_2 = \frac{[H^+][HS^-]}{[HS^-]} = 1.2 \times 10^{-15}$$

$$K_1 \times K_2 = \frac{[H^+][S^{2-}]}{[H_2S]} = 1.09 \times 10^{-22}$$

$$[S^{2-}] = \frac{1.09 \times 10^{-22} \times [H_2S]}{[H^+]^2} \tag{10-12}$$

在金属硫化物饱和溶液中,有

$$MS \rightleftharpoons M^{2+} + S^{2-}$$

$$[M^{2+}] = \frac{L_{MS}}{[S^{2-}]} \tag{10-13}$$

将式(10-12)代入式(10-13),则

$$[M^{2+}] = \frac{L_{MS}[H^+]^2}{1.09 \times 10^{-22} \times [H_2S]} \tag{10-14}$$

在 1 大气压下,25 ℃,pH ≤ 6 时,H_2S 在水中的饱和浓度约为 0.1 mol/L。将 $[H_2S] = 1 \times 10^{-1}$ mol/L 代入式(10-14),得

$$[M^{2+}] = \frac{L_{MS}[H^+]^2}{1.09 \times 10^{-23}} \tag{10-15}$$

由式(10-15)可知,金属离子的浓度与 $[H^+]^2$ 成正比,即废水 pH 低,金属离子浓度高;反之,pH 高,金属离子浓度低。

2. 硫化物沉淀法处理含汞废水

用硫化物沉淀法处理含汞废水,应在 pH = 9 ~ 10 的条件下进行,通常向废水中投加石灰乳和过量的硫化钠,硫化钠与废水中的汞离子反应,生成难溶的硫化汞沉淀:

$$Hg^{2+} + S^{2-} \rightleftharpoons HgS \downarrow$$

$$2Hg + S^{2-} \rightleftharpoons Hg_2S \rightleftharpoons HgS \downarrow + Hg \downarrow$$

生成的硫化汞以很细微的颗粒悬浮于水中,为使其迅速沉淀与废水分离,并去除废水中过量的硫离子,可再向废水投加硫酸亚铁,这样即可生成 FeS 去除多余的 S^{2-},同时还会生成 $Fe(OH)_2$ 沉淀,它可以与 HgS,FeS 共沉,加快沉淀速度。

$$FeSO_4 + S^{2-} \longrightarrow FeS \downarrow + SO_4^{2-}$$

$$Fe^{2+} + 2OH^- \longrightarrow Fe(OH)_2 \downarrow$$

由于硫化汞的溶度积为 4×10^{-53},低于硫化铁的溶度积 3.2×10^{-18},所以首先生成硫化汞,再生成硫化铁,最后才是 $Fe(OH)_2$。

四、钡盐沉淀法

钡盐沉淀法主要用于处理含六价铬废水。多采用碳酸钡、氧化钡等钡盐作为沉淀剂。以使用碳酸钡为沉淀剂处理含铬酸废水为例,有如下反应:

$$H_2CrO_4 + BaCO_3 \longrightarrow BaCrO_4 + CO_2 \uparrow + H_2O$$

这是由于铬酸钡的溶度积为 1.6×10^{-10},小于碳酸钡的溶度积 7.0×10^{-9},所以可得出 $BaCrO_4$ 沉淀。

上述反应适宜的 pH 为 4.5 ~ 5.0,投药比 $Cr^{6+} : BaCO_3 = 1 : (10 ~ 15)$。反应时间为 20 ~ 30 min。

处理后废水去除 $BaCrO_4$ 沉淀后,废水中仍残留有过量的钡,可用石膏与之反应而去除:

$$CaSO_4 + Ba^{2+} \rightleftharpoons BaSO_4 \downarrow + Ca^{2+}$$

上述反应历时只需约 2 ~ 3 min。

五、磷的化学沉淀法

含磷废水的化学沉淀可以通过向废水中投加含高价金属离子的盐来实现。常用的高价金属

离子有 Ca^{2+}、Al^{3+}、Fe^{3+}，聚合铝盐和聚合铁盐除了可以和磷酸根离子形成沉淀外还能起到辅助混凝的效果。由于 PO_4^{3-} 和 Ca^{2+} 的化学反应与 PO_4^{3-} 和 Al^{3+}、Fe^{3+} 相差很大，所以可以分别讨论。

1. 钙盐化学沉淀除磷

Ca^{2+} 通常可以 $Ca(OH)_2$ 的形式投加。当废水 pH 超过 10 时，过量的 Ca^{2+} 离子会与 PO_4^{3-} 离子发生反应生成羟磷灰石 $Ca_{10}(PO_4)_6(OH)_2$ 沉淀，其反应方程式如下：

$$10Ca^{2+}+6PO_4^{3-}+2OH^- \rightleftharpoons Ca_{10}(PO_4)_6(OH)_2$$

需要指出的是，当石灰投入废水时，会和废水中的重碳酸或碳酸碱度反应生成 $CaCO_3$ 沉淀。在实际应用中，由于废水中碱度的存在，石灰的投加量往往与磷的浓度不直接相关，而主要与废水中的碱度具有相关性。典型的石灰投加量是废水中总碱度（以 $CaCO_3$ 计）的 $1.4 \sim 1.5$ 倍。废水经石灰沉淀处理后，往往需要再回调 pH 至正常水平，以满足后续处理或排放的要求。

2. 铝、铁盐化学沉淀除磷

铝盐与磷酸根离子发生化学沉淀的反应式：

$$Al^{3+}+H_nPO_4^{3-n} \rightleftharpoons AlPO_4 \downarrow +nH^+$$

铁盐与磷酸根离子发生化学沉淀的反应式：

$$Fe^{3+}+H_nPO_4^{3-n} \rightleftharpoons FePO_4 \downarrow +nH^+$$

表面上，$1 \ mol \ Al^{3+}$ 或 Fe^{3+} 可以和 $1 \ mol \ PO_4^{3-}$ 发生反应生成沉淀，但该反应会受到很多竞争反应的影响。废水的碱度、pH、痕量元素等都会对上述反应产生影响。所以在实际应用时，不能按照上述反应方程式直接计算铝盐或铁盐的投加量，而需要进行小型试验或规模试验后再决定实际投加量。尤其当采用聚合铝盐或聚合铁盐时，反应会更加复杂。

例 10-3 某工业废水流量 $Q=12\ 000 \ m^3/d$，含 P 8 mg/L。通过实验室试验，每去除 1 mol P 需要投加 1.5 mol 的 Al。所采用的铝盐溶液是聚合硫酸铝 $Al_2(SO_4)_3 \cdot 18H_2O$（明矾）溶液，含明矾 48%，溶液密度为 1.2 kg/L，计算该铝盐溶液投加量。

解 1. 计算该铝盐溶液中 Al 的总量。

（1）每升溶液中明矾质量为：$0.48 \times 1.2 = 0.58$ kg/L；

（2）每升溶液中 Al 的质量为：$0.58 \times 2 \times 26.98/666.5 = 0.047$ kg/L。（26.98 为 Al 的分子量，666.5 为明矾的分子量。）

2. 计算去除每 1 kg P 所需 Al 的质量。

（1）理论需要量：$26.98/30.97 = 0.87$ kg/kg（30.97 为 P 的分子量）；

（2）实际需要量：$1.5 \times 0.87 = 1.31$ kg/kg。

3. 计算铝盐溶液的投加量

铝盐溶液的投加量 $= (12\ 000 \times 8 \times 1.31)/(0.047 \times 10^3) = 2\ 676$ L/d。

10.3.4 浮方法

气浮法又称浮上法，是一种有效的固-液或液-液分离的方法，常用于对颗粒密度接近或小于水的细小颗粒的分离。往水中通入空气，产生高度分散的微小气泡（有时还需要投加混凝剂或浮选剂），使水中的悬浮物与空气泡黏附在一起，靠气泡的浮力一起上浮到水面，形成浮渣而加以去除，实现固液或液液分离的过程。实现气浮分离的必要条件是必须向水中提供足够数量的微细气泡，气泡理想的尺寸为 15～30 μm;必须使悬浮物呈悬浮状态;必须使气泡与悬浮物产生黏附作用,从而附着于气泡上浮升。气浮过程可以分为产生气泡、气泡与颗粒(固体或液体)附着和上浮分离等三个阶段。产生微细气泡的方法有电解法、分散空气法和加压溶解空气再减压释放法。

气浮法工程上应用如下几个方面:

(1) 分离水中的细小悬浮物、藻类及微絮体;

(2) 回收有用物质:如纸浆、细小纤维等;

(3) 代替二沉池,分离和浓缩活性污泥;

(4) 分离回收含油废水中的悬浮油及乳化油,如食油工业废水中所含的油脂(靠自然沉降或自然上浮难以去除的);

(5) 分离表面活性物质和金属离子(加浮选剂)。

常用的气浮技术有加压溶气气浮、涡凹气浮和电解气浮。

一、加压溶气气浮

加压溶气气浮在国内外应用最为广泛,是将全部或部分废水,或者经过气浮处理的部分回流水由泵加压至 0.3～0.5 MPa,压入溶气罐,同时用空压机向溶气罐压入空气进行溶气,空气在加压的条件下过量溶解于水,然后经减压释放装置将压力骤减至常压而使过饱和的空气以微细气泡的形式释放出来(图 10-4)。

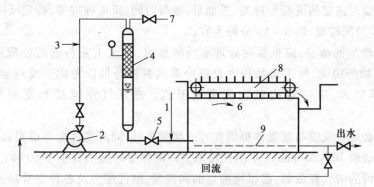

图 10-4　回流加压溶气方式流程

1—废水进入;2—加压泵;3—空气进入;4—压力溶气罐(含填料层);5—减
压阀;6—气浮池;7—放气阀;8—刮渣机;9—集水管及回流清水管

压力溶气气浮法工艺主要由三部分组成,即压力溶气系统、溶气释放系统及气浮分离系统。

1. 压力溶气系统。它包括水泵、空压机、压力溶气罐及其他附属设备。其中压力溶气罐是影响溶气效果的关键设备。

采用空压机供气方式的溶气系统是目前应用最广泛的压力溶气系统。气浮法所需空气量较少,可选用功率小的空压机,可采取间歇运行方式。

2. 溶气释放系统。它一般是由减压阀、释放器及溶气水管路所组成。溶气释放器的功能是将压力溶气水通过消能、减压,使溶入水中的气体以微气泡的形式释放出来,并能迅速而均匀地与水中杂质相黏附。溶气释放器前管道流速为 1 m/s 以下,释放器的出口流速以 0.4～0.5 m/s 为宜;每个释放器的作用范围 30～100 cm。

3. 气浮分离系统。它一般可分为两种类型即平流式、竖流式。其功能是确保一定的容积与池的表面积,使微气泡群与水中絮凝体充分混合、接触、黏附,以保证带气絮凝体(浮渣)与清水分离,将清水和浮渣按不同路径排除池外。

空压机供气量大小由气固比 a 确定,气固比是指溶解空气的质量与原水悬浮固体总量的质量比。

$$a = \frac{A}{S} = \frac{减轻压释放的溶解空气总量}{原水带入的悬浮固体总量}$$

采用质量比时

$$A = C_s(fP-1)R/1\ 000 \tag{10-16}$$

$$S = QS_a \tag{10-17}$$

式中,C_s:空气溶解度,mg/L;P:溶气绝对压力;f:溶气效率,与溶气罐结构、压力和时间有关,一般取 $0.5 \sim 0.8$;R:加压溶气水量,m³/d;S_a:废水中的悬浮颗粒浓度,kg/m³;Q:进行气浮处理的废水量,m³/d。

气固比 a 影响气浮效果(出水水质,浮渣浓度),应做试验确定。无资料时,可选取 $0.005 \sim 0.06$。剩余污泥气浮浓缩时一般采用 $0.03 \sim 0.04$。

部分回流水加压溶气气浮的主要设计参数为:

(1) 溶气压力采用通常 $0.2 \sim 0.4$ MPa,回流比取 5% ~ 25% 之间;

(2) 根据试验时选定的混凝剂种类、投加量、絮凝时间、反应程度等,确定反应形式及反应时间,一般沉淀反应时间较短,以 5~15 分钟为宜;

(3) 确定气浮池的池型,应根据对处理水质的要求、净水工艺与前后处理构筑物的衔接、周围地形和构筑物的协调、施工难易程度及造价等因素综合加以考虑。反应池宜与气浮池合建。为避免打碎絮体,应注意构筑物的衔接形式。进入气浮池接触室的流速宜控制在 0.1 m/s 以内;

(4) 接触室必须对气泡与絮凝体提供良好的接触条件,同时宽度应考虑安装和检修的要求。水流上升流速一般取 10~20 mm/s,水流在接触室内的停留时间不宜小于 60 秒;

(5) 接触室内的溶气释放器,需根据确定的回流量,溶气压力及各种型号释放器的作用范围选定。

(6) 气浮分离室需根据带气絮体上浮分离的难易程度选择水流(向下)的流速,一般取 $1.5 \sim 3.0$ mm/s,即分离室的表面负荷率取 $5.4 \sim 10.8$ m³/(m²·h);

(7) 气浮池的有效水深一般取 $2.0 \sim 2.5$ m,池中水流停留时间一般为 10~20 min;

(8) 气浮池的长宽比无严格要求,一般以单格宽度不超过 10 m,池长不超过 15 m 为宜;

(9) 气浮池的排渣一般采用刮渣机定期排除。集渣槽可设置在池的一端或两端;刮渣机的行车速度宜控制在 5 m/min 以内;

(10) 气浮池集水应力求均匀,一般采用穿孔集水管,集水管的最大流速宜控制在 0.5 m/s 左右;

(11) 压力溶气罐一般采用阶梯环为填料,填料层高度通常取 $1 \sim 1.5$ m,这时罐直径一般根据过水截面负荷率:$100 \sim 200$ m³/(m²·h)选取,罐高为 $2.5 \sim 3.0$ m。

二、涡凹气浮

涡凹气浮(CAF,Cavitation Air Flotation)系统是一种专利水处理设备,也是美国商务部和环保局的出口推荐技术。CAF 是专门为去除工业和城市污水中的油脂、胶状物及固体悬浮物(SS)而设计的系统。污水流入装有涡凹曝气机的小型充气段,污水在上升的过程中通过充气段与曝气机产生的微气泡充分混合,曝气机将水面上的空气通过抽风管道转移到水下。曝气机的工作原理是,利用安装在空气输送管底部的散气叶轮的高速转动在水中形成一个负压区抽吸液面上的空气,空气被高速旋转的散气叶轮粉碎成细小的微气泡,并与水充分混合成气水混合物,经整流板稳流后,在池体内平稳地垂直上升。上浮过程中,微气泡会附着到 SS 上,到达水面后进行气浮。液面上的浮渣不断被缓慢转动的刮板刮出池外。叶轮直径一般多为 200~400 mm,最大不超过 600~700 mm。叶轮转速多采用 900~1 500 r/min,圆周线速度为 10~15 m/s。气浮池水深一般为 1.5~2.0 m,最大不超过 3.0 m。

由于气水混合物和液体之间密度的不平衡,产生了一个垂直向上的浮力,将 SS 带到水面。上浮过程中,微气泡会附着到 SS 上,到达水面后 SS 便依靠这些气泡支撑和维持在水面。浮在水面上的 SS 间断地被链条刮泥机清除(图 10-5)。

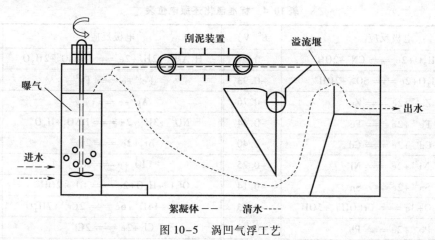

图 10-5　涡凹气浮工艺

三、电解气浮

电解气浮法对废水进行电解,这时在阴极产生大量的氢气泡,氢气泡的直径很小,仅有 20~100 微米,它们起着气浮剂的作用。废水中的悬浮颗粒黏附在氢气泡上,随其上浮,从而达到了净化废水的目的。与此同时,在阳极上电离形成的氢氧化物起着混凝剂的作用,有助于废水中的污泥物上浮或下沉。电解气浮法能产生大量小气泡;在利用可溶性阳极时,气浮过程和混凝过程结合进行,是一种新的废水净化方法。

10.3.5　氧化还原

一、氧化还原法原理

1. 氧化还原

在化学反应中,参加反应的物质失去电子时,称为被氧化;得到电子时,称为被还原。在得到电子的同时也失去电子,所以氧化与还原是同时发生的。

利用这种化学反应,使废水中的有害物质受到氧化或还原,而变成无害或危害较小的新物质,废水的这种处理方法称氧化还原法。

2. 氧化剂与还原剂

在氧化还原反应中,得到电子而被还原的物质称为氧化剂。失去电子而被氧化的物质称为还原剂。

3. 氧化还原电位

氧化还原反应能否发生或其反应快慢,取决于参加反应物质的氧化还原电位 E^0。表 10.4 为常见物质的标准氧化还原电位。标准氧化还原电位是从相互比较得到的相对数值,对比的基准是取氢的标准电位值为零,即 $2H^+ + 2e \Longrightarrow H_2$,$E^0(2H^+/H_2) = 0$。凡排位在前者可作为排位在后者的还原剂,相反,排位在后者可作为排位在前者的氧化剂。例如 $E^0(Cl_2/2Cl^-) = 1.36\ V$,正值电位较大,其氧化态 Cl_2 就是较强的氧化剂,而其还原态,只有微弱的还原能力。又如 $E^0(Fe^{2+}/Fe) = -0.44\ V$,负值电位较大,其还原态 Fe 转化为氧化态 Fe^{2+} 时,可作为较强的还原剂。

表 10.4 标准氧化还原电位表

电极反应	$E^0(V)$	电极反应	$E^0(V)$
$OCN^- + H_2O + 2e \Longrightarrow CN^- + 2OH^-$	−0.97	$H_3AsO_4 + 2H^+ + 2e \Longrightarrow HAsO_2 + 2H_2O$	+0.56
$SO_4^{2-} + H_2O + 2e \Longrightarrow SO_3^{2-} + 2OH^-$	−0.93	$Fe^{3+} + e \Longrightarrow Fe^{2+}$	+0.77
$Zn^{2+} + 2e \Longrightarrow Zn$	−0.76	$Ag^+ + e \Longrightarrow Ag$	+0.80
$Fe^{2+} + 2e \Longrightarrow Fe$	−0.44	$NO^{3-} + 3H^+ + 2e \Longrightarrow HNO_2 + H_2O$	+0.94
$Cd^{2+} + 2e \Longrightarrow Cd$	−0.40	$Br_2 + 2e \Longrightarrow 2Br^-$	+1.07
$Ni^{2+} + 2e \Longrightarrow Ni$	−0.25	$ClO_2 + e \Longrightarrow Cl^-$	+1.16
$Sn^{2+} + 2e \Longrightarrow Sn$	−0.14	$OCl^- + H_2O + 2e \Longrightarrow Cl^- + 2OH^-$	+1.20
$CrO_4^{2-} + 4H_2O + 3e \Longrightarrow Cr(OH)_3 + 5OH^-$	−0.13	$Cr_2O_7^{2-} + 14H^+ + 6e \Longrightarrow 2Cr^{3+} + 7H_2O$	+1.33
$Pb^{2+} + 2e \Longrightarrow Pb$	−0.13	$Cl_2 + 2e \Longrightarrow 2Cl^-$	+1.36
$2H^+ + 2e \Longrightarrow H_2$	0.00	$HOCl + H^+ + 2e \Longrightarrow Cl^- + H_2O$	+1.49
$S + 2H^+ + 2e \Longrightarrow H_2S$	0.14	$MnO_4^- + 8H^+ + 5e \Longrightarrow Mn^{2+} + 4H_2O$	+1.51
$Sn^{4+} + 2e \Longrightarrow Sn^{2+}$	+0.15	$HClO_2 + 3H^+ + 4e \Longrightarrow Cl^- + 2H_2O$	+1.57
$Cu^{2+} + e \Longrightarrow Cu^+$	+0.15	$H_2O_2 + 2H^+ + 2e \Longrightarrow 2H_2O$	+1.77
$Cu^{2+} + 2e \Longrightarrow Cu$	+0.34	$ClO_2 + 4H^+ + 5e \Longrightarrow Cl^- + 2H_2O$	+1.95
$Fe(CN)_6^{3-} + e \Longrightarrow Fe(CN)_6^{4-}$	+0.36	$S_2O_8^{2-} + 2e \Longrightarrow 2SO_4^{2-}$	+2.01
$O_2 + 2H_2O + 4e \Longrightarrow 4OH^-$	+0.40	$O_3 + 2H^+ + 2e \Longrightarrow O_2 + H_2O$	+2.07
$I_2 + 2e \Longrightarrow 2I^-$	+0.54	$F_2 + 2e \Longrightarrow 2F^-$	+2.87

二、氧化法及其应用

氧化法主要是在废水中加入强氧化剂,在一定条件下对废水中的无机还原物质和有机物质进行氧化分解,以净化废水的方法。氧化法可以作为预处理技术用于提高废水的生化性,或者用于对生化处理出水剩余难降解污染物的精处理,提高处理率。对可生化性差、相对分子质量从几千到几万的物质,用化学氧化法可将其直接矿化或通过氧化提高污染物的可生化性,同时还能对环境类激素等微量有害化学物质进行处理。

1. 常用氧化剂

废水处理工程常用的氧化剂有:高锰酸钾 $KMnO_4$、氯气 Cl_2、漂白粉 $CaOCl_2$、次氯酸钠 $NaOCl$、二氧化氯 ClO_2、氧 O_2、臭氧 O_3 及过氧化氢 H_2O_2 等。

(1) 氯属于强氧化剂,其标准电位 $E^0(Cl_2+2e=2Cl^-)$ 为 +1.36 V。可用于杀菌消毒、脱色、除臭和氧化氰化物等。

(2) 次氯酸钠的氧化作用与氯气相同。使用它可免去使用氯带来的操作上的麻烦。次氯酸钠也可用于消毒、杀菌、灭藻和工业废水如电镀含氰废水的处理。

(3) 二氧化氯遇水会迅速分解而生成多种强氧化剂:$HClO_3$、Cl_2、H_2O_2 等,由于这些氧化剂的组合,产生了氧化能力极强的自由基。它能激发有机环上不活泼氢,通过脱氢反应生成 R·自由基,成为进一步氧化反应的诱发剂。自由基还能通过羟基的取代将芳环上的 $-SO_3H$、$-NO_2$ 等基团取代下来,形成不稳定的羟基取代中间体。所以易于将环裂解,分解为无机物。据称,ClO_2 的氧化能力是 HClO 的 9 倍多,且不生成氯仿等有害物质。

(4) 过氧化氢可用作杀菌剂、漂白剂、氧化剂等。适合于处理多种含有毒和有气味化合物的废水,以及含难降解的有机废水,如含酚、氰及硫化物废水。过氧化氢在紫外光照射下或加入催化剂,可大大提高其氧化能力。

(5) 臭氧是一种强氧化剂。在水处理中对除臭、脱色、杀菌、除酚、除氰、除铁、除锰以及去除BOD、COD 等都有显著效果。经反应后,水中剩余臭氧分解形成溶解氧,一般不产生二次污染。臭氧的制取方法很多,工业上常用无声放电法制取。工业用无声放电法生产臭氧的发生器,按其电极构造的不同,可分为板式与管式,我国常用管式臭氧发生器。

2. 氯氧化法的应用

氯作为氧化剂在水和废水处理领域的应用已经有很长历史了。可以用于去除氰化物、硫化物、醇、醛等,并可用于杀菌、防腐、脱色和除臭等。在工业废水处理领域主要用于脱色和去除氰化物。

氰化物的去除主要采用碱性氯化法。碱性氯化法是在碱性条件下,采用次氯酸钠、漂白粉、液氯等氯系氧化剂将氰化物氧化。其基本原理是利用次氯酸根离子的氧化作用。

将氯、次氯酸钠或漂白粉溶于水中都能生成次氯酸:

$$Cl_2+H_2O \longrightarrow HOCl+HCl$$
$$2Ca(OCl)_2+2H_2O \longrightarrow 2HOCl+Ca(OH)_2+CaCl_2$$
$$HOCl \rightleftharpoons H^++OCl^-$$

碱性氯化法常用的有局部氧化法和完全氧化法两种工艺。

(1) 局部氧化法

氰化物在碱性条件下被氯氧化成氰酸盐的过程,常称为局部氧化法,其反应式如下:

$$CN^-+ClO^-+H_2O \xrightarrow{慢} CNCl+2OH^-$$
$$CNCl+2OH^- \xrightarrow{快} CNO^-+Cl^-+H_2O$$

上述第一个反应,pH 可为任何值,反应速度较慢;第二个反应,pH 最小为 9~10,建议采用 11.5,反应速率很快。反应的中间产物氯化氰 CNCl 是剧毒气体,必须立即消除。同时 CNCl 也很不稳定,在高 pH 条件下,很快会转化为氰酸盐 CNO^-,氰酸盐的毒性是 HCN 的千分之一。

（2）完全氧化法

完全氧化法是继局部氧化法后，再将生成的氰酸根 CNO^- 进一步氧化成 N_2 和 CO_2，消除氰酸盐对环境的污染。

$$2CNO^- + 3OCl^- \longrightarrow CO_2\uparrow + N_2\uparrow + 3Cl^- + CO_3^{2-}$$

pH 宜控制在 $8 \sim 8.5$，pH 过高（>12）会导致反应停止；pH 也不能太低（<7.6），否则连续进水时，会导致剧毒的 HCN 从废水中逸出。

氧化剂的用量一般为局部氧化法的 $1.1 \sim 1.2$ 倍。完全氧化法处理含氰废水必须在局部氧化法的基础上才能进行，药剂应分两次投加，以保证有效地破坏氰酸盐，适当搅拌可加速反应进行。

3. 臭氧氧化法及应用

（1）臭氧氧化的接触反应装置。臭氧氧化接触反应装置有多种类型，分为气泡式、水膜式和水滴式 3 种。无论哪种装置，其设计宗旨都要利于臭氧的气相与水的液相之间的传质。同时需要臭氧与污染物质的充分接触。臭氧与污染物质的化学反应进行的快慢，不但与化学反应速率大小有关，同时也受相间传质速率大小的制约。例如臭氧与某些易于与其反应的污染物质如氰、酚、亲水性染料、硫化氢、亚硝酸盐、亚铁等之间的反应速率甚快，此时反应速率往往受制于传质速率。又如一些难氧化的有机物，如饱和脂肪酸、合成表面活性剂等，臭氧对它们的氧化反应甚慢，相间传质很少对其构成影响。所以选择何种接触反应装置，要根据处理对象的特点决定。

（2）尾气处理。由于臭氧与废水不可能完全反应，自反应器中排出的尾气会含有一定浓度的臭氧和反应产物。空气中臭氧浓度为 0.1 mg/L 时，眼、鼻、喉会感到刺激；浓度为 $1 \sim 10$ mg/L 时，会感到头痛，出现呼吸器官局部麻痹等症；浓度为 $15 \sim 20$ mg/L 时，可能致死。其毒性还与接触时间有关。因此，需要对臭氧尾气进行处理。尾气处理方法有燃烧法、还原法和活性炭吸附法等。

（3）臭氧处理工艺设计

① 臭氧发生器的选择

（a）臭氧需要量计算：

$$G = KQC \tag{10-18}$$

式中，G：臭氧需要量，g/h；K：安全系数，取 1.06；Q：废水量，m^3/h；C：臭氧投加量，mgO_3/L，应根据试验确定。

（b）臭氧化空气量计算：

$$G_干 = G/C_{O_3} \tag{10-19}$$

式中，$G_干$：臭氧化干燥空气量，m^3/h；C_{O_3}：臭氧化空气之臭氧浓度，g/m^3，一般为 $10 \sim 14$ g/m^3。

（c）臭氧发生器的气压计算：

$$H > h_1 + h_2 + h_3 \tag{10-20}$$

式中，H：臭氧发生器的工作压力，m；h_1：臭氧接触反应器的水深，m；h_2：臭氧布气装置（如扩散板、管等）的阻力损失，m；h_3：输气管道的阻力损失，m。

根据 G、$G_干$ 和 H，可选择臭氧发生器；且宜有备用，备用台数占 50%。

② 臭氧接触反应器计算臭氧接触反应器的容积按式（10-21）计算：

$$V=\frac{Qt}{60} \tag{10-21}$$

式中,V:臭氧接触反应器的容积,m^3;t:水力停留时间,min,应按试验确定,一般为 5 ~ 10 min。

(4)臭氧氧化法的应用

臭氧氧化法在废水处理中主要用于氧化污染物,如降低 BOD、COD 脱色、除臭、除味,杀菌、杀藻,除铁、锰、氰、酚等。

① 印染废水处理

臭氧氧化法处理印染废水,主要用来脱色。一般认为,染料的颜色是由于染料分子中有不饱和原子团存在,能吸收一部分可见光的缘故。这些不饱和的原子团称为发色基团。臭氧能将不饱和键打开,最后生成有机酸和醛类等分子较小的物质,使之失去显色能力。采用臭氧氧化法脱色,能将含活性染料、阳离子染料、酸性染料、直接染料等水溶性染料的废水几乎完全脱色,对不溶于水的分散染料也能获得良好的脱色效果,但对硫化、还原、涂料等不溶于水的染料,脱色效果较差。

某印染厂废水处理工艺流程如图 10-6 所示。

该厂使用的染料主要是活性、分散、还原、可溶性还原染料和涂料。其中,活性染料占 40%,分散染料占 15%。废水主要来源于退浆、煮炼、染色、印花和整理工段。废水经生物处理后进行臭氧氧化法脱色处理,处理水量为 600 m^3/d。

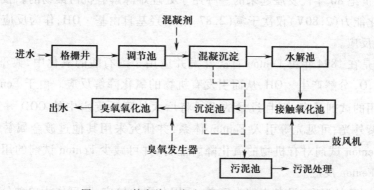

图 10-6 某印染厂废水处理工艺流程框图

臭氧发生器三台,臭氧总产量 2 kg/h,电压 15 kV,变压器容量 50 kVA。反应塔两座,填聚丙烯波纹板,填料层高 5 m,底部进气,顶部进水,水力停留时间 20 min,臭氧投加量 50 g/m^3 水,塔径 $\varphi1.5$ m,高 6.2 m,采用硬聚氯乙烯板制成。尾气吸收塔两座 $\varphi1.0$ m,高 6.8 m,硬聚氯乙烯板制,内装聚丙烯波纹板填料,层高 4 m,活性炭层高 1 m,进水 pH6.9,COD201.5 mg/L,色度 66.2(倍)、悬浮物 157.9 mg/L,经臭氧氧化处理后 COD、色度、悬浮物的去除率分别为 13.6%、80.9% 和 33.9%。印染废水的色度,特别是水溶性染料,用一般方法难于脱色,采用臭氧氧化法可得到较高的脱色率,设备虽复杂,但废水处理后没有二次污染。

② 含氰废水处理

在电镀铜、锌、镉过程中会排出含氰废水。氰与臭氧的反应为:

$$2KCN+3O_3 \longrightarrow 2KCNO+3O_2 \uparrow$$

$$2KCNO+H_2O+3O_3 \longrightarrow 2KHCO_3+N_2 \uparrow +3O_2 \uparrow$$

按上述反应,处理到第一阶段,每去除 1 mgCN 需臭氧 1.84 mg,生成的 CNO^- 的毒性为 CN^- 的 1‰。

氧化到第二阶段的无害状态时,每去除 1 mgCN 需臭氧 4.61 mg。应用臭氧、活性炭同时处理含氰废水,活性炭能催化臭氧的氧化,降低臭氧消耗量。向废水中投加微量的铜离子,也能促进氰的分解。臭氧用于含氰废水处理,不加入其他化学物质,所以处理后的水质好,操作简单,但由于臭氧发生器电耗较高,设备投资较大等原因,目前应用较少。但有人认为,从综合经济效益讲,臭氧氧化法优于碱性氯化法。

③ 含酚废水处理

臭氧能氧化酚,同时产生 22 种介于酚和 CO_2 与 H_2O 的中间产物,反应的最佳 pH 条件是 12。臭氧的消耗量是 $4 \sim 6$ mol O_3/mol 酚,同时由于实际效率的影响,在气相时,臭氧的实际需要量达 25 mol O_3/mol 酚左右。

(5) 臭氧氧化法的优缺点。臭氧氧化法的优点是:氧化能力强,对除臭、脱色、杀菌、去除有机物和无机物都有显著的效果;处理后废水中的臭氧易分解,不产生二次污染;制备臭氧用的空气和电不必储存、运输,操作管理方便;处理过程不产生污泥。缺点是:造价高;处理成本高。

4. Fenton 及类 Fenton 氧化法

Fenton 及类 Fenton 氧化法是高级氧化技术(Advanced oxidation processes,AOPs)的典型代表。AOPs 是 20 世纪 80 年代发展起来的一种用于处理难降解有机污染物的新技术,通过产生大量非常活泼、氧化能力(2.80V)仅次于氟(2.87 V)的羟基自由基 ·OH,作为反应的中间产物,从而诱发后面的链反应。

Fenton 试剂是在 1894 年由 Fenton 首次开发并应用于酒石酸的氧化中,典型的 Fenton 试剂是由 Fe^{2+} 催化 H_2O_2 分解产生 ·OH,从而引发有机物的氧化降解反应。由于 Fenton 法处理废水所需时间长,使用的试剂量多,而且过量的 Fe^{2+} 将增大处理后废水中的 COD 并产生二次污染。近年来,人们将紫外光、可见光等引入 Fenton 体系,并研究采用其他过渡金属替代 Fe^{2+},这些方法可显著增强 Fenton 试剂对有机物的氧化降解能力,并可减少 Fenton 试剂的用量,降低处理成本,被统称为类 Fenton 反应。

Fenton 法反应条件温和,设备也较为简单,适用范围比较广,既可作为单独处理技术应用,也可与其他处理过程相结合。将其作为难降解有机废水的预处理或深度处理方法,与其他处理方法(如生物法、混凝法等)联用,可以更好地降低废水处理成本,提高处理效率,拓宽该技术的应用范围。Fenton 氧化法的缺点是出水中含有大量的铁泥,引起二次污染。

5. 光催化氧化法

光催化氧化法是利用光和氧化剂共同作用,强化氧化反应分解废水中有机物或无机物,去除有害物质。

常用氧化剂有臭氧、氯、次氯酸盐、过氧化氢等。常用光源为紫外光(UV),光对污染物质的氧化分解起催化作用。

(1) UV-H_2O_2 系统。当 H_2O_2 被紫外光激活后,反应产物是 ·OH 自由基。有如下反应:

$$H_2O_2 \xrightarrow{\text{UV}} 2 \cdot OH$$

利用 UV-H_2O_2 系统可有效处理多种有机物,包括苯、甲苯、二甲苯、三氯乙烯,还有难降解的有机物如三氯甲烷、丙酮、三硝基苯及 n-辛烷等。UV-H_2O_2 系统适于处理低色度、低浊度和低浓度废水。

（2）UV-Cl_2 系统。氯在水中生成的次氯酸,在紫外光作用下,能分解生成初生态氧[O],[O]具有很强的氧化作用。它在光照下,可将含碳的有机物氧化成 CO_2 和 H_2O:

$$Cl_2 + H_2O \longrightarrow HOCl + HCl$$

$$HOCl \xrightarrow{UV} HCl + [O]$$

$$[H-C] + [O] \xrightarrow{UV} H_2O + CO_2$$

式中[H-C]表示含碳有机物。

（3）UV-O_3 系统。臭氧-紫外光系统可显著地加快废水中有机物的降解。对于芳香烃类及含卤素等有机物的氧化也很有效。O_3 与 UV 之间有协同作用:

$$O_3 \xrightarrow{UV} O + O_2$$

$$O + H_2O \xrightarrow{UV} H_2O_2$$

$$H_2O_2 \xrightarrow{UV} 2 \cdot OH$$

臭氧在紫外光照射下的显著优点在于加速了臭氧的分解,同时促使有机物形成大量活化分子。因此臭氧氧化效果更加显著。

三、还原法及其应用

还原法是用投加还原剂或电解的方法,使废水中的污染物质经还原反应转变为无害或低害新物质的废水处理方法。这里以处理含铬废水为例介绍药剂还原法。

1. 处理原理

在酸性条件下,利用还原剂将 Cr^{6+} 还原为 Cr^{3+},再用碱性药剂调 pH 在碱性条件下,使 Cr^{3+} 形成 $Cr(OH)_3$ 沉淀而除去。

2. 还原反应

常用的还原剂有亚硫酸钠、亚硫酸氢钠、硫酸亚铁等。它们与 Cr^{6+} 的还原反应都宜在 pH 2~3 的条件下进行。亚硫酸氢钠还原 Cr^{6+} 的反应为:

$$2H_2Cr_2O_7 + 6NaHSO_3 + 3H_2SO_4 \longrightarrow 2Cr_2(SO_4)_3 + 3Na_2SO_4 + 8H_2O$$

亚硫酸钠还原 Cr^{6+} 的反应为:

$$H_2Cr_2O_7 + 3Na_2SO_3 + 3H_2SO_4 \longrightarrow Cr_2(SO_4)_3 + 3Na_2SO_4 + 4H_2O$$

硫酸亚铁还原 Cr^{6+} 的反应为:

$$H_2Cr_2O_7 + 6FeSO_4 + 6H_2SO_4 \longrightarrow Cr_2(SO_4)_3 + 3Fe_2(SO_4)_3 + 7H_2O$$

将 Cr^{6+} 还原成 Cr^{3+} 后,可将废水 pH 调至 7~9,此时 Cr^{3+} 生成 $Cr(OH)_3$ 沉淀:

$$Cr_2(SO_4)_3 + 6NaOH \longrightarrow 2Cr(OH)_3 \downarrow + 3Na_2(SO_4)_3$$

或

$$Cr_2(SO_4)_3 + 3Ca(OH)_2 \longrightarrow 2Cr(OH)_3 \downarrow + 3CaSO_4$$

如用 $FeSO_4$ 作为还原剂,则同时生成 $Fe(OH)_2$ 沉淀。

3. 反应条件

（1）用亚硫酸盐还原时,废水六价铬浓度一般宜为 100~1 000 mg/L。用硫酸亚铁还原时,废水六价铬浓度宜为 50 ~ 100 mg/L。

(2) 还原反应 pH 宜控制在 1 ~ 3。

(3) 投药量:还原剂投药量与 Cr^{6+} 浓度和还原剂种类有关,宜用试验确定。

(4) 还原反应时间约为 30 min。

(5) $Cr(OH)_3$ 沉淀时的 pH 宜控制为 7 ~ 9。

10.4 工业污水的生物处理

10.4.1 工业废水可生化性的评价

废水存在可生化性差异的主要原因在于废水所含的有机物中,除一些易被微生物分解、利用外,还含有一些不易被微生物降解、甚至对微生物的生长产生抑制作用,这些有机物质的生物降解性质以及在废水中的相对含量决定了该种废水采用生物法处理的可行性及难易程度。在特定情况下,废水的可生化性除了体现废水中有机污染物能否可以被利用以及被利用的程度外,还反映了处理过程中微生物对有机污染物的利用速度:一旦微生物的分解利用速度过慢,导致处理过程所需时间过长,在实际的废水工程中则很难实现,因此,一般也认为该种废水的可生化性不高。

废水可生化性是废水生物处理技术的重要指针,反映了废水中有机污染物被生物降解的难易程度。评价工业废水的可生化性,对于选择处理方法、确定工艺流程及其工艺参数具有重要意义。用于评价废水可生化性方法很多,常用的有水质指标法、耗氧速率法、脱氢酶活性指标法和有机物分子结构评价法等。

一、水质指标法

BOD_5/COD_{Cr} 比值法是最经典、也是目前最为常用的一种评价废水可生化性的水质指标评价法。目前普遍认为,BOD/COD<0.3 的废水属于难生物降解废水,在进行必要的预处理之前不易采用好氧生物处理;而 BOD/COD>0.3 的废水属于可生物降解废水。该比值越高,表明废水采用好氧生物处理所达到的效果越好。

在各种有机污染指标中,总有机碳(TOC)、总需氧量(TOD)等指标与 COD 相比,能够更为快速地通过仪器测定,且测定过程更加可靠,可以更加准确地反映出废水中有机污染物的含量。随着近几年来上述指标测定方法的发展、改进,国外多采用 BOD/TOD 及 BOD/TOC 的比值作为废水可生化性判定指标。无论 BOD/COD、BOD/TOD 或者 BOD/TOC 方法,主要原理都是通过测定可生物降解的有机物(BOD)占总有机物(COD、TOD 或 TOC)的比例来判定废水可生化性。

由于 BOD 指标必须在严格一致的测试条件下才具有重现性和可比性。测试条件的任何偏差都将导致极不稳定的测试结果,稀释过程、分析者的经验及接种材料的变化都可以导致 BOD 测试的较大误差。当废水中含有降解缓慢的有机污染物悬浮、胶体污染物时,BOD 与 COD 之间的相关性较差。

另外,取一定量的待测废水,接种少量活性污泥,连续曝气,测起始 COD_{cr}(即 COD_0)和第 30 天的 COD_{cr}(即 COD_{30})。废水经生化处理后 COD 的最高去除率大致为:

$$COD\ 去除率(\%) = \frac{COD_0 - COD_{30}}{COD_0} \times 100\% \tag{10-22}$$

据此可推测废水的可生化性,及估计用生化法处理可能得到的最高 COD_{cr} 去除率。

二、耗氧速率法

耗氧速率法是以生化反应过程中的耗氧量为纵坐标作图得到的一条曲线。测定耗氧速度的仪器有瓦勃氏呼吸仪和电极式溶解氧测定仪。

当微生物进入内源呼吸期时,耗氧速率恒定,耗氧量与时间呈正比,在微生物呼吸曲线图上表现为一条过坐标原点的直线,即为微生物内源呼吸曲线:其斜率即表示内源呼吸时耗氧速率,如图10-7所示。比较微生物呼吸曲线与微生物内源呼吸曲线,曲线(a)位于微生物内源呼吸曲线上部,表明废水中的有机污染物能被微生物降解,耗氧速率大于内源呼吸时的耗氧速率,经一段时间曲线(a)与内源呼吸线几乎平行,表明基质的生物降解已基本完成,微生物进入内源呼吸阶段;曲线(b)与微生物内源呼吸曲线重合,表明废水中的有机污染物不能被微生物降解,但也未对微生物产生抑制作用,微生物维持内源呼吸。曲线(c)位于微生物内源呼吸曲线下端,耗氧速率小于内源呼吸时的耗氧速率,表明废水中的有机污染物不能被微生物降解,而且对微生物具有抑制或毒害作用,微生物呼吸曲线一旦与横坐标重合,则说明微生物的呼吸已停止,死亡。

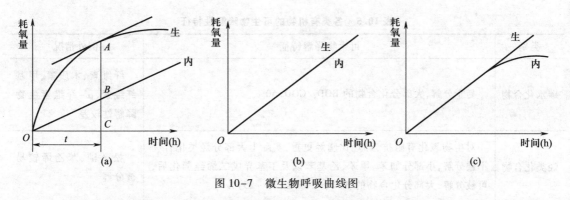

图 10-7 微生物呼吸曲线图

三、CO_2 生成量测定法

微生物在降解污染物的过程中,在消耗废水中 O_2 的同时会生成相应数量的 CO_2。因此,通过测定生化反应过程 CO_2 的生成量,就可以判断污染物的可生物降解性。

目前最常用的方法为斯特姆测定法,反应时间为 28 d,可以比较 CO_2 的实际产量和理论产量来判定废水的可生化性,也可利用 CO_2/TOC 值来判定废水的可生化性。由于该种判定实验需采用特殊的仪器和方法,操作复杂,仅限于实验室研究使用。

四、脱氢酶活性指标法

微生物对有机物的氧化分解是在各种酶的参与下完成的,其中脱氢酶起着重要的作用:让氢从被氧化的物质转移到另一物质。由于脱氢酶对毒物的作用非常敏感,当有毒物存在时,它的活性(单位时间内活化氢的能力)下降。因此,可以利用脱氢酶活性作为评价微生物分解污染物能力的指标:如果在以某种废水(有机污染物)为基质的培养液中生长的微生物脱氢酶的活性增加,则表明微生物能够降解该种废水(有机污染物)。

五、三磷酸腺苷(ATP)指标法

微生物对污染物的氧化降解过程,实际上是能量代谢过程,微生物产能能力的大小直接反映其活性的高低。三磷酸腺苷(ATP)是微生物细胞中贮存能量的物质,因而可通过测定细胞中 ATP 的水平来反映微生物的活性程度,并作为评价微生物降解有机污染物能力的指标,如果在以某种废水(有机污染物)为基质的培养液中生长的微生物 ATP 的活性增加,则表明微生物能够降解该种废水中的有机污染物。

六、有机化合物分子结构评价法

通过对废水中主要有机物进行分子结构分析,可以帮助了解废水的可生化性。

1. 含有羧基(R—COOH)、酯类(R—COO—R)或烃基(R—OH)的非毒性脂肪族化合物属易生物降解有机物。

2. 含有羰基(R—CO—R)或双键(—C $=$ C—)的化合物属中等程度可生物降解的化合物,且需很长驯化时间。

3. 含有氨基或羟基化合物的生物降解性取决于与基团连接的碳原子饱和程度,并遵循如下顺序:伯碳原子>仲碳原子>叔碳原子。

4. 卤代(R—X)化合物的生物降解性随卤素取代程度的提高而下降。

各类有机物的可生物降解性特征见表 10.5。

表 10.5 各类有机物的可生物降解性特征

类别	可生物降解特征	例外情况
碳水化合物	易于分解,大部分化合物的 BOD$_5$/COD>50%	纤维素、木质素、甲基纤维素、α–纤维素生物降解性较差
烃类化合物	对生物氧化有阻抗,环烃比脂烃更重,实际上大部分烃类化合物不被分解,小部分如苯、甲苯、乙基苯以及丁苯异戊二烯经驯化后,可被分解,大部分化合物的 BOD$_5$/COD≤(20~25)%	松节油、苯乙烯较易被分解
醇类化合物	能够被分解,决定于驯化程度,大部分化合物 BOD$_5$/COD>40%	特丁醇、戊醇、季戊四醇具有高度的阻抗性
酚类	能够被分解,需短时间的驯化,一元酚、二元酚、甲酚和许多氯酚等都能够被分解,大部分酚类合物的 BOD$_5$/COD>40%	焦梧酸、氯酚不能被分解,多元酚、硝基酚具有较大的阻抗性,较难分解
醛类	能够被分解,大多数化合物的 BOD$_5$/COD>40%	丙烯酸、糖醛、三聚丙烯醛需长期驯化,苯醛、3–羟基丁醛在高浓度时对氧化有阻抗性
醚类	对生物降解的阻抗性较大,比酚、醛、醇等类物质难于降解,有一些化合物经长期驯化后可以分解	乙醚、乙二醇实际上不能被分解

类别	可生物降解特征	例外情况
酮类	生物降解性较醇、醛、酚差,但较醚为好,有一部分酮类化合物经长期驯化后能够被分解	
氨基酸	生物降解性能良好,BOD$_5$/COD 可能大于 50%	胱氨酸、酪氨酸是例外,需长时间的驯化
有机酸盐	易于为微生物所降解,BOD$_5$/COD 一般大于 40%	脂肪皂不能被分解
含氮化合物	苯胺类化合物经长期驯化可被分解,硝基化合物中的一部分经驯化后可降解。胺类大部分能被降解	二乙替苯胺、异丙胺、二甲苯胺实际上是不能被降解
氰或腈	经驯化能够被生物降解	
表面活性剂和类似化合物	直链烷基芳基硫化物经长期驯化后,能够被降解,"特"型化合物则难于降解,高分子量的聚乙氧酯和酰胺类更为稳定,难于生物降解	
乙烯类	生物降解性能良好	巴豆醛在高浓度时可能被氧化,而在低浓度时对生物降解产生阻抗作用
含氧化合物	氧乙基类(醚链)对降解作用有阻抗,其高分子化合物阻抗性更大	
卤素有机物	大部分化合物实际上是不能被降解的	氯丁二烯、二氯乙酸、二氯苯醋酸钠、二氯环己烷、氯乙醇等可分解

七、模拟生化反应器法

模拟生化反应器法是在模型生化反应器(如曝气器模型)中进行的,通过在生化模型中模拟实际污水处理设施(如曝气池)的反应条件,如:MLSS 浓度、温度、DO、F/M 比等,来预测各种废水在污水处理设施中的去除效果,及其各种因素对生物处理的影响。由于模拟实验法采用的微生物、废水与实际过程相同,而且生化反应条件也接近实际值,从水处理研究的角度来讲,相当于实际处理工艺的小试研究,各种实际出现的影响因素都可以在实验过程中体现,避免了其他判定方法在实验过程中出现的误差,能够更准确地说明废水生物处理的可行性。

八、综合模型法

综合模型法主要是针对某种有机污染物的可生化的判定,通过对大量的已知污染物的生物降解性和分子结构的相关性,利用计算机模拟预测新的有机化合物的生物可降解性。综合模型法需要依靠庞大的已知污染物的生物降解性数据库,而且模拟过程复杂,耗资大,主要用于预测新化合物的可生化性和进入环境后的降解途径。

10.4.2 工业废水生物处理技术

随着生产技术的快速发展,工业污水的种类日益增多,污水中污染物的成分越来越复杂、浓度越来越高,有毒、难降解的有机污染物的含量也大大增加,对生化系统的冲击很大,尤其是系统中对有毒、难降解有机物具有专门降解能力的微生物的种类、数量较少,导致单一的生物处理系统的处理效果大大降低,且越来越难以满足日趋严格的排放标准。

某些有机物对好氧菌来说是难降解的,但对厌氧菌来说却不一定。即使对好氧活性污泥法来说,各种方法由于停留时间不同,例如普通活性污泥法不能降解的某些有机物,延时曝气法和稳定塘法可使其得到一定程度的降解。有机物浓度、营养物质、pH、水温、共存物质、微生物浓度对可生化性也产生一定影响。

由于工业废水中所含有机物种类的复杂化和各种微生物的广泛适应性,工业废水适合采用厌氧、不完全厌氧和好氧结合的生物处理技术。厌氧段可以根据需要采用第 4 章所述的厌氧工艺,好氧段可以采用好氧活性污泥法或生物膜法。不完全厌氧可以采用厌氧活性污泥或厌氧生物膜法等。

厌氧反应是厌氧菌去除废水中有机物的生化处理过程,要求系统内溶解氧等于零,也没有硝酸盐存在。完全的厌氧反应需要较稳定的温度、pH、基质浓度等环境条件。不安全厌氧反应是厌氧反应中的非产甲烷段,进行水解、酸化、产乙酸过程,限制产甲烷,有 pH 降低现象。工艺简单,比较容易控制操作,可将大分子有机物变成小分子有机物,去除部分 COD,提高可生化性。水解过程较缓慢,同时受多种因素的影响,是厌氧降解的限速阶段。

缺氧反应是兼性菌参与的生化反应,兼性菌可以在好氧也可以在厌氧的情况下进行反应,要求系统的溶解氧在 0.5 mg/L 以下。在生物缺氧反硝化脱氮过程中,其 pH 升高,同时去除部分 BOD,也有通过水解反应提高可生化性的作用。在工业废水处理工程中,厌氧水解池不设曝气装置,控制停留时间在水解、酸化阶段,不出现厌氧产气阶段;而缺氧池内一般设置曝气装置,控制溶解氧在 0.3 ~ 0.8 mg/L,利用兼氧微生物来进行反硝化脱氮和降解废水中的部分有机物。

有机物在厌氧和缺氧过程中的降解主要通过发酵和缺氧呼吸两种新陈代谢实现。

厌氧、缺氧、好氧等不同氧环境将生长代谢类型不同的微生物菌群,微生物也会在氧环境改变的时候发生自适应、改变呼吸类型和新陈代谢的行为,从而达到去除不同的污染物质的目的。

在工业污水的生物处理之前,一般需要根据污染物性质和水质特点进行必要的预处理。预处理的目的一般是均化水质和水量、去除悬浮物和油类物质、调节 pH、去除重金属、降低生物毒性等。工业污水若联合采用厌氧和好氧生物处理技术,厌氧处理段也可看成是好氧处理的前处理。对于 $COD_{cr}>1\ 500$ mg/L 的工业污水,一般采用厌氧全过程处理,如利用 UASB、IC、EGSB 等高速厌氧反应器技术,是厌氧活性污泥法;对于 $COD_{cr}<1\ 500$ mg/L 的情况,一般仅仅采用厌氧非产甲烷段即水解酸化过程作为好氧生物处理的前处理。厌氧全过程处理可以大幅度削减 COD 负荷,减轻后续好氧处理负担;水解酸化厌氧处理可以提高废水生化性,降低生物毒性,还可以利用缺氧反硝化过程进行生物脱氮。对于某些难降解的有机工业污,有时候也需要在厌氧全过程反应器(如 UASB)前进行厌氧酸化预处理。水解酸化段一般采用厌氧活性污泥法,或者通过加装填料构成厌氧生物膜法。

工业污水经过厌氧生物处理后,一般必须经过后续好氧生物处理段,好氧生物处理段可以采用好氧生物活性污泥法或生物膜法。工业污水生物处理的关键技术参数如容积负荷(或污泥负荷)、反应时间、污泥龄、污泥浓度等需要根据经验或者科学实验慎重确定。在没有资料的情况下,可以参照各类反应器和生物处理工艺的设计参数进行估算。工业废水好氧生物处理碳化需氧量的计算,应依据需要经过好氧段降解的 COD_B 值,而不是 BOD_5 值进行计算。

某制药污水车间排水 COD_{cr} 浓度高达 10 000 ~ 15 000 mg/L,其中含有大量悬浮物和胶体杂质。经过实验,采用的工艺流程如下(图10-8):

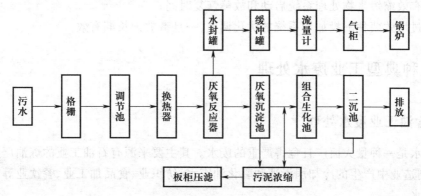

图10-8 某制药污水车间

此流程中,格栅、调节池、换热器属于生物处理的预处理段,生物处理采用厌氧和好氧联合运用的方式。当然,这张流程图只是粗略地说明了该制药废水的大致处理过程,在工程实际中,还需要细致研究废水水质特点,谨慎确定预处理、厌氧、好氧各工艺段的反应器形式和设计参数。只有这样,才可能使污水处理达到预期目标。

10.4.3 工业废水生物增效处理技术

生物增效处理技术,是在污水生物处理过程中通过加入具有特定降解能力的生物菌群,增强污水生物处理系统降解净化能力的技术。生物增效技术的使用不会对原来的生化系统的运行条件和设施造成影响,主要是选择自然界中比较优势的菌种加入到现在的生化处理系统中,让原来的生化处理系统能力得到有效改进,最终来实现去除某种有害物质或者优化其某方面的性能。

生物增效菌种的投放是生物增效技术的核心,可以在原来的生化体系中提炼的生物增效菌种,同时也可以选择之前不存在的遗传工程菌或者外源微生物来作为生物增效菌种。基因突变的适应能力强、数量大、代谢种类多和分布广是微生物最主要的特点,所以只要是由污染物存在的地方都会存在相应的降解微生物,同时也存在生物降解作用,虽然生物降解作用的强弱不同。生物增效菌种的获取主要是通过驯化、诱变、基因重组及筛选等技术来完成的,然后经过繁殖和培养就能够得到很多的目标降解菌,用来治理目标污染物。

菌体要能够对目标污染物进行快速的降解、菌体的数量能够有效保持并具有很强的竞争力,以及菌体具有很好的活性等是生物增效菌种需要具备的几个前提条件。生物增效菌种在去除目标污染物时主要是通过共代谢作用和直接生物降解作用来实现。

生物增效技术最关键的环节是增效菌种的筛选和培养,其可以从原有生化体系中进行筛选,也可以从外源筛选或采用遗传工程菌。研究人员通过对自然界中的优势土著菌进行筛选、驯化、诱变及基因技术重组等获得目标增效菌种,然后进行培养、繁殖获得大量的目标菌,用于特种污水的生化处理。这类增效菌种具有活性高、对目标污染物降解能力强及竞争能力强等特点。

与其他生物处理技术相比,生物增效技术的主要优势可以归纳为以下几方面:

(1) 不改变原有系统,不需要增减构筑物及其他大型设备、仪器,投资小;

(2) 能有效缩短生物处理系统启动和故障恢复时间;

(3) 通过增效菌种的投加和系统的优化调整,一旦奏效则长期有效。

10.5　几种典型工业废水处理

10.5.1　含油工业废水处理

含油废水是一种量大面广且危害严重的废水。其主要来源有石油工业的炼油厂产生的含油废水;机械制造业中产生的冷却润滑液和乳化油废水;纺织业、食品加工业、餐饮业等也会排放大量的含油废水。

1. 含油废水的危害

油类物质在水体表面形成一层薄膜,阻碍了空气中的氧气溶解于水中,致使水中溶解氧下降,水体中的浮游生物因缺氧而死亡;油膜同时也阻碍了水生植物的光合作用,影响水体自净能力。鱼、虾、贝类长时间在含油废水中生活,致使变味不宜食用。有毒有害物质可能通过鱼、贝的富集,通过食物链危害人类健康。

2. 含油废水的存在形态

根据含油废水来源和油类在水中的存在形式不同,可分为浮油、分散油、乳化油和溶解油四类:

(1) 浮油:油滴粒径一般大于 100 μm,以连续相漂浮于水面,形成油膜或油层。

(2) 分散油:油滴粒径为 10 ~ 100 μm,以微小油滴悬浮于水中,不稳定。

(3) 乳化油:油滴粒径极其微小,大部分为 0.1 ~ 2 μm,很难实现油水分离。

(4) 溶解油:油滴直径比乳化油还小,是一种以化学方式溶解的微粒分散油。

3. 不同形态油的常用处理方法

(1) 可浮油的处理方法

① 物理隔油。常用的设备是隔油池,包括平流隔油池、斜板隔油池、波纹斜板隔油池。隔油池水面的浮油可利用集油管排出或采用撇渣机等专用机械撇出,而小隔油池可进行人工撇油。可去除粒径大于 60 μm 的较大油滴和废水中的大部分固体颗粒。该方法设备简单,运行稳定,适应性强,安装、管理、操作方便。但对粒径较小的油滴和固体物质去除效果较差。

仅依靠油滴与水的密度差产生上浮而进行油、水分离,油的去除率一般为 70% ~ 80%,隔油池出水仍含有一定数量的乳化油和附着在悬浮固体上的油分,一般难以直接达标。

隔油池的形式有平流式和斜板式两种类型(图 10-9,图 10-10)。

平流式隔油池的主要设计参数为:池深 1.5 ~ 2.0 m(超高 0.4 m);水平流速:2 ~ 5 mm/s;表面负荷:1.0 ~ 1.2 m³/(m²·h),油珠上浮流速小于 9 mm/s;停留时间:1.5 ~ 2 h;校核尺寸:L/B>4,H/B 宜取 0.3 ~ 0.4。可去除油粒的最小粒径为 100 ~ 150 μm。

斜板隔油池基本参数为:上升流速:0.2 mm/s;表面负荷:0.6 ~ 0.8 m³/(m²·h);停留时间:

0.5 h;斜板间距 40 mm,倾角大于 45 度。可去除油粒的最小粒径为 60 ~ 80 μm。

② 过滤法。利用颗粒介质滤床的截留及惯性碰撞、筛分、表面黏附、聚并等机理,去除水中油分,一般用于二级处理或深度处理。常见的颗粒介质滤料有石英砂、无烟煤、玻璃纤维、核桃壳、高分子聚合物等。过滤法设备简单,操作方便,投资费用低。但随运行时间的增加,压力降逐渐增大,需经常进行反冲洗,以保证正常运行。该法也可用于乳化油的处理。

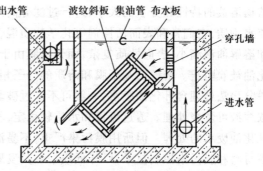

图 10-9 波纹斜板式隔油池

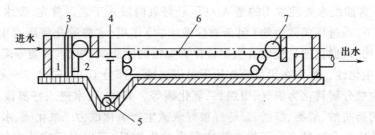

图 10-10 平流式隔油池

1—配水槽;2—进水孔;3—进水阀;4—排渣阀;5—排渣管;6—刮油刮泥机;7—集油管

（2）分散油的去除

分散油的去除通常采用气浮法。此法是利用在油水悬浮液中释放出大量气泡,依靠表面张力作用将分散在水中的微小油滴黏附于气泡上,使气泡的浮力增大上浮,达到油水分离的目的。该方法能耗低,成本低。但占地面积大、药剂用量大、产生浮渣。

（3）乳化油的处理方法

① 气浮法。气浮技术是国内外含油废水处理中广泛使用的一种水处理技术。为提高浮选效果,可再向废水中加入无机或有机高分子絮凝剂,即为絮凝浮选法。该法已被广泛应用于油田废水、石油化工废水、食品油生产废水等的处理。目前国内外对气浮法的研究多集中在气浮装置的革新、改进及气浮工艺的优化组合方面,如浮选池的结构已由方型改为圆形,减少了死角;采用溢流堰板排除浮渣而去掉刮泥机械,此外还研究了一些新型装置。

② 化学法。投加药剂将废水中的污染物成分转化为无害物质,使废水得到净化的一种方法。对含油废水主要用混凝法,即向含油废水中加入絮凝剂,在水中水解后,带正电荷的胶团与带负电荷的乳化油产生电中和,油粒聚集,粒径变大,同时生成絮状物吸附细小油滴,然后通过沉降或气浮的方法实现油水分离。常见的絮凝剂有聚合氯化铝（PAC）、三氯化铁、硫酸铝、硫酸亚铁等无机絮凝剂和丙烯酰胺、聚丙烯酰胺（PAM）等有机高分子絮凝剂。此法适合于靠重力沉降而不能分离的乳化状态的油滴和其他细小悬浮物。

③ 物理除油法。利用高速离心机（转速高于 12 000 r·min^{-1}）可分离水中的乳化油。出水的含油质量浓度可降至 20 ~ 30 mg/L。由于该方法运行能耗较高,故限制了其应用。

④ 膜分离法。膜分离技术是 20 世纪开发成功的新型高效精密分离技术,它利用筛分机理,

依据溶液的特性和分子的大小,进行过滤分离。水有强极性,油是单纯的碳氢化合物,是非极性疏水物质,它们常和表面活性剂等化学物质混合,成为难以处理的油水体系。其中典型的乳化油和溶解油油滴小,表面性质复杂,而无机膜由于本身的物理、化学性质,如亲水性、荷电情况,使乳化油被膜阻止。溶解油基于膜和溶质的分子相互作用被膜阻止,从而使油水体系实现分离净化。膜分离法处理含乳化油废水,一般可不经过破乳过程直接实现油水分离,并且不产生含油污泥,浓缩液可焚烧处理。透过流量和水质较稳定,不随进水中油浓度波动而变化,特别适合于高浓度乳化油废水的处理。但所用膜污染严重,不易清洗,运行费用较高,需要进一步开发性能优良的膜材料和膜污染控制技术,以降低成本。其发展趋势是各种膜处理方法相互结合或与其他方法结合,如将超滤与微滤结合、膜分离法与电化学法相结合等,以达到最佳处理效果。

(4)溶解油的处理方法

① 生物法。含油废水处理常用的是 A/O 厌氧好氧两段式工艺。首先,废水进入厌氧段,在无分子态氧条件下,通过厌氧微生物(包括兼性微生物)作用,水解酸化将废水中难降解的有机物转化为易降解的有机物,把长链的有机物转化为短链的脂肪酸、醇类、醛类等简单的有机物,从而提高废水的可生化性。废水在厌氧菌作用下可以去除一部分 COD,同时在产氢及甲烷菌的作用下,部分有机物被分解转化为氢气、甲烷、二氧化碳等。其次,废水进入好氧段,在充足供氧的条件下,废水中的脂肪酸、醇类、醛类、短链烃被好氧微生物氧化成为二氧化碳、水等无机物,从而降低废水中的 COD 及含油量。为了提高反应器内的生物量,可以在反应池内加入一些弹性填料,使池内既有均匀分布的生物膜,又有大量的悬浮污泥,可增加反应池内的生物量,强化处理能力,增强 A/O 的耐冲击负荷能力。

② 吸附法。吸附法是利用亲油性材料,吸附废水中的溶解油及其他溶解性有机物。最常用的吸油材料是活性炭,可吸附废水中的分散油、乳化油和溶解油。该法吸附能力强,使用范围广,但是成本高,吸附剂再生困难。

例 10-4 已知某炼油厂废水处理量为 600 m³/h,采用六间矩形气浮池,取部分回流溶气流程,每间气浮池处理水量为 100 m³/h,回流比为 50%;药剂选用聚合铝,投加量为 20 mg/L,混凝反应采用三级机械搅拌反应室;气浮分离池停留时间 45 min,压缩空气由自备空压机供给,试设计该气浮装置。

解 1. 投药量计算

(1)每小时投药量:

$$G = MQ \cdot 10^{-3} = 20 \times 600 \times 10^{-3} = 12 \, (\text{kg/h})$$

(2)取溶液浓度为 10%,则每小时投加药液量为

$$G_1 = G/c = 12/0.1 = 120 \, (\text{kg/h})$$

(3)溶解池容积,按每班配制一次,两间溶解池交替使用,每间溶解池容积为:

$$W = KG_1 \times 8 \times 10^{-3} = 1.1 \times 120 \times 8 \times 10^{-3} = 1.056 \, \text{m}^3$$

有效水深 1.3 m,长宽相等,则长(宽)= 0.95 m。设计两间溶解池,每间长×宽×高 = 0.95 m×0.95 m×1.3 m。

(4)聚合铝年耗量 = 12×24×365 = 105.12 t/年。

2. 反应室计算

(1)采用三级机械搅拌反应室,反应时间 T_1 为 9 min,则反应室总容积

$$W = QT_1/60 = 600 \times 9/60 = 90 \, \text{m}^3$$

(2)反应室面积,取有效水深 $H_1 = 2$ m,则:

$$F = W/H_1 = 90/2 = 45 \, \text{m}^2$$

因反应室分为三格,每格面积:

$$F_1 = F/3 = 45/3 = 15 \ \text{m}^2$$

取长宽相等,每格池宽为:4 m。可取每格反应室尺寸为:4 m×4 m。

3. 气浮分离池计算

(1) 气浮分离池有效容积:

$$W = Q_2 T_2/60 = (100+50) \times 45/60 = 112.5 \ \text{m}^3$$

(2) 气浮分离池有效池长

$$L = W/(BH) = 112.5/(4.5 \times 2) = 12.5 \ \text{m}$$

10.5.2　含氰工业废水处理

含氰废水并不是指含(CN)$_2$的废水,而是泛指含有各种氰化物的废水。在工业生产中,电镀污水、氰化提金、焦炉和高炉的煤气洗涤废水及冷却水、一些化工污水和选矿污水、合成橡胶、纤维和染料等工业废水等,其浓度可在 1 ~ 180 mg/L 以上。一般说来,废水中除含有氰化物外,很可能还含有重金属、硫氰酸盐等无机化合物、酚等有机化合物。含氰废水毒性大,分布广,必须严格加以处理,使外排水中氰化物达到国家环保部门规定的要求,否则将对人、畜及自然环境造成危害。

一、酸化法

酸化法是金矿和氰化电镀厂处理含氰污水的传统方法。早在1930 年,国外某金矿就采用了此法处理含氰污水。我国金矿采用酸化法处理高浓度含氰污水也有十几年的历史,现已拓宽到处理中等浓度的氰化污水。其突出优点是能回收污水或矿浆中的氰。

酸化法原理是将废水酸化至 pH = 2.5 ~ 3,金属氰络合物分解生成 HCN,HCN 的沸点仅 25.6 ℃,当向废水中充气时极易挥发,挥发的 HCN 用碱液(NaOH)吸收回收使用。

二、SO_2 法

SO_2 法又称 InCo 法,其原理是用 SO_2 和空气作氧化剂,在铜离子作催化剂条件下氧化废水中的氰化物,生成 HCO_3^-、NH_4^+。该法的优点是不仅可除去游离 CN^-、分子氰和络合氰,而且能去除铁氰络合物,反应快,处理后废水达到排放标准;处理成本低;药剂来源广,可利用焙烧 SO_2 烟气或固体 NaS_2O_3 代替 SO_2。但该法难以氧化 SCN^-,而 SCN^- 以后又可离解出 CN^-,故不适合处理含 SCN^- 高的含氰废水。

三、氧化破氰法

氧化破氰法是破坏废水中氰化物成熟的方法,广泛用于处理氰化电镀厂、炼焦工厂、金矿氰化厂等单位的含氰废水。其原理是采用氯气、液氯、漂白粉臭氧、过氧化氢将废水中氰氧化成 CO_2 和 N_2 等无毒物质。此法要根据氧化剂种类确定合适的 pH 条件,有时候还需要加入催化剂以提高破氰效率。

目前我国绝大部分电镀氰化废水使用含氯氧化剂法破氰。各种含氯氧化剂除氰反应原理都是水解生成 HClO,再利用 HClO 的强氧化性破氰。ClO_2 一步法除氰的反应式为

$$2CN^- + 2ClO_2 =\!=\!= 2CO_2 \uparrow + N_2 \uparrow + 2Cl^-$$

Cl_2 一步法除氰的反应式为：

$$2CN^- + 3Cl_2 + 2H_2O \longrightarrow CO_2\uparrow + N_2\uparrow + 6Cl^- + 4H^+$$

10.5.3 含重金属工业废水处理

重金属是指相对密度大于 4 的金属，通常的重金属污染，主要是指汞、铅、镉、铬及砷等生物毒性显著的重金属的环境污染，还包括具有一定毒性的重金属如锌、铜、钴、镍、锡、钒等。重金属污染物难以治理，它们在水体中积累到一定的限度就会对水体—水生植物—水生动物系统产生严重危害，并可能通过食物链影响到人类的自身健康。在矿冶、机械制造、化工、电子、仪表等工业中的许多生产过程中都产生重金属废水，这些废水严重影响着儿童和成人的身体健康乃至生命。

目前，重金属废水处理的方法大致可以分为三大类：化学法、物理处理法和生物处理法。

一、化学法

主要包括化学沉淀法和电解法，主要适用于含较高浓度重金属离子废水的处理，化学法是目前国内外处理含重金属废水的主要方法。

1. 化学沉淀法

化学沉淀法的原理是通过化学反应使废水中呈溶解状态的重金属转变为不溶于水的重金属化合物，通过过滤和分离使沉淀物从水溶液中去除，包括中和沉淀法、硫化物沉淀法、铁氧体共沉淀法。由于受沉淀剂和环境条件的影响，沉淀法出水浓度往往达不到要求，需作进一步处理，产生的沉淀物必须很好地处理与处置，否则会造成二次污染。

2. 电解法

电解法是利用金属的电化学性质，金属离子在电解时能够从相对高浓度的溶液中分离出来，然后加以利用。电解法主要用于电镀废水的处理，这种方法的缺点是水中的重金属离子浓度不能降得很低。所以，电解法不适于处理较低浓度的含重金属离子的废水。

3. 螯合法

螯合法又称高分子离子捕集剂法，是指在废水处理过程中通过投加适量的重金属捕集剂，利用捕集剂与金属离子铅、镉结合时形成相应的螯合物的原理实现铅、镉的去除分离。该反应能在常温和较大 pH 范围(3~11)下发生，同时捕集剂不受共存重金属离子的影响。因此该方法去除率高，絮凝效果佳，污泥量少且螯合物易脱水。

4. 纳米重金属水处理技术

纳米材料因其比表面积远超普通材料，故同一种物质将会显示出不同的物化特型，很多新型的纳米材料都不断地在水处理行业中实验。纳米重金属水处理技术不仅能使处理后的出水水质优于国家规定的排放标准且稳定可靠，投资成本和运行成本较低，与水中重金属离子反应快，吸附、处理容量是普通材料的 10 倍到 1 000 倍，而且使沉淀的污泥量较传统工艺降低 50% 以上，污泥中杂质也少，有利于后续处理和资源回收。

5. 氧化还原法

向废水中投加还原剂，将高价重金属离子还原成微毒的低价重金属离子后，再使其碱化成沉淀而分离去除的方法。该法原理简单，操作易于掌握，但处理出水水质差，不能回用，处理混合废水时，易造成二次污染。

6. 铁氧体法

铁氧体法处理重金属废水工艺是指向废水中投加铁盐,通过工艺条件的控制,使废水中的各种金属离子形成不溶性的铁氧体晶粒,再采用固液分离手段,达到去除重金属离子目的的方法。在铁氧体工艺过程中往往伴随着氧化还原反应,其工艺过程包括投加亚铁盐、调整 pH、充氧加热、固液分离、沉渣处理等五个环节。

二、物理处理法

物理处理法主要包含溶剂萃取分离、离子交换法、膜分离技术及吸附法。此处仅简单介绍萃取分离法和吸附法。

萃取分离要选择有较高选择性的萃取剂,废水中重金属一般以阳离子或阴离子形式存在,例如在酸性条件下,与萃取剂发生络合反应,从水相被萃取到有机相,然后在碱性条件下被反萃取到水相,使溶剂再生以循环利用。这就要求在萃取操作时注意选择水相酸度。尽管萃取法有较大优越性,然而溶剂在萃取过程中的流失和再生过程中能源消耗大,使这种方法存在一定局限性,应用受到很大的限制。

吸附法是利用多孔性固态物质吸附去除水中重金属离子的一种有效方法。吸附法的关键技术是吸附剂的选择,传统吸附剂是活性炭,还有黏土类吸附剂粉、煤灰吸附剂、生物质基材料和树脂基吸附材料。活性炭有很强吸附能力,去除率高,但活性炭再生效率低,价格贵。近年来,逐渐开发出具有吸附能力的多种吸附材料。壳聚糖及其衍生物是重金属离子的良好吸附剂,壳聚糖树脂交联后,可重复使用 10 次,吸附容量没有明显降低。利用改性的海泡石治理重金属废水对 Pb^{2+}、Hg^{2+}、Cd^{2+} 有很好的吸附能力,处理后废水中重金属含量显著低于污水综合排放标准。

三、生物处理法

生物处理法是借助微生物或植物的絮凝、吸收、积累、富集等作用去除废水中重金属的方法,包括生物吸附、生物絮凝、植物修复等方法。

生物吸附法是指生物体借助化学作用吸附金属离子的方法。藻类和微生物菌体对重金属有很好的吸附作用,并且具有成本低、选择性好、吸附量大、浓度适用范围广等优点,是一种比较经济的吸附剂。用生物吸附法从废水中去除重金属的研究,美国等国家已初见成效。有研究者预处理假单胞菌的菌胶团后,将其固定在细粒磁铁矿上来吸附工业废水中的 Cu,发现当浓度高至 100 mg/L 时,除去率可达 96%,用酸解吸,可以回收 95% 的铜,预处理可以增加吸附容量。但生物吸附法也存在一些不足,例如吸附容量易受环境因素的影响,微生物对重金属的吸附具有选择性,而重金属废水常含有多种有害重金属,影响微生物的作用,应用上受限制等,所以还需再进行进一步研究。

生物絮凝法是利用微生物或微生物产生的代谢物进行絮凝沉淀的一种除污方法。生物絮凝法的开发虽然不到 20 年,却已经发现有 17 种以上的微生物具有较好的絮凝功能,如霉菌、细菌、放线菌和酵母菌等,并且大多数微生物可以用来处理重金属。生物絮凝法具有安全无毒、絮凝效率高、絮凝物易于分离等优点,具有广阔的发展前景。

植物修复法是指利用高等植物通过吸收、沉淀、富集等作用降低已有污染的土壤或地表水的重金属含量,以达到治理污染、修复环境的目的。植物修复法是利用生态工程治理环境的一种有效方法,它是生物技术处理企业废水的一种延伸。

10.5.4 高盐度工业废水处理

一、处理概述

在化工、制药、燃料和食品的生产过程中,产生的废水除含有高浓度的有机物外,还含有高浓度的盐类物质。采用生物法进行处理,高浓度的盐类物质对微生物具有抑制作用,若仅采用物化法处理,投资大,运行费用高,且难以达到预期的净化效果。由于盐度对生物活性的抑制,对生物法也造成相当大的困难,高盐度有机工业污水治理是目前国内外研究的难点课题。

1. 盐浓度对生物处理的影响

高含盐量有机废水的有机物根据生产过程不同,所含有机物的种类及化学性质差异较大,但所含盐类物质多为 Cl^-、SO_4^{2-}、Na^+、Ca^{2+} 等盐类物质。虽然这些离子都是微生物生长所必需的营养元素,在微生物的生长过程中起着促进酶反应,维持膜平衡和调节渗透压的重要作用。但是若这些离子浓度过高,会对微生物产生抑制和毒害作用,主要表现:盐浓度高、渗透压高、微生物细胞脱水引起细胞原生质分离;盐析作用使脱氢酶活性降低;氯离子高对细菌有毒害作用;盐浓度高,废水的密度增加,活性污泥易上浮流失,从而严重影响生物处理系统的净化效果。高盐环境对生化处理有抑制作用,表现为微生物代谢酶活性受阻,致使生物增长缓慢,产率系数低。

2. 嗜盐微生物的驯化

高盐度环境下,嗜盐厌氧菌,嗜盐硫还原菌及嗜盐古菌是在细胞内积累高浓度钾离子($4 \sim 5$ mol/L)的平衡高渗环境。嗜盐真核生物、嗜盐真细菌和嗜盐甲烷菌的嗜盐机理是在胞内积累大量的小分子极性物质,如甘油、单糖、氨基酸及它们的衍生物。这些小分子极性物质在嗜盐、耐盐菌的胞内构成渗透调节物质,帮助细胞从高盐环境中获得水分,而这些物质在细胞内能够被快速地合成和降解。因此,这种机制克服了高盐环境下微生物对环境渗透压的改变而构成的不利影响,各种嗜盐菌形成了不同的适应环境机理。

通过创造适应的 pH、温度、氧气、养分供应等环境条件,利用微生物对环境的逐渐适应,优胜劣汰,生物逐步适应高盐生态系统中的离子组成和盐浓度。通过驯化和筛选,最终获得高效、优质菌种,提高生物处理降解有机物和其他污染物的效率。嗜盐菌来源广,可以利用许多有机物(包括难降解和有毒物质)作为碳源,研究快捷的嗜盐菌选择驯化方法,利用嗜盐细菌处理高含盐量有机废水有广阔的应用前景,对实际应用和理论研究均具有重要意义。

3. 高含盐有机废水生物处理技术

(1) 好氧微生物法

研究表明,当氯化物的含量高于 $5 \sim 8$ g/L 的时候,将对传统的好氧废水处理工艺产生不利影响。工程上通常采用从低含盐量逐渐增加的方式来培养微生物,以使之适应高含量的环境,使废水得到净化。虽然可以证明通过驯化活性污泥可适应高盐环境,但是一个主要的瓶颈是此类适盐系统的正常运行通常需要在 5% 含盐量以下,培养嗜盐优势菌群是改善好氧处理工艺的有效途径。

(2) 厌氧生物法

研究表明,Na^+ 浓度超过 10 g/L 的时候,将强烈抑制甲烷的产生。污泥中 Na^+ 的毒性取决于多种因素。近年来,利用嗜盐厌氧微生物对废水中的有机物进行生物降解的研究和应用越来越广泛。相比好氧生物的相关研究,研究成果还相对较少,其中大多数探索的盐浓度在 $10 \sim 70$ g/L

之间,大多认为产甲烷阶段是最受抑制的阶段。

二、高盐度污水生物处理技术

含盐量高的有机废水化工废水如染料、农药、医药中间体等含盐较高的废水可生化处理性差,是用常规废水处理过程中的难题。由于此类废水成分复杂,不具备回收价值,采用其他处理方法成本又高,生物处理仍然是首先要考虑的方法。

对于高盐度污水,物化手段的使用主要体现在废水的预处理上,其目的主要在于降低废水中的有机物和盐度,为生物处理创造良好的环境。采取的整体工艺流程:废水首先经过调节池,然后经过物化的预处理(通常采用调节 pH、混凝、沉淀、蒸发、冷冻等方法),而后加入预先培养好的嗜盐菌进行生物处理。在微生物驯化成功后,废水中盐浓度的变化是导致高含盐废水生物处理失败的关键,实际工程中,处理流程和运行参数的选择应特别注意控制盐浓度波动的范围,以减少冲击。

10.5.5 高氨氮工业废水处理

高浓度氨氮废水来源很多,如化肥、焦化、石油化工、铁合金、肉类加工和饲料生产、玻璃制造、垃圾渗滤液等。这些污水氨氮浓度在 200~6 000 mg/L,可称为高氨氮污水。国内外高氨氮污水处理方法主要有物理化学方法和生物法两大类,其中物理化学方法有吹脱法、磷酸铵镁沉淀法、折点加氯法、离子交换法等。吹脱法一般作为高氨氮污水的预处理,其余可作为高浓度氨氮废水的精处理。

一、吹脱处理

废水中,NH_3 与 NH_4^+ 以如下的平衡状态共存:

$$NH_3+H_2O \Longrightarrow NH_4^+ + OH^-$$

这一平衡受 pH 的影响,pH 为 10.5~11.5 时,因废水中的氮呈饱和状态而逸出,所以吹脱法常需加碱。

吹脱过程包括将废水的 pH 提高至 10.5~11.5,然后曝气,这一过程在吹脱塔中进行(图 10-11)。

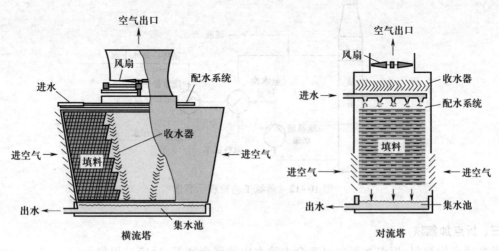

图 10-11 氨气吹脱处理

二、蒸氨

蒸氨是可以有效降低废水 NH_3-N 含量,为下一步生化处理进行前处理。目前,国内大多采用水蒸气蒸氨的工艺。另外,也已经出现了一些新的蒸氨工艺:导热油加热间接蒸氨工艺和管式炉加热间接蒸氨工艺以及水蒸气加热间接氨工艺法等。

高浓度的氨氮废水经氨水泵加压入热交换器(如果高浓度的含氨废水中的固定氨含量较大的话,需向高浓度的氨水中加入工业碱液,使其中的固定氨转化为挥发氨)。高浓度氨水在换热器中与蒸馏后塔底排出的热蒸氨废水换热后入蒸氨塔上部;直接蒸气从塔底加入与氨水逆流接触,蒸出的氨水蒸气直接在装设于塔顶的分缩器中部分缩凝,冷凝液作为回流液依靠重力流回塔内,未冷凝部分的氨水蒸气经氨冷凝冷却器后得到回收的氨水。塔底蒸馏后的废水先与入塔氨水换热后温度降低至 60 ℃左右,再进入废水冷却器,用循环水进一步冷却废水后送废水槽,由废水泵抽送至生化站做进一步处理。分解反应式如下:

$$NH_4Cl+NaOH \longrightarrow NH_4OH+NaCl$$
$$NH_4SCN+NaOH \longrightarrow NH_4OH+NaSCN$$

其工艺流程示于图 10-12。

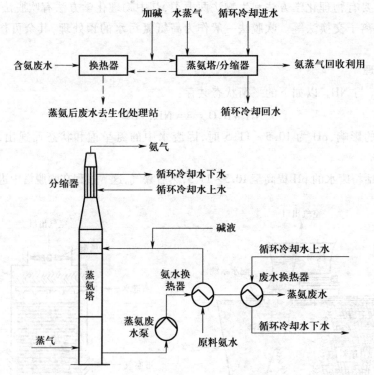

图 10-12 蒸氨工艺流程示意图

三、折点加氯法

通过适当的控制,折点加氯法可完全去除水中的剩余氨氮,反应过程如下:

$$Cl_2 + H_2O \longleftrightarrow HOCl + H^+ + Cl^-$$

$$NH_4^+ + HOCl \longleftrightarrow NH_2Cl + H^+ + H_2O$$

$$NH_4^+ + 2HOCl \longleftrightarrow NHCl_2 + H^+ + 2H_2O$$

$$NH_4^+ + 3HOCl \longleftrightarrow NCl_3 + H^+ + 3H_2O$$

$$2NH_4^+ + 3HOCl \longleftrightarrow N_2\uparrow + 5H^+ + 3Cl^- + 3H_2O$$

思考题

1. 工业污水的主要种类及其主要性质有哪些?
2. 高浓度难降解有机工业污水的处理难度是什么? 如何解决?
3. 高含盐有机工业污水的处理难度是什么? 如何解决?
4. 高含氮工业污水的处理难度是什么? 如何解决?
5. 工业污水的减排和分质分流、分别处理的意义是什么?

参考文献

[1] 上海市建设和交通委员会.室外排水设计规范[S].北京:中国计划出版社,2016.

[2] 龙腾锐,何强.全国勘察设计注册公用设备工程师给水排水专业执业资格考试教材:第2册[M].北京:中国建筑工业出版社,2016.

[3] 张辰王,逸贤,谭学军,等.城镇污水处理厂污泥处理稳定标准研究[J].中国给水排水,2017,43(9):137-140.

[4] 张辰.污水处理厂改扩建设计[M].北京:中国建筑工业出版社,2015.

[5] 尹士君,李亚峰.水处理构筑物设计与计算[M].3版.北京:化学工业出版社,2015.

[6] 沈昌明,张辰.多模式A2/O工艺的内涵分析与优化[J].给水排水,2015,41(12).

[7] 张自杰.排水工程[M].4版.北京:中国建筑工业出版社,2014.

[8] FOLADORI P,ANDREOTTOLA G,ZIGLIO G.污水处理厂污泥减量化技术[M].周玲玲,董滨,译.北京:中国建筑工业出版社,2013.

[9] TCHOBANOGLOUS G, STENSEL H D, TSUCHIHASHI R,et al. Wastewater Engineering: Treatment and Resource Recovery [M].5th Ed. Boston: McGraw-Hill,2013.

[10] 韦启信,郑兴灿.影响污水生物脱氮能力的关键水质参数及空间分布特征研究[J].给水排水,2013,39(9):127-131.

[11] 崔玉川.城市污水厂处理设施设计计算[M].2版.北京:化学工业出版社,2011年.

[12] 邓荣森.氧化沟污水处理理论与技术[M].2版.北京:化学工业出版社,2011.

[13] HENZE M.污水生物处理:原理、设计与模拟[M].施汉昌,等,译.北京:中国建筑工业出版社,2011.

[14] 郑兴灿,孙永利,尚巍,等.城镇污水处理功能提升和技术设备发展的几点思考[J].给水排水,2011,37(9):2-6.

[15] 甘一萍,白宇.污水处理厂深度处理与再生利用技术[M].北京:中国建筑工业出版社,2010.

[16] 美国水环境联合会.城镇污水处理厂运行管理手册:第3卷[M].北京:中国建筑工业出版社,2012.

[17] 郑兴灿,尚巍,孙永利.城镇污水处理厂一级A稳定达标的工艺流程分析与建议[J].给水排水,2009,35(5):24-28.

[18] 张辰.污水处理厂设计[M].北京:中国建筑工业出版社,2009.

[19] JUDD S,JUDD C.膜生物反应器水和污水处理的原理与应用[M].陈福泰,黄霞,译.北京:科学出版社,2009.

[20] 张统.SBR及其变法污水处理与回用技术[M].北京:化学工业出版社,2003.

[21] 陈志平,杨健雄,张甜甜,等.活性砂滤池在污水处理厂深度处理中的应用[J].中国给

水排水,2014,30(20):127-129.

[22] 李圭白,张杰.水质工程学[M].2版.北京:中国建筑工业出版社,2013.

[23] 杨兴豹,李激,阚薇莉,等.Denite深床反硝化滤池在污水厂升级改造中的应用[J].中国给水排水,2011,27(12):34-36.

[24] 夏文辉,杨兴豹,张超,等.污水厂Denite深床反硝化滤池升级改造工程设计[J].中国给水排水,2011,27(8):64-67.

[25] 刘礼祥,陆桂勇,杨旭良,等.城市污水处理厂提标改造与优化调控案例分析[J].中国给水排水,2010,26(20):24-27.

[26] 上海市政工程设计研究院.给水排水设计手册:第3册[M].北京:中国建筑工业出版社,2004.

[27] 北京市市政设计研究总院.给水排水设计手册:第5册[M].北京:中国建筑工业出版社,2002.

[28] 朱敏.污水处理厂污泥管道输送系统设计与研究[J].给水排水,2012,38(增刊):22-25.